CAMBRIDGE LIBRARY COLLECTION

Books of enduring scholarly value

Mathematical Sciences

From its pre-historic roots in simple counting to the algorithms powering modern desktop computers, from the genius of Archimedes to the genius of Einstein, advances in mathematical understanding and numerical techniques have been directly responsible for creating the modern world as we know it. This series will provide a library of the most influential publications and writers on mathematics in its broadest sense. As such, it will show not only the deep roots from which modern science and technology have grown, but also the astonishing breadth of application of mathematical techniques in the humanities and social sciences, and in everyday life.

Oeuvres complètes

Augustin-Louis, Baron Cauchy (1789-1857) was the pre-eminent French mathematician of the nineteenth century. He began his career as a military engineer during the Napoleonic Wars, but even then was publishing significant mathematical papers, and was persuaded by Lagrange and Laplace to devote himself entirely to mathematics. His greatest contributions are considered to be the Cours d'analyse de l'École Royale Polytechnique (1821), Résumé des leçons sur le calcul infinitésimal (1823) and Leçons sur les applications du calcul infinitésimal à la géométrie (1826-8), and his pioneering work encompassed a huge range of topics, most significantly real analysis, the theory of functions of a complex variable, and theoretical mechanics. Twenty-six volumes of his collected papers were published between 1882 and 1958. The first series (volumes 1–12) consists of papers published by the Académie des Sciences de l'Institut de France; the second series (volumes 13–26) of papers published elsewhere.

Oeuvres complètes

Series 1

VOLUME 8

AUGUSTIN LOUIS CAUCHY

CAMBRIDGE
UNIVERSITY PRESS

CAMBRIDGE UNIVERSITY PRESS

Cambridge New York Melbourne Madrid Cape Town Singapore São Paolo Delhi

Published in the United States of America by Cambridge University Press, New York

www.cambridge.org
Information on this title: www.cambridge.org/9781108002745

This edition first published 1893
This digitally printed version 2009

ISBN 978-1-108-00274-5

ŒUVRES

COMPLÈTES

D'AUGUSTIN CAUCHY

PARIS. — IMPRIMERIE GAUTHIER-VILLARS ET FILS,
17785 Quai des Augustins, 55.

ŒUVRES

COMPLÈTES

D'AUGUSTIN CAUCHY

PUBLIÉES SOUS LA DIRECTION SCIENTIFIQUE

DE L'ACADÉMIE DES SCIENCES

ET SOUS LES AUSPICES

DE M. LE MINISTRE DE L'INSTRUCTION PUBLIQUE.

Iʀᴇ SÉRIE. — TOME VIII.

PARIS,

GAUTHIER-VILLARS ET FILS, IMPRIMEURS-LIBRAIRES

DU BUREAU DES LONGITUDES, DE L'ÉCOLE POLYTECHNIQUE,

Quai des Augustins, 55.

—

M DCCC XCIII

PREMIÈRE SÉRIE.

MÉMOIRES, NOTES ET ARTICLES

EXTRAITS DES

RECUEILS DE L'ACADÉMIE DES SCIENCES

DE L'INSTITUT DE FRANCE.

III.

NOTES ET ARTICLES

EXTRAITS DES

COMPTES RENDUS HEBDOMADAIRES DES SÉANCES

DE L'ACADÉMIE DES SCIENCES.

(SUITE.)

NOTES ET ARTICLES

EXTRAITS DES

COMPTES RENDUS HEBDOMADAIRES DES SÉANCES

DE L'ACADÉMIE DES SCIENCES.

216.

ANALYSE MATHÉMATIQUE. — *Note sur le développement des fonctions en séries ordonnées suivant les puissances entières positives et négatives des variables.*

C. R., T. XVII, p. 193 (31 juillet 1843).

Les développements des fonctions suivant les puissances entières et positives des variables dont elles dépendent ne subsistent généralement que pour des modules des variables qui ne dépassent pas certaines limites indiquées par un théorème général que j'ai donné dans mes précédents Mémoires. Lorsque ces limites sont dépassées, les développements, pour demeurer convergents, doivent changer de forme et renfermer, non seulement les puissances entières et positives des variables, mais encore leurs puissances entières et négatives, quelquefois les puissances négatives seules. Il arrive même, en général, que les modules des variables venant à croître indéfiniment, les développements, pour rester convergents, doivent changer plusieurs fois de forme. Concevons, pour fixer les idées, que l'on considère une fonction rationnelle d'une seule variable x, et rangeons par ordre de grandeur les modules des diverses racines de l'équation auxiliaire qu'on obtient en égalant la fonction à $\frac{1}{0}$. Le module de la variable x pourra être, ou inférieur au premier, c'est-à-dire au plus petit des modules calculés, ou compris entre le premier et le second, ou compris entre le second et le troisième, etc., ou enfin supérieur au dernier, c'est-à-dire au plus grand module. Cela posé, dans chacun des cas dont il s'agit, la fonction rationnelle donnée pourra être développée en une série dont les divers termes seront proportionnels à des puissances entières de x. Mais le développement, pour demeurer convergent, devra changer de forme dans le passage du premier cas au second, du second cas au troisième, du troisième au quatrième, etc. Dans le premier cas, le développement devra renfermer uniquement les puissances entières et positives de la variable. Dans chacun des autres cas, il admettra en outre des puissances négatives, mais avec des coefficients qui changeront de valeurs quand on passera d'un cas à un autre; et même dans le dernier cas, c'est-à-dire lorsque le module de la variable deviendra supérieur au plus grand des modules calculés, les termes proportionnels à des puissances positives de la variable disparaîtront ou se réduiront à ceux qu'on obtient quand, après avoir réduit la fonction donnée à une seule fraction rationnelle, on divise algébriquement le numérateur de cette fraction rationnelle par son dénominateur.

Ce que nous venons de dire suffit pour montrer que la théorie du développement des fonctions en séries de termes proportionnels aux puissances entières des variables ne doit pas être restreinte au cas où ces puissances sont toutes positives, mais qu'au contraire cette théorie, qui s'applique avec succès à un si grand nombre de questions diverses, doit embrasser le cas où les puissances sont de deux espèces, savoir, les unes positives, les autres négatives.

On démontre facilement que, dans le cas où une fonction de la variable x est développable en une série convergente ordonnée suivant les puissances entières et positives de x, elle offre un seul développement de cette espèce. Même cette proposition est un théorème fondamental sur lequel repose, dans l'analyse algébrique, la théorie des suites. Il importait de voir si le même théorème continue de subsister dans les divers cas où les termes du développement deviennent proportionnels, les uns à des puissances positives, les autres à des puissances négatives de la variable, et si l'on peut alors donner encore de ce théorème une démonstration en quelque sorte élémentaire. Une telle démonstration me paraissait d'autant plus désirable que celle qui s'applique aux développements ordonnés suivant les puissances positives d'une variable se trouve alors en défaut, et que, d'un autre côté, le théorème, une fois démontré généralement, entraîne comme conséquence immédiate d'autres propositions fort utiles dans la haute Analyse, par exemple les théorèmes de Lagrange, de Laplace et de Paoli, sur les développements des racines des équations algébriques et transcendantes ou des sommes de ces racines, en séries ordonnées suivant les puissances ascendantes d'un paramètre que renferment ces équations. En m'occupant de ces recherches, j'ai reconnu que le théorème ci-dessus mentionné subsistait seulement sous certaines conditions, et je suis parvenu à démontrer fort simplement une proposition générale dont voici l'énoncé :

Si deux développements d'une même fonction de la variable x, en série de termes proportionnels aux puissances entières positives et négatives de cette variable, demeurent égaux entre eux, pour toutes les valeurs de x qui offrent un module donné, ils seront identiquement égaux, en sorte que les coefficients des puissances semblables de x resteront les mêmes dans les deux développements.

La démonstration de ce théorème est l'objet de la Note que j'ai l'honneur de présenter à l'Académie.

Analyse.

Soit

$$(1)\quad \ldots,\ a_{-m}x^{-m},\ \ldots,\ a_{-2}x^{-2},\ a_{-1}x^{-1},\ a_0,\ a_1x^1,\ a_2x^2,\ \ldots,\ a_nx^n,\ \ldots$$

une série composée de termes proportionnels aux puissances entières positives et négatives de x. Cette série, qui pourra se prolonger indéfiniment dans les deux sens, sera *convergente*, si, pour des valeurs croissantes des nombres entiers m et n, la somme

$$(2)\quad a_{-m+1}x^{-m+1}+\ldots+a_{-2}x^{-2}+a_{-1}x^{-1}+a_0+a_1x^1+a_2x^2+\ldots+a_{n-1}x^{n-1}$$

s'approche indéfiniment d'une limite fixe s. La série sera *divergente* dans le cas contraire.

Si la série (1) est convergente, on pourra en dire autant des deux séries

$$a_{-m}x^{-m},\quad a_{-m-1}x^{-m-1},\quad \ldots,$$
$$a_n x^n,\quad a_{n+1}x^{n+1},\quad \ldots.$$

Nommons r_{-m} et r_n les sommes de ces deux dernières, en sorte qu'on ait

$$r_{-m}=a_{-m}x^{-m}+a_{-m-1}x^{-m-1}+\ldots,$$
$$r_n\ =a_n x^n\ +a_{n+1}x^{n+1}\ +\ldots.$$

Pour obtenir la somme s de la série (1), il suffira évidemment d'ajouter à la somme (2) les sommes r_{-m} et r_n. Donc la somme (2) se trouvera représentée par $s-r_{-m}-r_n$, en sorte qu'on aura

$$(3)\quad \begin{cases} s-r_{-m}-r_n=a_{-m+1}x^{-m+1}+\ldots+a_{-2}x^{-2}+a_{-1}x^{-1} \\ \qquad +a_0+a_1x+a_2x^2+\ldots+a_{n-1}x^{n-1}. \end{cases}$$

Soit maintenant l un nombre entier égal ou supérieur à chacun des nombres m, n. Soit, de plus, x un module déterminé de la variable x, et supposons que, dans la formule (3), on remplace successivement la variable x par les diverses racines de l'équation binôme

$$x^l=\mathrm{x}^l.$$

On obtiendra ainsi l valeurs différentes de s. Nommons ς la moyenne arithmétique entre ces valeurs, c'est-à-dire leur somme divisée par l. Nommons pareillement

$$\rho_{-m}$$

la moyenne arithmétique entre les diverses valeurs de r_{-m}, et

$$\rho_n$$

la moyenne arithmétique entre les valeurs de r_n. Comme la somme des valeurs de x^k sera nulle pour toutes les valeurs de k comprises dans la suite

$$-m+1, \quad \ldots, \quad -2, \quad -1, \quad 1, \quad 2, \quad \ldots, \quad n-1,$$

on aura évidemment

$$(4) \qquad \varsigma - \rho_{-m} - \rho_n = a_0.$$

Supposons à présent que la série (1) reste convergente pour toutes les valeurs de x dont le module est x. Alors, en faisant croître indéfiniment les nombres entiers m, n, on fera converger les valeurs de

$$r_{-m}, \quad r_n$$

et, par suite, celles de

$$\rho_{-m}, \quad \rho_n$$

vers la limite zéro. Donc, en passant aux limites, on tirera de l'équation (4)

$$(5) \qquad a_0 = \varsigma.$$

Si la somme s s'évanouit pour toutes les valeurs de x dont le module est x, on pourra en dire autant de ς, et, par suite, l'équation (5) se trouvera réduite à

$$a_0 = 0.$$

On peut donc énoncer la proposition suivante :

Lemme. — *Si une série, composée de termes proportionnels aux puissances entières positives et négatives d'une variable x, reste convergente et présente une somme nulle pour toutes les valeurs de x qui offrent un module donné, le terme constant de cette série sera identiquement nul.*

Corollaire I. — Une série convergente ne cesse pas de l'être quand on multiplie tous ses termes par un même facteur, et alors la somme de la série se trouve elle-même multipliée par ce facteur. Si la série (1) est celle dont il s'agit, il suffira de réduire le facteur à $x^{\mp n}$ pour que le terme $a_{\pm n}x^{\pm n}$ se transforme en un terme constant

$$a_{\pm n}.$$

Si d'ailleurs la somme de la série (1) est nulle, le produit de cette somme par $x^{\mp n}$ sera encore nul. Donc, sous les conditions énoncées, le coefficient a_n ou a_{-n} de la puissance x^n ou x^{-n}, dans un terme quelconque de la série (1), sera identiquement nul, aussi bien que le terme constant a_0.

Corollaire II. — Soit maintenant

(6) $b_{-m}x^{-m}, \quad \ldots, \quad b_{-2}x^{-2}, \quad b_{-1}x^{-1}, \quad b_0, \quad b_1 x, \quad b_2 x^2, \quad \ldots, \quad b_n x^n, \quad \ldots$

une nouvelle série semblable à la série (1), et posons généralement, pour des valeurs entières quelconques, positives ou négatives de k,

(7) $$b_k - a_k = c_k.$$

Si les séries (1) et (6) sont convergentes et présentent constamment la même somme pour toutes les valeurs de x qui offrent un module donné, alors, pour ces mêmes valeurs de x, la somme de la série

(8) $c_{-m}x^{-m}, \quad \ldots, \quad c_{-2}x^{-2}, \quad c_{-1}x^{-1}, \quad c_0, \quad c_1 x, \quad c_2 x_2, \quad \ldots, \quad c_n x^n, \quad \ldots$

sera constamment nulle, et, par suite, en vertu du corollaire I, le coefficient c_k de x^k, dans un terme quelconque de la série (8), sera constamment égal à zéro. Donc, par suite, eu égard à l'équation (7), on aura constamment

$$b_k = a_k,$$

et ainsi se trouvera vérifié le théorème dont la démonstration était l'objet de la présente Note.

217.

Rapport sur le concours de 1842, relatif au grand prix de Mathématiques.

C. R., T. XVII, p. 201 (31 juillet 1843).

L'Académie avait proposé comme sujet de prix la question suivante :

Trouver les équations aux limites que l'on doit joindre aux équations indéfinies pour déterminer complètement les maxima et minima des intégrales multiples.

Elle avait demandé en outre des *applications relatives aux intégrales triples.*

Des quatre Mémoires qui ont été adressés à l'Académie avant l'expiration du concours, deux ont été particulièrement distingués par les Commissaires, savoir : le n° 3, dont l'épigraphe est : *A force d'étudier un sujet sous toutes sortes de faces, on finit par en tirer quelque chose*, et le Mémoire n° 2.

Les Commissaires ont jugé :

1° Que l'auteur du Mémoire n° 3, en établissant, à l'aide d'un nouveau signe, appelé par lui *signe de substitution,* des formules élégantes et générales qui fournissent, sous une forme convenable, les variations des intégrales multiples, et qui permettent de leur appliquer, dans tous les cas, l'intégration par parties, a contribué d'une manière notable au perfectionnement de l'Analyse, et mérité ainsi le grand prix de Mathématiques;

2° Que l'auteur du Mémoire n° 2, sans donner à ses calculs toute la généralité désirable, a néanmoins, en raison de l'élégance de quelques-unes de ses formules, surtout en raison des applications qu'il en a faites et de ses recherches sur la distinction des maxima et minima, mérité une mention honorable.

Après la lecture de ce Rapport, M. le Président ouvre le billet cacheté annexé au Mémoire couronné. Ce billet contient le nom de M. F. Sarrus, doyen de la Faculté des Sciences de Strasbourg.

218.

Calcul différentiel. — *Mémoire sur l'Analyse infinitésimale.*

C. R., T. XVII, p. 275 (14 août 1843).

Les géomètres ont accueilli avec bienveillance la méthode que j'ai suivie pour l'exposition de l'Analyse infinitésimale et que j'ai développée, non seulement dans mon *Calcul différentiel*, mais aussi dans un Mémoire *Su i metodi analitici* que renferme le recueil publié à Milan et intitulé *Bibliotheca italiana*. Toutefois, il m'a semblé qu'on simplifierait encore cette exposition en donnant à la méthode elle-même un nouveau degré de précision et de clarté si, à la définition que j'ai adoptée pour les différentielles en général, on joignait la considération d'une variable dont la différentielle se réduirait à l'unité. Il ne sera pas inutile d'entrer à cet égard dans quelques détails.

Lorsque des variables sont liées entre elles par une ou plusieurs équations, alors, en vertu de ces équations mêmes, quelques-unes de ces variables deviennent fonctions des autres considérées comme indépendantes. Alors aussi des accroissements simultanément attribués aux diverses variables se trouvent liés entre eux et à ces variables par des équations nouvelles qui se déduisent immédiatement des équations données. Ajoutons que si, les accroissements des variables étant supposés infiniment petits, on néglige, vis-à-vis de ceux-ci, considérés comme infiniment petits du premier ordre, les infiniment petits des ordres supérieurs au premier, les nouvelles équations deviendront linéaires par rapport aux accroissements dont il s'agit. Leibnitz et les premiers géomètres qui se sont occupés de l'Analyse infinitésimale ont appelé *différentielles* des variables leurs accroissements infiniment petits, et ils ont donné le nom d'*équations différentielles* aux équations linéaires qui subsistent entre ces différentielles. Cette définition des différentielles et des équations différentielles a le grand avantage d'être très générale et de s'étendre à tous les cas possibles. Toutefois, pour ceux qui l'adoptent, les équations différentielles ne deviennent exactes que dans le cas où les différentielles s'évanouissent, c'est-à-dire dans le cas où ces équations mêmes disparaissent. A la vérité, l'inconvénient que nous venons de rappeler n'a point arrêté Euler, et ce grand géomètre, tirant la conséquence rigoureuse des principes généralement admis, a considéré les différentielles comme de véritables zéros qui ont entre eux des rapports finis. Mais d'autres géomètres non moins illustres, et Lagrange à leur tête, n'ont pu se résoudre à introduire dans un même calcul plusieurs sortes de zéros distincts les uns des autres; et c'est pour ce motif qu'à la notion des différentielles Lagrange a songé à substituer la notion des fonctions dérivées, sur laquelle il sera convenable de nous arrêter quelques instants.

Examinons en particulier le cas où l'on considère une seule variable indépendante et une seule fonction de cette variable. Si l'on attribue à cette variable un accroissement infiniment petit, l'accroissement correspondant de la fonction se trouvera lié à la variable et à l'accroissement de la variable par une équation, qui deviendra linéaire à l'égard des deux accroissements, quand on négligera les infiniment petits du second ordre ou d'un ordre supérieur vis-à-vis des infiniment petits du premier ordre. Or l'équation linéaire ainsi obtenue fournira, pour le rapport entre les accroissements infiniment petits de la fonction donnée et de la variable, une fonction nouvelle. Cette fonction nouvelle est précisément celle que Lagrange appelle la *fonction dérivée* (1). Elle représente, en réalité, la limite du rapport entre les accroissement infiniment petits et simultanés de la fonction et de la variable. Mais, au lieu de lui donner cette origine, Lagrange l'a considérée comme représentant le coefficient de l'accroissement de la variable dans le premier terme de l'accroissement de la fonction développée en une série ordonnée suivant les puissances ascendantes de l'accroissement de la variable.

Dans le cas où l'on considère un développement en série, abstraction faite du système d'opérations qui a pu produire ce développement, le seul moyen de savoir si le développement dont il s'agit appartient à une fonction donnée est d'examiner si cette fonction équivaut à la somme de la série supposée convergente. Par suite, pour

(1) La méthode *de maximis et minimis*, donnée par Fermat, peut être réduite à la recherche du rapport qu'on obtient quand on divise, par un accroissement indéterminé attribué à une variable, l'accroissement correspondant de la fonction qui doit devenir un maximum ou un minimum, et à la détermination de la valeur particulière qu'acquiert ce rapport quand l'accroissement de la variable s'évanouit. Or cette valeur particulière, comme Lagrange en a fait la remarque, est encore la *fonction dérivée*.

établir sur des bases rigoureuses la théorie des fonctions dérivées, telle que Lagrange l'a conçue, il faudrait commencer par faire voir que l'accroissement d'une fonction quelconque est, sinon dans tous les cas possibles, du moins sous certaines conditions, la somme d'une série convergente ordonnée suivant les puissances ascendantes de l'accroissement de la variable. Or la démonstration générale d'un semblable théorème ne peut se donner *a priori* et repose nécessairement, même dans le cas où les accroissements deviennent infiniment petits, sur diverses propositions antécédentes; d'où il résulte que ce théorème doit être naturellement considéré, non comme le principe et la base du Calcul différentiel, mais comme un des résultats auxquels conduisent les applications de ce calcul. Aussi les difficultés que l'on rencontre, quand on veut déduire la notion des fonctions dérivées de la considération d'une série composée d'un nombre infini de termes, se trouvent-elles à peine dissimulées par toutes les ressources qu'a développées le génie de Lagrange dans le premier Chapitre de la *Théorie des fonctions analytiques*.

On échappe aux difficultés que nous venons de signaler quand on considère une *fonction dérivée* comme *la limite du rapport entre les accroissements infiniment petits et simultanés de la fonction donnée et de la variable dont elle dépend*. En adoptant cette définition, on pourrait, avec quelques auteurs, nommer *différentielle de la variable indépendante* l'accroissement de cette variable, et *différentielle de la fonction donnée* le produit de la fonction dérivée par la différentielle de la variable. On pourrait enfin, lorsqu'une même quantité dépend de plusieurs variables, nommer *différentielle totale* de cette quantité la somme des différentielles qu'on obtiendrait en la considérant successivement comme fonction de chacune des variables dont il s'agit. Mais alors le sens du mot *différentielle*, loin de se trouver généralement fixé, en vertu d'une définition simple applicable à tous les cas possibles, exigerait, pour être complètement déterminé, que l'on expliquât avec précision quelles sont les variables regardées comme indépendantes; et si, pour fixer les idées, on s'occupait uniquement de deux variables liées entre elles par une seule équation, non seulement la différentielle de la première variable serait définie autrement que la différentielle de la seconde, mais de plus la définition de chaque différentielle varierait lorsqu'on changerait la variable indépendante, en considérant tantôt la seconde variable comme fonction de la première, tantôt la première comme fonction de la seconde.

On évitera ces inconvénients si l'on considère les *différentielles* de deux ou de plusieurs variables, liées entre elles par une ou plusieurs équations, comme *des quantités finies dont les rapports sont rigoureusement égaux aux limites des rapports entre les accroissements infiniment petits et simultanés de ces variables*. Cette définition nouvelle, que j'ai adoptée dans mon *Calcul différentiel* et dans le Mémoire *Sur les Méthodes analytiques*, me paraît joindre à l'exactitude désirable tous les avantages qu'offrait, sous le rapport de la simplicité et de la généralité, la définition primitivement admise par Leibnitz et par les géomètres qui l'ont suivi. A la vérité, les différentielles de plusieurs variables ne se trouvent pas complètement déterminées par la définition nouvelle; et cette définition, lors même que toutes les variables se réduisent à des fonctions de l'une d'entre elles, détermine seulement les rapports entre les différentielles de ces diverses variables. Mais l'indétermination qui subsiste est plutôt utile que nuisible dans les problèmes qui se résolvent à l'aide du Calcul infinitésimal, attendu qu'elle permet toujours de disposer arbitrairement au moins d'une différentielle; et d'ailleurs c'est précisément en vertu de cette indétermination même que la définition nouvelle embrasse, comme cas particuliers, les définitions diverses qu'offrirait, pour divers systèmes de variables indépendantes, la théorie que nous rappelions tout à l'heure. En vertu de la nouvelle définition, les divers systèmes de valeurs que peuvent acquérir les différentielles de plusieurs variables, liées entre elles par des équations données, restent évidemment les mêmes, quelles que soient celles de ces variables que l'on considère comme indépendantes, et ces équations différentielles, c'est-à-dire les équations linéaires auxquelles satisfont ces divers systèmes de valeurs, ne sont plus, comme dans la théorie de Leibnitz, des équations approximatives, mais des équations exactes.

Pour écarter complètement l'idée que les formules employées dans le Calcul différentiel sont des formules approximatives et non des formules rigoureusement exactes, il me paraît important de considérer les différentielles comme des quantités finies, en les distinguant soigneusement des accroissements infiniment petits des variables. La considération de ces derniers accroissements peut et doit être employée, comme moyen de découverte ou de démonstration, dans la recherche des formules ou dans l'établissement des théorèmes. Mais alors le calculateur se sert des infiniment petits comme d'intermédiaires qui doivent le conduire à la connaissance des relations qui subsistent entre des quantités finies, et jamais, à mon avis, des quantités infiniment petites ne doivent être admises dans les équations finales, où leur présence deviendrait sans objet et sans utilité.

D'ailleurs, si l'on considérait les différentielles comme des quantités toujours très petites, on renoncerait par cela même à l'avantage de pouvoir, entre les différentielles de plusieurs variables, en prendre une pour unité. Or, pour se former une idée précise d'une quantité quelconque, il importe de la rapporter à l'unité de son espèce. Il importe donc de choisir une unité parmi les différentielles. Ajoutons qu'un choix convenable de cette unité suffit pour transformer en différentielles ce qu'on appelle des *fonctions dérivées*. En effet, en vertu des définitions adoptées, *la dérivée d'une fonction est ce que devient sa différentielle quand la différentielle de la variable indépendante est prise pour unité*.

Remarquons encore que la considération d'une variable, dont la différentielle est prise pour unité, simplifie l'énoncé de la définition que nous avons donnée pour les différentielles en général et permet de réduire cette définition aux termes suivants :

La différentielle d'une variable quelconque est la limite du rapport entre les accroissements infiniment petits que peuvent acquérir simultané-

ment la variable dont il s'agit et la variable dont la différentielle est prise pour unité.

Si l'on nomme *variable primitive* celle de laquelle toutes les autres sont censées dépendre, et dont la différentielle est prise pour unité, *la différentielle d'une variable quelconque ne sera autre chose que la limite du rapport entre les accroissements infiniment petits et simultanés de cette variable et de la variable primitive.*

La définition précédente fournit le moyen de démontrer fort simplement les propositions fondamentales du Calcul différentiel, et en particulier les théorèmes généraux relatifs à la différentiation des fonctions de fonctions et des fonctions composées. C'est ce que j'explique dans le Mémoire ci-joint, qui sera publié prochainement dans les *Exercices d'Analyse et de Physique mathématique*. Un autre Mémoire, dont je donnerai un extrait dans un second article, a pour but de montrer les avantages que peut offrir, dans le calcul des variations, l'application des mêmes principes, et spécialement la considération d'une variable *primitive,* dont la variation serait prise pour unité.

219.

ANALYSE MATHÉMATIQUE. — *Note.*

C. R., T. XVII, p. 370 (28 août 1843).

Après la lecture du procès-verbal, M. Cauchy demande la parole et reproduit l'observation qu'il a présentée dans la séance précédente. M. Laurent avait annoncé que, des considérations développées dans sa Note, il déduit un moyen d'opérer la séparation des modules des racines d'une équation algébrique, sans recourir à l'équation aux carrés des différences, ni au théorème de M. Sturm. M. Cauchy a remarqué à ce sujet que, dans de précédents Mémoires, il s'était occupé lui-même de cette séparation. En effet, non seulement M. Cauchy a donné, en 1813, un théorème à l'aide duquel on peut déterminer directement le nombre des racines positives et le nombre des racines négatives d'une équation de degré quelconque, et, en conséquence, opérer la séparation des racines réelles, qui se déduit aussi du théorème donné plus récemment par M. Sturm; non seulement l'*Analyse algébrique* de M. Cauchy renferme un autre théorème qui fournit assez facilement une limite de la plus petite différence qui existe entre deux racines réelles, mais de plus, dans les *Comptes rendus* de 1837, M. Cauchy a prouvé : 1° qu'on peut développer immédiatement en séries convergentes les racines d'une équation algébrique

$$f(x) = 0,$$

dans le cas où ces racines sont toutes réelles; 2° que, dans le cas contraire, on peut décomposer l'équation en quatre autres dont deux n'offrent plus que les seules racines réelles de la proposée, qui correspondent à des valeurs positives ou à des valeurs négatives de $f'(x)$.

220.

Analyse mathématique. — *Sur un emploi légitime des séries divergentes.*

C. R., T. XVII, p. 370 (28 août 1843).

Les géomètres reconnaissent généralement aujourd'hui les dangers que peut offrir l'introduction des séries divergentes dans l'Analyse, et ils admettent avec raison que ces séries n'ont pas de sommes. Toutefois la série employée par Stirling, pour la détermination approximative du logarithme d'un produit dont les facteurs croissent en progression arithmétique, et d'autres séries divergentes du même genre fournissent effectivement, quand on les arrête après un certain nombre de termes, des valeurs approchées des fonctions dont elles représentent les développements. Il était important d'examiner s'il est possible de rendre légitime l'emploi de semblables séries, et de fixer les erreurs commises en raison de cet emploi. M'étant occupé de cette question, je suis parvenu à reconnaître que, dans la série de Stirling et dans une multitude d'autres séries du même genre, *le premier des termes négligés représente précisément une limite supérieure à l'erreur commise.* Cette proposition très simple se démontre aisément à l'aide des considérations suivantes.

La propriété que je viens d'indiquer appartient évidemment à une progression géométrique, dont les divers termes, supposés réels, sont alternativement positifs et négatifs. Il est aisé d'en conclure qu'elle appartient à toute série ordonnée suivant les puissances ascendantes d'une variable, et produite par le développement d'une fraction rationnelle, ou même d'une fonction transcendante, décomposable en fractions simples, dans le cas où l'équation qu'on obtient en égalant cette fonction à l'infini n'offre que des racines réelles négatives, ou des racines imaginaires dont les parties réelles s'évanouissent. Donc la même propriété appartiendra encore aux développements d'intégrales définies prises à partir de l'origine zéro, et dans lesquelles de semblables fonctions se trouveraient multipliées, sous le signe $\int$, par des facteurs qui resteraient toujours positifs entre les limites des intégrations. Or la série de Stirling est précisément le développement d'une telle intégrale. Quand on arrête cette série dès ses premiers termes, en négligeant tous ceux qui renferment les nombres de Bernoulli, la règle que nous avons énoncée reproduit un résultat obtenu par M. Liouville.

Les principes que je viens d'exposer suffisent pour mettre en évidence les avantages que peut offrir l'emploi de la série de Stirling et de plusieurs autres séries de même nature, malgré leur divergence. Ainsi, en particulier, il résulte de ces principes que la série de Stirling fournit la valeur approchée du logarithme d'une intégrale eulérienne de seconde espèce, c'est-à-dire du logarithme de la fonction $\Gamma(n)$, lorsque la base n surpasse le nombre 10, avec une approximation telle que l'erreur commise est inférieure à deux unités de l'ordre du vingt-septième chiffre décimal. On comprend qu'une approximation si grande dépasse de beaucoup celle que l'on se propose généralement dans les évaluations numériques des quantités.

Analyse.

Supposons la variable x et la quantité k positives. On aura généralement

$$(1) \qquad \frac{1}{k+x} = \frac{1}{k} - \frac{x}{k^2} + \ldots \mp \frac{x^{n-1}}{k^n} \pm \frac{x^n}{k^n(k+x)}$$

et

$$(2) \qquad \frac{x^n}{k^n(k+x)} < \frac{x^n}{k^{n+1}}.$$

Donc, *si une progression géométrique, dans laquelle les divers termes supposés réels sont alternativement positifs et négatifs, est arrêtée après un certain nombre de termes, le premier des termes négligés représentera une limite supérieure à l'erreur commise qui sera d'ailleurs affectée du même signe que ce terme.* La même propriété appartiendra évidemment à toute série ordonnée suivant les puissances ascendantes de la variable positive x, et produite par le développement d'une fonction rationnelle ou transcendante $f(x)$ qui serait décomposable en fractions simples de la forme

$$\frac{h}{k+x},$$

h et k étant positifs, ou de la forme

$$\frac{h}{k^2+x^2},$$

h étant positif et k réel.

En général, soit $f(x)$ une fonction algébrique ou transcendante, mais telle que l'équation

$$(3) \qquad \frac{1}{f(x)} = 0$$

offre seulement des racines réelles négatives, ou des racines imaginaires dont les parties réelles s'évanouissent. Alors, en supposant que les résidus

$$\mathcal{E}\frac{(f(z))}{x-z}, \quad \mathcal{E}\frac{f\left(\frac{1}{z}\right)}{(1-zx)(z)}$$

offrent des valeurs déterminées, on aura (*voir* le Ier Volume des *Exercices de Mathématiques*, p. 136) (¹)

$$(4) \qquad f(x) = \mathcal{E}\frac{(f(z))}{x-z} + \mathcal{E}\frac{f\left(\frac{1}{z}\right)}{(1-zx)(z)}.$$

Or, si dans le second membre de la formule (4) on développe le rapport $\frac{1}{x-z}$ en une série ordonnée suivant les puissances ascendantes de x, si d'ailleurs chacun des résidus partiels de $f(z)$ est positif, on obtiendra un développement de $f(x)$ qui jouira encore de la propriété indiquée. Ajoutons que le développement correspondant d'une intégrale de la forme

$$(5) \qquad \int_0^a u\,f(x)\,dx$$

jouira encore de la même propriété, si le facteur u reste constamment positif entre les limites $x = 0$, $x = a$.

Si toutes les racines de l'équation (3) devenaient imaginaires, la partie réelle de chacune d'elles étant nulle, la propriété indiquée appartiendrait encore au développement de toute intégrale de la forme

$$(6) \qquad \int_a^b u\,f(x)\,dx,$$

pourvu que le facteur ne changeât pas de signe entre les limites de l'intégration.

Si, pour fixer les idées, on pose

$$f(x) = \frac{e^x}{e^x - 1} = \frac{1}{1 - e^{-x}},$$

l'équation (3), réduite à

$$e^x = 1,$$

(¹) *Œuvres de Cauchy*, S. II, T. VI, p. 172.

aura pour racines les logarithmes réels et imaginaires de l'unité, c'est-à-dire les diverses valeurs de

$$2n\pi\sqrt{-1},$$

correspondantes à des valeurs entières positives, nulles ou négatives de n. Alors l'équation (4) donnera

$$\begin{aligned}\frac{1}{1-e^{-x}} = \frac{1}{x} + \frac{1}{2} + \frac{1}{x-2\pi\sqrt{-1}} + \frac{1}{x-4\pi\sqrt{-1}} + \ldots \\ + \frac{1}{x+2\pi\sqrt{-1}} + \frac{1}{x+4\pi\sqrt{-1}} + \ldots\end{aligned}$$

et, par suite,

$$\frac{1}{x}\left(\frac{1}{1-e^{-x}} - \frac{1}{x} - \frac{1}{2}\right) = 2\left[\frac{1}{x^2+(2\pi)^2} + \frac{1}{x^2+(4\pi)^2} + \ldots\right].$$

Donc, si l'on prend

$$\mathfrak{f}(x) = \frac{1}{x}\left(\frac{1}{1-e^{-x}} - \frac{1}{x} - \frac{1}{2}\right),$$

la fonction $\mathfrak{f}(x)$ sera décomposable en fractions de la forme

$$\frac{2}{x^2+k^2},$$

et jouira de la propriété indiquée. Cela posé, représentons par

$$c_1, \quad c_2, \quad c_3, \quad \ldots$$

les nombres de Bernoulli, en sorte qu'on ait

$$c_1 = \frac{1}{6}, \qquad c_2 = \frac{1}{30}, \qquad c_3 = \frac{1}{42}, \qquad \ldots.$$

Non seulement on trouvera, pour des valeurs de x comprises entre les limites $x = -2\pi$, $x = 2\pi$,

$$(7) \qquad \frac{1}{x}\left(\frac{1}{1-e^{-x}} - \frac{1}{x} - \frac{1}{2}\right) = \frac{c_1}{2} - \frac{c_2}{2.3.4}x^2 + \frac{c_3}{2.3.4.5.6}x^4 - \ldots,$$

mais, de plus, on trouvera généralement, pour des valeurs quelconques de x,

$$(8)\quad\left\{\begin{aligned}&\frac{1}{x}\left(\frac{1}{1-e^{-x}}-\frac{1}{x}-\frac{1}{2}\right)\\&=\frac{c_1}{2}-\frac{c_2x^2}{2.3.4}+\frac{c_3x^4}{2.3.4.5.6}-\ldots\pm\frac{c_m x^{2m-2}}{2.3.4\ldots2m}\mp\theta\frac{c_{m+1}x^{2m}}{2.3.4\ldots(2m+2)},\end{aligned}\right.$$

θ désignant un nombre inférieur à l'unité. Donc, par suite, si la lettre u désigne une fonction réelle de x qui ne change pas de signe entre les limites $x=a$, $x=b$, on aura

$$(9)\quad\left\{\begin{aligned}&\int_a^b\frac{u}{x}\left(\frac{1}{1-e^{-x}}-\frac{1}{x}-\frac{1}{2}\right)dx\\&=\frac{c_1}{2}\int_a^b u\,dx-\frac{c_2}{2.3.4}\int_a^b ux^2dx+\ldots\pm\frac{c_m}{2.3\ldots2m}\int_a^b ux^{2m-2}dx\\&\qquad\mp\Theta\frac{c_{m+1}}{2.3\ldots(2m+2)}\int_a^b ux^{2m}dx,\end{aligned}\right.$$

Θ désignant encore un nombre inférieur à l'unité.

Faisons voir maintenant comment la formule (9) peut être appliquée à la détermination du logarithme d'une intégrale eulérienne de seconde espèce dont la base est n, c'est-à-dire du logarithme de la fonction de n que Legendre a désignée par $\Gamma(n)$.

Si l'on pose

$$(10)\qquad \mathrm{l}\,\Gamma(n)=(n-\tfrac{1}{2})\,\mathrm{l}\,n-n+\tfrac{1}{2}\mathrm{l}\,2\pi+\varpi(n),$$

la valeur de $\varpi(n)$ sera donnée par la formule

$$(11)\qquad \varpi(n)=\int_0^\infty\left(\frac{1}{1-e^{-x}}-\frac{1}{x}-\frac{1}{2}\right)e^{-nx}\frac{dx}{x},$$

que M. Binet a obtenue le premier dans son Mémoire sur les intégrales eulériennes. Cela posé, comme on aura généralement

$$\int_0^\infty x^{2m}e^{-nx}dx=\frac{1.2.3\ldots2m}{n^{2m+1}},$$

l'équation (9) donnera

$$(12)\quad \begin{cases} \varpi(n) = \dfrac{c_1}{1.2n} - \dfrac{c_2}{3.4n^3} + \dfrac{c_3}{5.6n^5} - \ldots - (-1)^m \dfrac{c_m}{(2m-1)2mn^{2m-1}} \\ \qquad - (-1)^{m+1}\Theta \dfrac{c_{m+1}}{(2m+1)(2m+2)n^{2m+1}}, \end{cases}$$

Θ désignant toujours un nombre inférieur à l'unité. Si, dans l'équation (12), on pose $m = 1$, on obtiendra une formule obtenue par M. Liouville, savoir,

$$(13)\qquad \varpi(n) = \Theta \frac{c_1}{2n},$$

en sorte qu'on aura

$$\varpi(n) < \frac{1}{6}\,\frac{1}{2n}.$$

Si l'on supposait, dans la formule (9), non seulement $a = 0$, $b = \infty$, mais, de plus, $u = x^k e^{-nx}$, k étant un nombre positif quelconque, cette formule donnerait

$$(14)\quad \begin{cases} \displaystyle\int_0^\infty \left(\frac{1}{1-e^{-x}} - \frac{1}{x} - \frac{1}{2}\right) x^{k-1} e^{-nx}\,dx \\ \quad = \dfrac{c_1}{2}\,\dfrac{\Gamma(k+1)}{n^{k+1}} - \dfrac{c_2}{2.3.4}\,\dfrac{\Gamma(k+3)}{n^{k+3}} + \ldots \pm \dfrac{c_m}{2.3\ldots 2m}\,\dfrac{\Gamma(k+2m-1)}{n^{k+2m-1}} \\ \qquad \mp \Theta \dfrac{c_{m+1}}{2.3\ldots(2m+2)}\,\dfrac{\Gamma(k+2m+1)}{n^{k+2m+1}}, \end{cases}$$

Θ désignant toujours un nombre inférieur à l'unité. Comme on a d'ailleurs généralement

$$\frac{1}{1-e^{-x}} = 1 + e^{-x} + e^{-2x} + \ldots,$$

on tirera de la formule (14), en supposant $k > 1$,

$$(15)\quad \begin{cases} \dfrac{1}{n^k} + \dfrac{1}{(n+1)^k} + \ldots \\ \quad = \dfrac{1}{n^{k-1}} + \dfrac{1}{2}\,\dfrac{1}{n^k} + \dfrac{c_1}{2}\,\dfrac{\Gamma(k+1)}{n^{k+1}} - \dfrac{c_2}{2.3.4}\,\dfrac{\Gamma(k+3)}{n^{k+3}} + \ldots \\ \quad \pm \dfrac{c_m}{2.3\ldots 2m}\,\dfrac{\Gamma(k+2m-1)}{n^{k+2m-1}} \mp \Theta \dfrac{c_{m+1}}{2.3\ldots(2m+2)}\,\dfrac{\Gamma(k+2m+1)}{n^{k+2m+1}}. \end{cases}$$

Lorsque k est renfermé entre les limites 1 et 2 et que le nombre n devient très considérable, la formule (15) fournit le moyen de déterminer très facilement et avec une grande approximation la somme

$$\frac{1}{n^k} + \frac{1}{(n+1)^k} + \frac{1}{(n+2)^k} + \ldots.$$

221.

Calcul intégral. — *Recherches sur les intégrales eulériennes.*

C. R., T. XVII, p. 376 (28 août 1843).

Ces recherches, particulièrement relatives aux intégrales eulériennes de seconde espèce, seront publiées dans les *Exercices d'Analyse et de Physique mathématique* (¹). Elles m'ont conduit à démontrer fort simplement quelques théorèmes qui paraissent dignes de remarque, et desquels on déduit sans peine diverses propriétés connues de la fonction $\Gamma(n)$. Pour donner une idée de ces théorèmes, je me bornerai à citer le suivant.

Si le polynôme

$$A\frac{t^a}{1-t^\alpha} + B\frac{t^b}{1-t^\beta} + C\frac{t^c}{1-t^\gamma} + \ldots,$$

dans lequel $a, b, c, \ldots, \alpha, \beta, \gamma, \ldots$ désignent des exposants positifs, et A, B, C, ... des coefficients constants, se réduit à une fonction linéaire des puissances positives de la variable t, c'est-à-dire à une expression de la forme

$$Ht^h + Kt^k + \ldots,$$

h, k étant des exposants positifs, et H, K, ... des quantités constantes; alors l'équation

$$(1) \qquad A\frac{t^a}{1-t^\alpha} + B\frac{t^b}{1-t^\beta} + C\frac{t^c}{1-t^\gamma} + \ldots = Ht^h + Kt^k + \ldots$$

(¹) *OEuvres de Cauchy*, S. II, T. XII.

entraînera la suivante

$$(2)\quad \begin{cases} A\,l\Gamma\left(\frac{a}{\alpha}\right)+B\,l\Gamma\left(\frac{b}{6}\right)+C\,l\Gamma\left(\frac{c}{\gamma}\right)+\ldots \\ \quad =\frac{A+B+C+\ldots}{2}\,l\,2\pi-H\,l\,h-K\,l\,k-\ldots \\ \quad -A\left(\frac{a}{\alpha}-\frac{1}{2}\right)l\alpha-B\left(\frac{b}{6}-\frac{1}{2}\right)l6-\ldots. \end{cases}$$

Ainsi, par exemple, l'équation

$$\frac{1-t^n}{1-t}=1+t+t^2+\ldots+t^{n-1},$$

de laquelle on tire

$$(3)\qquad \frac{t^a}{1-t^n}+\frac{t^{a+1}}{1-t^n}+\ldots+\frac{t^{a+n-1}}{1-t^n}-\frac{t^a}{1-t}=0,$$

entraînera la formule

$$(4)\quad l\Gamma\left(\frac{a}{n}\right)+l\Gamma\left(\frac{a+1}{n}\right)+\ldots+l\Gamma\left(\frac{a+n-1}{n}\right)-l\Gamma(a)=\frac{n-1}{2}\,l\,2\pi-\left(a-\frac{1}{2}\right)l\,n,$$

et, par conséquent, la formule

$$(5)\qquad \frac{\Gamma\left(\frac{a}{n}\right)\Gamma\left(\frac{a+1}{n}\right)\ldots\Gamma\left(\frac{a+n-1}{n}\right)}{\Gamma(a)}=\frac{(2\pi)^{\frac{n-1}{2}}}{n^{a-\frac{1}{2}}},$$

qui a été donnée par M. Gauss.

222.

Analyse transcendante. — *Note sur des théorèmes nouveaux et de nouvelles formules qui se déduisent de quelques équations symboliques.*

C. R., T. XVII, p. 377 (28 août 1843).

Maclaurin a donné une formule à l'aide de laquelle une intégrale aux différences finies se transforme en une intégrale aux différences infiniment petites, qui s'ajoute à la somme d'une série ordonnée suivant les puissances ascendantes de l'accroissement de la variable. Or, pour obtenir cette formule, il suffit de recourir à l'équation symbolique qui existe entre les lettres caractéristiques Δ, D, dont l'une sert à indiquer une différence finie, l'autre une fonction dérivée; et de développer $\frac{1}{\Delta}$ suivant les puissances ascendantes de D. Il y a plus : on pourra développer pareillement, suivant les puissances ascendantes de la lettre D, une fonction rationnelle symbolique qui aurait pour numérateur l'unité et pour dénominateur une fonction entière de Δ. Enfin on pourra décomposer une fraction rationnelle de cette espèce en fractions simples dont chacune ait pour dénominateur une fonction linéaire de D. Les formules obtenues, comme on vient de le dire, pourront servir à développer l'intégrale d'une équation linéaire aux différences finies, qui aura pour second membre une fonction donnée de la variable, en une série dont chaque terme sera proportionnel, ou à l'une des dérivées de cette fonction, ou à l'intégrale d'une équation différentielle linéaire du premier ordre. Toutefois, ces formules, ainsi déduites d'une équation symbolique, ne pourront encore être considérées comme rigoureusement établies, la méthode qui les aura fait découvrir n'étant en réalité qu'une méthode d'induction, et l'on doit même observer que cette méthode ne paraît nullement propre à faire connaître dans quel cas chaque série sera convergente, et sous quelles conditions chaque formule subsistera. Or ces dernières questions se résoudront assez facilement, dans beaucoup de cas, à l'aide des considérations suivantes.

D'abord, pour obtenir les règles de la convergence des séries, il suffira souvent de recourir à deux théorèmes que j'ai démontrés, l'un dans l'*Analyse algébrique*, page 143 [1], l'autre dans le Mémoire de 1831 sur la Mécanique céleste [2]. A l'aide de ces deux théorèmes, on prouvera aisément, par exemple, que la série donnée par Maclaurin

(1) *Œuvres de Cauchy*, S. II, T. III.
(2) *Ibid.*, S. II, T. XV.

comme propre à représenter le développement d'une intégrale aux différences finies reste convergente jusqu'au moment où le module de l'accroissement de la variable atteint, non pas la limite pour laquelle cesse la convergence de la série de Taylor, quand on y supprime dans chaque terme les diviseurs numériques, mais une limite inférieure qui sera le rayon d'une circonférence représentée par la première. D'ailleurs cette limite inférieure sera nulle, excepté dans le cas où la série de Taylor restera toujours convergente; et, par conséquent, ce dernier cas sera le seul dans lequel il y aura lieu d'examiner si la série en question est convergente elle-même.

Les lois de la convergence des séries étant connues, pour établir en toute rigueur les formules elles-mêmes dans le cas où les séries seront convergentes, il suffira ordinairement de recourir, soit au théorème de Fourier, soit à celui qui permet de transformer une fonction quelconque en une intégrale prise entre les limites $-\pi$, $+\pi$.

Au reste, je développerai dans un nouvel article quelques-unes des nombreuses conséquences des principes que je viens d'énoncer, et j'examinerai, en particulier, la formule qu'on obtient quand on décompose $\frac{1}{\Delta}$ en fractions simples, dont chacune a pour dénominateur une fonction linéaire de D.

223.

Calcul intégral. — *Mémoire sur l'emploi des équations symboliques dans le Calcul infinitésimal et dans le calcul aux différences finies.*

C. R., T. XVII, p. 449 (4 septembre 1843).

Le IIe Volume de mes *Exercices de Mathématiques* (1) renferme un article sur l'analogie des puissances et des différences dans lequel, après avoir rappelé les travaux remarquables de M. Brisson, relatifs à

(1) *Œuvres de Cauchy*, S. II, T. VII, p. 198 et suiv.

cet objet, j'ai spécialement examiné l'emploi que l'on peut faire des caractéristiques D et Δ dans l'intégration des équations linéaires aux différences finies ou infiniment petites, mêlées ou non mêlées et à coefficients constants. Parmi les formules que j'ai, dans cet article, établies et démontrées en toute rigueur, celles qui se rapportent aux équations linéaires différentielles ou aux dérivées partielles se trouvaient déjà dans le Mémoire de M. Brisson. D'ailleurs, il suffit d'appliquer la notation du calcul des résidus aux diverses formules que j'avais obtenues pour en déduire les intégrales générales des équations linéaires et à coefficients constants, aux différences finies ou infiniment petites, sous la forme d'expressions symboliques très simples, et pour retrouver ainsi la formule que j'ai donnée dans le Volume déjà cité, page 213 (1), ou les résultats du même genre donnés à Rome par M. l'abbé Tortolini.

Les formules que j'avais démontrées dans l'article ci-dessus mentionné renferment seulement des fonctions rationnelles des lettres caractéristiques D et Δ. Ces formules sont généralement vraies et subsistent dans tous les cas possibles. Mais on ne saurait en dire autant des formules auxquelles on parvient lorsqu'on développe ces fonctions en séries composées d'un nombre infini de termes, comme l'avait proposé M. Brisson, ou lorsqu'on fait entrer, avec cet auteur et avec Poisson, les lettres caractéristiques sous des signes d'intégration. Il était important d'examiner sous quelles conditions subsistent de telles formules, qui sont quelquefois exactes et quelquefois inexactes. Or, je suis parvenu à reconnaître qu'il y a heureusement un moyen simple et facile de résoudre généralement cette question. Le moyen dont il s'agit consiste à substituer les valeurs trouvées pour les inconnues dans les équations auxquelles ces inconnues doivent satisfaire et à examiner si ces équations sont ou ne sont pas vérifiées, en ayant soin d'assujettir les séries introduites dans le calcul à demeurer toujours convergentes. C'est ainsi que j'ai obtenu diverses formules que j'indiquerai

(1) *OEuvres de Cauchy*, S. II, T. VII, p. 258.

ci-après. Parmi ces formules, il en est une surtout qui me paraît digne de remarque, savoir, celle qui sert à transformer une intégrale aux différences finies en une série d'intégrales aux différences infiniment petites.

Analyse.

Soient

$$\Box, \quad \nabla$$

deux fonctions entières des lettres caractéristiques

$$\mathrm{D}, \quad \Delta,$$

ou plus généralement des lettres caractéristiques

$$\mathrm{D}_x, \quad \mathrm{D}_y, \quad \mathrm{D}_z, \quad \ldots, \quad \Delta_x, \quad \Delta_y, \quad \Delta_z, \quad \ldots,$$

qui indiquent des fonctions dérivées et des différences finies relatives à diverses variables $x, y, z, \ldots$. Supposons d'ailleurs que

$$\Box_{\prime}, \quad \Box_{\prime\prime}, \quad \ldots, \quad \nabla_{\prime}, \quad \nabla_{\prime\prime}, \quad \ldots$$

désignant d'autres fonctions entières des mêmes lettres caractéristiques et $\nabla_{\prime}$, $\nabla_{\prime\prime}$, ... étant des diviseurs de la fonction ∇, on ait

$$(1) \qquad \frac{\Box}{\nabla} = \frac{\Box_{\prime}}{\nabla_{\prime}} + \frac{\Box_{\prime\prime}}{\nabla_{\prime\prime}} + \ldots,$$

dans le cas où l'on considère ces lettres caractéristiques comme de véritables quantités. Enfin, soit

$$(2) \qquad \mathrm{K} = f(x, y, z, \ldots)$$

une fonction quelconque des variables $x, y, z, \ldots$. On sera naturellement porté à croire que l'équation (1) entraîne la suivante

$$(3) \qquad \frac{\Box}{\nabla}\mathrm{K} = \frac{\Box_{\prime}}{\nabla_{\prime}}\mathrm{K} + \frac{\Box_{\prime\prime}}{\nabla_{\prime\prime}}\mathrm{K} + \ldots,$$

dans laquelle les notations

$$\frac{\Box}{\nabla}\mathrm{K}, \quad \frac{\Box_{\prime}}{\nabla_{\prime}}\mathrm{K}, \quad \frac{\Box_{\prime\prime}}{\nabla_{\prime\prime}}\mathrm{K}, \quad \ldots$$

représentent les valeurs de

$$\varpi,\quad \varpi_{\prime},\quad \varpi_{\prime\prime},\quad \ldots$$

propres à vérifier les équations aux différences finies ou infiniment petites

$$(4)\qquad \nabla\varpi = \Box K,$$

$$(5)\qquad \nabla_{\prime}\varpi_{\prime} = \Box_{\prime} K,\qquad \nabla_{\prime\prime}\varpi_{\prime\prime} = \Box_{\prime\prime} K,\qquad \ldots.$$

Or, pour décider si la formule (3) est exacte ou inexacte, il suffira d'examiner si l'on vérifie ou non l'équation (4) en prenant

$$(6)\qquad \varpi = \varpi_{\prime} + \varpi_{\prime\prime} + \ldots.$$

Cela posé, concevons d'abord que les termes compris dans le second membre de la formule (3) soient en nombre fini. On tirera de cette formule

$$(7)\qquad \Box = \frac{\nabla}{\nabla_{\prime}}\Box_{\prime} + \frac{\nabla}{\nabla_{\prime\prime}}\Box_{\prime\prime} + \ldots,$$

et, par suite,

$$(8)\qquad \Box K = \frac{\nabla}{\nabla_{\prime}}\Box_{\prime} K + \frac{\nabla}{\nabla_{\prime\prime}}\Box_{\prime\prime} K + \ldots,$$

puis, eu égard aux équations (5),

$$(9)\qquad \Box K = \nabla\varpi_{\prime} + \nabla\varpi_{\prime\prime} + \ldots$$

ou, ce qui revient au même,

$$(10)\qquad \nabla(\varpi_{\prime} + \varpi_{\prime\prime} + \ldots) = \Box K.$$

Donc alors la valeur de ϖ donnée par la formule (6) vérifiera l'équation (4), comme nous l'avons reconnu dans le IIe Volume des *Exercices de Mathématiques* (¹).

Lorsque $\frac{\Box}{\nabla}$ se réduit à une fraction rationnelle de la seule caractéristique D ou Δ, on peut, à l'aide du calcul des résidus, décomposer immédiatement cette fraction rationnelle en fractions simples, et obte-

(¹) *OEuvres de Cauchy*, S. II, T. VII.

nir ainsi une équation de la nature de l'équation (1). En effet, soient $f(x)$, $F(x)$ deux fonctions entières de x, et supposons, pour plus de commodité, le degré de la première fonction inférieur à celui de la seconde. On aura généralement

$$\frac{f(x)}{F(x)} = \mathcal{E}\frac{1}{x-r}\left(\frac{f(r)}{F(r)}\right). \tag{11}$$

Or, si dans la formule (11) on remplace successivement la variable x par les caractéristiques D et Δ considérées comme propres à indiquer une dérivée et une différence relative à cette même variable, on obtiendra deux formules analogues à la formule (1), et les équations correspondantes qui se présenteront à la place de l'équation (3) seront

$$\frac{f(D)}{F(D)}K = \mathcal{E}\frac{K}{D-r}\left(\frac{f(r)}{F(r)}\right), \tag{12}$$

$$\frac{f(\Delta)}{F(\Delta)}K = \mathcal{E}\frac{K}{\Delta-r}\left(\frac{f(r)}{F(r)}\right). \tag{13}$$

D'ailleurs

$$\frac{K}{D-r} \quad \text{et} \quad \frac{K}{\Delta-r}$$

représenteront les deux valeurs de ϖ propres à vérifier les deux équations linéaires

$$(D-r)\varpi = K, \qquad (\Delta-r)\varpi = K;$$

de sorte qu'en posant, pour abréger, $\Delta x = h$, on trouvera

$$\frac{K}{D-r} = e^{rx}\int e^{-rx}K\,dx, \qquad \frac{K}{\Delta-r} = (1+r)^{\frac{x}{h}-1}\sum(1+r)^{-\frac{x}{h}}K.$$

Donc les formules (12), (13) donneront

$$\frac{f(D)}{F(D)}K = \mathcal{E}\left(\frac{f(r)}{F(r)}\right)e^{rx}\int e^{-rx}K\,dx, \tag{14}$$

$$\frac{f(\Delta)}{F(\Delta)}K = \mathcal{E}\left(\frac{f(r)}{F(r)}\right)(1+r)^{\frac{x}{h}-1}\sum(1+r)^{-\frac{x}{h}}K. \tag{15}$$

Donc on vérifiera l'équation différentielle

$$F(D)\varpi = f(D)K \tag{16}$$

en posant

$$(17) \qquad \varpi = \mathcal{E}\left(\frac{f(r)}{F(r)}\right) e^{rx}\int e^{-rx} K\, dx,$$

et l'équation aux différences finies

$$(18) \qquad F(\Delta)\varpi = f(\Delta)K$$

en posant

$$(19) \qquad \varpi = \mathcal{E}\left(\frac{f(r)}{F(r)}\right)(1+r)^{\frac{x}{h}-1}\sum (1+r)^{-\frac{x}{h}} K.$$

Si, dans les formules (17), (19), on réduit la fonction $f(r)$ à l'unité, on retrouvera les deux équations symboliques qui ont été données, l'une par moi-même dans le IIe Volume des *Exercices de Mathématiques*, page 213 ([1]), l'autre par M. l'abbé Tortolini, comme propres à représenter l'intégrale générale d'une équation différentielle ou aux différences finies, linéaire et à coefficients constants.

Supposons, pour fixer les idées, qu'en posant $f(r) = 1$ et $K = f(x)$ on assujettisse l'inconnue ϖ de l'équation

$$(20) \qquad F(D)\varpi = f(x)$$

à s'évanouir avec ses dérivées d'un ordre inférieur au degré n de la fonction $F(r)$, pour $x = \mathrm{x}$, x étant une valeur particulière de la variable x; alors on tirera de l'équation (19)

$$\varpi = \mathcal{E}\left(\frac{1}{F(r)}\right) e^{rx}\int_{\mathrm{x}}^{x} e^{-rx} f(x)\, dx,$$

ou, ce qui revient au même,

$$(21) \qquad \varpi = \mathcal{E}\left(\frac{1}{F(r)}\right)\int_{\mathrm{x}}^{x} e^{r(x-z)} f(z)\, dz.$$

Pareillement, si l'on assujettit l'inconnue ϖ de l'équation

$$(22) \qquad F(\Delta)\varpi = f(x)$$

([1]) *Œuvres de Cauchy*, S. II, T. VII, p. 258.

à s'évanouir avec les différences finies d'un ordre inférieur au degré n de la fonction $F(r)$, pour $x = x$, on tirera de la formule (19)

$$(23)\qquad \varpi = \mathcal{L}\left(\frac{1}{F(r)}\right)\sum_{z=x}^{z=x}(1+r)^{\frac{x-z}{h}-1}f(z).$$

Les formules (21), (23) fournissent le moyen de transformer en intégrales simples les intégrales multiples aux différences finies ou infiniment petites, dans lesquelles toutes les intégrales se rapportent à une seule variable. En effet, si l'on pose $F(r) = r^n$, les valeurs de ϖ propres à vérifier les équations

$$D^n \varpi = 0, \qquad \Delta^n \varpi = 0,$$

et représentées par les intégrales multiples

$$\int_x^x \int_x^x \ldots f(x)\,dx^n, \qquad \sum_x^x \sum_x^x \ldots f(x),$$

seront ce que deviennent les seconds membres des formules (21), (23) quand on y pose $F(r) = r^n$. On aura donc

$$(24)\qquad \int_x^x \int_x^x \ldots f(x)\,dx^n = \int_x^x \frac{(x-z)^{n-1}}{1.2\ldots(n-1)} f(z)\,dz$$

et

$$(25)\qquad \sum_x^x \sum_x^x \ldots f(x) = \sum_{z=x}^{z=x} \frac{(x-h)(x-2h)\ldots(x-\overline{n-1}.h)}{1.2.3\ldots(n-1)}(1+r)^{\frac{x-z}{h}-1} f(z).$$

La première des deux formules précédentes étant déjà connue, la seconde s'accorde avec l'une de celles que j'ai données dans le IIe Volume des *Exercices de Mathématiques*, page 183 (1).

Parmi les formules que l'on peut déduire de l'équation (3), nous citerons encore la suivante

$$(26)\qquad \frac{K}{D^n F\left(\frac{\Delta}{D}\right)} = \mathcal{L}\frac{K}{\Delta - rD}\,\frac{1}{D^{n-1}}\left(\frac{1}{F(r)}\right),$$

(1) *OEuvres de Cauchy*, S. II, T. VII, p. 221.

qui est analogue aux formules (12), (13) et qui ramène l'intégration de l'équation aux différences mêlées

$$D^n F\left(\frac{\Delta}{D}\right)\varpi = K,$$

dans laquelle n désigne le degré de la fonction $F(r)$, à l'intégration de l'équation du premier ordre

$$(\Delta - rD)\varpi = K.$$

Nous citerons encore la formule

$$\frac{K}{D_x^n F\left(\frac{D_t}{D_x}\right)} = \mathcal{E}\frac{K}{D_t - rD_x}\frac{1}{D_x^{n-1}}\left(\frac{1}{F(r)}\right). \tag{27}$$

Cette dernière formule, donnée par M. l'abbé Tortolini, pourrait se déduire immédiatement, à l'aide d'un simple changement de notation, d'une formule établie dans le IIe Volume des *Exercices de Mathématiques*, page 190 (¹), et ramène l'intégration de l'équation aux dérivées partielles

$$D_x^n F\left(\frac{D_t}{D_x}\right)\varpi = K$$

à celle de l'équation du premier ordre

$$(D_x - rD_y)\varpi = K.$$

Il est essentiel d'observer que, si l'on décompose en facteurs la fraction rationnelle $\frac{\Box}{\Delta}$, dans l'expression

$$\frac{\Box}{\nabla}K,$$

qui forme le premier membre de l'équation (3), l'ordre des facteurs pourra être interverti arbitrairement sans que la valeur de cette expression soit altérée. On aura, par exemple,

$$\frac{D}{\Delta}K = D\left(\frac{K}{\Delta}\right) = \frac{1}{\Delta}(DK),$$

(¹) *OEuvres de Cauchy*, S. II, T. VII, p. 232.

et, en conséquence,

$$\text{D}\Sigma\text{K} = \Sigma\text{DK}. \tag{28}$$

On trouvera de même, en désignant par $f(D)$ une fonction entière de D,

$$f(\text{D})\Sigma\text{K} = \Sigma f(\text{D})\text{K}. \tag{29}$$

Il y a plus : on pourra, dans l'équation (28) ou (29), supposer les différentiations qu'indique la lettre D relatives à une variable distincte de celle à laquelle se rapporte l'intégration indiquée par la lettre Σ. Cela posé, il résulte de la formule (28) qu'on peut généralement différentier sous le signe Σ comme on différentie sous le signe $\int$.

Si dans la formule (29) on prend

$$\text{K} = e^{ax},$$

alors, en supposant le signe Σ relatif à x, le signe D relatif à la lettre a, et en laissant d'abord de côté la fonction périodique dans ΣK, on trouvera

$$f(\text{D})\text{K} = f(x)\,e^{ax}, \qquad \Sigma\text{K} = \frac{e^{ax}}{e^{ah}-1}.$$

Donc la formule (29) donnera

$$\Sigma f(x)\,e^{ax} = f(\text{D})\frac{e^{ax}}{e^{ah}-1} + \Pi(x), \tag{30}$$

$\Pi(x)$ étant une fonction périodique de x, c'est-à-dire une fonction assujettie à vérifier la formule

$$\Delta\,\Pi(x) = 0.$$

L'équation (30) paraît digne de remarque, et prouve qu'en nommant $f(x)$ une fonction entière de x on peut toujours obtenir en termes finis l'intégrale

$$\Sigma f(x)\,e^{ax},$$

de laquelle on déduit immédiatement cette autre intégrale

$$\Sigma f(x),$$

en posant dans la première $a = 0$.

Si l'on suppose la valeur numérique du produit ah inférieure à 2π, on aura

$$\frac{1}{e^{ah}-1} = \frac{1}{ah} - \frac{1}{2} + \frac{c_1}{2} ah - \frac{c_2}{2.3.4} a^3 h^3 + \dots, \tag{31}$$

c_1, c_2, ... étant les nombres de Bernoulli. Donc alors, en ayant égard à la formule

$$f(D_a) a^n e^{ax} = f(D_a) D_x^n e^{ax} = D_x^n f(x) e^{ax},$$

qui subsiste pour des valeurs entières positives ou négatives de n, et en écrivant K au lieu du produit $e^{ax} f(x)$, on trouvera

$$\Sigma K = \frac{1}{h} \int K\, dx - \frac{1}{2} K + \frac{c_1}{2} h D_x K - \frac{c_2}{2.3.4} h^2 D_x^2 K + \dots + \Pi(x), \tag{32}$$

ou, ce qui revient au même,

$$\Sigma K = \frac{K}{e^{hD_x} - 1} + \Pi(x). \tag{33}$$

La formule (32) ou (33), qui est celle de Maclaurin, pourrait être obtenue par induction à l'aide des équations symboliques

$$1 + \Delta = e^{hD_x},$$

$$\Sigma = \frac{1}{\Delta} = \frac{1}{e^{hD_x} - 1}.$$

Dans le cas où l'on suppose la fonction K de la forme $e^{ax} f(x)$, la formule (33), d'après ce qu'on vient de dire, subsiste seulement pour les valeurs de h qui vérifient la condition

$$\text{mod.}\, ah < 2\pi. \tag{34}$$

Nous reviendrons, dans un autre article, sur les conditions de convergence de la formule de Maclaurin, et nous montrerons aussi le parti qu'on peut tirer des formules (3), (12), ... et autres du même genre, quand le nombre de termes renfermés dans le second membre devient infini. Nous nous bornerons, pour l'instant, à observer que, si dans l'équation (12) on pose

$$\frac{f(D)}{F(D)} = \frac{1}{e^{hD} - 1} = \frac{1}{\Delta},$$

on en déduira immédiatement une formule nouvelle qui nous paraît digne d'être remarquée, savoir

$$(35)\quad \left\{\begin{aligned}\sum f(x) = \Pi(x) - \tfrac{1}{2} f(x) - & \int_0^{\frac{\text{x}-x}{h}} f(x+ht)\,dt \\ & - 2\int_0^{\frac{\text{x}-x}{h}} f(x+ht)\cos(2\pi t)\,dt \\ & - 2\int_0^{\frac{\text{x}-x}{h}} f(x+ht)\cos(4\pi t)\,dt \\ & - \ldots\ldots\ldots\ldots\ldots\ldots,\end{aligned}\right.$$

x étant une valeur particulière de la variable x.

L'exactitude de cette formule peut d'ailleurs être vérifiée directement à l'aide d'équations déjà connues.

224.

Géométrie. — *Rapport sur un Mémoire de M.* Léon Lalanne, *qui a pour objet la substitution de plans topographiques à des Tables numériques à double entrée.*

C. R., T. XVII, p. 492 (11 septembre 1843).

L'Académie nous a chargés, MM. Élie de Beaumont, Lamé et moi, de lui rendre compte d'un Mémoire de M. Léon Lalanne, *Sur la substitution de plans topographiques à des Tables numériques à double entrée, sur un nouveau mode de transformation des coordonnées et sur ses applications à ce système de Tables topographiques.* L'utilité que peut offrir, dans un grand nombre de questions diverses, l'application des principes exposés dans ce Mémoire est un motif pour que l'Académie nous permette d'entrer, à ce sujet, dans quelques détails.

Les travaux de Viète, de Fermat, de Descartes ont ouvert un vaste champ aux géomètres, en montrant la liaison intime qui existe entre l'Algèbre et la Géométrie. Cette liaison est devenue de plus en plus manifeste, et, en développant les idées fondamentales émises par les illustres auteurs que nous venons de rappeler, les géomètres ont reconnu, non seulement que les lignes et les surfaces peuvent être représentées par des équations en coordonnées rectangulaires ou en coordonnées polaires, ou même en coordonnées quelconques, mais aussi que les équations peuvent être réciproquement représentées par des lignes ou par des surfaces. On sait le parti que Viète lui-même avait tiré des constructions géométriques pour représenter et déterminer les racines des équations. On sait encore que, dans la Mécanique, les géomètres ont employé des longueurs pour représenter des quantités d'une tout autre nature, telles que des forces, des vitesses ou des moments d'inertie, et que souvent des constructions géométriques leur ont offert le moyen le plus simple de parvenir à l'établissement des lois suivant lesquelles varient ces diverses quantités. Ainsi, par exemple, on avait reconnu que la résultante de deux ou trois forces peut être exprimée par la diagonale d'un parallélogramme ou d'un parallélépipède construit sur deux ou trois droites propres à représenter en grandeur et en direction les forces données; que le moment d'inertie d'un corps, relatif à un axe passant par un point donné, est réciproquement proportionnel au carré du rayon vecteur d'un certain ellipsoïde, etc. En résumé, on peut dire que les géomètres ont, dans un grand nombre de circonstances, appliqué, d'une part, l'Algèbre à la Géométrie, d'autre part, la Géométrie à l'Algèbre, et, par suite, aux diverses branches des Sciences mathématiques.

Il a été facile, en particulier, d'appliquer la Géométrie à la détermination des valeurs numériques des fonctions d'une seule variable. En effet, pour y parvenir, il a suffi de prendre la variable pour abscisse, puis de tracer une courbe dont la fonction fût l'ordonnée, et de mesurer cette ordonnée en chaque point, soit à l'aide du compas, soit à l'aide de divisions indiquées sur le papier par des droites équidistantes et parallèles à l'axe des abscisses.

Pour appliquer la Géométrie à la détermination numérique d'une fonction de deux variables, on devrait, en suivant l'analogie, considérer une semblable fonction comme l'ordonnée d'une surface courbe. Mais, avant de tirer parti de cette idée, il fallait indiquer un moyen de représenter aux yeux, sur un plan, l'ordonnée d'une surface courbe tracée dans l'espace. On peut y parvenir en projetant sur le plan donné des courbes tracées sur la surface, dans des plans parallèles équidistants. C'est ce que fit en 1780 M. Ducarla, par rapport aux plans topographiques sur lesquels il imagina de projeter des courbes de niveau équidistantes et cotées. Au reste, avant et depuis cette époque, des moyens analogues ont été appliqués à la représentation de divers phénomènes de Physique ou de Mécanique, ou à la recherche de leurs lois, ainsi que le prouvent les courbes d'égales déclinaisons de l'aiguille aimantée tracées par Halley, les courbes isothermes représentées par M. de Humboldt, enfin les méridiens magnétiques, auxquels Euler avait songé, et qui ont été tracés par M. Duperrey sur les Cartes du globe. MM. Piobert, d'Obenheim, Bellencontre et autres ont aussi, à diverses époques, appliqué le moyen ci-dessus rappelé à la solution de divers problèmes. M. Léon Lalanne a donné encore une plus grande extension aux applications dont il s'agit.

Toutefois, de graves difficultés d'exécution se présentaient lorsqu'il était question de construire et de tracer sur un plan un grand nombre de courbes dont les formes pouvaient varier à l'infini. M. Léon Lalanne a cherché s'il ne serait pas possible de surmonter cet obstacle, et il y est parvenu dans beaucoup de cas. Il observe, avec raison, que les cotes, marquées sur les axes coordonnés, peuvent être des nombres propres à représenter, non plus les diverses valeurs des coordonnées elles-mêmes, mais les valeurs correspondantes de leurs logarithmes, ou, plus généralement, les valeurs d'autres variables qui soient des fonctions quelconques des coordonnées. Un exemple de cet artifice de calcul se trouvait déjà dans la construction de la règle logarithmique, qui paraît offrir l'une des premières applications que l'on ait faites des idées de Néper. Or, en adoptant ce procédé, on verra souvent les lignes courbes qu'il s'agissait d'obtenir se transformer en lignes droites. C'est ce qui arrivera, en particulier, si la fonction proposée est un produit de deux facteurs dont chacun dépende d'une seule variable, ou même si un semblable produit dépend uniquement de la fonction proposée. Alors, en prenant les logarithmes, on obtiendra une équation linéaire dont les valeurs devront être cotées : 1° sur les axes coordonnés supposés rectangulaires; 2° sur des droites parallèles également inclinées à ces deux axes. C'est de cette manière que M. Léon Lalanne a construit un abaque qui sert à résoudre avec une grande facilité les diverses opérations de l'Arithmétique, même l'élévation d'un nombre à une puissance fractionnaire. L'abaque de M. Léon Lalanne fournit généralement deux ou trois chiffres exacts de chacun des nombres que l'on se propose de calculer.

Parmi les applications que M. Léon Lalanne a faites de sa méthode, nous avons remarqué celles qui se rapportent, d'une part, à la détermination des superficies de déblai et de remblai dans le tracé des routes et des canaux; d'autre part, à la résolution des équations trinômes. Quoique, dans son Mémoire, M. Léon Lalanne ait considéré seulement une équation trinôme de forme algébrique, il est clair que l'on pourrait étendre l'application du procédé dont il a fait usage à toute équation trinôme entre trois variables, qui serait linéaire par rapport à deux de ces variables regardées comme indépendantes, ou même par rapport à trois autres variables fonctions de celles-ci ([1]).

En résumé, nous croyons que le Mémoire de M. Léon Lalanne est digne d'être approuvé par l'Académie, et, eu égard aux nombreuses applications que l'on peut faire des principes qui s'y trouvent exposés, nous proposerons l'insertion de ce Mémoire dans le *Recueil des Savants étrangers*.

([1]) En effet, en supposant X et Y fonctions de x et de y, on pourra généralement réduire à la construction de lignes droites la résolution d'une équation de la forme

$$f(z) = X\varphi(z) + Y\chi(z),$$

$f(z)$, $\varphi(z)$, $\chi(z)$ désignant trois fonctions de la variable z que l'on suppose fonction de x et de y.

225.

ANALYSE MATHÉMATIQUE. — *Mémoire sur les fonctions dont plusieurs valeurs sont liées entre elles par une équation linéaire, et sur diverses transformations de produits composés d'un nombre indéfini de facteurs.*

C. R., T. XVII, p. 523 (18 septembre 1843).

Plusieurs formules qu'Euler a données dans son *Introductio in Analysin infinitorum*, et d'autres, plus générales encore, peuvent se déduire très naturellement de la considération des fonctions dont plusieurs valeurs satisfont à une même équation linéaire. C'est ce que l'on verra dans le premier paragraphe de ce Mémoire. Dans le second paragraphe, je donnerai quelques transformations remarquables des produits composés d'un nombre indéfini ou même infini de facteurs.

§ I. — *Sur les fonctions dont plusieurs valeurs sont liées entre elles par une équation linéaire.*

Lorsque deux ou plusieurs valeurs d'une même fonction satisfont à une équation linéaire, on peut souvent de cette équation même déduire la valeur de la fonction exprimée par une série composée d'un nombre infini de termes ou par un produit composé d'un nombre infini de facteurs.

Concevons, pour fixer les idées, qu'une fonction inconnue $\varphi(x)$ de la variable x soit assujettie à vérifier une équation linéaire de la forme

$$\varphi(x) = \mathrm{X}\,\varphi(\mathrm{x}), \tag{1}$$

x, X désignant deux fonctions données de la variable x, en sorte qu'on ait

$$\mathrm{x} = \mathrm{f}(x), \qquad \mathrm{X} = \mathrm{F}(x). \tag{2}$$

Si l'on suppose que les divers termes de la suite

$$\mathrm{x}, \quad \mathrm{x}_1, \quad \mathrm{x}_2, \quad \ldots \tag{3}$$

se déduisent les uns des autres par des formules semblables à la première des équations (2), en sorte qu'on ait

$$(4) \qquad \mathrm{x}_1 = f(\mathrm{x}), \qquad \mathrm{x}_2 = f(\mathrm{x}_1), \qquad \mathrm{x}_3 = f(\mathrm{x}_2), \qquad \ldots,$$

si d'ailleurs on fait, pour abréger,

$$(5) \qquad \mathrm{X}_1 = \mathrm{F}(\mathrm{x}), \qquad \mathrm{X}_2 = \mathrm{F}(\mathrm{x}_1), \qquad \mathrm{X}_3 = \mathrm{F}(\mathrm{x}_2), \qquad \ldots,$$

alors, en remplaçant, dans l'équation (1), x par x, puis par x_1, puis par x_2, ..., on trouvera successivement

$$\varphi(\mathrm{x}) = \mathrm{X}_1\,\varphi(\mathrm{x}_1), \qquad \varphi(\mathrm{x}_1) = \mathrm{X}_2\,\varphi(\mathrm{x}_2), \qquad \ldots.$$

On aura donc, par suite,

$$\varphi(x) = \mathrm{X}\,\varphi(\mathrm{x}) = \mathrm{X}\mathrm{X}_1\,\varphi(\mathrm{x}_1) = \mathrm{X}\mathrm{X}_1\mathrm{X}_2\,\varphi(\mathrm{x}_2) = \ldots$$

et généralement

$$(6) \qquad \varphi(x) = \mathrm{X}\mathrm{X}_1\mathrm{X}_2\ldots\mathrm{X}_n\,\varphi(\mathrm{x}_n).$$

Si l'on pouvait être assuré que, pour des valeurs croissantes de n, $\varphi(x_n)$ s'approche indéfiniment de l'unité, on tirerait de la formule (6), en y posant $n = \infty$,

$$(7) \qquad \varphi(x) = \mathrm{X}\mathrm{X}_1\mathrm{X}_2\ldots.$$

Du moins, ce que l'on ne saurait révoquer en doute, c'est que, si le produit

$$\mathrm{X}\mathrm{X}_1\mathrm{X}_2\ldots\mathrm{X}_n$$

converge pour des valeurs croissantes de n vers une limite fixe, ou, en d'autres termes, si la série formée avec les logarithmes des facteurs

$$\mathrm{X}, \quad \mathrm{X}_1, \quad \mathrm{X}_2, \quad \ldots$$

est convergente, l'équation (1) sera vérifiée par la valeur de $\varphi(x)$ que détermine la formule (7). Alors, en effet, on tirera de la formule (7), en y remplaçant x par x,

$$\varphi(\mathrm{x}) = \mathrm{X}_1\mathrm{X}_2\mathrm{X}_3\ldots = \frac{\varphi(x)}{\mathrm{X}},$$

et l'on aura, par suite,

$$\varphi(x) = \mathrm{X}\,\varphi(\mathrm{x}).$$

La fonction $\varphi(x)$, que détermine l'équation (1), peut, dans un assez grand nombre de cas, être développée, à l'aide de cette équation même, en une série ordonnée suivant les puissances entières de la variable x. Supposons, par exemple, que x soit une fonction entière et X une fonction rationnelle de x, en sorte qu'on ait

$$\text{(8)} \qquad X = \frac{P}{Q},$$

P, Q désignant deux fonctions entières de la variable x. L'équation (1) pourra s'écrire comme il suit

$$Q\,\varphi(x) = P\,\varphi(\text{x}),$$

et, si l'on y pose

$$\text{(9)} \qquad \varphi(x) = a_0 + a_1 x + a_2 x^2 + \ldots,$$

on en tirera

$$\text{(10)} \qquad (a_0 + a_1 x + a_2 x^2 + \ldots)Q = (a_0 + a_1 \text{x} + a_2 \text{x}^2 + \ldots)P.$$

Or, si l'on égale entre eux, dans les deux membres de la formule (10), les coefficients des puissances semblables de x, on obtiendra entre les divers termes de la suite

$$a_0, \quad a_1, \quad a_2, \quad \ldots$$

des relations qui suffiront souvent pour les déduire les uns des autres. D'ailleurs, on tirera des formules (7) et (9)

$$\text{(11)} \qquad X X_1 X_2 \ldots = a_0 + a_1 x + a_2 x^2 + \ldots,$$

et cette équation subsistera tant que la série comprise dans le second membre sera convergente.

Pour montrer une application des formules qui précèdent, supposons, dans l'équation (1),

$$\text{x} = t x, \qquad X = \frac{1 + \alpha x}{1 + 6 x},$$

t désignant une variable nouvelle, et α, 6 deux coefficients arbitraires. Alors l'équation (1) sera réduite à la formule

$$\text{(12)} \qquad \varphi(x) = \frac{1 + \alpha x}{1 + 6 x}\varphi(t x),$$

et pour vérifier cette formule, lorsque la variable t offrira un module inférieur à l'unité, il suffira de prendre

$$(13)\qquad \varphi(x)=\frac{1+\alpha x}{1+6x}\,\frac{1+\alpha tx}{1+6tx}\,\frac{1+\alpha t^2x}{1+6t^2x}\cdots.$$

On aura d'ailleurs, dans le cas présent,

$$P=1+\alpha x,\qquad Q=1+6x,$$

et, lorsque les modules des produits αx, $6x$ seront inférieurs à l'unité, la valeur de $\varphi(x)$, fournie par l'équation (13), sera développable en une série convergente, ordonnée suivant les puissances ascendantes de x, le terme indépendant de x étant

$$a_0=\varphi(0)=1.$$

Quant aux coefficients

$$a_1,\quad a_2,\quad \ldots$$

des autres termes, on les déduira aisément de la formule (10), et l'on trouvera ainsi

$$(14)\qquad \varphi(x)=1+\frac{\alpha-6}{1-t}x+\frac{\alpha-6}{1-t}\,\frac{\alpha t-\beta}{1-t^2}x^2+\cdots.$$

Donc, en supposant que les modules de t, de αx et de $6x$ restent inférieurs à l'unité, on aura

$$(15)\qquad \left\{\begin{aligned}&\frac{1+\alpha x}{1+6x}\,\frac{1+\alpha tx}{1+6tx}\,\frac{1+\alpha t^2x}{1+6t^2x}\cdots\\ &\quad=1+\frac{\alpha-6}{1-t}x+\frac{\alpha-6}{1-t}\,\frac{\alpha t-6}{1-t^2}x^2+\frac{\alpha-6}{1-t}\,\frac{\alpha t-6}{1-t^2}\,\frac{\alpha t^2-6}{1-t^3}x^3+\cdots.\end{aligned}\right.$$

Si dans l'équation (15) on pose successivement

$$\alpha=1,\qquad 6=0,$$

puis

$$\alpha=0,\qquad 6=-1,$$

puis

$$\alpha=1,\qquad 6=t^n,$$

puis enfin

$$6=-1,\qquad \alpha=-t^n,$$

on obtiendra les formules

$$(16)\quad \begin{cases} (1+x)(1+tx)(1+t^2x)\ldots \\ \quad = 1+\dfrac{1}{1-t}x+\dfrac{1}{1-t}\dfrac{t}{1-t^2}x^2+\dfrac{1}{1-t}\dfrac{t}{1-t^2}\dfrac{t^2}{1-t^3}x^3+\ldots, \end{cases}$$

$$(17)\quad \begin{cases} \dfrac{1}{(1-x)(1-tx)(1-t^2x)\ldots} \\ \quad = 1+\dfrac{1}{1-t}x+\dfrac{1}{1-t}\dfrac{1}{1-t^2}x^2+\dfrac{1}{1-t}\dfrac{1}{1-t^2}\dfrac{1}{1-t^3}x^3+\ldots, \end{cases}$$

$$(18)\quad \begin{cases} (1+x)(1+tx)\ldots(1+t^{n-1}x) \\ \quad = 1+\dfrac{1-t^n}{1-t}x+\dfrac{1-t^n}{1-t}\dfrac{t-t^n}{1-t^2}x^2+\dfrac{1-t^n}{1-t}\dfrac{t-t^n}{1-t^2}\dfrac{t^2-t^n}{1-t^3}x^3+\ldots, \end{cases}$$

$$(19)\quad \begin{cases} \dfrac{1}{(1-x)(1-tx)\ldots(1-t^{n-1}x)} \\ \quad = 1+\dfrac{1-t^n}{1-t}x+\dfrac{1-t^n}{1-t}\dfrac{1-t^{n+1}}{1-t^2}x^2+\dfrac{1-t^n}{1-t}\dfrac{1-t^{n+1}}{1-t^2}\dfrac{1-t^{n+2}}{1-t^3}x^3+\ldots, \end{cases}$$

dont les deux premières ont été données par Euler dans l'Ouvrage déjà cité.

§ II. — *Sur diverses transformations de produits composés d'un nombre fini ou même infini de facteurs.*

La formule (15) du paragraphe précédent fournit un développement remarquable du produit

$$(1)\qquad \varphi(x)=\frac{1+\alpha x}{1+\beta x}\,\frac{1+\alpha t x}{1+\beta t x}\,\frac{1+\alpha t^2 x}{1+\beta t^2 x}\cdots$$

D'autres développements du même produit peuvent aussi se déduire des principes que nous allons établir.

Je ferai observer d'abord que, si l'on pose

$$(2)\qquad A=a+\alpha,\qquad B=b+\beta,\qquad C=c+\gamma,\qquad \ldots,$$

on en conclura

$$A=a+\alpha,\qquad AB=Ab+A\beta,\qquad ABC=ABc+AB\gamma,\qquad \ldots,$$

par conséquent,

$$(3)\quad \begin{cases} A = a + \alpha, \\ AB = ab + \alpha b + A\beta, \\ ABC = abc + \alpha bc + A\beta c + AB\gamma, \\ \dots\dots\dots\dots\dots\dots \end{cases}$$

Si l'on prend

$$a = b = c = \ldots = 1,$$

alors les équations (2) se réduiront aux formules

$$(4)\qquad A = 1 + \alpha, \qquad B = 1 + \beta, \qquad C = 1 + \gamma, \qquad \ldots,$$

et les équations (3) aux suivantes

$$(5)\quad \begin{cases} A = 1 + \alpha, \\ AB = 1 + \alpha + A\beta, \\ ABC = 1 + \alpha + A\beta + AB\gamma, \\ \dots\dots\dots\dots\dots\dots; \end{cases}$$

puis on en conclura, en supposant infini le nombre des facteurs A, B, C, ...,

$$(6)\qquad ABC\ldots = 1 + \alpha + A\beta + AB\gamma + \ldots.$$

Cette dernière formule suppose que la série

$$\alpha, \quad \beta, \quad \gamma, \quad \ldots$$

est convergente.

Si, pour fixer les idées, on prend

$$A = \frac{1 + \alpha x}{1 + \beta x}, \qquad B = \frac{1 + \alpha t x}{1 + \beta t x}, \qquad C = \frac{1 + \alpha t^2 x}{1 + \beta t^2 x}, \qquad \ldots,$$

on devra, dans la formule (6), remplacer α, β, γ, ... par les rapports

$$\frac{\alpha - \beta}{1 + \beta x} x, \qquad \frac{\alpha - \beta}{1 + \beta t x} t x, \qquad \frac{\alpha - \beta}{1 + \beta t^2 x} t^2 x, \qquad \ldots,$$

et, par suite, en supposant les modules de t, de αx et de βx inférieurs à l'unité, on tirera de la formule (6)

$$(7)\quad \begin{cases} \dfrac{1+\alpha x}{1+6x}\,\dfrac{1+\alpha t x}{1+6tx}\,\dfrac{1+\alpha t^2 x}{1+6t^2x}\cdots \\ = 1+\dfrac{\alpha-6}{1+6x}x+\dfrac{1+\alpha x}{1+6x}\,\dfrac{(\alpha-6)t}{1+6tx}x^2+\dfrac{1+\alpha x}{1+6x}\,\dfrac{1+\alpha t x}{1+6tx}\,\dfrac{(\alpha-6)t^2}{1+6t^2x}x^3+\ldots. \end{cases}$$

On peut encore obtenir, pour le produit représenté par $\varphi(x)$ dans l'équation (1), un développement qui diffère du précédent, en cela seul que les numérateurs des diverses fractions introduites dans le second membre se réduisent à des fonctions de la variable t. En effet, posons

$$\varphi(x)=1+\frac{a_1 x}{1+6x}+\frac{a_2 x^2}{(1+6x)(1+6tx)}+\ldots$$

dans l'équation linéaire

$$\varphi(x)=\frac{1+\alpha x}{1+6x}\varphi(tx),$$

qui est une suite nécessaire de la formule (1). On pourra, dans le second membre de cette équation linéaire, décomposer chaque terme en deux autres, à l'aide de la formule

$$\frac{1+\alpha x}{1+6t^n x}=1+\frac{\alpha-6t^n}{1+6t^n x}x;$$

et l'on reconnaîtra dès lors que, pour vérifier cette même équation linéaire, il suffit de prendre

$$a_1(1-t)=\alpha-6,\quad a_2(1-t^2)=a_1(\alpha-6t)t,\quad a_3(1-t^3)=a_2(\alpha-6t^2)t^2,\quad \ldots,$$

par conséquent

$$a_1=\frac{\alpha-6}{1-t},\qquad a_2=\frac{\alpha-6}{1-t}\,\frac{\alpha-6t}{1-t^2}t,\qquad a_3=\frac{\alpha-6}{1-t}\,\frac{\alpha-6t}{1-t^2}\,\frac{\alpha-6t^2}{1-t^3}t^3,\qquad \ldots.$$

On aura donc

$$(8)\quad \begin{cases} \dfrac{1+\alpha x}{1+6x}\,\dfrac{1+\alpha t x}{1+6tx}\,\dfrac{1+\alpha t^2 x}{1+6t^2x}\cdots \\ = 1+\dfrac{\alpha-6}{1-t}\,\dfrac{x}{1+6x}+\dfrac{\alpha-6}{1-t}\,\dfrac{\alpha-6t}{1-t^2}\,\dfrac{tx^2}{(1+6x)(1+6tx)} \\ \quad +\dfrac{\alpha-6}{1-t}\,\dfrac{\alpha-6t}{1-t^2}\,\dfrac{\alpha-6t^2}{1-t^3}\,\dfrac{t^3x^3}{(1+6x)(1+6tx)(1+6t^2x)}+\ldots. \end{cases}$$

Cette dernière formule subsiste encore généralement pour des modules de t, de αx et de $6x$, inférieurs à l'unité. En y ayant égard, on peut aisément de la formule (15) du § I déduire la suivante

$$(9)\quad \left\{\begin{aligned} &\frac{(1+\alpha x)(1+\alpha t x)(1+\alpha t^2 x)\ldots(1+\gamma x^{-1})(1+\gamma t x^{-1})(1+\gamma t^2 x^{-1})\ldots}{(1+6x)(1+6tx)(1+6t^2x)\ldots} \\ &= \mathrm{T}\left[1+(\alpha-6)x+(\alpha-6)(\alpha t-6)x^2+\ldots+\frac{t}{\alpha-6t}x^{-1}+\frac{t}{\alpha-6t}\,\frac{t^2}{\alpha-6t^2}x^{-2}+\ldots\right], \end{aligned}\right.$$

dans laquelle on a

$$(10)\qquad \gamma=\frac{t}{\alpha},\qquad \mathrm{T}=\frac{1}{(1-t)(1-t^2)(1-t^3)\ldots}.$$

Les formules (8) et (9) comprennent, comme cas particuliers, deux équations données par M. Jacobi, et dont l'une est ce que devient la formule (9) quand, après y avoir remplacé t par t^2, on pose $6=0$, $\alpha=\gamma=t$. On trouve ainsi

$$(11)\quad \left\{\begin{aligned} &(1+tx)(1+t^3x)(1+t^5x)\ldots(1+tx^{-1})(1+t^3x^{-1})(1+t^5x^{-1})\ldots \\ &= \frac{1+t(x+x^{-1})+t^4(x^2+x^{-2})+t^9(x^3+x^{-3})+\ldots}{(1-t^2)(1-t^4)(1-t^6)\ldots}. \end{aligned}\right.$$

D'ailleurs on tire successivement de cette dernière formule : 1° en posant $x=1$,

$$(12)\quad \left\{\begin{aligned} &1+2t+2t^4+2t^9+\ldots \\ &=(1-t^2)(1-t^4)(1-t^6)\ldots[(1+t)(1+t^3)(1+t^5)\ldots]^2; \end{aligned}\right.$$

2° en posant $x=t$ et remplaçant ensuite t par $t^{\frac{1}{2}}$,

$$(13)\quad \left\{\begin{aligned} &1+t+t^3+t^6+t^{10}+\ldots \\ &=(1-t)(1-t^2)(1-t^3)\ldots[(1+t)(1+t^2)(1+t^3)\ldots]^2; \end{aligned}\right.$$

3° en remplaçant t par $t^{\frac{3}{2}}$ et x par $t^{\frac{1}{2}}$,

$$(14)\quad \left\{\begin{aligned} &1+t+t^2+t^5+t^7+t^{12}+t^{15}+\ldots \\ &=(1+t)(1+t^4)(1+t^7)\ldots(1+t^2)(1+t^5)(1+t^8)\ldots(1-t^3)(1-t^6)(1-t^9)\ldots. \end{aligned}\right.$$

Si, au contraire, on remplace, dans la formule (11), t par $-t^{\frac{3}{2}}$ et x par $t^{\frac{1}{2}}$, on obtiendra l'équation

$$(15)\qquad 1-t-t^2+t^5+t^7-t^{12}-t^{15}+\ldots=(1-t)(1-t^2)(1-t^3)\ldots,$$

qui a été donnée pour la première fois par Euler.

226.

Analyse mathématique. — *Second Mémoire sur les fonctions dont plusieurs valeurs sont liées entre elles par une équation linéaire.*

C. R., T. XVII, p. 567 (25 septembre 1843).

Parmi les fonctions dont plusieurs valeurs satisfont à une équation linéaire, on doit remarquer les produits composés de facteurs binômes dont les seconds termes croissent en progression géométrique. Je vais, dans ce Mémoire, m'occuper spécialement des équations linéaires que vérifient de semblables produits, et du parti que l'on peut tirer de ces équations pour développer les produits dont il s'agit en séries ordonnées suivant les puissances entières positives, nulle ou négatives d'une même variable.

Analyse.

Formons un produit qui ait pour facteurs les binômes que l'on obtient quand on ajoute l'unité aux divers termes de la progression géométrique

$$x,\quad tx,\quad t^2x,\quad \ldots,\quad t^{n-1}x.$$

Si l'on nomme $\varphi(x)$ ce produit, considéré comme fonction de x, on aura

$$(1)\qquad \varphi(x)=(1+x)(1+tx)\ldots(1+t^{n-1}x),$$

et l'on en conclura

$$\varphi(tx)=\frac{1+t^nx}{1+x}\varphi(x),$$

ou, ce qui revient au même,

$$(2)\qquad (1+x)\varphi(tx)=(1+t^n x)\varphi(x).$$

Or, en partant de cette équation linéaire, on développera aisément $\varphi(x)$ en une série ordonnée suivant les puissances ascendantes de x. On trouvera ainsi

$$(3)\quad\left\{\begin{aligned}&(1+x)(1+tx)\ldots(1+t^{n-1}x)=1+\frac{1-t^n}{1-t}x+\frac{1-t^n}{1-t}\,\frac{1-t^{n-1}}{1-t^2}tx^2+\ldots\\&\qquad+\frac{1-t^n}{1-t}t^{\frac{(n-2)(n-1)}{2}}x^{n-1}+t^{\frac{n(n-1)}{2}}x^n.\end{aligned}\right.$$

Si, après avoir remplacé, dans l'équation (3), n par $2n+1$ et x par $t^{-n}x$, on multiplie les deux membres par le produit

$$t^{\frac{n(n+1)}{2}}x^{-n-\frac{1}{2}},$$

on obtiendra la formule

$$(4)\quad\left\{\begin{aligned}&\left(x^{\frac{1}{2}}+x^{-\frac{1}{2}}\right)(1+tx)(1+t^2x)\ldots(1+t^nx)(1+tx^{-1})(1+t^2x^{-1})\ldots(1+t^nx^{-1})\\&=\mathrm{H}\left[x^{\frac{1}{2}}+x^{-\frac{1}{2}}+\frac{1-t^n}{1-t^{n+2}}t\left(x^{\frac{3}{2}}+x^{-\frac{3}{2}}\right)+\frac{1-t^n}{1-t^{n+2}}\,\frac{1-t^{n-1}}{1-t^{n+3}}t^3\left(x^{\frac{5}{2}}+x^{-\frac{5}{2}}\right)+\ldots\right],\end{aligned}\right.$$

dans laquelle on aura

$$(5)\qquad \mathrm{H}=\frac{1-t^{n+2}}{1-t}\,\frac{1-t^{n+3}}{1-t^2}\cdots\frac{1-t^{2n+1}}{1-t^n}.$$

Si, au contraire, après avoir remplacé, dans l'équation (3), n par $2n$, t par t^2 et x par $t^{-2n+1}x$, on multiplie les deux membres par le produit

$$t^{n^2}x^{-n},$$

on obtiendra la formule

$$(6)\quad\left\{\begin{aligned}&(1+tx)(1+t^3x)\ldots(1+t^{2n-1}x)(1+tx^{-1})(1+t^3x^{-1})\ldots(1+t^{2n-1}x^{-1})\\&=\mathrm{K}\left[1+\frac{1-t^{2n}}{1-t^{2n+2}}t(x+x^{-1})+\frac{1-t^{2n}}{1-t^{2n+2}}\,\frac{1-t^{2n-2}}{1-t^{2n+4}}t^4(x^2+x^{-2})\ldots\right],\end{aligned}\right.$$

dans laquelle on aura

$$(7)\qquad \mathrm{K}=\frac{1-t^{2n+2}}{1-t^2}\,\frac{1-t^{2n+4}}{1-t^4}\cdots\frac{1-t^{4n}}{1-t^{2n}}.$$

Enfin, si, dans les équations (4), (6), on pose $n = \infty$, alors, en attribuant à t un module plus petit que l'unité, on obtiendra les deux formules

$$(8)\quad \left\{ \begin{aligned} &\left(x^{\frac{1}{2}} + x^{-\frac{1}{2}}\right)(1 + tx)(1 + t^2x)(1 + t^3x)\ldots(1 + tx^{-1})(1 + t^2x^{-1})(1 + t^3x^{-1})\ldots \\ &= \frac{x^{\frac{1}{2}} + x^{-\frac{1}{2}} + t\left(x^{\frac{3}{2}} + x^{-\frac{3}{2}}\right) + t^3\left(x^{\frac{5}{2}} + x^{-\frac{5}{2}}\right) + t^6\left(x^{\frac{7}{2}} + x^{-\frac{7}{2}}\right) + \ldots}{(1 - t)(1 - t^2)(1 - t^3)\ldots}, \end{aligned} \right.$$

$$(9)\quad \left\{ \begin{aligned} &(1 + tx)(1 + t^3x)(1 + t^5x)\ldots(1 + tx^{-1})(1 + t^3x^{-1})(1 + t^5x^{-1})\ldots \\ &= \frac{1 + t(x + x^{-1}) + t^4(x^2 + x^{-2}) + t^9(x^3 + x^{-3}) + \ldots}{(1 - t^2)(1 - t^4)(1 - t^6)\ldots}, \end{aligned} \right.$$

dont la seconde, donnée par M. Jacobi, a été déjà rappelée dans le *Compte rendu* de la précédente séance.

Si l'on pose, pour abréger,

$$(10)\quad \left\{ \begin{aligned} A_n &= (1 + t^n)(1 + t^{2n})(1 + t^{3n})\ldots, \\ B_n &= (1 - t^n)(1 - t^{2n})(1 - t^{3n})\ldots, \end{aligned} \right.$$

les formules (8), (9) pourront s'écrire comme il suit :

$$(11)\quad \Sigma\, t^{\frac{n(n+1)}{2}} x^{n+\frac{1}{2}} = B_1\left(x^{\frac{1}{2}} + x^{-\frac{1}{2}}\right)(1 + tx)(1 + t^2x)\ldots(1 + tx^{-1})(1 + t^2x^{-1})\ldots,$$

$$(12)\quad \Sigma\, t^{n^2} x^n = B_2(1 + t^2x)(1 + t^3x)(1 + t^5x)\ldots(1 + tx^{-1})(1 + t^3x^{-1})(1 + t^5x^{-1})\ldots,$$

la somme qu'indique le signe Σ s'étendant à toutes les valeurs entières, positives, nulle et négatives de n.

On peut aisément passer de la formule (2) aux équations linéaires que vérifieront les premiers membres des formules (8), (9), ou les premiers membres des formules (11), (12), considérés comme fonctions de x. On reconnaîtra de cette manière que, si l'on pose

$$(13)\quad \chi(x) = \Sigma\, t^{\frac{n(n+1)}{2}} x^{n+\frac{1}{2}}, \qquad \psi(x) = \Sigma\, t^{n^2} x^n,$$

on aura

$$(14)\quad \chi(x) = t^{\frac{1}{2}} x\, \chi(tx), \qquad \psi(x) = tx\, \psi(t^2x).$$

On peut, au reste, s'assurer directement de l'exactitude des formules (14) en remplaçant t par tx, soit dans les premiers membres des équations (8) ou (9), soit même dans les formules (13). Ainsi, en particulier, la seconde des formules (13) donnera évidemment

$$\psi(t^2x) = \Sigma t^{n^2+2n} x^n = t^{-1}x^{-1}\Sigma t^{(n+1)^2} x^{n+1} = t^{-1}x^{-1}\Sigma t^{n^2} x^n = t^{-1}x^{-1}\psi(x).$$

Il est bon d'observer encore que $\chi(x)$ est précisément ce que devient le produit

$$x^{\frac{1}{2}}\psi(tx) = \Sigma t^{n^2+n} x^{n+\frac{1}{2}},$$

quand on y remplace t par $t^{\frac{1}{2}}$.

En partant des formules (14), on pourra aisément établir les équations linéaires que vérifieront des puissances quelconques des fonctions représentées par $\chi(x)$ et par $\psi(x)$. En effet, si l'on désigne par m un exposant quelconque, positif ou négatif, entier ou même fractionnaire, on tirera des formules (14)

$$(15) \qquad [\chi(x)]^m = t^{\frac{m}{2}} x^m [\chi(tx)]^m, \qquad [\psi(x)]^m = t^m x^m [\psi(t^2x)]^m.$$

Donc, si l'on pose, pour abréger,

$$X(x) = [\chi(x)]^m, \qquad \Psi(x) = [\psi(x)]^m,$$

on aura

$$X(x) = t^{\frac{m}{2}} x^m X(tx), \qquad \Psi(x) = t^m x^m \Psi(t^2x).$$

A l'aide de ces dernières équations, ou, ce qui revient au même, à l'aide des formules (15), on pourra aisément, lorsque m sera entier et positif, développer

$$[\chi(x)]^m \quad \text{et} \quad [\psi(x)]^m$$

suivant les puissances entières, positives, nulle et négatives de la variable x. On trouvera ainsi, par exemple,

$$(16) \quad \begin{cases} [\psi(x)]^m = \mathrm{k}\,\Sigma t^{mn^2} x^{mn} + \mathrm{k}_1 \Sigma t^{mn^2+2m} x^{mn+1} + \mathrm{k}_2 \Sigma t^{mn^2+4m} x^{mn+2} + \ldots \\ \qquad + \mathrm{k}_{m-1} \Sigma t^{mn^2+2(m-1)n} x^{mn+m-1}, \end{cases}$$

$\mathrm{k}, \mathrm{k}_1, \mathrm{k}_2, \ldots, \mathrm{k}_{m-1}$ désignant les coefficients indépendants de x. D'ailleurs, pour obtenir ces coefficients, il suffira évidemment de calculer, dans le développement de

$$[\psi(x)]^m,$$

les termes proportionnels aux puissances

$$x^0 = 1, \quad x, \quad x^2, \quad \ldots, \quad x^{m-1}$$

de la variable x. Or, on y parviendra facilement en regardant $[\psi(x)]^2$ comme le produit de $\psi(x)$ par $\psi(x)$, puis $[\psi(x)]^3$ comme le produit de $\psi(x)$ par $[\psi(x)]^2$; puis $[\psi(x)]^4$ comme le produit de $\psi(x)$ par $[\psi(x)]^3$, ou plutôt comme le produit de $[\psi(x)]^2$ par $[\psi(x)]^2$, ... Si l'on pose en particulier $m = 2$, on trouvera

$$\mathrm{k} = \Sigma t^{2n^2} = 1 + 2t^2 + 2t^8 + 2t^{18} + 2t^{32} + \ldots,$$

$$\frac{\mathrm{k}_1}{t} = \Sigma t^{2n(n+1)} = 2(1 + t^4 + t^{12} + t^{24} + t^{40} + \ldots),$$

et, par suite, la formule (16) donnera

$$(17) \qquad (\Sigma t^{n^2} x^n)^2 = \Sigma t^{2n^2} \Sigma t^{2n^2} x^{2n} + t \Sigma t^{2n(n+1)} \Sigma t^{2n(n+1)} x^{2n+1}.$$

Si, dans les équations (16), (17), etc., on attribue à la variable x des valeurs particulières, on obtiendra d'autres équations, quelquefois remarquables. Ainsi, par exemple, en posant successivement $x = 1$ et $x = t$, dans la formule (17), on trouvera

$$(18) \qquad (\Sigma t^{n^2})^2 = (\Sigma t^{2n^2})^2 + t(\Sigma t^{2n(n+1)})^2$$

et

$$(19) \qquad (\Sigma t^{n(n+1)})^2 = 2\Sigma t^{2n^2} \Sigma t^{2n(n+1)},$$

puis, en remplaçant t par $t^{\frac{1}{2}}$,

$$(20) \qquad \left(\Sigma t^{\frac{n(n+1)}{2}}\right)^2 = 2\Sigma t^{n^2} \Sigma t^{n(n+1)}.$$

Les formules (18) et (20) peuvent encore s'écrire comme il suit :

$$(21) \quad (1 + 2t + 2t^4 + 2t^9 + \ldots)^2 = (1 + 2t^2 + 2t^8 + \ldots)^2 + 4t(1 + t^4 + t^{12} + t^{24} + \ldots)^2,$$

$$(22) \quad (1 + t + t^3 + t^6 + \ldots)^2 = (1 + 2t + 2t^4 + \ldots)(1 + t^2 + t^6 + t^{12} + \ldots).$$

On tire de la formule (20)

$$(23)\quad (1+2t+2t^4+2t^9+\ldots)^2+(1-2t+2t^4-2t^9+\ldots)^2=2(1+2t^2+2t^8+\ldots)^2.$$

On pourrait encore facilement établir les équations linéaires que vérifieraient des produits de la forme

$$[\chi(x)]^l[\psi(x)]^m,$$

ou bien des produits de la forme

$$\psi(x)\,\psi(t^\alpha x)\,\psi(t^6 x)\ldots,$$

α, 6, ... désignant des exposants quelconques et, par suite, obtenir les développements de semblables produits en séries ordonnées suivant les puissances entières, positives, nulle ou négatives de x. On trouverait ainsi, par exemple,

$$(24)\quad \begin{cases} (\Sigma t^{n^2}x^n)(\Sigma t^{n^2+\alpha n}x^n) \\ \quad = \Sigma t^{2n^2+\alpha n}\,\Sigma t^{2n^2+\alpha n}x^{2n} + t\,\Sigma t^{2n^2+2n+\alpha n}\,\Sigma t^{2n^2+2n-\alpha n}x^{2n+1}. \end{cases}$$

Si, dans les formules (15), le nombre entier m devenait négatif, alors on pourrait encore déduire de ces formules les développements de $[\chi(x)]^m$ et de $[\psi(x)]^m$, par exemple de

$$[\psi(x)]^{-1}=\frac{1}{\psi(x)},$$

suivant les puissances entières de x. Mais, pour y parvenir, il faudrait recourir à un artifice particulier de calcul que nous indiquerons dans le Mémoire suivant.

227.

Calcul des résidus. — *Mémoire sur l'application du calcul des résidus au développement des produits composés d'un nombre infini de facteurs.*

C. R., T. XVII, p. 572 (25 septembre 1843).

Dans ce Mémoire, je m'occuperai des produits formés par la multiplication d'une infinité de facteurs, dont chacun est le rapport des deux fonctions linéaires d'une même variable; et je considérerai spécialement le cas où les diverses fonctions linéaires que renferment les divers rapports sont des binômes qui surpassent l'unité de quantités représentées par les termes d'une progression géométrique.

Dans le premier paragraphe, j'appliquerai le calcul des résidus à la décomposition des produits dont il s'agit en fractions simples.

Dans le second paragraphe, je montrerai comment on peut développer les mêmes produits en séries ordonnées suivant les puissances entières de la variable.

Au reste, je me bornerai ici à indiquer les résultats principaux de mes recherches, qui seront reproduites, avec plus d'étendue, dans les *Exercices d'Analyse et de Physique mathématique*.

§ I. — *Application du calcul des résidus à la décomposition de certaines fonctions en fractions simples.*

Soit $f(x)$ une fonction de la variable x, qui ne cesse d'être continue que pour certaines valeurs de x qui la rendent infinie, et auxquelles correspondent des résidus déterminés. D'après une formule établie dans le Ier Volume des *Exercices de Mathématiques*, page 212 (1), si l'on nomme r, R deux modules distincts de la variable z, on aura

$$(1) \qquad \int_{-\pi}^{\pi} f(\mathrm{R}\, e^{p\sqrt{-1}})\, dp - \int_{-\pi}^{\pi} f(r\, e^{p\sqrt{-1}})\, dp = 2\pi \, \mathop{\mathcal{E}}_{(r)\,(-\pi)}^{(\mathrm{R})\,(\pi)} \left(\frac{f(z)}{z}\right).$$

Cela posé, concevons que le produit $xf(x)$ ne devienne pas infini pour $x = 0$, et que la fonction $f(x)$ ne devienne pas infinie pour $x = \frac{1}{0}$. On tirera aisément de la formule (1) : 1° en supposant que $f(x)$ s'évanouisse avec $\frac{1}{x}$,

$$(2) \qquad f(x) = \mathcal{E}\frac{(f(z))}{x - z};$$

(1) *Œuvres de Cauchy*, S. II, T. VI, p. 265.

2° en supposant que $\frac{f(x)}{x}$ s'évanouisse avec $\frac{1}{x}$,

$$(3)\quad \left\{\begin{aligned} f(x) = {}_{(0)}^{(1)}\mathcal{E}_{(-\pi)}^{(\pi)} \frac{1}{x-z}(\!(f(z))\!) + {}_{(1)}^{(\infty)}\mathcal{E}_{(-\pi)}^{(\pi)} \left(\frac{1}{x-z} + \frac{1}{z}\right)(\!(f(z))\!) \\ + \frac{1}{2\pi}\int_{-\pi}^{\pi} f\left(e^{p\sqrt{-1}}\right) dp. \end{aligned}\right.$$

Appliquons maintenant les formules (2) et (3) à quelques exemples.

Si l'on pose, dans la formule (2),

$$(4)\quad f(x) = \frac{1}{(1-tx)(1-t^3x)(1-t^5x)\ldots(1-tx^{-1})(1-t^3x^{-1})(1-t^5x^{-1})\ldots},$$

on en conclura, en supposant le module de t inférieur à l'unité,

$$(5)\quad \left\{\begin{aligned} &\frac{[(1-t^2)(1-t^4)(1-t^6)\ldots]^2}{(1-tx)(1-t^3x)\ldots(1-tx^{-1})(1-t^3x^{-1})\ldots} \\ &\quad = -1 + t^2 - t^6 + t^{12} - \ldots \\ &\quad + \frac{1}{1-tx} - \frac{t^2}{1-t^3x} + \frac{t^6}{1-t^5x} - \ldots \\ &\quad + \frac{1}{1-tx^{-1}} - \frac{t^2}{1-t^3x^{-1}} + \frac{t^6}{1-t^5x^{-1}} - \ldots. \end{aligned}\right.$$

Si l'on pose, dans la formule (3),

$$(6)\quad f(x) = \frac{(1+tx)(1+t^3x)(1+t^5x)\ldots(1+tx^{-1})(1+t^3x^{-1})(1+t^5x^{-1})\ldots}{(1-tx)(1-t^3x)(1-t^5x)\ldots(1-tx^{-1})(1-t^3x^{-1})(1-t^5x^{-1})\ldots},$$

le module de t étant toujours inférieur à l'unité, on trouvera

$$(7)\quad \left\{\begin{aligned} f(x) = 2\mathrm{K}\Big(&\frac{tx}{1-tx} - \frac{t^3x}{1-t^3x} + \frac{t^5x}{1-t^5x} - \ldots \\ &+ \frac{tx^{-1}}{1-tx^{-1}} - \frac{t^3x^{-1}}{1-t^3x^{-1}} + \frac{t^5x^{-1}}{1-t^5x^{-1}} - \ldots\Big) + s, \end{aligned}\right.$$

les valeurs de K et de s étant

$$(8)\quad \mathrm{K} = \left[\frac{(1+t^2)(1+t^4)(1+t^6)\ldots}{(1-t^2)(1-t^4)(1-t^6)\ldots}\right]^2,$$

$$(9)\quad s = \frac{1}{2\pi}\int_{-\pi}^{\pi} f\left(e^{p\sqrt{-1}}\right) dp.$$

Pour déterminer la fonction de t, représentée par s, il suffira de recourir à l'équation linéaire

$$(10) \qquad f(t^2 x) + f(x) = 0,$$

que vérifie la fonction $f(x)$, et qui se déduit immédiatement de la formule (6). En effet, on tirera de l'équation (10), combinée avec la formule (7),

$$s - \mathrm{K} = 0.$$

On aura donc

$$s = \mathrm{K}.$$

Cela posé, l'équation (9) donnera

$$(11) \qquad \int_{-\pi}^{\pi} f(e^{p\sqrt{-1}})\,dp = 2\pi \mathrm{K},$$

les valeurs de $f(x)$ et de K étant déterminées par les formules (6), (8), et l'on tirera de l'équation (7)

$$(12) \quad \left\{ \begin{aligned} & 1 + 2\left(\frac{tx}{1-tx} - \frac{t^3x}{1-t^3x} + \frac{t^5x}{1-t^5x} - \ldots + \frac{tx^{-1}}{1-tx^{-1}} - \frac{t^3x^{-1}}{1-t^3x^{-1}} + \frac{t^5x^{-1}}{1-t^5x^{-1}} - \ldots\right) \\ & = \frac{1}{\mathrm{K}} \frac{(1+tx)(1+t^3x)(1+t^5x)\ldots(1+tx^{-1})(1+t^3x^{-1})(1+t^5x^{-1})\ldots}{(1-tx)(1-t^3x)(1-t^5x)\ldots(1-tx^{-1})(1-t^3x^{-1})(1-t^5x^{-1})\ldots}. \end{aligned} \right.$$

Si l'on pose, dans la formule (2),

$$(13) \qquad f(x) = \frac{(1+t^2x)(1+t^4x)\ldots(1+x^{-1})(1+t^2x^{-1})(1+t^4x^{-1})\ldots}{(1-tx)(1-t^3x)\ldots(1-tx^{-1})(1-t^3x^{-1})(1-t^5x^{-1})\ldots},$$

on trouvera

$$(14) \quad \left\{ \begin{aligned} f(x) = \mathrm{H}\Big(& \frac{1}{1-tx} - \frac{t}{1-t^3x} + \frac{t^2}{1-t^5x} - \ldots \\ & + \frac{x^{-1}}{1-tx^{-1}} - \frac{tx^{-1}}{1-t^3x^{-1}} + \frac{t^2x^{-1}}{1-t^5x^{-1}} - \ldots\Big), \end{aligned} \right.$$

la valeur de H étant

$$(15) \qquad \mathrm{H} = \left[\frac{(1+t)(1+t^3)(1+t^5)\ldots}{(1-t^2)(1-t^4)(1-t^6)\ldots}\right]^2,$$

et l'on en conclura

$$(16)\quad \left\{\begin{aligned} &\frac{x^{\frac{1}{2}}}{1-tx}-\frac{tx^{\frac{1}{2}}}{1-t^3x}+\frac{t^2x^{\frac{1}{2}}}{1-t^5x}-\ldots+\frac{x^{-\frac{1}{2}}}{1-tx^{-1}}-\frac{tx^{-\frac{1}{2}}}{1-t^3x^{-1}}+\frac{t^2x^{-\frac{1}{2}}}{1-t^5x^{-1}}-\ldots\\ &=\frac{1}{\mathrm{H}}\left(x^{\frac{1}{2}}+x^{-\frac{1}{2}}\right)\frac{(1+t^2x)(1+t^4x)\ldots(1+t^2x^{-1})(1+t^4x^{-1})\ldots}{(1-tx)(1-t^3x)\ldots(1-tx^{-1})(1-t^3x^{-1})\ldots}.\end{aligned}\right.$$

D'ailleurs la valeur de $f(x)$, déterminée par la formule (13), vérifiera évidemment l'équation linéaire

$$(17)\qquad f(t^2x)+t^{-1}f(x)=0,$$

et, par suite, il suffirait de prendre

$$(18)\quad f(x)=\left(x^{\frac{1}{2}}+x^{-\frac{1}{2}}\right)\frac{(1+t^2x)(1+t^4x)\ldots(1+t^2x^{-1})(1+t^4x^{-1})\ldots}{(1-tx)(1-t^3x)\ldots(1-tx^{-1})(1-t^3x^{-1})\ldots}$$

pour obtenir une valeur de $f(x)$ qui vérifierait encore l'équation (10).

Les équations (12) et (16) s'accordent avec des formules données par M. Jacobi. Elles peuvent d'ailleurs se déduire l'une et l'autre d'une équation plus générale, comprise elle-même dans la formule (3), et qui paraît assez remarquable pour mériter d'être ici rapportée.

Si, en supposant le module de t inférieur à l'unité et le module de θ compris entre les modules de t et de $\frac{1}{t}$, on pose, pour abréger,

$$(19)\quad \Theta=\frac{(1-\theta)(1-\theta t)(1-\theta t^2)\ldots(1-\theta^{-1}t)(1-\theta^{-1}t^2)\ldots}{[(1-t)(1-t^2)(1-t^3)\ldots]^2},$$

on aura

$$(20)\quad \left\{\begin{aligned} &\frac{1+\theta x}{1+x}\,\frac{1+\theta tx}{1+tx}\,\frac{1+\theta t^2x}{1+t^2x}\cdots\frac{1+\theta^{-1}tx^{-1}}{1+tx^{-1}}\,\frac{1+\theta^{-1}t^2x^{-1}}{1+t^2x^{-1}}\cdots\\ &=\Theta\left(\frac{1}{1-\theta}-\frac{x}{1+x}-\theta\frac{tx}{1+tx}-\theta^2\frac{tx}{1+t^2x}-\ldots\right.\\ &\qquad\left.+\theta^{-1}\frac{tx^{-1}}{1+tx^{-1}}+\theta^{-2}\frac{t^2x^{-1}}{1+\theta^2x^{-1}}+\ldots\right).\end{aligned}\right.$$

Nous ne nous étendrons pas davantage, pour l'instant, sur les applications des formules (2) et (3), que l'on pourrait multiplier à l'infini.

§ II. — *Développement des produits composés d'un nombre infini de facteurs en séries ordonnées suivant les puissances entières d'une variable.*

Concevons que l'on veuille développer, suivant les puissances entières de la variable x, un produit de la forme de ceux que nous avons considérés dans le premier paragraphe. On pourra, pour y parvenir, chercher à tirer parti, soit de la décomposition du produit en fractions simples, soit de l'équation linéaire à laquelle satisfait ce même produit, considéré comme fonction de x. Dans le premier cas, après avoir développé chaque fraction simple en une série ordonnée suivant les puissances entières et positives ou négatives de x, on obtiendra, pour coefficient de chaque puissance, la somme d'une nouvelle série, et il ne restera plus qu'à examiner s'il existe un moyen facile d'obtenir la valeur de cette somme exprimée en termes finis. Si l'on considère en particulier les produits représentés par les seconds membres des formules (6), (13), (18) du paragraphe précédent, alors, en opérant comme on vient de le dire, on résoudra aisément la question proposée, puisque les séries dont les sommes serviront de coefficients aux diverses puissances entières et positives ou négatives de x se réduiront à des progressions géométriques. On pourra, de cette manière, établir aisément les formules

$$(1)\quad \left\{\begin{aligned} &1+2\left[\frac{t}{1+t^2}(x+x^{-1})+\frac{t^2}{1+t^4}(x^2+x^{-2})+\frac{t^3}{1+t^6}(x^3+x^{-3})+\ldots\right]\\ &=\frac{1}{\mathrm{K}}\,\frac{(1+tx)(1+t^3x)(1+t^5x)\ldots(1+tx^{-1})(1+t^3x^{-1})(1+t^5x^{-1})\ldots}{(1-tx)(1-t^3x)(1-t^5x)\ldots(1-tx^{-1})(1-t^3x^{-1})(1+t^5x^{-1})\ldots}\end{aligned}\right.$$

et

$$(2)\quad \left\{\begin{aligned} &\frac{x^{\frac12}+x^{-\frac12}}{1+t}+\frac{x^{\frac32}+x^{-\frac32}}{1+t^3}\,t+\frac{x^{\frac52}+x^{-\frac52}}{1+t^5}\,t^2+\ldots\\ &=\frac{x^{\frac12}+x^{-\frac12}}{\mathrm{H}}\,\frac{(1+t^2x)(1+t^4x)(1+t^6x)\ldots(1+t^2x^{-1})(1+t^4x^{-1})(1+t^6x^{-1})\ldots}{(1-tx)(1-t^3x)(1-t^5x)\ldots(1-tx^{-1})(1-t^3x^{-1})(1-t^5x^{-1})\ldots},\end{aligned}\right.$$

les valeurs de K et de H étant toujours

$$K = \left[\frac{(1+t^2)(1+t^4)(1+t^6)\dots}{(1-t^2)(1-t^4)(1-t^6)\dots}\right]^2, \qquad H = \left[\frac{(1+t)(1+t^3)(1+t^5)\dots}{(1-t^2)(1-t^4)(1-t^6)\dots}\right]^2,$$

et les modules des variables x, t devant rester tous les deux inférieurs à l'unité. En d'autres termes, on aura

$$(3)\quad \begin{cases} 1+2\left[\dfrac{1+x^2}{1+t^2}\dfrac{t}{x}+\dfrac{1+x^4}{1+t^4}\left(\dfrac{t}{x}\right)^2+\dfrac{1+x^6}{1+t^6}\left(\dfrac{t}{x}\right)^3+\dots\right] \\ \quad = \dfrac{1}{K}\,\dfrac{(1+tx)(1+t^3x)(1+t^5x)\dots(1+tx^{-1})(1+t^3x^{-1})(1+t^5x^{-1})\dots}{(1-tx)(1-t^3x)(1-t^5x)\dots(1-tx^{-1})(1-t^3x^{-1})(1-t^5x^{-1})\dots} \end{cases}$$

et

$$(4)\quad \begin{cases} \dfrac{1+x}{1+t}+\dfrac{1+x^3}{1+t^3}\dfrac{t}{x}+\dfrac{1+x^5}{1+t^5}\left(\dfrac{t}{x}\right)^2+\dfrac{1+x^7}{1+t^7}\left(\dfrac{t}{x}\right)^3+\dots \\ \quad = \dfrac{1+x}{H}\,\dfrac{(1+t^2x)(1+t^4x)(1+t^6x)\dots(1+t^2x^{-1})(1+t^4x^{-1})(1+t^6x^{-1})\dots}{(1-tx)(1-t^3x)(1-t^5x)\dots(1-tx^{-1})(1-t^3x^{-1})(1-t^5x^{-1})\dots}. \end{cases}$$

Il y a plus : si l'on développe suivant les puissances de x le second membre de la formule (5) du § I, on trouvera pour terme indépendant de x l'expression

$$(5)\qquad T = 1 - t^2 + t^6 - t^{12} + t^{20} - \dots,$$

c'est-à-dire la somme de la série dont le terme général est

$$\pm\, t^{n(n+1)},$$

et pour coefficient de x^n ou de x^{-n} l'expression

$$t^n - t^{3n+2} + t^{5n+6} - t^{7n+12} + \dots,$$

équivalente au rapport

$$\frac{t^{n^2+n} - t^{n^2+3n+2} + t^{n^2+5n+6} - t^{n^2+7n+12} + \dots}{t^{n^2}},$$

ou, ce qui revient au même, au rapport

$$\frac{t^{n(n+1)} - t^{(n+1)(n+2)} + t^{(n+2)(n+3)} - \dots}{t^{n^2}},$$

par conséquent au rapport

$$(-1)^n \frac{T - 1 + t^2 - t^6 + \ldots \pm t^{n(n-1)}}{t^{n^2}}.$$

Donc la formule (5) du § I donnera

$$(6) \quad \left\{ \begin{aligned} & \frac{[(1-t^2)(1-t^4)(1-t^6)\ldots]^2}{(1-tx)(1-t^3x)\ldots(1-tx^{-1})(1-t^3x^{-1})\ldots} \\ & = T - \frac{T-1}{t}(x+x^{-1}) + \frac{T-1+t^2}{t^4}(x^2+x^{-2}) - \ldots, \end{aligned} \right.$$

les modules des variables t, x devant rester encore inférieurs à l'unité.

Lorsque, pour développer suivant les puissances entières de x un produit du genre de ceux que nous avons considérés, on veut se servir de l'équation linéaire à laquelle satisfait la fonction de x représentée par ce même produit, alors, pour éviter toute erreur, il faut nécessairement avoir égard au changement de nature que peuvent subir, quand x varie, les développements de certaines fractions simples. Supposons, pour fixer les idées,

$$(7) \qquad f(x) = \frac{[(1-t^2)(1-t^4)(1-t^6)\ldots]^2}{(1-tx)(1-t^3x)\ldots(1-tx^{-1})(1-t^3x^{-1})\ldots}.$$

Alors la fonction $f(x)$ vérifiera l'équation linéaire

$$(8) \qquad f(t^2x) + tx\,f(x) = 0.$$

Posons, dans ce même cas,

$$(9) \qquad f(x) = \Sigma T_n x^n,$$

le signe Σ s'étendant à toutes les valeurs entières positives, nulle ou négatives de x, et T_n désignant le coefficient de x^n dans $f(x)$. Il semble, au premier abord, que la formule (8) entraînera l'équation de condition

$$T_{n-1} + T_n t^{2n-1} = 0,$$

de laquelle on conclurait

$$T_n = (-1)^n T t^{-n^2},$$

T étant la même chose que T_0, et, par suite,

$$f(x) = T\,\Sigma(-1)^n t^{-n^2} x^n.$$

Cependant, cette dernière équation est évidemment inexacte, et l'on s'en trouve même immédiatement averti par cette seule circonstance que l'expression $\Sigma t^{-n^2} x^n$ est dépourvue de sens, attendu qu'on ne peut sommer la série divergente dont le terme général est

$$(-1)^n t^{-n^2} x^n.$$

Mais, pour retrouver des formules exactes, il suffira d'observer que, dans l'hypothèse admise, $f(x)$ se décompose en fractions simples dont une seule,

$$\frac{1}{1 - t x^{-1}},$$

offre un développement qui change de nature quand x est remplacé par $t^2 x$. Donc, avant de recourir à la formule (8), on devra retrancher le développement de cette fraction du développement de $f(x)$. Alors, à la place de la formule (9), on obtiendra la suivante

$$(10)\quad \left\{ \begin{aligned} f(x) - \frac{1}{1 - t x^{-1}} = T - 1 + (T_{-1} - t)x^{-1} + (T_{-2} - t^2)x^{-2} + \ldots \\ + T_1 x + T_2 x^2 + \ldots . \end{aligned} \right.$$

En remplaçant, dans cette dernière, x par $t^2 x$, et ayant égard à la formule (8), on formera l'équation

$$\begin{aligned} t x\left[f(x) - \frac{1}{1 - t x}\right] + T - 1 + (T_{-1} - t)t^{-2}x^{-1} + (T_{-2} - t^2)t^{-4}x^{-2} + \ldots \\ + T_1 x + T_2 x^2 + \ldots = 0; \end{aligned}$$

puis, en développant $f(x)$ et $\frac{1}{1 - t x}$ suivant les puissances entières de x, et comparant entre eux les coefficients des puissances semblables de x, on trouvera, non seulement

$$T_{-n} = T_n,$$

quel que soit x, mais encore

$$T_1 = -\frac{T - 1}{t}, \qquad T_2 = -\frac{T_1 - t}{t^3}, \qquad T_3 = -\frac{T_2 - t^2}{t^5}, \qquad \ldots$$

et, par suite,

$$T_n = (-1)^n \frac{T - 1 + t^2 - t^6 + \ldots \pm t^{n(n-1)}}{t^{n^2}},$$

ce qui est exact.

Le même artifice de calcul servirait à déduire les formules (1), (2), et autres du même genre, des équations linéaires auxquelles satisfont les fonctions de x représentées par les produits dont ces formules fournissent les développements.

On peut, des formules ci-dessus trouvées, déduire une multitude de conséquences dignes de remarque; par exemple, on en tire

$$(11)\quad \begin{cases} (1 + 2t + 2t^4 + 2t^9 + \ldots)(1 + 2t^3 + 2t^{12} + 2t^{27} + \ldots) \\ \quad = 1 + 2\left(\dfrac{1-t}{1-t^3}t + \dfrac{1-t^2}{1-t^6}t^2 + \dfrac{1-t^3}{1-t^9}t^3 + \dfrac{1-t^4}{1-t^{12}}t^4 + \ldots\right) \end{cases}$$

et

$$(12)\qquad (1 + t + t^3 + t^6 + \ldots)^4 = \frac{1}{1-t} + \frac{3t}{1-t^3} + \frac{5t^2}{1-t^5} + \ldots.$$

Au reste, je reviendrai sur ces formules dans un autre Mémoire, et j'observerai en finissant que si, dans les équations (1), (2), on remplace x par une exponentielle imaginaire, on obtiendra des formules données par M. Jacobi.

Ajoutons que les équations (1) et (2) sont comprises, comme cas particuliers, dans l'équation plus générale qui se déduit de la dernière formule du § I. En effet, on tire de cette formule

$$(13)\quad \begin{cases} \dfrac{1+\theta x}{1+x}\,\dfrac{1+\theta t x}{1+tx}\,\dfrac{1+\theta t^2 x}{1+t^2 x}\cdots\dfrac{1+\theta^{-1} t x^{-1}}{1+tx^{-1}}\,\dfrac{1+\theta^{-1}t^2x^{-1}}{1+t^2x^{-1}}\cdots \\ \quad = \Theta\left(\dfrac{1}{1-\theta} - \dfrac{x}{1-\theta t} + \dfrac{x^2}{1-\theta t^2} - \dfrac{x^3}{1-\theta t^3} + \ldots\right. \\ \qquad\qquad \left. + \dfrac{\theta^{-1}tx^{-1}}{1-\theta^{-1}t} - \dfrac{\theta^{-1}t^2x^{-2}}{1-\theta^{-1}t^2} + \dfrac{\theta^{-1}t^3x^{-3}}{1-\theta^{-1}t^3} - \ldots\right), \end{cases}$$

la valeur de Θ étant toujours

$$\Theta = \frac{(1-\theta)(1-\theta t)(1-\theta t^2)\ldots(1-\theta^{-1}t)(1-\theta^{-1}t^2)\ldots}{[(1-t)(1-t^2)(1-t^3)\ldots]^2}.$$

228.

Analyse mathématique. — *Mémoire sur une certaine classe de fonctions transcendantes liées entre elles par un système de formules qui fournissent, comme cas particuliers, les développements des fonctions elliptiques en séries.*

C. R., T. XVII, p. 640 (2 octobre 1843).

§ I. — *Considérations générales.*

Concevons que l'on multiplie les uns par les autres divers binômes dont chacun ait pour premier terme une constante déterminée, par exemple l'unité. Si les seconds termes de ces binômes varient en progression arithmétique, on pourra en dire autant des binômes eux-mêmes, et le produit que l'on obtiendra sera l'une des expressions que M. Kramp a désignées sous le nom de *factorielles*. Mais, si les seconds termes des binômes varient en progression géométrique, le produit obtenu sera une autre espèce de factorielle dont les propriétés remarquables méritent d'être signalées. Il importe de distinguer l'une de l'autre ces deux espèces de factorielles, en indiquant, s'il est possible, à l'aide du langage même, le mode de formation de chacune d'elles. Pour atteindre ce but, nous désignerons généralement sous le nom de *factorielles* des produits composés de divers facteurs que nous supposerons, pour l'ordinaire, représentés par des binômes dont les premiers termes seront égaux; puis nous appellerons *factorielles arithmétiques* celles dont les facteurs varieront en progression arithmétique, et *factorielles géométriques* celles qui auront pour facteurs des binômes dont les seconds termes varieront en progression géométrique. Dans ce dernier cas, la raison de la progression géométrique sera en même temps ce que nous appellerons la *raison* de la factorielle *géométrique*. Le premier terme de la progression, ou le second terme du premier binôme, sera la *base* de la factorielle.

Lorsque, dans une factorielle géométrique, le premier terme de chaque facteur est une constante qui diffère de l'unité, il suffit évidemment de diviser la factorielle par cette constante élevée à la puissance dont le degré est le nombre même des facteurs, pour obtenir une autre factorielle dans laquelle chaque facteur a pour premier terme l'unité.

Eu égard à cette observation, on peut se borner à considérer, parmi les factorielles géométriques, celles qui offrent pour facteurs des binômes dont chacun a pour premier terme l'unité. C'est ce que nous ferons désormais. D'ailleurs, nous nous proposons de considérer ici spécialement les factorielles géométriques, composées d'un nombre infini de facteurs; et il deviendra nécessaire de réduire à l'unité le premier terme de chaque facteur, dans une semblable factorielle, si l'on veut que celle-ci ne devienne pas nulle ou infinie. Comme chacune des fonctions appelées *elliptiques* se réduit au rapport de deux factorielles, on ne doit pas être étonné de voir les formules déduites de la considération des factorielles géométriques fournir, comme cas particuliers, les développements des fonctions elliptiques en séries, ainsi que nous l'expliquerons dans la suite de ce Mémoire.

§ II. — *Propriétés diverses des factorielles géométriques.*

Considérons une factorielle géométrique, composée d'un nombre infini de facteurs dont chacun ait pour premier terme l'unité, les seconds termes des binômes qui représentent les divers facteurs étant les termes successifs de la progression géométrique

$$x, \quad tx, \quad t^2x, \quad t^3x, \quad \ldots,$$

dont la raison t offre un module inférieur à l'unité. Si l'on désigne par $\varpi(x, t)$ cette factorielle dont x sera la *base* et t la *raison*, on aura

$$(1) \qquad \varpi(x, t) = (1 + x)(1 + tx)(1 + t^2x)(1 + t^3x)\ldots.$$

Nommons A et B les valeurs particulières qu'acquiert cette factorielle, quand on y pose successivement $x = t$ et $x = -t$. Nommons pareillement A_m et B_m les valeurs que $\varpi(x, t^m)$ reçoit quand on y pose successivement $x = t^m$, $x = -t^m$. On aura

$$A_1 = A = (1+t)(1+t^2)(1+t^3)\ldots = \varpi(t, t),$$
$$B_1 = B = (1-t)(1-t^2)(1-t^3)\ldots = \varpi(-t, t),$$

et généralement

$$A_m = (1+t^m)(1+t^{2m})(1+t^{3m})\ldots = \varpi(t^m, t^m).$$
$$B_m = (1-t^m)(1-t^{2m})(1-t^{3m})\ldots = \varpi(-t^m, t^m).$$

D'ailleurs, on tirera de l'équation (1)

$$(2) \qquad \varpi(x, t) = (1+x)\varpi(tx, t);$$

et comme on a, quel que soit x,

$$1 - x^2 = (1-x)(1+x),$$

on trouvera encore

$$(3) \qquad \varpi(-x^2, t^2) = \varpi(-x, t)\varpi(x, t).$$

En remplaçant dans cette dernière formule x par t, on en conclura

$$(4) \qquad B_2 = AB;$$

en remplaçant au contraire x par x^m, et t par t^m, on trouvera

$$(5) \qquad B_{2m} = A_m B_m.$$

La formule (4), de laquelle on peut déduire immédiatement la formule (5), a été remarquée par Euler (*Introductio in Analysin infinitorum*).

Concevons maintenant que l'on multiplie l'une par l'autre les deux factorielles géométriques

$$\varpi(x, t) = (1+x)(1+tx)(1+t^2x)\ldots,$$
$$\varpi(tx^{-1}, t) = (1+tx^{-1})(1+t^2x^{-1})(1+t^3x^{-1})\ldots,$$

et désignons, à l'aide de la notation

$$\Pi(x, t),$$

la nouvelle factorielle qui résultera de cette multiplication. On aura

$$(6)\qquad \Pi(x, t) = \varpi(x, t)\,\varpi(tx^{-1}, t)$$

ou, ce qui revient au même,

$$(7)\qquad \Pi(x, t) = (1+x)(1+tx)(1+t^2x)\dots(1+tx^{-1})(1+t^2x^{-1})\dots$$

et, par suite,

$$(8)\qquad x^{-\frac{1}{2}}\Pi(x, t) = \left(x^{\frac{1}{2}} + x^{-\frac{1}{2}}\right)(1+tx)(1+t^2x)\dots(1+tx^{-1})(1+t^2x^{-1})\dots.$$

Comme le second membre de la formule (8) ne varie pas quand on y remplace x par x^{-1}, cette formule entraîne évidemment l'équation

$$(9)\qquad x^{-\frac{1}{2}}\Pi(x, t) = x^{\frac{1}{2}}\Pi(x^{-1}, t),$$

que l'on peut écrire comme il suit :

$$(10)\qquad \Pi(x, t) = x\,\Pi(x^{-1}, t).$$

De plus, on tire des équations (6) et (2)

$$\Pi(tx, t) = \varpi(tx, t)\,\varpi(x^{-1}, t),$$

$$\varpi(tx, t) = \frac{\varpi(x, t)}{1+x}, \qquad \varpi(x^{-1}, t) = (1+x^{-1})\,\varpi(tx^{-1}, t)$$

et, par suite,

$$(11)\qquad \Pi(tx, t) = x^{-1}\,\Pi(x, t),$$

ou, ce qui revient au même,

$$(12)\qquad \Pi(x, t) = x\,\Pi(tx, t);$$

puis, on en conclut

$$\begin{aligned}\Pi(x, t) &= x\,\Pi(tx, t)\\ &= x.tx\,\Pi(t^2x, t)\\ &= x.tx.t^2x\,\Pi(t^3x, t)\\ &= \dots\dots\dots\dots\end{aligned}$$

et généralement

$$\Pi(x, t) = x^m t^{1+2+\dots+(m-1)}\,\Pi(t^m x, t)$$

ou, ce qui revient au même,

(13) $$\Pi(x,t) = t^{\frac{m(m-1)}{2}} x^m \Pi(t^m x, t).$$

Enfin, la formule (6), jointe à l'équation (3), entraînera évidemment l'équation

(14) $$\Pi(-x^2, t^2) = \Pi(-x, t)\,\Pi(x, t).$$

Parmi les propriétés dont jouissent les factorielles $\varpi(x,t)$, $\Pi(x,t)$, on peut remarquer encore celles que nous allons indiquer.

Si l'on nomme r une quelconque des racines primitives de l'équation

$$x^m - 1 = 0,$$

on aura identiquement, quel que soit x,

$$1 - x^m = (1-x)(1-rx)(1-r^2x)\ldots(1-r^{m-1}x),$$

et l'on en conclura

(15) $$\varpi(-x^m, t^m) = \varpi(-x, t)\,\varpi(-rx, t)\ldots\varpi(-r^{m-1}x, t),$$

(16) $$\Pi(-x^m, t^m) = \Pi(-x, t)\,\Pi(-rx, t)\ldots\Pi(-r^{m-1}x, t).$$

La formule (15) permet évidemment de transformer une factorielle, dont la raison est t^m, en un produit de plusieurs autres factorielles, dans chacune desquelles la raison se trouve réduite à la première puissance de t.

Concevons à présent que l'on construise le produit de n factorielles de la forme

$$\Pi(\lambda x, t),\quad \Pi(\mu x, t),\quad \Pi(\nu x, t),\quad \ldots,$$

λ, μ, ν, ... désignant des coefficients quelconques réels ou imaginaires, et que l'on représente par $f(x)$ ce produit considéré comme fonction de x. L'équation

(17) $$f(x) = \Pi(\lambda x, t)\,\Pi(\mu x, t)\,\Pi(\nu x, t)\ldots,$$

jointe à la formule (12), entraînera évidemment la suivante :

(18) $$f(x) = \lambda\mu\nu\ldots x^n f(tx).$$

Si l'on supposait, au contraire,

$$f(x) = \frac{1}{\Pi(\lambda x, t)\,\Pi(\mu x, t)\,\Pi(\nu x, t)\ldots}, \tag{19}$$

on trouverait

$$f(x) = \lambda^{-1}\mu^{-1}\nu^{-1}\ldots x^{-n} f(tx). \tag{20}$$

Enfin, si l'on supposait

$$f(x) = \frac{\Pi(\lambda x, t)\,\Pi(\mu x, t)\,\Pi(\nu x, t)\ldots}{\Pi(\alpha x, t)\,\Pi(6 x, t)\,\Pi(\gamma x, t)\ldots}, \tag{21}$$

alors, en nommant n le nombre des factorielles

$$\Pi(\lambda x, t), \quad \Pi(\mu x, t), \quad \Pi(\nu x, t), \quad \ldots,$$

et $n \pm i$ le nombre des factorielles

$$\Pi(\alpha x, t), \quad \Pi(6 x, t), \quad \Pi(\gamma x, t), \quad \ldots,$$

on trouverait

$$f(x) = \theta x^{\pm i} f(tx), \tag{22}$$

la valeur de θ étant

$$\theta = \frac{\lambda\mu\nu\ldots}{\alpha 6\gamma\ldots}. \tag{23}$$

Si l'on a précisément $n \pm i = n$ ou $i = 0$, la formule (22) se trouvera réduite à

$$f(x) = \theta f(tx), \tag{24}$$

et l'on en conclura généralement, quel que soit le nombre entier m,

$$f(x) = \theta^m f(t^m x). \tag{25}$$

Cette dernière formule, subsistant quel que soit x, sera encore vraie si l'on y remplace x par $t^{-m}x$, ou, ce qui revient au même, si l'on y remplace m par $-m$.

La formule (22) ou (25) mérite d'être remarquée, comme présentant une relation linéaire très simple entre deux valeurs diverses de la fonction $f(x)$. En partant de cette même formule, on peut aisément décomposer cette fonction en fractions simples, ou la développer en série, comme nous l'expliquerons dans le paragraphe suivant et dans de nouveaux Mémoires.

§ III. — *Décomposition d'une fraction qui a pour termes des produits de factorielles en fractions simples*

Le calcul des résidus, joint aux formules établies dans le paragraphe précédent, fournit les moyens de décomposer assez facilement en fractions simples une fraction qui a pour termes des produits de factorielles semblables à celles que nous avons considérées ci-dessus. Concevons, pour fixer les idées, que l'on se propose de décomposer en fractions simples la fonction

$$(1)\qquad f(x) = \frac{\Pi(\lambda x, t)\,\Pi(\mu x, t)\,\Pi(\nu x, t)\ldots}{\Pi(\alpha x, t)\,\Pi(6 x, t)\,\Pi(\gamma x, t)\ldots},$$

et supposons encore, pour plus de facilité, que les deux termes de la fraction comprise dans le second membre de la formule (1) renferment l'un et l'autre le même nombre n de factorielles. Alors, en posant, pour abréger,

$$(2)\qquad \begin{cases} \varpi(\alpha z, \ t)\,\varpi(6 z, \ t)\,\varpi(\gamma z, \ t)\ldots = \mathrm{P} \\ \text{et} \\ \varpi\left(\dfrac{t}{\alpha z}, t\right)\varpi\left(\dfrac{t}{6 z}, t\right)\varpi\left(\dfrac{t}{\gamma z}, t\right)\ldots = \mathrm{Q}, \end{cases}$$

on trouvera, pour un module de t inférieur à l'unité,

$$(3)\qquad f(x) = \mathrm{s} + \mathcal{E}\,\frac{1}{x-z}\,\frac{\mathrm{Q}f(z)}{(\mathrm{Q})} + \mathcal{E}\left(\frac{1}{x-z} + \frac{1}{z}\right)\frac{\mathrm{P}f(z)}{(\mathrm{P})},$$

s étant indépendante de x, pourvu toutefois que la suite des résidus partiels dont se composera le second membre de la formule (3) soit une série convergente. De plus, comme, en vertu des formules (2) et (6) du § II, on aura

$$(4)\qquad \Pi(x, t) = (1+x)\,\varpi(tx, t)\,\varpi(tx^{-1}, t)$$

et, par suite, pour $x = -1$,

$$\frac{\Pi(x, t)}{1+x} = [\varpi(-t, t)]^2 = B^2,$$

il est clair que $\frac{1}{B^2}$ sera le résidu partiel de la fraction

$$\frac{1}{\Pi(x, t)}$$

correspondant à la racine -1 de l'équation

$$1 + x = 0;$$

donc aussi $\frac{1}{\alpha B^2}$ sera le résidu partiel de la fraction

$$\frac{1}{\Pi(\alpha x, t)}$$

correspondant à la racine $-\frac{1}{\alpha}$ de l'équation

$$1 + \alpha x = 0;$$

et, pour cette même racine, le résidu partiel de la fonction $f(x)$ sera le produit de $\frac{1}{\alpha}$ par la valeur de Θ_α que détermine la formule

$$(5) \qquad \Theta_\alpha = \frac{\Pi\left(-\frac{\lambda}{\alpha}, t\right)\Pi\left(-\frac{\mu}{\alpha}, t\right)\Pi\left(-\frac{\nu}{\alpha}, t\right)\cdots}{B^2\,\Pi\left(-\frac{6}{\alpha}, t\right)\Pi\left(-\frac{\gamma}{\alpha}, t\right)\cdots}.$$

Donc la fraction simple correspondante à cette racine dans le second membre de la formule (3) sera

$$\Theta_\alpha\left(\frac{1}{1+\alpha x} - 1\right) = -\Theta_\alpha \frac{\alpha x}{1+\alpha x}.$$

D'autre part, comme, en posant, pour abréger,

$$(6) \qquad \theta = \frac{\lambda\mu\nu\ldots}{\alpha 6\gamma\ldots},$$

on aura [*voir* la formule (24) du § II]

$$(7) \qquad f(x) = \theta f(tx)$$

et, par suite,

$$(8) \qquad f(x) = \theta^m f(t^m x),$$

quelle que soit la valeur entière positive ou négative de m, il en résulte que les résidus partiels de la fonction $f(x)$ correspondants aux racines des deux équations

$$1 + \alpha t^m x = 0, \qquad 1 + \alpha^{-1} t^m x^{-1} = 0$$

seront les produits respectifs des rapports

$$\frac{1}{\alpha t^m} \quad \text{et} \quad \frac{1}{\alpha t^{-m}}$$

par les expressions

$$\Theta_\alpha \theta^m \quad \text{et} \quad \Theta_\alpha \theta^{-m}.$$

Donc les fractions simples correspondantes à ces deux racines dans le second membre de la formule (3) seront

$$-\Theta_\alpha \frac{\alpha t^m x}{1 + \alpha t^m x} \quad \text{et} \quad \Theta_\alpha \frac{\alpha^{-1} t^m x^{-1}}{1 + \alpha^{-1} t^m x^{-1}}.$$

Donc, dans le second membre de la formule (3), la partie correspondante aux diverses racines de l'équation

$$\Pi(\alpha x, t) = 0$$

sera

$$-\Theta_\alpha \varphi(\alpha x),$$

pourvu que $\varphi(x)$ représente une fonction nouvelle de x déterminée par la formule

$$(9) \qquad \left\{ \begin{aligned} \varphi(x) = {} & \frac{x}{1+x} + \theta \frac{tx}{1+tx} + \theta^2 \frac{t^2 x}{1+t^2 x} + \ldots \\ & - \theta^{-1} \frac{tx^{-1}}{1+tx^{-1}} - \theta^{-2} \frac{t^2 x^{-1}}{1+t^2 x^{-1}} - \ldots. \end{aligned} \right.$$

Donc, si l'on nomme

$$\Theta_\beta, \quad \Theta_\gamma, \quad \ldots$$

les valeurs successives que prendrait le facteur Θ_α, en vertu d'un échange opéré entre les coefficients α et β, ou α et γ, etc., on tirera définitivement de la formule (3)

$$(10) \qquad f(x) = s - \Theta_\alpha \varphi(\alpha x) - \Theta_\beta \varphi(\beta x) - \Theta_\gamma \varphi(\gamma x) - \dots$$

Quant à la valeur de s, on peut la déduire immédiatement de l'équation linéaire (7). En effet, si dans cette équation linéaire on substitue la valeur de $f(x)$ fournie par l'équation (10), on trouvera

$$(1 - \theta) s - \Theta_\alpha - \Theta_\beta - \Theta_\gamma - \dots = 0$$

et, par suite,

$$(11) \qquad s = \frac{\Theta_\alpha + \Theta_\beta + \Theta_\gamma + \dots}{1 - \theta}.$$

Donc la formule (10) donnera

$$(12) \qquad f(x) = \Theta_\alpha \left[\frac{1}{1 - \theta} - \varphi(\alpha x) \right] + \Theta_\beta \left[\frac{1}{1 - \theta} - \varphi(\beta x) \right] + \dots$$

Cette dernière équation suppose, non seulement que le module de t est inférieur à l'unité, mais encore que la série dont $\varphi(x)$ désigne la somme est convergente et, par suite, que le module de θ est renfermé entre les modules de t et de $\frac{1}{t}$. Il est bon d'observer que, pour obtenir la fonction de x ici représentée par $\varphi(x)$, il suffit de multiplier respectivement par les puissances entières positives, nulle et négatives de θ, les divers termes de la série dont la somme représente l'expression

$$x \frac{\mathrm{D}_x \Pi(x, t)}{\Pi(x, t)} = x \mathrm{D}_x \mathrm{l} \Pi(x, t).$$

On a, en effet,

$$(13) \quad x \mathrm{D}_x \mathrm{l} \Pi(x, t) = \frac{x}{1 + x} + \frac{tx}{1 + tx} + \frac{t^2 x}{1 + t^2 x} + \dots - \frac{t x^{-1}}{1 + t x^{-1}} - \frac{t^2 x^{-1}}{1 + t^2 x^{-1}} - \dots$$

Dans le cas particulier où chaque terme de la fonction $f(x)$ renferme une seule factorielle, c'est-à-dire, dans le cas où l'on a

$$(14) \qquad f(x) = \frac{\Pi(\lambda x, t)}{\Pi(\alpha x, t)},$$

l'équation (12) se réduit à

$$(15) \qquad f(x) = \Theta\left[\frac{1}{1-\theta} - \varphi(\alpha x)\right],$$

la valeur de Θ étant

$$(16) \qquad \Theta = \frac{1}{B^2}\Pi\left(-\frac{\lambda}{\alpha}, t\right),$$

et coïncide avec l'équation (20) de la page 59 (*voir* le *Compte rendu* de la dernière séance). Alors $f(x)$ se changera en une fonction elliptique, si chacun des coefficients se réduit à l'une des quantités

$$\pm 1, \quad \pm t^{\frac{1}{2}}.$$

Dans le cas où chaque terme de la fonction $f(x)$ renferme deux factorielles, et où l'on a

$$(17) \qquad f(x) = \frac{\Pi(\lambda x, t)\,\Pi(\mu x, t)}{\Pi(\alpha x, t)\,\Pi(6x, t)},$$

la formule (12) donne

$$(18) \qquad f(x) = \Theta_\alpha\left[\frac{1}{1-\theta} - \varphi(\alpha x)\right] + \Theta_6\left[\frac{1}{1-\theta} - \varphi(6x)\right];$$

et ainsi de suite.

Nous développerons dans d'autres Mémoires les conséquences importantes qui se tirent de la formule (12) et d'autres formules du même genre, sous le double rapport de l'Analyse mathématique et de la Théorie des nombres. On doit particulièrement remarquer les résultats qui se déduisent de cette formule : 1° quand le coefficient

$$\theta = \frac{\lambda\mu\nu\ldots}{\alpha 6\gamma\ldots}$$

se réduit à l'unité; 2° quand les coefficients

$$\alpha, \quad 6, \quad \gamma, \quad \ldots$$

deviennent égaux entre eux. Ainsi, en particulier, en supposant, dans la formule (17),

$$\alpha = 1, \qquad 6 = \lambda\mu,$$

et, par suite, $\theta = 1$,

$$(19) \qquad f(x) = \frac{\Pi(\lambda x, t)\,\Pi(\mu x, t)}{\Pi(x, t)\,\Pi(\lambda\mu x, t)},$$

on tirera de l'équation (18)

$$(20) \qquad f(x) = \Theta[1 - \Phi(-\lambda) - \Phi(-\mu) - \Phi(x) + \Phi(\lambda\mu x)],$$

les valeurs de Θ et de $\Phi(x)$ étant

$$(21) \qquad \Theta = \frac{\Pi(-\lambda, t)\,\Pi(-\mu, t)}{B^2\,\Pi(-\lambda\mu, t)},$$

$$(22) \qquad \Phi(x) = x\,D_x l\,\Pi(x, t).$$

Si, au contraire, on supposait dans l'équation (17)

$$\alpha = 6 = 1$$

et, par suite,

$$(23) \qquad f(x) = \frac{\Pi(\lambda x, t)\,\Pi(\mu x, t)}{[\Pi(\alpha x, t)]^2},$$

on tirerait de la formule (18)

$$(24) \qquad f(x) = \Theta\left\{[1 - \Phi(-\lambda) - \Phi(-\mu)]\left[\frac{1}{1-\theta} - \varphi(x)\right] - x\,D_x\,\varphi(x)\right\},$$

les formes des fonctions $\varphi(x)$, $\Phi(x)$ étant toujours déterminées par les équations (9), (22), et les valeurs de θ, Θ étant

$$(25) \qquad \theta = \lambda\mu,$$

$$(26) \qquad \Theta = \frac{\Pi(-\lambda, t)\,\Pi(-\mu, t)}{B^4}.$$

229.

ANALYSE MATHÉMATIQUE. — *Mémoire sur les factorielles géométriques.*

C. R., T. XVII, p. 693 (9 octobre 1843).

Les factorielles géométriques, telles que nous les avons définies dans la dernière séance, ont entre elles des relations qui méritent d'être remarquées. Nous allons ici nous occuper spécialement de ces relations dont plusieurs peuvent assez facilement se déduire des principes établis dans les précédents Mémoires.

Analyse.

Nommons $\varpi(x, t)$ une factorielle géométrique, et composée d'un nombre infini de facteurs, qui offre pour base la variable x, et pour raison une autre variable t dont le module reste inférieur à l'unité. On aura

$$(1) \qquad \varpi(x, t) = (1 + x)(1 + tx)(1 + t^2x)\ldots.$$

Soient de plus A, B les valeurs particulières que prend la factorielle $\varpi(x, t)$ quand on y pose successivement $x = t$, $x = -t$; soient pareillement A_m et B_m les valeurs particulières que prend la factorielle $\varpi(x, t^m)$ quand on y pose successivement $x = t^m$, $x = -t^m$. On aura encore

$$A_1 = A = (1 + t)(1 + t^2)(1 + t^3)\ldots = \varpi(t, t),$$
$$B_1 = B = (1 - t)(1 - t^2)(1 - t^3)\ldots = \varpi(-t, t)$$

et généralement

$$A_m = (1 + t^m)(1 + t^{2m})(1 + t^{3m})\ldots = \varpi(t^m, t^m),$$
$$B_m = (1 - t^m)(1 - t^{2m})(1 - t^{3m})\ldots = \varpi(-t^m, t^m).$$

D'ailleurs, comme nous l'avons remarqué dans la dernière séance, on trouvera

$$(2) \qquad \begin{cases} \varpi(x, t) = (1 + x)\varpi(tx, t), \\ \varpi(-x^2, t^2) = \varpi(-x, t)\varpi(x, t) \end{cases}$$

et, par suite,

$$(3) \qquad \begin{cases} B_2 = AB, \\ B_{2m} = A_m B_m. \end{cases}$$

Considérons maintenant une factorielle $\Pi(x, t)$, représentée par le produit des deux factorielles géométriques

$$\varpi(x, t), \quad \varpi(tx^{-1}, t),$$

de sorte qu'on ait

$$(4)\qquad \Pi(x,t)=(1+x)(1+tx)(1+t^2x)\ldots(1+tx^{-1})(1+t^2x^{-1})\ldots,$$

$$(5)\qquad \Pi(x,t)=x\,\Pi(tx,t),$$

$$(6)\qquad \Pi(x^{-1},t)=\Pi(tx,t),$$

$$(7)\qquad \Pi(-x^2,t^2)=\Pi(-x,t)\,\Pi(x,t).$$

De plus, en vertu de la formule (8) de la page 52, on aura encore

$$\Pi(x,t)=\frac{x+1+t(x^2+x^{-1})+t^3(x^3+x^{-2})+\ldots}{B}$$

ou, ce qui revient au même,

$$(8)\qquad \Pi(x,t)=\frac{1}{B}\sum t^{\frac{n(n-1)}{2}}x^n$$

et, par suite,

$$(9)\qquad \Pi(tx,t^2)=\frac{1}{B_2}\sum t^{n^2}x^n,$$

les sommes qu'indique le signe $\sum$ s'étendant à toutes les valeurs entières positives, nulle et négatives de n. On en conclura immédiatement

$$(10)\qquad \begin{cases}\sum t^{\frac{n(n-1)}{2}}x^n=B\,\Pi(x,t),\\ \sum t^{n^2}x^n=B_2\,\Pi(tx,t^2).\end{cases}$$

Ajoutons que, en vertu de la formule (5) de la page 57, on aura

$$\frac{B_2^2}{\Pi(-tx,t^2)}=\sum(-1)^n\frac{t^{n(n+1)}}{1-t^{2n+1}x},$$

puis, en remplaçant x par $-\frac{x}{t}$ et t par $t^{\frac{1}{2}}$,

$$(11)\qquad \frac{B^2}{\Pi(x,t)}=\sum(-1)^n\frac{t^{\frac{n(n+1)}{2}}}{1+t^n x}.$$

En combinant entre elles, par voie de multiplication, la formule (11) et la première des équations (10), on obtient cette autre équation digne de remarque :

(12) $$\sum t^{\frac{n(n-1)}{2}} x^n \sum (-1)^n \frac{t^{\frac{n(n+1)}{2}}}{1+t^n x} = B^3.$$

Aux formules qui précèdent on peut joindre encore la formule (20) (p. 59), de laquelle on tire, en supposant le module de θ compris entre les modules de t et de $\frac{1}{t}$,

(13) $$\frac{\Pi(\theta x, t)}{\Pi(x, t)} = \Theta\left[\frac{1}{1-\theta} - \varphi(x)\right],$$

la valeur de Θ étant

(14) $$\Theta = \frac{\Pi(-\theta, t)}{B^2},$$

et la valeur de $\varphi(x)$ étant

(15) $$\left\{\begin{aligned} \varphi(x) = \frac{1}{1+x} + \theta\frac{tx}{1+tx} + \theta^2\frac{t^2 x}{1+t^2 x} + \ldots \\ - \theta^{-1}\frac{tx^{-1}}{1+tx^{-1}} - \theta^{-2}\frac{t^2 x^{-1}}{1+t^2 x^{-1}} - \ldots. \end{aligned}\right.$$

Observons d'ailleurs que, en vertu de l'équation (15), on aura, si le module de θ est inférieur à l'unité,

$$\begin{aligned} \frac{1}{1-\theta} - \varphi(x) = \frac{1}{1+x} + \frac{\theta}{1+tx} + \frac{\theta}{1+t^2 x} + \ldots \\ + \frac{\theta^{-1}}{1+t^{-1}x} + \frac{\theta^{-2}}{1+t^{-2}x} + \ldots = \sum \frac{\theta^n}{1+t^n x} \end{aligned}$$

et, si le module de θ surpasse l'unité,

$$\begin{aligned} \frac{1}{1-\theta} - \varphi(x) = -\frac{1}{1+x^{-1}} - \frac{\theta}{1+t^{-1}x^{-1}} - \frac{\theta^2}{1+t^{-2}x^{-1}} - \ldots \\ - \frac{\theta^{-1}}{1+tx^{-1}} - \frac{\theta^{-2}}{1+t^2 x^{-1}} - \ldots = -\sum \frac{\theta^{-n}}{1+t^n x^{-1}}. \end{aligned}$$

Donc la formule (13) donnera, pour un module de θ inférieur à l'unité, mais supérieur au module de t,

(16) $$\frac{\Pi(\theta x, t)}{\Pi(x, t)} = \frac{\Pi(-\theta, t)}{B^2}\sum \frac{\theta^n}{1+t^n x}$$

et, pour un module de θ supérieur à l'unité, mais inférieur au module de $\frac{1}{t}$,

$$(17)\qquad \frac{\Pi(\theta x, t)}{\Pi(x, t)} = \frac{\Pi(-\theta, t)}{B^2} \sum \frac{\theta^{-n}}{1 + t^n x^{-1}}.$$

Au reste, pour passer de la formule (16) à la formule (17), il suffit de remplacer, dans la première de ces deux formules, θ par $\frac{\theta}{t}$, et d'avoir égard à l'équation (5).

Comme nous l'avons déjà remarqué dans la séance précédente, pour obtenir la fonction $\varphi(x)$, dont la valeur est donnée par la formule (15), il suffit de multiplier respectivement, par les diverses puissances entières positives, nulle et négatives de θ, les divers termes de la série dont la somme représente la fonction

$$(18)\qquad \begin{cases} \Phi(x) = x\, D_x l\, \Pi(x) = \dfrac{x}{1+x} + \dfrac{tx}{1+tx} + \dfrac{t^2 x}{1+t^2 x} + \ldots \\ \qquad\qquad - \dfrac{tx^{-1}}{1+tx^{-1}} - \dfrac{t^2 x^{-1}}{1+t^2 x^{-1}} - \ldots. \end{cases}$$

Ajoutons qu'en vertu de l'équation (22) on aura évidemment

$$(19)\qquad \Phi(1) = \tfrac{1}{2}, \qquad \Phi(-1) = \tfrac{1}{0}$$

et

$$(20)\qquad \begin{cases} \Phi\left(t^{\frac{1}{2}}\right) = \Phi\left(-t^{\frac{1}{2}}\right) = 0, \\ \Phi\left(t^{-\frac{1}{2}}\right) = \Phi\left(-t^{-\frac{1}{2}}\right) = 1. \end{cases}$$

La formule (8) fournit immédiatement le développement de la factorielle $\Pi(x, t)$ en une série ordonnée suivant les puissances entières, positives, nulle et négatives de x. Pour développer les rapports

$$\frac{1}{\Pi(x, t)} \quad \text{et} \quad \frac{\Pi(\theta x, t)}{\Pi(x, t)}$$

en de semblables séries, il suffit de recourir à la formule (11) et à la formule (16) ou (17), et de développer dans les seconds membres de ces formules les fractions de la forme

$$\frac{1}{1+t^n x} \quad \text{ou} \quad \frac{1}{1+t^n x^{-1}}$$

en progressions géométriques ordonnées suivant les puissances entières et positives de t. En opérant ainsi, on tirera, par exemple, de la formule (16) ou (17), ou, ce qui revient au même, des formules (13), (14) et (15),

$$\frac{\Pi(\theta x, t)}{\Pi(x, t)} = \frac{\Pi(-\theta, t)}{B^2} \sum (-1)^n \frac{x^n}{1-\theta t^n}, \tag{21}$$

le signe $\sum$ s'étendant ici, comme dans les formules (8), (10), (11), (16), (17), à toutes les valeurs positives, nulle ou négatives de n. Mais une différence essentielle entre la formule (8) et la formule (21), c'est que la première subsiste pour des valeurs quelconques de x, tandis que la dernière suppose le module de x renfermé entre les limites 1 et $\frac{1}{t}$.

Posons maintenant

$$f(x) = \Pi(\lambda x, t)\,\Pi(\mu x, t)\,\Pi(\nu x, t)\ldots. \tag{22}$$

En vertu de la formule (8), qui subsiste quel que soit x, on aura

$$f(x) = B^{-m} \sum t^{\frac{n(n-1)}{2}} \lambda^n x^n \sum t^{\frac{n(n-1)}{2}} \mu^n x^n \sum t^{\frac{n(n-1)}{2}} \nu^n x^n \ldots, \tag{23}$$

m désignant le nombre des factorielles

$$\Pi(\lambda x, t), \quad \Pi(\mu x, t), \quad \Pi(\nu x, t), \quad \ldots;$$

puis, en multipliant les uns par les autres les divers termes dont se composent les sommes renfermées dans le second membre de la formule (23), on trouvera

$$f(x) = B^{-m} \sum \mathrm{k}_n x^n, \tag{24}$$

le signe $\sum$ s'étendant toujours à toutes les valeurs entières de n, et la fonction de t, représentée par k_n, étant une somme de termes proportionnels à des puissances entières, mais positives de t. Comme d'ailleurs, en posant, pour abréger,

(25) $$\theta = \lambda\mu\nu\ldots,$$

on tirera de la formule (5)

(26) $$f(x) = \theta x^m f(tx),$$

les diverses valeurs de k_n devront être telles que l'on ait

$$\sum k_n x^n = \sum \theta k_n t^n x^{n+m},$$

ou, ce qui revient au même,

$$\sum k_n x^n = \sum \theta k_{n-m} t^{n-m} x^n.$$

Cette dernière formule, devant être vérifiée quel que soit x, donnera

$$k_n = \theta k_{n-m} t^{n-m},$$

et par suite, si l'on nomme i l'un quelconque des nombres entiers inférieurs à m, on aura

$$k_{mn+i} = \theta k_{mn-m+i} t^{mn-m+i} = \theta^n k_i t^{m\frac{n(n-1)}{2}+ni}.$$

Comme on aura, d'autre part, en vertu de la formule (8),

$$\sum \theta^n t^{m\frac{n(n-1)}{2}+ni} x^{mn+i} = B_m x^i \Pi(\theta t^i x, t^m),$$

l'équation (24) donnera

(27) $$\left\{\begin{aligned} f(x) = {} & K_0 \Pi(\theta x^m, t^m) + K_1 x \Pi(\theta t x^m, t^m) + \ldots \\ & + K_{m-1} x^{m-1} \Pi(\theta t^{m-1} x^m, t^m), \end{aligned}\right.$$

K_i désignant une fonction de t liée à k_i par la formule

$$K_i = B^{-m} B_m k_i.$$

Ajoutons que, pour déduire de l'équation (27) elle-même les valeurs des fonctions de t représentées par

$$K_0, \quad K_1, \quad \ldots, \quad K_{m-1},$$

il suffira d'attribuer successivement à x, dans cette équation, m valeurs particulières. Le calcul devient surtout facile lorsque les valeurs particulières de x forment une progression géométrique dont la raison r est une racine primitive de l'équation binôme

$$x^m = 1.$$

En effet, supposons les valeurs particulières dont il s'agit réduites aux divers termes de la progression

$$\mathrm{x},\quad r\mathrm{x},\quad r^2\mathrm{x},\quad \ldots,\quad r^{m-1}\mathrm{x},$$

on tirera de la formule (27)

$$(28)\qquad \mathrm{K}_i = \frac{f(\mathrm{x}) + r^{-i}f(r\mathrm{x}) + r^{-2i}f(r^2\mathrm{x}) + \ldots + r^{-(m-1)i}f(r^{m-1}\mathrm{x})}{m\mathrm{x}^i\,\Pi(\theta t^i \mathrm{x}^m,\, t^m)}.$$

Il y a plus : comme dans l'équation (28) la valeur particulière de x, désignée par x, restera entièrement arbitraire, on pourra en disposer de manière à simplifier la forme sous laquelle se présentera la valeur de K_i. Supposons, pour fixer les idées, que l'on ait

$$m = 2$$

et, par suite,

$$f(x) = \Pi(\lambda x, t)\,\Pi(\mu x, t).$$

Alors on trouvera

$$\theta = \lambda\mu, \qquad r = -1,$$

et la formule (28) donnera

$$\mathrm{K}_0 = \frac{f(\mathrm{x}) + f(-\mathrm{x})}{2\,\Pi(\theta \mathrm{x}^2, t^2)}, \qquad \mathrm{K}_1 = \frac{f(\mathrm{x}) - f(-\mathrm{x})}{2\mathrm{x}\,\Pi(\theta t \mathrm{x}^2, t^2)};$$

puis on en conclura : 1° en posant $\theta\mathrm{x}^2 = -1$,

$$f(\mathrm{x}) + f(-\mathrm{x}) = 0$$

et

$$\mathrm{K}_1 = \frac{f(\mathrm{x})}{\mathrm{x}\,\Pi(-t, t^2)} = \lambda\,\frac{\Pi\left(\frac{\mu}{\lambda} t,\, t^2\right)}{\Pi(-t, t^2)};$$

2° en posant $\theta x^2 = -t$,

$$f(x) - f(-x) = 0$$

et

$$K_0 = \frac{f(x)}{\Pi(-t, t^2)} = \frac{\Pi\left(\frac{\mu}{\lambda} t, t^2\right)}{\Pi(-t, t^2)}.$$

On aura donc

$$(29)\quad \Pi(\lambda x, t)\,\Pi(\mu x, t) = \frac{\Pi\left(\frac{\mu}{\lambda} t, t^2\right)\Pi(\lambda\mu x^2, t^2) + \lambda x\,\Pi\left(\frac{\mu}{\lambda}, t^2\right)\Pi(\lambda\mu t x^2, t^2)}{\Pi(-t, t^2)}.$$

Si, dans la formule (29), on pose $\lambda = \mu = 1$, elle donnera simplement

$$(30)\qquad [\Pi(x, t)]^2 = \frac{\Pi(t, t^2)\,\Pi(x^2, t^2) + x\,\Pi(1, t^2)\,\Pi(t x^2, t^2)}{\Pi(-t, t^2)}.$$

Eu égard aux formules (30), l'équation (11) donne

$$(31)\qquad \left(\sum t^{\frac{n(n-1)}{2}} x^n\right)^2 = \sum t^{n^2} \sum t^{n(n-1)} x^{2n} + x \sum t^{n(n-1)} \sum t^{n^2} x^{2n},$$

et, par conséquent, elle s'accorde avec la formule (17) de la page 54.

Prenons maintenant

$$(32)\qquad f(x) = \frac{\Pi(\lambda x, t)\,\Pi(\mu x, t)\,\Pi(\nu x, t)\ldots}{\Pi(\alpha x, t)\,\Pi(6 x, t)\,\Pi(\gamma x, t)\ldots}$$

et supposons d'abord, pour plus de simplicité, que les deux termes de la fraction comprise dans le second membre de la formule (32) renferment l'un et l'autre le même nombre m de factorielles. Alors, en supposant la forme de la fonction $\varphi(x)$ déterminée par l'équation (15), et posant, pour abréger,

$$(33)\qquad \theta = \frac{\lambda\mu\nu\ldots}{\alpha 6\gamma\ldots},$$

$$(34)\qquad \Theta_\alpha = \frac{\Pi\left(-\frac{\lambda}{\alpha}, t\right)\Pi\left(-\frac{\mu}{\alpha}, t\right)\Pi\left(-\frac{\nu}{\alpha}, t\right)\ldots}{B^2\,\Pi\left(-\frac{6}{\alpha}, t\right)\Pi\left(-\frac{\gamma}{\alpha}, t\right)\ldots}, \qquad \ldots,$$

on aura, pour un module de θ compris entre les modules de t et de $\frac{1}{t}$ [*voir* la formule (12) de la page 74],

$$(35)\qquad f(x) = \Theta_\alpha\left[\frac{1}{1-\theta} - \varphi(\alpha x)\right] + \Theta_6\left[\frac{1}{1-\theta} - \varphi(6x)\right] + \ldots.$$

Si, pour fixer les idées, on prend $m = 1$ et $\lambda = \theta\alpha$, la formule (35) donnera

$$(36)\qquad \frac{\Pi(\theta\alpha x, t)}{\Pi(\alpha x, t)} = \frac{\Pi(-\theta, t)}{B^2}\left[\frac{1}{1-\theta} - \varphi(\alpha x)\right]$$

et s'accordera ainsi avec l'équation (13). D'ailleurs, eu égard à la formule (36), l'équation (35) pourra s'écrire comme il suit :

$$(37)\qquad f(x) = \frac{B^2}{\Pi(-\theta, t)}\left[\Theta_\alpha \frac{\Pi(\theta\alpha x, t)}{\Pi(\alpha x, t)} + \Theta_6 \frac{\Pi(\theta 6 x, t)}{\Pi(6x, t)} + \ldots\right].$$

Enfin, comme cette dernière formule ne sera pas altérée quand on y fera croître ou décroître λ, et, par suite, θ dans le rapport de 1 à $\frac{1}{t}$ ou de 1 à t, on doit en conclure qu'elle subsistera, non seulement avec la formule (34), pour un module de θ compris entre les modules de t et de $\frac{1}{t}$, mais généralement, comme dans la formule (27), pour un module quelconque de θ. Nous voici donc arrivé à une équation très singulière, à l'aide de laquelle une fraction qui a pour termes des produits de m factorielles

$$\Pi(\lambda x, t),\quad \Pi(\mu x, t),\quad \ldots$$

ou

$$\Pi(\alpha x, t),\quad \Pi(6x, t),\quad \ldots,$$

peut être décomposée en parties proportionnelles à des fractions simples de la forme

$$\frac{\Pi(\theta\alpha x, t)}{\Pi(\alpha x, t)},$$

la valeur de θ étant déterminée par la formule (33).

On peut, au reste, simplifier encore la forme de l'équation (35) ou (37), à l'aide des considérations suivantes.

Posons, pour plus de commodité,

$$(38)\qquad \Omega(x,t)=(1+tx)(1+t^2x)\ldots(1+tx^{-1})(1+t^2x^{-1}\ \ldots$$

ou, ce qui revient au même,

$$(39)\qquad \Omega(x,t)=\varpi(tx,t)\,\varpi(tx^{-1},t),$$

en sorte qu'on ait

$$(40)\qquad \Pi(x,t)=(1+x)\,\Omega(x,t),$$

et soit, en outre,

$$(41)\qquad \mathrm{f}(x)=\frac{\Pi(\lambda x,t)\,\Pi(\mu x,t)\,\Pi(\nu x,t)\ldots}{\Omega(\alpha x,t)\,\Omega(6x,t)\,\Omega(\gamma x,t)\ldots}.$$

Non seulement on aura identiquement

$$(42)\qquad \Omega(x,t)=\Omega(x^{-1},t)$$

et

$$(43)\qquad f(x)=\frac{\mathrm{f}(x)}{(1+\alpha x)(1+6x)(1+\gamma x)\ldots},$$

mais, de plus, les formules (34) donneront

$$(44)\qquad \Theta_\alpha=-\mathcal{E}\frac{z^{-1}\,\mathrm{f}(z)}{((1+\alpha z)(1+6z)(1+\gamma z)\ldots)},\qquad \ldots.$$

Cela posé, la formule (35) pourra être réduite à

$$(45)\qquad f(x)=\mathcal{E}\frac{z^{-1}\,\mathrm{f}(z)}{((1+\alpha z)(1+6z)\ldots)}\left[\frac{1}{\theta-1}+\varphi\left(-\frac{x}{z}\right)\right]$$

et la formule (37) à

$$(46)\qquad f(x)=-\frac{\mathrm{B}^2}{\Pi(-\theta,t)}\mathcal{E}\frac{z^{-1}\,\mathrm{f}(z)}{((1+\alpha z)(1+6z)\ldots)}\frac{\Pi\left(-\frac{\theta x}{z}\right)}{\Pi\left(-\frac{x}{z}\right)}.$$

Ces dernières formules offrent le grand avantage de fournir immédiatement la décomposition de la fonction $f(x)$ en fractions simples, dans tous les cas possibles, et même dans le cas où les coefficients α, 6, γ, ... deviennent égaux entre eux ou bien encore quand θ se réduit à l'unité. Ainsi, en particulier, en posant $m=2$, on tirera immédiatement de l'équation (45) la formule

$$(47)\qquad \frac{\Pi(\lambda x, t)\,\Pi(\mu x, t)}{\Pi(x, t)\,\Pi(\lambda\mu x, t)} = \Theta[1-\Phi(-\lambda)-\Phi(-\mu)-\Phi(x)+\Phi(\lambda\mu x)],$$

dans laquelle on a

$$(48)\qquad \Theta = \frac{\Pi(-\lambda, t)\,\Pi(-\mu, t)}{B^2\,\Pi(-\lambda\mu, t)},$$

et la formule

$$(49)\qquad \frac{\Pi(\lambda x, t)\,\Pi(\mu x, t)}{[\Pi(x, t)]^2} = \Theta\left\{[1-\Phi(-\lambda)-\Phi(-\mu)]\left[\frac{1}{1-\theta}-\varphi(x)\right]-x\,D_x\varphi(x)\right\},$$

dans laquelle on a

$$(50)\qquad \Theta = \frac{\Pi(-\lambda, t)\,\Pi(-\mu, t)}{B^4}.$$

Au reste, nous reviendrons, dans un autre Mémoire, sur les formules (45), (46) et sur les formules analogues, relatives à la décomposition des fonctions dont les deux termes sont des produits de factorielles en nombres différents. Nous remarquerons seulement ici que la formule (45) comprend comme cas particulier les belles formules données par M. Jacobi pour les développements en séries des fonctions elliptiques et des puissances entières de ces mêmes fonctions.

230.

Analyse mathématique. — *Mémoire sur les rapports entre les factorielles réciproques dont les bases varient proportionnellement, et sur la transformation des logarithmes de ces rapports en intégrales définies.*

C. R., T. XVII, p. 779 (16 octobre 1843).

Les factorielles de la forme de celles que nous avons représentées à l'aide de la lettre Π dans les Mémoires précédents se réduisent chacune au produit de deux factorielles géométriques dont la *raison* est la même, et jouissent de cette propriété que, si l'on égale à zéro l'une d'entre elles, on obtiendra une équation dont toutes les racines, à l'exception de la première, qui sera indépendante de la raison, se correspondront deux à deux, de manière à offrir des valeurs inverses ou *réciproques* l'une de l'autre. Cette propriété, analogue à celle que présentent les *équations réciproques*, nous conduit naturellement à désigner les factorielles dont il s'agit sous le nom de *factorielles réciproques*. Nous appellerons d'ailleurs *base d'une factorielle réciproque* la base de la première des deux factorielles géométriques dont elle sera le produit, ou, ce qui revient au même, le second terme de celui des facteurs binômes qui ne renfermera pas la raison.

Lorsque l'on divise l'une par l'autre deux factorielles réciproques dont les raisons sont égales, et dont les bases varient dans un rapport donné, on obtient pour quotient une fraction qui peut être réduite à une fonction elliptique dans trois cas particuliers, savoir, lorsque les bases sont égales, mais affectées de signes contraires, et lorsque le rapport des bases se trouve représenté, au signe près, par la racine carrée de la raison. On sait d'ailleurs que les trois fonctions elliptiques dont il est ici question sont liées à la variable que j'appelle *base*, de telle sorte que le logarithme de la base est exprimé par une intégrale définie, savoir, par une transcendante elliptique de première espèce. On sait encore que ces trois fonctions elliptiques sont liées entre elles par deux équations finies du second degré. Les formules que fournit la théorie des factorielles réciproques, en reproduisant tous ces résultats, nous conduisent d'ailleurs à un théorème général qu'on peut énoncer comme il suit :

Divisez l'une par l'autre deux factorielles réciproques dont les raisons sont égales, et dont les bases supposées variables conservent toujours entre elles un rapport donné. Cherchez ensuite le logarithme du quotient ainsi obtenu. La partie variable de ce logarithme sera la somme de deux intégrales dont la première pourra être facilement déterminée, tandis que la seconde représentera une transcendante elliptique qui aura pour amplitude la fonction elliptique la plus simple, savoir, celle à laquelle se réduit le quotient des deux factorielles réciproques, quand leurs bases sont égales, mais affectées de signes contraires.

ANALYSE.

Nommons $\varpi(x, t)$ la factorielle géométrique dont la base est x et la raison t, en sorte qu'on ait

$$\varpi(x, t) = (1 + x)(1 + tx)(1 + t^2x)\ldots.$$

Soit, de plus, $\Pi(x, t)$ le produit des deux factorielles géométriques

$$\varpi(x, t), \quad \varpi(tx^{-1}, t).$$

La fonction $\Pi(x, t)$, dont la valeur se trouve déterminée par la formule

$$(1) \qquad \Pi(x, t) = (1 + x)(1 + tx)(1 + t^2x)\ldots(1 + tx^{-1})(1 + t^2x^{-1})\ldots,$$

sera elle-même une factorielle d'une nouvelle espèce, et si, après avoir égalé cette factorielle à zéro, on résout l'équation ainsi formée

$$(2) \qquad \Pi(x, t) = 0,$$

par rapport à la base x, on trouvera pour racines des valeurs de x qui, à l'exception de la première

$$x = -1,$$

dépendront toutes de la variable t et se correspondront deux à deux, de telle sorte que deux racines correspondantes

$$-t^n \quad \text{et} \quad \frac{1}{-t^n}$$

soient inverses ou *réciproques* l'une de l'autre. Cette propriété de la factorielle $\Pi(x, t)$ est pour nous un motif de la désigner sous le nom de *factorielle réciproque*. Cette dénomination pouvait lui convenir d'autant mieux que déjà l'on nomme *équation réciproque* une équation dont les diverses racines, prises deux à deux, sont réciproques l'une de l'autre, et que la formule (2) se réduit elle-même à une équation réciproque, lorsque l'on débarrasse son premier membre du facteur binôme indépendant de t, c'est-à-dire du facteur $1+x$.

Concevons maintenant que, $\Pi(x, t)$ étant regardé comme fonction de x, on pose

$$\Phi(x) = x\,\mathrm{D}_x \mathrm{l}\,\Pi(x, t), \tag{3}$$

et considérons, outre la factorielle réciproque $\Pi(x, t)$, d'autres factorielles de même espèce

$$\Pi(\lambda x, t), \quad \Pi(\mu x, t), \quad \ldots,$$

dont les raisons soient les mêmes et dont les bases λx, μx, ... soient à la base x dans des rapports donnés λ, μ, ... D'après ce qu'on a vu dans le Mémoire précédent, si l'on fait, pour abréger,

$$\mathrm{A} = \varpi(t, t), \qquad \mathrm{B} = \varpi(-t, t)$$

et généralement

$$\mathrm{A}_m = \varpi(t^m, t^m), \qquad \mathrm{B}_m = \varpi(-t^m, t^m),$$

on aura

$$\frac{\Pi(\lambda x, t)\,\Pi(\mu x, t)}{\Pi(x, t)\,\Pi(\lambda\mu x, t)} = \Theta[1 - \Phi(-\lambda) - \Phi(-\mu) - \Phi(x) + \Phi(\lambda\mu x)], \tag{4}$$

la valeur de Θ étant

$$\Theta = \frac{\Pi(-\lambda, t)\,\Pi(-\mu, t)}{\mathrm{B}^2\,\Pi(-\lambda\mu, t)}.$$

Mais, eu égard à l'équation (3), on aura encore, quel que soit t,

$$\Phi(\theta x) - \Phi(x) = x\,\mathrm{D}_x \mathrm{l}\,\frac{\Pi(\theta x, t)}{\Pi(x, t)}.$$

Donc la formule (4) donnera

$$\frac{\Pi(\lambda x, t)\,\Pi(\mu x, t)}{\Pi(x, t)\,\Pi(\lambda\mu x, t)} = \frac{\Pi(-\lambda, t)\,\Pi(-\mu, t)}{\mathrm{B}^2\,\Pi(-\lambda\mu, t)}\left[1 - \Phi(-\lambda) - \Phi(-\mu) + x\,\mathrm{D}_x \mathrm{l}\,\frac{\Pi(\lambda\mu x, t)}{\Pi(x, t)}\right]. \tag{5}$$

Si, dans l'équation (5), on pose $\lambda = -1$, $\mu = -\theta$, alors, en ayant égard aux formules

$$\Pi(t, t) = 2A^2, \qquad \Phi(1) = \tfrac{1}{2},$$

on trouvera

$$(6)\qquad \frac{\Pi(-x, t)}{\Pi(x, t)}\,\frac{\Pi(-\theta x, t)}{\Pi(\theta x, t)} = \frac{2A^2}{B^2}\,\frac{\Pi(\theta, t)}{\Pi(-\theta, t)}\left[\frac{1}{2} - \Phi(\theta) + x\,D_x\,l\,\frac{\Pi(\theta x, t)}{\Pi(x, t)}\right],$$

puis, en remplaçant θ par $-\theta$,

$$(7)\qquad \frac{\Pi(-x, t)}{\Pi(x, t)}\,\frac{\Pi(\theta x, t)}{\Pi(-\theta x, t)} = \frac{2A^2}{B^2}\,\frac{\Pi(-\theta, t)}{\Pi(\theta, t)}\left[\frac{1}{2} - \Phi(-\theta) + x\,D_x\,l\,\frac{\Pi(-\theta x, t)}{\Pi(x, t)}\right].$$

Concevons à présent que l'on représente par u le rapport des deux factorielles réciproques

$$\Pi(\theta x, t), \quad \Pi(x, t),$$

par ω sa valeur correspondante à $\theta = -1$, et par v ce qu'il devient quand on y remplace θ par $-\theta$, en sorte qu'on ait

$$(8)\qquad \omega = \frac{\Pi(-x, t)}{\Pi(x, t)},$$

$$(9)\qquad u = \frac{\Pi(\theta x, t)}{\Pi(x, t)}, \qquad v = \frac{\Pi(-\theta x, t)}{\Pi(x, t)}.$$

Si d'ailleurs on pose, pour abréger,

$$(10)\qquad k = \frac{\Pi(-\theta, t)}{\Pi(\theta, t)},$$

$$(11)\qquad a = \tfrac{1}{2} - \Phi(\theta), \qquad b = \tfrac{1}{2} - \Phi(-\theta),$$

les formules (6), (7) donneront

$$(12)\qquad \begin{cases} a + x\,D_x\,l\,u = \dfrac{B^2}{2A^2}\,\dfrac{v}{u}\,k\omega, \\[2ex] b + x\,D_x\,l\,v = \dfrac{B^2}{2A^2}\,\dfrac{u}{v}\,k^{-1}\omega. \end{cases}$$

Si dans les équations (12) on remplace x par $-x$, alors, en vertu des formules (8) et (9), ω se changera en $\frac{1}{\omega}$, u en $\frac{v}{\omega}$ et v en $\frac{u}{\omega}$. On aura donc encore

(13)
$$\begin{cases} a + x\,D_x\,l\,v - x\,D_x\,l\,\omega = \dfrac{B^2}{2A^2}\,\dfrac{u}{v}\,k\,\omega^{-1}, \\ b + x\,D_x\,l\,u - x\,D_x\,l\,\omega = \dfrac{B^2}{2A^2}\,\dfrac{v}{u}\,k^{-1}\,\omega^{-1}; \end{cases}$$

puis on en conclura, en combinant par voie de soustraction la première des équations (12) avec la seconde des équations (13), et la seconde des équations (12) avec la première des équations (13),

(14)
$$\begin{cases} x\,D_x\,l\,\omega + a - b = \dfrac{B^2}{2A^2}\,(k\,\omega - k^{-1}\,\omega^{-1})\,\dfrac{v}{u}, \\ x\,D_x\,l\,\omega - a + b = \dfrac{B^2}{2A^2}\,(k^{-1}\,\omega - k\,\omega^{-1})\,\dfrac{u}{v}. \end{cases}$$

Enfin, si l'on combine par voie de multiplication la formule (14), et si l'on pose, pour abréger,

(15)
$$2\iota = k^2 + k^{-2} - \frac{4A^4}{B^4}(a - b)^2$$

ou, ce qui revient au même,

(16)
$$2\iota = \left[\frac{\Pi(-\theta,\,t)}{\Pi(\theta,\,t)}\right]^2 + \left[\frac{\Pi(\theta,\,t)}{\Pi(-\theta,\,t)}\right]^2 - \frac{4A^4}{B^4}\,[\Phi(\theta) - \Phi(-\theta)]^2,$$

on trouvera

(17)
$$(x\,D_x\,l\,\omega)^2 = \frac{B^4}{4A^4}\,(\omega^2 - 2\iota + \omega^{-2}).$$

Comme, dans cette dernière formule, ω est indépendant de θ, la constante ι en doit être pareillement indépendante, ainsi que le second membre de la formule (16). D'ailleurs, en prenant $\theta = t^{\frac{1}{2}}$, on aura

$$\Phi(\theta) - \Phi(-\theta) = 0,$$

et par suite la formule (16) donnera

(18)
$$2\iota = \left[\frac{\Pi(-t^{\frac{1}{2}},\,t)}{\Pi(t^{\frac{1}{2}},\,t)}\right]^2 + \left[\frac{\Pi(t^{\frac{1}{2}},\,t)}{\Pi(-t^{\frac{1}{2}},\,t)}\right]^2.$$

L'équation (17) est une équation différentielle entre ω et x, de laquelle on peut aisément déduire la valeur de $l(x)$ exprimée en fonction de ω par une intégrale définie. En effet, on tire de l'équation (17)

$$(19) \qquad x D_x l\omega = \upsilon$$

ou, ce qui revient au même,

$$(20) \qquad x D_x \omega = \omega\upsilon,$$

υ étant racine de l'équation

$$(21) \qquad \upsilon^2 = \frac{B^4}{4A^4}(\omega^2 - 2\iota + \omega^{-2}).$$

Comme d'ailleurs ω s'évanouit avec $\Pi(-x, t)$ pour $x = 1$, on tirera de l'équation (20), en supposant la partie réelle de x positive,

$$(22) \qquad lx = \int_0^\infty \frac{d\omega}{\omega\upsilon}.$$

Enfin, comme, en vertu de l'équation (21), le produit $\omega\upsilon$ se réduit, au signe près, à

$$\frac{B^2}{2A^2}(1 - 2\iota\omega^2 + \omega^4)^{\frac{1}{2}},$$

il est clair que le second membre de la formule (22) sera une transcendante elliptique, et même de première espèce.

Eu égard à la formule (19), les équations (14) donnent

$$(23) \qquad \begin{cases} \dfrac{v}{u} = \dfrac{2A^2}{B^2} \dfrac{\upsilon + a - b}{k\omega - k^{-1}\omega^{-1}}, \\ \dfrac{u}{v} = \dfrac{2A^2}{B^2} \dfrac{\upsilon - a + b}{k^{-1}\omega - k\omega^{-1}}. \end{cases}$$

D'ailleurs, la première des équations (23) peut s'écrire ainsi

$$(24) \qquad \frac{\Pi(-\theta x, t)}{\Pi(\theta x, t)} = \frac{2A^2}{B^2} \frac{\upsilon + a - b}{k\omega - k^{-1}\omega^{-1}},$$

et comme, en vertu de la formule (21), υ représente, au signe près, le produit de $\frac{B^2}{2A^2}$ par la racine carrée du trinôme $\omega^2 - 2\iota + \omega^{-2}$, il résulte de l'équation (24) que le rapport

$$\frac{\Pi(-\theta x, t)}{\Pi(\theta x, t)},$$

considéré comme fonction de x, se réduit à une fonction algébrique de l'expression

$$\omega = \frac{\Pi(-x, t)}{\Pi(x, t)},$$

qui représente la valeur du même rapport correspondante à $\theta = 1$.

Si, dans les seconds membres des équations (12), on substitue les valeurs de $\frac{v}{u}$ et de $\frac{u}{v}$, tirées des formules (23), on trouvera

$$(25)\quad \begin{cases} x\,\mathrm{D}_x\,\mathrm{l}\,u = \dfrac{k\omega}{k\omega - k^{-1}\omega^{-1}}(\upsilon + a - b) - a, \\[2ex] x\,\mathrm{D}_x\,\mathrm{l}\,v = \dfrac{k^{-1}\omega}{k^{-1}\omega - k\omega^{-1}}(\upsilon - a + b) - b. \end{cases}$$

De ces dernières formules, combinées avec l'équation (20), on conclut

$$(26)\quad \begin{cases} \mathrm{D}_\omega\,\mathrm{l}\,u = \dfrac{k}{k\omega - k^{-1}\omega^{-1}} - \dfrac{a}{\omega\upsilon} + \dfrac{k}{k\omega - k^{-1}\omega^{-1}}\,\dfrac{a - b}{\upsilon}, \\[2ex] \mathrm{D}_\omega\,\mathrm{l}\,v = \dfrac{k^{-1}}{k^{-1}\omega - k\omega^{-1}} - \dfrac{b}{\omega\upsilon} + \dfrac{k^{-1}}{k^{-1}\omega - \omega k^{-1}}\,\dfrac{b - a}{\upsilon}. \end{cases}$$

Si maintenant on intègre, par rapport à ω, les deux membres de chacune des équations (26), à partir de la limite $\omega = 0$, qui correspond à $x = 1$, et si de plus on observe que pour $x = 1$ on a

$$u = \frac{\Pi(\theta, t)}{\Pi(1, t)}, \qquad v = \frac{\Pi(-\theta, t)}{\Pi(1, t)}$$

ou, ce qui revient au même,

$$u = \frac{\Pi(\theta, t)}{2A^2}, \qquad v = \frac{\Pi(-\theta, t)}{2A^2},$$

alors, en posant, pour abréger,

$$(27)\qquad \upsilon=\int_0^\omega \frac{k}{k\omega-k^{-1}\omega^{-1}}\frac{d\omega}{\upsilon},\qquad \varphi=\int_0^\omega \frac{k^{-1}}{k^{-1}\omega-k\omega^{-1}}\frac{d\omega}{\upsilon},$$

et ayant égard à la formule (22), on trouvera

$$(28)\qquad \begin{cases} \mathrm{l}u-\mathrm{l}\dfrac{\Pi(\theta,t)}{\Pi(1,t)}=\frac{1}{2}\mathrm{l}(1-k^2\omega^2)-a\,\mathrm{l}x+(a-b)\upsilon,\\ \mathrm{l}v-\mathrm{l}\dfrac{\Pi(-\theta,t)}{\Pi(1,t)}=\frac{1}{2}\mathrm{l}(1-k^{-2}\omega^2)-b\,\mathrm{l}x+(b-a)\varphi,\end{cases}$$

et par suite les valeurs des rapports

$$u=\frac{\Pi(\theta x,t)}{\Pi(x,t)},\qquad v=\frac{\Pi(-\theta x,t)}{\Pi(x,t)},$$

considérés comme fonctions de x, seront

$$(29)\qquad \begin{cases} \dfrac{\Pi(\theta x,t)}{\Pi(x,t)}=\dfrac{\Pi(\theta,t)}{\Pi(1,t)}(1-k^2\omega^2)^{\frac{1}{2}}x^{-a}e^{(a-b)\varphi},\\ \dfrac{\Pi(-\theta x,t)}{\Pi(x,t)}=\dfrac{\Pi(-\theta,t)}{\Pi(1,t)}(1-k^{-2}\omega^2)^{\frac{1}{2}}x^{-b}e^{(b-a)\upsilon},\end{cases}$$

ω désignant le rapport $\dfrac{\Pi(-x,t)}{\Pi(x,t)}$, et υ, φ étant des fonctions de ω déterminées par les formules (27). Observons d'ailleurs que, en vertu des formules (27) et de l'équation (21), les intégrales υ, φ seront des transcendantes elliptiques de troisième espèce.

Les formules (28) ou (29) paraissent dignes de remarque : elles montrent comment les rapports u, v dépendent des transcendantes elliptiques υ, φ, et réciproquement comment ces transcendantes dépendent des rapports u, v. Dans le cas particulier où l'on prend

$$\theta=t^{\frac{1}{2}},$$

on trouve

$$\Phi(\theta)=\Phi(-\theta)=0,$$

par conséquent

$$a=b=\tfrac{1}{2}$$

et, de plus,

$$k = \frac{\Pi\left(-t^{\frac{1}{2}}, t\right)}{\Pi\left(t^{\frac{1}{2}}, t\right)}. \tag{30}$$

Cela posé, les formules (29) donneront

$$(31) \quad \left\{ \begin{aligned} & x^{\frac{1}{2}} \frac{\Pi\left(t^{\frac{1}{2}} x, t\right)}{\Pi(x, t)} = \frac{\Pi\left(t^{\frac{1}{2}}, t\right)}{\Pi(1, t)} (1 - k^2 \omega^2)^{\frac{1}{2}} \\ \text{et} \quad & x^{\frac{1}{2}} \frac{\Pi\left(-t^{\frac{1}{2}} x, t\right)}{\Pi(x, t)} = \frac{\Pi\left(-t^{\frac{1}{2}}, t\right)}{\Pi(1, t)} (1 - k^{-2} \omega^2)^{\frac{1}{2}}, \end{aligned} \right.$$

la valeur de k étant déterminée par l'équation (30). Lorsque, dans les formules (31), on remplace x par une exponentielle trigonométrique, les trois fonctions de x, représentées par les rapports ou produits

$$\omega = \frac{\Pi(-x, t)}{\Pi(x, t)}, \quad x^{\frac{1}{2}} \frac{\Pi\left(t^{\frac{1}{2}} x, t\right)}{\Pi(x, t)}, \quad x^{\frac{1}{2}} \frac{\Pi\left(-t^{\frac{1}{2}} x, t\right)}{\Pi(x, t)},$$

deviennent respectivement proportionnelles aux trois fonctions elliptiques dont l'usage est le plus fréquent, et les formules (31) se réduisent aux deux équations connues par lesquelles ces trois fonctions elliptiques se trouvent liées l'une à l'autre.

Plusieurs des formules qui précèdent supposent que la partie réelle de la variable x est positive. Mais il est facile de voir comment ces formules devraient être modifiées si la partie réelle de x devenait négative. Ainsi, par exemple, on devrait alors, en intégrant les équations (20) et (26), effectuer les intégrations à partir des valeurs des variables qui correspondent, non plus à $x = 1$, mais à $x = -1$, ou à une autre valeur particulière de x dont la partie réelle serait négative.

Je développerai, dans d'autres articles, les conséquences des formules que je viens d'établir, et, en terminant le présent Mémoire, je me bornerai à remarquer que plusieurs de ces formules peuvent facilement se déduire, non seulement de l'équation (4), mais aussi de l'équation analogue qui fournit la valeur du rapport

$$\frac{\Pi(\theta x, t)\,\Pi(\theta^{-1}x, t)}{[\Pi(x, t)]^2}.$$

Cette dernière équation se réduit à

$$(32)\qquad \frac{\Pi(\theta x, t)\,\Pi(\theta^{-1}x, t)}{[\Pi(x, t)]^2} = \frac{\Pi(-\theta, t)\,\Pi(-\theta^{-1}, t)}{B^4}[x\,\Phi'(x) + \theta\,\Phi'(-\theta)],$$

$\Phi'(x)$ étant la dérivée de $\Phi(x)$, déterminée par la formule

$$\Phi'(x) = D_x\,\Phi(x).$$

231.

Calcul intégral. — *Sur la réduction des rapports de factorielles réciproques aux fonctions elliptiques.*

C. R., T. XVII, p. 825 (23 octobre 1843).

M. Jacobi a ramené l'évaluation des fonctions elliptiques à la détermination des rapports existants entre les fonctions que nous appelons *factorielles réciproques*, et spécialement à la détermination de la valeur que prend un semblable rapport, lorsqu'il a pour termes deux factorielles dont les bases sont égales, mais affectées de signes contraires, ou dont les bases, divisées l'une par l'autre, fournissent un quotient égal, au signe près, à la racine carrée de la raison. On peut, avec quelque avantage, suivre une marche inverse, et, après avoir établi directement, comme nous l'avons fait dans les précédents Mémoires, les propriétés remarquables dont jouissent les rapports de factorielles réciproques et les formules qui expriment ces propriétés, on peut tirer de ces formules celles qui servent à réduire les rapports dont il s'agit aux fonctions elliptiques.

Il y a plus : en opérant ainsi, on reconnaît facilement, et les modifications que les formules de réduction doivent subir quand les bases où les raisons des factorielles deviennent imaginaires, et les conditions sous lesquelles subsistent ces mêmes formules, qui sont l'objet principal de ce nouvel article.

Analyse.

Soit $\Pi(x, t)$ la *factorielle réciproque* qui correspond à la *base* x et à la *raison* t, dont on suppose le module inférieur à l'unité. Alors, en prenant

$$\varpi(x, t) = (1+x)(1+tx)(1+t^2x)\ldots,$$

on aura

$$\Pi(x, t) = \varpi(x, t)\,\varpi(tx^{-1}, t)$$

ou, ce qui revient au même,

$$(1)\qquad \Pi(x, t) = (1+x)(1+tx)(1+t^2x)\ldots(1+tx^{-1})(1+t^2x^{-1})\ldots.$$

Concevons d'ailleurs que, $\Pi(x, t)$ étant considéré comme fonction de x, on fasse, pour abréger,

$$(2)\qquad \Phi(x) = x\,\mathrm{D}_x \mathrm{l}\,\Pi(x, t), \qquad \Phi'(x) = \mathrm{D}_x\Phi(x)$$

et

$$(3)\qquad \mathrm{A} = \varpi(t, t), \qquad \mathrm{B} = \varpi(-t, t).$$

On trouvera

$$(4)\qquad \frac{\Pi(\theta x, t)\,\Pi(\theta^{-1}x, t)}{[\Pi(x, t)]^2} = -\frac{\Pi(-\theta, t)\,\Pi(-\theta^{-1}, t)}{\mathrm{B}^4}[x\Phi'(x) + \theta\Phi'(-\theta)].$$

Soit maintenant

$$(5)\qquad \omega = \frac{\Pi(-x, t)}{\Pi(x, t)}.$$

On tirera de la formule (4), en prenant $\theta = -1$,

$$x\Phi'(x) = \Phi'(1) - \frac{\mathrm{B}^4}{4\mathrm{A}^4}\omega^2,$$

puis, en remplaçant x par $-x$,

$$x\Phi'(-x) = \Phi'(1) - \frac{\mathrm{B}^4}{4\mathrm{A}^4}\omega^{-2}.$$

On aura, par suite,

$$(6) \qquad x[\Phi'(x)+\Phi'(-x)] = -\frac{B^4}{4A^4}(\omega^2-\omega^{-2}).$$

D'autre part, la première des formules (2) donnera

$$\Phi(x)-\Phi(-x) = -x D_x l\omega.$$

Donc, si l'on pose, pour abréger,

$$(7) \qquad x D_x l\omega = \upsilon,$$

on aura

$$\Phi(x)-\Phi(-x) = -\upsilon,$$

et l'on tirera de la formule (6)

$$x D_x \upsilon = \frac{B^4}{4A^4}(\omega^2-\omega^{-2}),$$

puis de celle-ci, combinée avec l'équation (7),

$$\upsilon D_x \upsilon = \frac{B^4}{4A^4}(\omega^2-\omega^{-2}) D_x l\omega$$

ou, ce qui revient au même,

$$(8) \qquad \upsilon D_\omega \upsilon = \frac{B^4}{4A^4}\,\frac{\omega^2-\omega^{-2}}{\omega}.$$

Or, il suffira évidemment d'intégrer l'équation (8) pour obtenir la valeur de υ exprimée en fonction de ω. Si, pour fixer les idées, on assujettit les deux membres à s'évanouir après l'intégration pour la valeur $t^{\frac{1}{2}}$ de x, à laquelle correspondent des valeurs nulles de $\Phi(x)$, de $\Phi(-x)$, et par suite de υ; alors, en posant

$$(9) \qquad 2\iota = \left[\frac{\Pi(-t^{\frac{1}{2}}, t)}{\Pi(t^{\frac{1}{2}}, t)}\right]^2 + \left[\frac{\Pi(t^{\frac{1}{2}}, t)}{\Pi(-t^{\frac{1}{2}}, t)}\right]^2,$$

on trouvera

$$(10) \qquad \upsilon^2 = \frac{B^4}{4A^4}(\omega^2 - 2\iota + \omega^{-2}).$$

Les formules (7) et (10) coïncident avec celles que nous avons obtenues d'une autre manière dans le précédent Mémoire. On peut d'ailleurs présenter l'équation (7) sous la forme

$$(11)\qquad D_\omega \mathrm{l} x = \frac{1}{\omega \upsilon}.$$

Ajoutons que si, en nommant θ une valeur quelconque de x, on pose

$$(12)\qquad k = \frac{\Pi(-\theta, t)}{\Pi(\theta, t)},$$

$$(13)\qquad a = \tfrac{1}{2} - \Phi(\theta), \qquad b = \tfrac{1}{2} - \Phi(-\theta),$$

la valeur de 2ι, déterminée par la formule (9), vérifiera généralement l'équation

$$(14)\qquad 2\iota = k^2 + k^{-2} - \frac{4A^4}{B^4}(a-b)^2.$$

Soient maintenant

$$(15)\qquad u = \frac{\Pi(\theta x, t)}{\Pi(x, t)}, \qquad v = \frac{\Pi(-\theta x, t)}{\Pi(x, t)}.$$

D'après ce qui a été dit dans le précédent Mémoire, on aura encore

$$(16)\qquad \begin{cases} D_\omega \mathrm{l} u = \dfrac{k}{k\omega - k^{-1}\omega^{-1}} - \dfrac{a}{\omega\upsilon} + \dfrac{k}{k\omega - k^{-1}\omega^{-1}}\,\dfrac{a-b}{\upsilon}, \\[2ex] D_\omega \mathrm{l} v = \dfrac{k^{-1}}{k^{-1}\omega - k\omega^{-1}} - \dfrac{b}{\omega\upsilon} + \dfrac{k^{-1}}{k^{-1}\omega - k\omega^{-1}}\,\dfrac{b-a}{\upsilon} \end{cases}$$

ou, ce qui revient au même, eu égard à la formule (11),

$$(17)\qquad \begin{cases} D_\omega \mathrm{l} \dfrac{x^a u}{\sqrt{1-k^2\omega^2}} = \dfrac{k}{k\omega - k^{-1}\omega^{-1}}\,\dfrac{a-b}{\upsilon}, \\[2ex] D_\omega \mathrm{l} \dfrac{x^b v}{\sqrt{1-k^{-2}\omega^2}} = \dfrac{k^{-1}}{k^{-1}\omega - k\omega^{-1}}\,\dfrac{b-a}{\upsilon}. \end{cases}$$

Les formules (11) et (17), dans lesquelles υ désigne une racine de l'équation (10), sont les trois équations différentielles qui subsistent entre la variable x et les fonctions de x représentées par les trois rapports

$$\omega, \quad u, \quad v.$$

Il semble, au premier abord, que ces équations différentielles devraient être restreintes au cas où les parties réelles des monômes

$$x, \quad u, \quad v$$

et des binômes

$$1 - k^2\omega^2, \quad 1 - k^{-2}\omega^2$$

restent positives. Mais comme, en réalité, une expression de la forme

$$\mathrm{D}_\omega \,\mathrm{l}x$$

se réduit au rapport

$$\frac{\mathrm{D}_\omega x}{x},$$

et, par conséquent, se transforme en cette autre expression

$$\mathrm{D}_\omega \,\mathrm{l}(-x),$$

quand la partie réelle de x devient négative, il est clair que les formules (11) et (17) s'étendent à tous les cas possibles. Seulement, pour que les notations ne présentent à l'esprit rien de vague et d'indéterminé, il sera convenable de remplacer dans ces formules x par $-x$ quand la partie réelle de x deviendra négative, et d'y remplacer de même les monômes ou binômes

$$u, \quad v, \quad 1 - k^2\omega^2, \quad 1 - k^{-2}\omega^2,$$

quand leurs parties réelles deviendront négatives, par les monômes ou binômes

$$-u, \quad -v, \quad k^2\omega^2 - 1, \quad k^{-2}\omega^2 - 1.$$

Si dans les formules (17) on pose $\theta = t^{\frac{1}{2}}$, on aura

$$a = b = \tfrac{1}{2},$$

et alors, en faisant, pour abréger, $c = k^2$ ou, ce qui revient au même,

$$(18) \qquad c = \left[\frac{\Pi(-t^{\frac{1}{2}}, t)}{\Pi(t^{\frac{1}{2}}, t)}\right]^2,$$

on trouvera

$$(19)\quad \begin{cases} D_\omega l\left[\dfrac{x^{\frac{1}{2}}}{\sqrt{1-c\omega^2}}\dfrac{\Pi(t^{\frac{1}{2}}x,t)}{\Pi(x,t)}\right]=0,\\[2ex] D_\omega l\left[\dfrac{x^{\frac{1}{2}}}{\sqrt{1-c^{-1}\omega^2}}\dfrac{\Pi(-t^{\frac{1}{2}}x,t)}{\Pi(x,t)}\right]=0.\end{cases}$$

D'ailleurs on tirera des formules (9) et (10), jointes à la formule (18),

$$(20)\qquad 2\iota = c + c^{-1},$$

$$(21)\qquad \omega^2 \upsilon^2 = \frac{B^4}{4A^4}(1-c\omega^2)(1-c^{-1}\omega^2).$$

En intégrant la formule (11) et les formules (19), on obtient : 1° une équation transcendante entre x et le rapport

$$\omega = \frac{\Pi(-x,t)}{\Pi(x,t)};$$

2° deux équations finies entre ce rapport et les produits

$$x^{\frac{1}{2}}\frac{\Pi(t^{\frac{1}{2}}x,t)}{\Pi(x,t)},\quad x^{\frac{1}{2}}\frac{\Pi(-t^{\frac{1}{2}}x,t)}{\Pi(x,t)}.$$

Mais les formes des trois équations ainsi obtenues peuvent varier avec la nature des valeurs réelles ou imaginaires attribuées à x et à t.

Supposons, pour fixer les idées, que la raison t et la base x soient des quantités positives. Alors la fonction

$$\omega = \frac{\Pi(-x,t)}{\Pi(x,t)}$$

sera réelle, et cette fonction, qui s'évanouira : 1° pour $x=1$; 2° pour $x=t$, deviendra un maximum pour la valeur $t^{\frac{1}{2}}$ de x qui vérifiera la condition

$$(22)\qquad D_x\omega = 0$$

ou

$$\Phi(x) = 0.$$

Ce maximum sera donc la valeur de ω correspondante à $x = t^{\frac{1}{2}}$, c'est-à-dire

$$\sqrt{c}.$$

De plus, pour une valeur de x inférieure à l'unité, mais supérieure à $t^{\frac{1}{2}}$, la dérivée $D_x \omega$ devra être négative, attendu que ω décroîtra pour des valeurs croissantes de x, et par suite le produit

$$\omega \upsilon = x D_x \omega$$

sera lui-même négatif, tandis que les binômes

$$1 - c\omega^2, \quad 1 - c^{-1}\omega^2$$

seront positifs. Donc alors l'équation (21) donnera

$$(23) \qquad \omega\upsilon = -\frac{B^2}{2A^2}\sqrt{(1 - c\omega^2)(1 - c^{-1}\omega^2)}.$$

Si maintenant on pose, pour abréger,

$$(24) \qquad \omega = \sqrt{c}\sin p,$$

on trouvera

$$\omega\upsilon = -\frac{B^2}{2A^2}\cos p\sqrt{1 - c^2\sin^2 p};$$

et, en intégrant la formule (11) de manière que les deux membres s'évanouissent après l'intégration pour $x = 1$, on tirera de cette formule

$$(25) \qquad 1x = -Cs,$$

les valeurs de C et de s étant

$$(26) \qquad C = \frac{2A^2}{B^2}\sqrt{c},$$

$$(27) \qquad s = \int_0^p \frac{dp}{\sqrt{1 - c^2\sin^2 p}}.$$

L'intégrale que détermine la formule (27) est une *transcendante ellip-*

tique de première espèce. Le coefficient c et l'angle p sont ce qu'on nomme le *module* et l'*amplitude* de cette intégrale. Cela posé, p étant l'amplitude de s, on tirera de la formule (24), jointe aux équations (5) et (25),

$$\sin p = c^{-\frac{1}{2}} \frac{\Pi(-x, t)}{\Pi(x, t)}, \tag{28}$$

la valeur de x étant

$$x = e^{-Cs}. \tag{29}$$

D'ailleurs, en intégrant les formules (19), et observant que l'on a $\omega = 0$ pour $x = 1$, on en tirera

$$\left\{\begin{aligned} \sqrt{1 - c\omega^2} &= \frac{\Pi(1, t)}{\Pi\left(t^{\frac{1}{2}}, t\right)} \frac{\Pi\left(t^{\frac{1}{2}} x, t\right)}{\Pi(x, t)} x^{\frac{1}{2}}, \\ \sqrt{1 - c^{-1}\omega^2} &= \frac{\Pi(1, t)}{\Pi\left(-t^{\frac{1}{2}}, t\right)} \frac{\Pi\left(-t^{\frac{1}{2}} x, t\right)}{\Pi(x, t)} x^{\frac{1}{2}} \end{aligned}\right. \tag{30}$$

ou, ce qui revient au même, eu égard à la formule (24),

$$\left\{\begin{aligned} \sqrt{1 - c^2 \sin^2 p} &= \frac{\Pi(1, t)}{\Pi\left(t^{\frac{1}{2}}, t\right)} \frac{\Pi\left(t^{\frac{1}{2}} x, t\right)}{\Pi(x, t)} x^{\frac{1}{2}}, \\ \cos p &= \frac{\Pi(1, t)}{\Pi\left(-t^{\frac{1}{2}}, t\right)} \frac{\Pi\left(-t^{\frac{1}{2}} x, t\right)}{\Pi(x, t)} x^{\frac{1}{2}}. \end{aligned}\right. \tag{31}$$

Les fonctions trigonométriques de l'amplitude p d'une transcendante elliptique de première espèce, par exemple

$$\sin p, \quad \cos p, \quad \tan p, \quad \ldots,$$

et même l'expression

$$\sqrt{1 - c^2 \sin^2 p},$$

ont été désignées par M. Jacobi sous le nom de *fonctions elliptiques*. Parmi ces fonctions, celles dont l'usage est plus fréquent sont les trois expressions

$$\sin p, \quad \cos p, \quad \sqrt{1 - c^2 \sin^2 p}.$$

D'ailleurs la détermination de ces dernières se trouve ramenée par les formules (28) et (31) à la détermination des rapports qui existent entre les factorielles réciproques, dont les bases sont proportionnelles à la variable réelle

$$x = e^{-Cs}.$$

Concevons maintenant que, la raison t étant toujours réelle et positive, la base x devienne une exponentielle trigonométrique, de sorte qu'on ait

$$x = e^{\psi\sqrt{-1}}, \tag{32}$$

ψ désignant un arc réel. Posons d'ailleurs, comme dans les précédents Mémoires,

$$\Omega(x, t) = \varpi(tx, t)\,\varpi(tx^{-1}, t), \tag{33}$$

on aura

$$\Pi(x, t) = (1 + x)\,\Omega(x, t),$$

par conséquent,

$$\omega = \frac{1 - x}{1 + x}\,\frac{\Omega(-x, t)}{\Omega(x, t)},$$

puis, en substituant pour x sa valeur $e^{\psi\sqrt{-1}}$, on trouvera

$$\omega = -\sqrt{-1}\,\Psi \operatorname{tang}\frac{\psi}{2}, \tag{34}$$

la valeur de Ψ étant

$$\Psi = \frac{\Omega(-x, t)}{\Omega(x, t)}$$

ou, ce qui revient au même,

$$\Psi = \frac{(1 - 2t\cos\psi + t^2)(1 - 2t^2\cos\psi + t^4)\ldots}{(1 + 2t\cos\psi + t^2)(1 + 2t^2\cos\psi + t^4)\ldots}. \tag{35}$$

Cela posé, il est clair que, pour des valeurs croissantes de ψ, comprises entre les limites $\psi = 0$, $\psi = \pi$, le produit

$$\Psi \operatorname{tang}\frac{\psi}{2}$$

croitra lui-même depuis la limite zéro jusqu'à la limite $\frac{1}{0}$. On pourra donc supposer

$$\Psi \tang\frac{\psi}{2} = \sqrt{c}\tang p,$$

p désignant une variable réelle qui deviendra nulle pour $\psi = 0$, et acquerra la valeur $\frac{\pi}{2}$ pour $\psi = \pi$. Alors la formule (34) donnera

(36) $$\omega = -\sqrt{c}\tang p\sqrt{-1},$$

et l'on tirera des équations (11), (21)

(37) $$\begin{cases} D_p\psi = -\dfrac{\sqrt{c}}{\omega\upsilon\cos^2 p}, \\ \omega^2\upsilon^2\cos^4 p = \dfrac{B^4}{4A^4}(1 - c_{,}^2\sin^2 p), \end{cases}$$

la valeur de $c_{,}$ étant

(38) $$c_{,} = \sqrt{1 - c^2}.$$

D'ailleurs, p croissant avec ψ, $D_p\psi$ devra être positif, et par suite, eu égard à la première des formules (37), le produit $\omega\upsilon\cos^2 p$ devra être négatif. On aura donc

$$\omega\upsilon\cos^2 p = -\frac{B^2}{2A^2}(1 - c_{,}^2\sin^2 p)^{\frac{1}{2}}, \qquad D_p\psi = \frac{C}{(1 - c_{,}^2\sin^2 p)^{\frac{1}{2}}};$$

puis, en intégrant les deux membres de la dernière équation, de telle sorte qu'ils s'évanouissent pour $p = 0$, on trouvera

(39) $$\psi = C\int_0^p \frac{dp}{\sqrt{1 - c_{,}^2\sin^2 p}},$$

la valeur de C étant toujours déterminée par la formule (26); on aura donc

(40) $$\psi = Cs,$$

la valeur de s étant

(41) $$s = \int_0^p \frac{dp}{\sqrt{1 - c_{,}^2\sin^2 p}},$$

et, par conséquent, p sera l'amplitude de l'intégrale elliptique

$$s = C^{-1}\psi,$$

le module étant représenté, non plus par la quantité positive c, mais par une autre quantité positive $c_{,}$ liée à c, de manière que l'on ait

$$c^2 + c_{,}^2 = 1. \tag{42}$$

Cela posé, on tirera de la formule (36), jointe à l'équation (5),

$$\operatorname{tang} p = c^{-\frac{1}{2}} \frac{\Pi(-x, t)}{\Pi(x, t)} \sqrt{-1}, \tag{43}$$

p désignant l'amplitude de s relative au module $c_{,} = \sqrt{1 - c^2}$, et la valeur de x étant donnée par la formule

$$x = e^{Cs\sqrt{-1}}. \tag{44}$$

De plus, en intégrant les équations (19), on obtiendra de nouveau les équations (30), desquelles on tirera, eu égard à la formule (36),

$$\left\{\begin{aligned} &\frac{\sqrt{1 - c_{,}^2 \sin^2 p}}{\cos p} = \frac{\Pi(1, t)}{\Pi\left(t^{\frac{1}{2}}, t\right)} \frac{\Pi\left(t^{\frac{1}{2}} x, t\right)}{\Pi(x, t)} x^{\frac{1}{2}} \\ \text{et} \\ &\frac{1}{\cos p} = \frac{\Pi(1, t)}{\Pi\left(-t^{\frac{1}{2}}, t\right)} \frac{\Pi\left(-t^{\frac{1}{2}} x, t\right)}{\Pi(x, t)} x^{\frac{1}{2}}. \end{aligned}\right. \tag{45}$$

Ajoutons que, en tenant compte de la formule (18), on tirera des équations (43) et (45)

$$\left\{\begin{aligned} \sin p &= \frac{\Pi\left(t^{\frac{1}{2}}, t\right)}{\Pi(1, t)} \frac{\Pi(-x, t)}{\Pi\left(-t^{\frac{1}{2}} x, t\right)} \frac{\sqrt{-1}}{x^{\frac{1}{2}}}, \\ \cos p &= \frac{\Pi\left(-t^{\frac{1}{2}}, t\right)}{\Pi(1, t)} \frac{\Pi(x, t)}{\Pi\left(-t^{\frac{1}{2}} x, t\right)} \frac{1}{x^{\frac{1}{2}}}, \\ \sqrt{1 - c_{,}^2 \sin^2 p} &= \frac{\Pi\left(-t^{\frac{1}{2}}, t\right)}{\Pi\left(t^{\frac{1}{2}}, t\right)} \frac{\Pi\left(t^{\frac{1}{2}} x, t\right)}{\Pi\left(-t^{\frac{1}{2}} x, t\right)}. \end{aligned}\right. \tag{46}$$

Ajoutons encore que, en vertu de la formule (44), on a, pour une valeur de $\psi = Cs$ comprise entre les limites o, $\frac{\pi}{2}$,

$$x^{\frac{1}{2}} = e^{\frac{1}{2}Cs\sqrt{-1}},$$

et qu'il suffit de remplacer $x^{\frac{1}{2}}$ par $e^{\frac{1}{2}Cs\sqrt{-1}}$, dans les seconds membres des formules (45), (46), pour rendre ces formules applicables, non seulement au cas où l'angle ψ reste compris entre les limites o, $\frac{\pi}{2}$, mais encore au cas où cet angle est renfermé entre les limites $\frac{\pi}{2}$ et π.

En vertu des formules (46), la détermination des trois fonctions elliptiques

$$\sin p, \quad \cos p, \quad \sqrt{1 - c_{\prime}^2 \sin^2 p}$$

se trouve ramenée à la détermination de rapports entre des factorielles réciproques dont les bases sont proportionnelles à la variable imaginaire

$$x = e^{Cs\sqrt{-1}}.$$

Pour que les formules (28), (31), (46) puissent effectivement servir à la détermination des fonctions elliptiques

$$\sin p, \quad \cos p, \quad \sqrt{1 - c^2 \sin^2 p}, \quad \sqrt{1 - c_{\prime}^2 \sin^2 p},$$

lorsque les valeurs de s et de c sont données, il est nécessaire de pouvoir déduire les valeurs des quantités C et t de la valeur supposée connue d'un module c. On y parvient aisément à l'aide des considérations suivantes.

Posons

$$(47) \qquad \varsigma = \int_0^{\frac{\pi}{2}} \frac{dp}{\sqrt{1 - c^2 \sin^2 p}}$$

ou, ce qui revient au même,

$$(48) \qquad \varsigma = \frac{\pi}{2}\left[1 + \left(\frac{1}{2}c\right)^2 + \left(\frac{1.3}{2.4}c^2\right)^2 + \left(\frac{1.3.5}{2.4.6}c^3\right)^2 + \ldots\right],$$

et soit de plus τ ce que devient ς quand on y remplace c par $c_{\prime}$. On tirera de la formule (39), en y posant $p = \frac{\pi}{2}$,

$$\pi = C\tau;$$

par conséquent

$$(49) \qquad C = \frac{\pi}{\tau},$$

et des formules (25), (27), en y posant $x = t^{\frac{1}{2}}$,

$$t^{\frac{1}{2}} = e^{-C\varsigma} = e^{-\frac{\pi\varsigma}{\tau}};$$

par conséquent

$$(50) \qquad t = e^{-\frac{2\pi\varsigma}{\tau}}.$$

On peut remarquer d'ailleurs que, en posant $p = \frac{\pi}{2}$ et, par suite, $x = t^{\frac{1}{2}}$, on tire de la première des formules (30)

$$c_{\prime} = t^{\frac{1}{4}} \left[\frac{\Pi(1, t)}{\Pi\left(t^{\frac{1}{2}}, t\right)} \right]^2.$$

Jusqu'ici nous avons supposé la raison t réelle et la variable x réduite à une quantité réelle ou à une exponentielle trigonométrique. Nous pourrons, dans un autre Mémoire, examiner les résultats que fournissent les intégrales des formules (11) et (19), lorsque les variables x, t reçoivent des valeurs imaginaires quelconques. Les calculs qui précèdent montrent déjà le parti qu'on peut tirer de ces intégrales, et comment on peut en distraire immédiatement les formules qui réduisent les fonctions elliptiques à des rapports de factorielles réciproques. Observons, au reste, que ces formules coïncident, quand la variable x est imaginaire, avec celles qu'a données M. Jacobi, et qu'on peut, comme l'on sait, passer de ce cas à l'autre, à l'aide de transformations connues.

J'ajouterai que les formules (16) ou (17), dont les intégrales servent à transformer en rapports de factorielles des intégrales elliptiques de troisième espèce, pourraient elles-mêmes se déduire d'une équation donnée pour cet objet par M. Jacobi.

232.

Analyse mathématique. — *Mémoire sur les fractions rationnelles que l'on peut extraire d'une fonction transcendante, et spécialement du rapport entre deux produits de factorielles réciproques.*

C. R., T. XVII, p. 921 (30 octobre 1843).

On sait que d'une fraction rationnelle quelconque on peut extraire une suite de fractions simples dont la somme augmentée, s'il y a lieu, d'une fonction entière de la variable, reproduit la fraction rationnelle donnée. On sait encore que, dans son *Introduction à l'Analyse des infiniment petits,* Euler a décomposé en fractions simples quelques fonctions transcendantes, entre autres la cotangente d'un arc variable, et que les formules du calcul des résidus fournissent une multitude de semblables décompositions. Les fractions simples dont il s'agit ici ont pour dénominateurs les facteurs linéaires, non de la fonction proposée, mais de sa réciproque, c'est-à-dire du rapport qu'on obtient en divisant l'unité par cette fonction, et les carrés, les cubes, etc. de ces facteurs, lorsque la fonction réciproque, égalée à zéro, produit une équation qui offre des racines doubles, triples, etc. Quant aux numérateurs des fractions simples, on les suppose généralement réduits à des constantes; mais cette réduction peut avoir des inconvénients que nous allons signaler.

Concevons qu'une fonction transcendante donnée, étant multipliée par un facteur linéaire de sa réciproque ou par le carré, le cube, etc. de ce facteur, si celui-ci devient double, triple, etc., le produit ainsi obtenu acquiert toujours une valeur finie pour une valeur nulle de ce facteur linéaire. On pourra généralement extraire de la fonction transcendante une suite de fractions simples dont les numérateurs seront constants; et, si ces fractions simples forment une série convergente, alors, en retranchant leur somme de la fonction transcendante, on obtiendra pour reste une fonction nouvelle qui aura la propriété de ne jamais devenir infinie pour aucune valeur finie de la variable. Cette propriété remarquable entraînera une foule de conséquences utiles. Ainsi, par exemple, en y ayant égard, on conclura de notre théorème sur la convergence des séries que la fonction nouvelle sera généralement développable en une série convergente ordonnée suivant les puissances ascendantes et entières de la variable.

Mais la condition ci-dessus énoncée peut n'être pas remplie; en d'autres termes, il peut arriver que la série formée par les fractions simples soit divergente, et alors il importe de remplacer cette série, s'il est possible, par une série convergente. Or, dans un grand nombre de cas, on parviendra effectivement à ce but, en substituant aux numérateurs constants des fractions simples des numérateurs variables, ainsi que nous allons l'expliquer.

Supposons, pour fixer les idées, que toutes les racines de l'équation qu'on obtient en égalant à zéro la réciproque de la fonction donnée soient des racines simples, et considérons la fraction simple qui a pour dénominateur le facteur linéaire correspondant à l'une de ces racines. Le numérateur constant de cette fraction simple sera la valeur qu'acquiert le produit de la fonction donnée par le même facteur linéaire, quand celui-ci s'évanouit. Or, concevons que l'on multiplie ce numérateur constant par une fonction auxiliaire, savoir, par une fonction entière ou même transcendante, qui se réduise à l'unité quand le facteur linéaire s'évanouit, et qui ne devienne jamais infinie pour aucune valeur finie de la variable. La fraction simple que l'on considérait se trouvera remplacée par une autre dont le numérateur ne sera plus constant, et l'on pourra généralement choisir la fonction auxiliaire de telle sorte que la nouvelle fraction et les fractions simples de même espèce, correspondantes aux divers facteurs linéaires, forment une série convergente. D'ailleurs, cette condition étant remplie, la somme des fractions simples, retranchée de la fonction proposée, donnera pour reste une fonction nouvelle qui aura la propriété de ne jamais devenir infinie pour une valeur finie de la variable et qui, par suite, sera généralement développable en une série convergente, ordonnée suivant les puissances ascendantes et entières de cette variable. Ajoutons que la somme des diverses fractions simples pourra être facilement exprimée, à l'aide des notations du calcul des résidus, par une formule qui s'étendra au cas même où la réciproque de la fonction transcendante donnée offrirait des facteurs doubles, triples, etc., c'est-à-dire au cas où des racines multiples vérifieraient l'équation qu'on obtient quand on égale cette réciproque à zéro.

Si la fonction transcendante donnée devenait infinie : 1° pour une valeur nulle de la variable ; 2° pour d'autres valeurs finies de la même variable, sans qu'il fût possible d'en extraire une ou plusieurs fractions simples correspondantes à la valeur nulle, on pourrait encore extraire de la fonction transcendante des fractions simples correspondantes aux autres valeurs finies de la variable et même, en opérant comme on l'a dit, faire en sorte que ces fractions simples formassent une série convergente. Alors la différence entre la fonction transcendante et la somme des fractions simples serait une fonction nouvelle qui ne deviendrait jamais infinie pour des valeurs finies de la variable, distinctes de la valeur zéro. Par suite, en vertu de l'extension donnée par M. Laurent au théorème sur la convergence des séries, la nouvelle fonction serait généralement développable en une série convergente ordonnée, non plus suivant les puissances ascendantes, mais du moins suivant les puissances entières, positives, nulle et négatives de la variable.

Les principes que nous venons d'exposer s'appliquent avec la plus grande facilité au développement du rapport entre deux produits de factorielles géométriques, ou même de factorielles réciproques. On arrive alors aux propositions suivantes :

Théorème I. — *Le rapport entre deux produits de factorielles géomé-*

triques dont la raison est la même, et dont les bases sont proportionnelles, peut se décomposer en deux parties, dont l'une est la somme de fractions simples qui forment une série convergente, tandis que l'autre partie est la somme d'une série convergente ordonnée suivant les puissances entières et ascendantes de l'une des bases. La première partie disparaît lorsque le dénominateur du rapport est remplacé par l'unité, et la seconde, quand ce dénominateur renferme plus de factorielles que le numérateur.

THÉORÈME II. — *Le rapport entre deux produits de factorielles réciproques dont la raison est la même, et dont les bases sont proportionnelles, peut se décomposer en deux parties, dont l'une est la somme de fractions simples qui forment une série convergente, tandis que l'autre partie est la somme d'une série convergente ordonnée suivant les puissances entières positives, nulle et négatives de l'une des bases. La première partie disparaît lorsque le dénominateur du rapport est remplacé par l'unité, et la seconde partie, quand ce dénominateur renferme plus de factorielles que le numérateur. Ajoutons que cette seconde partie est toujours représentée par une somme de factorielles réciproques.*

ANALYSE.

Soit $f(x)$ une fonction transcendante, qui reste toujours continue entre deux valeurs de x propres à vérifier l'équation

$$\frac{1}{f(x)} = 0, \tag{1}$$

et qui soit telle qu'à une pareille valeur de x corresponde toujours un résidu fini et déterminé de $f(x)$. Si les divers résidus partiels, dont la somme est représentée par l'expression

$$\mathcal{E}\frac{((f(z)))}{x-z}, \tag{2}$$

forment une série convergente, alors, en posant

$$f(x) - \mathcal{E}\frac{((f(z)))}{x-z} = F(x), \tag{3}$$

on obtiendra pour $F(x)$ une fonction nouvelle qui ne deviendra plus infinie pour aucune valeur finie de la variable x. Par suite, la nouvelle fonction $F(x)$, qui, ajoutée à l'expression

$$\mathcal{E}\frac{((f(z)))}{x-z},$$

reproduira la fonction donnée $f(x)$, sera généralement développable en une série convergente ordonnée suivant les puissances ascendantes et entières de x.

Soit maintenant

$$\psi(x)$$

une fonction de x qui reste finie pour une valeur finie quelconque de x, et qui, de plus, vérifie la condition

$$\psi(1)=0; \tag{4}$$

la nouvelle fonction $F(x)$ jouira encore des propriétés énoncées, si l'on pose

$$f(x)-\mathcal{E}\frac{((f(z)))}{x-z}\psi\left(\frac{z}{x}\right)=F(x). \tag{5}$$

Cette dernière formule suppose la fonction $\psi(x)$ choisie de manière que les résidus dont la somme est représentée par l'expression

$$\mathcal{E}\frac{((f(z)))}{x-z}\psi\left(\frac{z}{x}\right) \tag{6}$$

forment une série convergente.

Si la fonction $f(x)$ devient infinie pour une valeur nulle de x, sans qu'il soit possible d'en extraire un résidu correspondant à $x=0$, et si l'on évite de comprendre zéro parmi les valeurs de z auxquelles se rapporte le signe $\mathcal{E}$ dans l'expression (2) ou (6), la fonction $F(x)$ déterminée par l'équation (3) ou (4) ne deviendra jamais infinie pour des valeurs finies de x distinctes de zéro, et par suite cette fonction sera généralement développable en une série convergente ordonnée suivant les puissances entières positives, nulle et négatives de la variable x.

Nous donnerons, dans un autre article, l'application de ces formules générales au développement de diverses fonctions, et spécialement au développement du rapport entre deux produits de factorielles.

233.

Analyse mathématique. — *Rapport sur un Mémoire de* M. Laurent, *qui a pour titre :* Extension du théorème de M. Cauchy relatif à la convergence du développement d'une fonction suivant les puissances ascendantes de la variable x.

C. R., T. XVII, p. 938 (30 octobre 1843).

L'Académie nous a chargés, M. Liouville et moi, de lui rendre compte d'un Mémoire de M. Laurent relatif à l'extension d'un théorème que l'un de nous a donné dans le Mémoire présenté à l'Académie de Turin le 11 octobre 1831, et dont il a fourni une démonstration nouvelle dans ses *Exercices d'Analyse et de Physique mathématique*. Le théorème en question peut s'énoncer comme il suit :

x désignant une variable réelle ou imaginaire, une fonction réelle ou imaginaire de x sera développable en une série convergente ordonnée suivant les puissances ascendantes de cette variable, tant que le module de la variable conservera une valeur inférieure à la plus petite de celles pour lesquelles la fonction ou sa dérivée cesse d'être finie ou continue.

En examinant attentivement la première démonstration de ce théorème, M. Laurent a reconnu, comme il le dit lui-même, que l'analyse employée par l'auteur pouvait conduire à un théorème plus général, relatif au développement d'une fonction en une série ordonnée suivant les puissances entières positives, nulle et négatives de la variable. Déjà, dans une des séances de l'Académie, le rapporteur avait montré qu'un semblable développement, lorsqu'il peut s'effectuer entre deux limites données du module de la variable, pour des valeurs quelconques de l'argument de cette variable supposée imaginaire, est toujours unique. Le nouveau théorème démontré par M. Laurent s'accorde avec cette proposition, et peut s'énoncer comme il suit :

x désignant une variable réelle ou imaginaire, une fonction réelle ou imaginaire de x pourra être représentée par la somme de deux séries convergentes, ordonnées, l'une suivant les puissances entières et ascendantes, l'autre suivant les puissances entières et descendantes de x, tant que le module de x conservera une valeur comprise entre deux limites entre lesquelles la fonction ou sa dérivée ne cesse pas d'être finie et continue.

L'équation de laquelle M. Laurent déduit son théorème peut être présentée sous diverses formes et se trouve comprise, comme cas particulier, dans l'une de celles que renferme le Ier Volume des *Exercices de Mathématiques* (1). Il y a plus : le théorème de M. Laurent peut se déduire immédiatement d'une proposition établie dans la troisième livraison des *Exercices d'Analyse* (2), etc., et dont voici l'énoncé :

Si une fonction et sa dérivée restent continues, pour un module de la variable renfermé entre deux limites données, la valeur moyenne de la fonction, correspondante à un module compris entre ces limites, sera indépendante de ce module.

Comme l'a observé M. Laurent, la formule de laquelle se déduit son théorème permet d'effectuer la séparation des racines d'une équation algébrique sans recourir à l'équation aux carrés des différences. Cette observation s'accorde avec les conclusions auxquelles le rapporteur est parvenu dans le XIXe Cahier du *Journal de l'École Polytechnique* (3) et, plus anciennement, dans un Mémoire sur la résolution des équations par les intégrales définies, présenté à l'Académie des Sciences le 22 novembre 1819, Mémoire dont un extrait a été inséré dans l'*Analyse des travaux de l'Académie*.

(1) *OEuvres de Cauchy*, S. II, T. VI.
(2) *Ibid.*, S. II, T. XI.
(3) *Ibid.*, S. II, T. I.

L'extension donnée par M. Laurent au théorème sur la convergence des séries, ou plutôt le nouveau théorème qu'il a établi à ce sujet, nous paraît digne de remarque. Ce théorème peut être utilement employé dans des recherches de haute Analyse. Nous pensons, en conséquence, que le Mémoire adressé par M. Laurent à l'Académie est très digne d'être approuvé par elle et d'être inséré dans le *Recueil des Savants étrangers*.

Le rapporteur a joint à ce Rapport la Note suivante, qui indique la manière la plus simple d'arriver au théorème de M. Laurent, en partant des principes établis dans les *Exercices d'Analyse et de Physique mathématique*.

234.

Analyse mathématique. — *Note sur le développement des fonctions en séries convergentes ordonnées suivant les puissances entières des variables.*

C. R., T. XVII, p. 940 (30 octobre 1843).

Soit

$$x = re^{p\sqrt{-1}}$$

une variable imaginaire dont r représente le module et p l'argument. Soit de plus $\varpi(x)$ une fonction de cette variable qui reste, avec sa dérivée, finie et continue, par rapport à r et à p, entre deux limites données du module r, savoir, depuis la limite $r = r_0$ jusqu'à la limite $r = R$. La fonction $\Pi(r)$ de r, déterminée par l'équation

$$\Pi(r) = \frac{1}{2\pi}\int_{-\pi}^{\pi} \varpi(x)\, dp,$$

sera ce que nous appelons la *valeur moyenne* de la fonction $\varpi(x)$, et comme cette valeur moyenne restera invariable depuis $r = r_0$ jusqu'à $r = R$ [*voir* la 9e livraison des *Exercices d'Analyse et de Physique mathématique* (¹)], on aura

$$\Pi(\mathrm{R}) = \Pi(r_0). \tag{1}$$

Si, le module r_0 étant nul, $\varpi(x)$ s'évanouit avec x, $\Pi(r_0)$ s'évanouira aussi, et la formule (1) donnera simplement

$$\Pi(\mathrm{R}) = 0. \tag{2}$$

Posons maintenant

$$y = r_0 e^{p\sqrt{-1}}, \qquad z = \mathrm{R}e^{p\sqrt{-1}}$$

et

$$\varpi(z) = z\frac{\mathrm{f}(z) - \mathrm{f}(x)}{z - x},$$

$\mathrm{f}(x)$ désignant une fonction de x qui reste, avec sa dérivée, finie et continue, depuis la limite $r = r_0$ jusqu'à la limite $r = \mathrm{R}$. Alors, en observant que le module r de x est renfermé entre les modules r_0, R des variables y, z et qu'on a, par suite, non seulement

$$\frac{y}{y-x} = -\frac{y}{x} - \frac{y^2}{x^2} - \frac{y^3}{x^3} - \ldots, \qquad \frac{z}{z-x} = 1 + \frac{x}{z} + \frac{x^2}{z^2} + \ldots, \tag{3}$$

mais encore

$$\frac{1}{2\pi}\int_{-\pi}^{\pi} \frac{y\,dp}{y-x} = 0, \qquad \frac{1}{2\pi}\int_{-\pi}^{\pi} \frac{z\,dp}{z-x} = 1,$$

on trouvera

$$\Pi(r_0) = \frac{1}{2\pi}\int_{-\pi}^{\pi} \frac{y\,\mathrm{f}(y)}{y-x}\,dp, \qquad \Pi(\mathrm{R}) = \frac{1}{2\pi}\int_{-\pi}^{\pi} \frac{z\,\mathrm{f}(z)}{z-x}\,dp - \mathrm{f}(x).$$

Donc l'équation (2) donnera

$$\mathrm{f}(x) = \frac{1}{2\pi}\int_{-\pi}^{\pi} \frac{z\,\mathrm{f}(z)}{z-x}\,dp, \tag{4}$$

et l'équation (1) donnera

$$f(x) = \frac{1}{2\pi}\int_{-\pi}^{\pi} \frac{z\,\mathrm{f}(z)}{z-x}\,dp - \frac{1}{2\pi}\int_{-\pi}^{\pi} \frac{y\,\mathrm{f}(y)}{y-x}\,dp. \tag{5}$$

(¹) *Œuvres de Cauchy*, S. II, T. XI.

Or, comme en vertu des formules (3), les intégrales comprises dans les valeurs de $\Pi(r_0)$ et de $\Pi(R)$ sont, ainsi que les fonctions renfermées sous le signe $\int$, développables, la première en une série convergente ordonnée suivant les puissances entières et négatives de la variable x, la seconde en une série convergente, ordonnée suivant les puissances entières, nulle et négatives de la même variable, l'équation (4) entraînera évidemment comme conséquence le théorème que j'ai donné sur la convergence des séries qui proviennent du développement des fonctions, et, l'équation (5), le théorème de M. Laurent.

L'équation de laquelle M. Laurent a déduit son théorème est la suivante

$$(6)\quad \begin{cases} f(x) = \dfrac{1}{2\pi}\displaystyle\int_{-\pi}^{\pi} \dfrac{z\,\mathrm{f}(z)}{z-x}\,dp + \dfrac{1}{2\pi}\displaystyle\int_{-\pi}^{\pi} \dfrac{x\,\mathrm{f}(y)}{x-y}\,dp \\ \qquad - \dfrac{1}{2\pi(R-r_0)}\displaystyle\int_{r_0}^{R}\int_{-\pi}^{\pi} \mathrm{f}(re^{p\sqrt{-1}})\,dr\,dp, \end{cases}$$

et semble au premier abord différer de la formule (5). Mais, comme dans notre hypothèse, c'est-à-dire lorsque $\mathrm{f}(x)$ reste fonction continue de x, depuis la limite $r = r_0$ jusqu'à la limite $r = R$, on a, pour une valeur de r comprise entre ces limites,

$$\Pi(r) = \Pi(r_0)$$

ou, ce qui revient au même,

$$\frac{1}{2\pi}\int_{-\pi}^{\pi} \mathrm{f}(x)\,dp = \frac{1}{2\pi}\int_{-\pi}^{\pi} \mathrm{f}(y)\,dp$$

et, par suite,

$$\frac{1}{2\pi(R-r_0)}\int_{r_0}^{R}\int_{-\pi}^{\pi} \mathrm{f}(re^{p\sqrt{-1}})\,dr\,dp = \frac{1}{2\pi}\int_{-\pi}^{\pi} \mathrm{f}(y)\,dp,$$

il en résulte que la formule (6) peut être réduite à l'équation (5).

Nous avons ici supposé que la fonction $\mathrm{f}(x)$ restait finie et continue depuis la limite du module r représentée par r_0, jusqu'à la limite de r représentée par R. Les formules (4), (5) et (6) deviendraient généralement inexactes dans la supposition contraire, et même dans le cas où la fonction $f(x)$, demeurant finie et continue pour des valeurs de r comprises entre les limites r_0, R, deviendrait infinie ou discontinue pour $r = r_0$ ou pour $r = R$.

235.

Astronomie. — *Mémoire sur l'application du calcul des limites à l'Astronomie.*

C. R., T. XVII, p. 1157 (20 novembre 1843).

Dans le Mémoire présenté à l'Académie de Turin en 1831 [1], j'ai montré comment on pouvait déterminer les limites de l'erreur que l'on commet quand on arrête, après un certain nombre de termes, le développement d'une fonction en une série ordonnée suivant les puissances entières et ascendantes d'une variable. Le nouveau calcul que j'ai appliqué à la solution de ce problème, et que j'ai nommé *calcul des limites*, prouve que l'erreur commise reste inférieure, quand la série est convergente, au reste d'une certaine progression géométrique. Or un théorème que j'ai donné dans la 9e livraison des *Exercices d'Analyse et de Physique mathématique* [2], et qui se rapporte aux valeurs moyennes des fonctions, permet d'étendre cette proposition au cas où il s'agit du développement d'une fonction en une série ordonnée suivant les puissances entières d'une exponentielle trigonométrique. En effet, si l'on considère cette exponentielle comme la valeur particulière d'une variable x, correspondante au module 1, le coefficient de la $n^{\text{ième}}$ puissance de l'exponentielle, dans le développement de la fonction, ne sera autre chose que la valeur moyenne du rapport entre la fonction et la $n^{\text{ième}}$ puissance de x. Or, d'après le théorème en question, on pourra dans cette valeur moyenne remplacer le module 1 par un autre module r, inférieur ou supérieur à l'unité, si la fonction ne

(1) *Œuvres de Cauchy*, S. II, T. XV.

(2) *Ibid.*, S. II, T. XI.

cesse pas d'être continue, tandis que le module de x varie entre les limites 1 et r. D'ailleurs, cette condition étant supposée remplie, il est clair que si l'on arrête, après un certain nombre de termes, la partie du développement de la fonction qui renferme, ou les puissances descendantes, ou les puissances ascendantes de l'exponentielle trigonométrique, l'erreur commise sera inférieure au reste correspondant de la progression géométrique qui aurait pour premier terme la valeur moyenne de la fonction correspondante au module r, et pour raison ce module même, ou l'inverse de ce module, c'est-à-dire le rapport $\frac{1}{r}$.

Ce n'est pas tout : si, au premier terme du développement, c'est-à-dire au terme indépendant de la variable et représenté par la valeur moyenne de la fonction donnée, on substitue la moyenne arithmétique entre les n valeurs qu'acquiert la fonction quand on égale successivement la variable aux diverses racines $n^{\text{ièmes}}$ de l'unité, l'erreur commise se composera de deux parties, dont chacune sera le produit de la puissance $n^{\text{ième}}$ du module r ou $\frac{1}{r}$ par la somme d'une progression géométrique qui offrira pour raison cette même puissance. On pourra donc calculer très simplement ce premier terme, et même, par un calcul analogue, un terme quelconque de la série, avec une approximation définie et aussi grande que l'on voudra.

Les principes que je viens d'exposer sont particulièrement utiles dans l'Astronomie. Si on les applique au développement de la fonction perturbatrice qui répond à une planète donnée, et spécialement au développement du terme réciproquement proportionnel à la distance mutuelle de deux planètes m, m', en une série ordonnée suivant les puissances entières de l'exponentielle trigonométrique qui a pour argument l'anomalie moyenne de m, on reconnaîtra : 1° que le module r ou $\frac{1}{r}$ doit rester compris entre les valeurs réelles qu'acquiert cette exponentielle, quand le cosinus de l'anomalie excentrique se réduit au nombre réciproque de l'excentricité; 2° que de plus le module r ou $\frac{1}{r}$ doit offrir une valeur comprise entre celles qui peuvent réduire à zéro la fonction représentée par la distance mutuelle des deux planètes.

Je développerai, dans de prochains Mémoires, les nombreuses et importantes applications de ces principes. J'offrirai ces Mémoires avec confiance à mes honorables confrères du Bureau des Longitudes, et particulièrement à celui d'entre eux qui a bien voulu me témoigner le désir que je m'occupasse plus spécialement d'Astronomie. Ces nouvelles recherches leur prouveront que, si jusqu'à présent il ne m'a pas été permis de me réunir à eux ailleurs que dans cette enceinte, je ne cesse pas pour cela de prendre une part active à leurs travaux et de remplir de mon mieux la tâche qu'ils m'ont imposée en m'appelant, comme géomètre, en novembre 1839, à redoubler d'efforts pour faire servir l'Analyse aux progrès de l'Astronomie.

236.

Analyse mathématique. — *Mémoire sur les formules qui servent à décomposer en fractions rationnelles le rapport entre deux produits de factorielles réciproques.*

C. R., T. XVII, p. 1159 (20 novembre 1843).

Nommons $\Pi(x, t)$ la factorielle réciproque qui a pour base la variable x et pour raison la variable t dont on suppose le module inférieur à l'unité. Alors, en posant, pour abréger,

$$\varpi(x, t) = (1+x)(1+tx)(1+t^2x)\ldots,$$

on aura

$$\Pi(x, t) = \varpi(x, t)\,\varpi(tx^{-1}, t)$$

ou, ce qui revient au même,

$$(1)\qquad \Pi(x, t) = (1+x)(1+tx)(1+t^2x)\ldots(1+tx^{-1})(1+t^2x^{-1})\ldots.$$

Soit d'ailleurs $f(x)$ le rapport entre deux produits de factorielles réciproques, qui offrent le même module t, avec des bases proportionnelles à la variable x, en sorte qu'on ait

$$(2) \qquad f(x) = \frac{\Pi(\lambda x, t)\,\Pi(\mu x, t)\,\Pi(\nu x, t)\ldots}{\Pi(\alpha x, t)\,\Pi(6x, t)\,\Pi(\gamma x, t)\ldots}.$$

Enfin, posons

$$(3) \qquad F(x) = f(x) - \mathcal{E}\frac{(f(z))}{x-z}\psi\left(\frac{x}{z}\right),$$

$\psi(x)$ étant une fonction qui reste finie pour une valeur quelconque de x, qui vérifie la condition

$$(4) \qquad \psi(1) = 1,$$

et qui soit telle que les résidus dont la somme est représentée par l'expression

$$(5) \qquad \mathcal{E}\frac{(f(z))}{x-z}\psi\left(\frac{x}{z}\right)$$

forment une série convergente. Alors $F(x)$ sera une fonction nouvelle qui ne deviendra plus infinie pour aucune valeur finie de x distincte de zéro, et qui sera généralement, ou nulle, ou développable en une série convergente ordonnée suivant les puissances entières, positives, nulle et négatives de la variable x.

Comme les divers facteurs de la fonction

$$\frac{1}{f(x)}$$

seront de la forme

$$1 + hx,$$

h désignant le produit de l'un des coefficients

$$\alpha, \quad 6, \quad \gamma, \quad \ldots$$

par une puissance entière t^n de la raison t, chacun des résidus compris dans l'expression (5) sera de la forme

$$\frac{H}{1+hx},$$

H désignant une constante ou une fonction de x qui devra prendre une valeur égale à celle du produit

$$(1+hx)f(x),$$

et vérifier en conséquence la condition

$$H=(1+hx)f(x), \tag{6}$$

pour la racine $x=-\frac{1}{h}$ de l'équation

$$1+hx=0.$$

On pourra d'ailleurs déterminer sans peine la valeur de H, à l'aide des considérations suivantes.

Si l'on pose, pour abréger,

$$\frac{\Pi(x,t)}{1+x}=\Omega(x,t)$$

et

$$f(x)=\frac{\Pi(\lambda x,t)\,\Pi(\mu x,t)\,\Pi(\nu x,t)\ldots}{\Omega(\alpha x,t)\,\Omega(6x,t)\,\Omega(\gamma x,t)\ldots},$$

l'équation (2) pourra être réduite à

$$f(x)=\frac{\mathrm{f}(x)}{(1+\alpha x)(1+6x)(1+\gamma x)\ldots}, \tag{7}$$

et par suite il sera facile d'obtenir les valeurs de H correspondantes au cas où l'on prendra pour h un des coefficients α, 6, γ, ... Ainsi, par exemple, la valeur de H correspondante à $h=\alpha$ pourra être la valeur même du produit

$$(1+\alpha x)f(x),$$

correspondante à $x=-\frac{1}{\alpha}$; donc, si l'on nomme Θ_α cette valeur de H, on pourra prendre

$$\Theta_\alpha=\frac{\mathrm{f}\left(-\frac{1}{\alpha}\right)}{\left(1-\frac{6}{\alpha}\right)\left(1-\frac{\gamma}{\alpha}\right)\cdots}$$

ou, en d'autres termes,

$$\Theta_\alpha=-\mathcal{E}\,\frac{z^{-1}\,\mathrm{f}(z)}{((1+\alpha z))(1+6z)(1+\gamma z)\ldots}. \tag{8}$$

Soit maintenant n le nombre des factorielles réciproques qui entrent dans le numérateur du rapport $f(x)$; soit, au contraire, $n+m$ le nombre de celles qui composent le dénominateur, et faisons, pour abréger,

$$\theta = \frac{\lambda\mu\nu\ldots}{\alpha6\gamma\ldots}.$$

On tirera de l'équation (2)

$$(9) \qquad f(x) = \theta x^m f(tx);$$

et par suite on trouvera, pour des valeurs entières de n,

$$(10) \qquad f(x) = \theta^n t^{\frac{n(n-1)}{2}m} x^{nm} f(t^n x).$$

En remplaçant, dans cette dernière formule, x par $t^{-n}x$, on en conclut qu'elle subsiste même pour des valeurs négatives, mais entières, de n.

Cela posé, prenons pour h l'un des produits

$$\alpha t^n, \quad 6t^n, \quad \gamma t^n, \quad \ldots,$$

et supposons, pour fixer les idées,

$$h = \alpha t^n.$$

La valeur correspondante de H devra vérifier, pour $x = -\frac{1}{\alpha t^n}$, la condition (6) ou

$$\mathrm{H} = \theta^n t^{\frac{n(n-1)}{2}m} x^{nm}(1+\alpha t^n x) f(t^n x);$$

et, comme Θ_α représente la valeur du produit

$$(1+\alpha x) f(x)$$

correspondante à $x = -\frac{1}{\alpha}$, cette condition pourra être réduite à

$$(11) \qquad \mathrm{H} = \Theta_\alpha \theta^n t^{\frac{n(n-1)}{2}m} x^{nm}.$$

Or, puisque la valeur de H, fournie par la formule (11), restera finie, non seulement pour $x = -\frac{1}{\alpha t^n}$, mais encore pour une valeur finie quelconque de x, il est clair que cette formule pourra être considérée comme propre à déterminer la valeur de H, quel que soit x, si la série qui a pour terme général la fraction

$$(12)\qquad \frac{\theta^n t^{\frac{n(n-1)}{2}m} x^{nm}}{1+\alpha t^n x}$$

est une série convergente. D'ailleurs cette dernière condition sera toujours évidemment satisfaite, si l'on a $m > 0$. Donc alors on pourra supposer la valeur générale de H déterminée par la formule (11), et la formule (3) donnera

$$(13)\qquad \mathrm{F}(x) = f(x) - \Theta_\alpha \sum \frac{\theta^n t^{\frac{n(n-1)}{2}m} x^{nm}}{1+\alpha t^n x} - \Theta_\beta \sum \frac{\theta^n t^{\frac{n(n-1)}{2}m} x^{nm}}{1+\beta t^n x} - \ldots,$$

les sommes indiquées par le signe $\sum$ s'étendant à toutes les valeurs entières, positives, nulle et négatives de n. En d'autres termes, on aura, pour $m > 0$,

$$(14)\qquad f(x) = \mathrm{F}(x) - \mathcal{E} \frac{\mathrm{f}(z)}{[(1+\alpha z)(1+\beta z)\ldots]} \sum \theta^n \frac{t^{\frac{n(n-1)}{2}m} x^{nm}}{z - t^n x},$$

$\mathrm{F}(x)$ désignant une fonction qui sera développable en une série convergente ordonnée suivant les puissances entières, positives, nulle et négatives de x. D'ailleurs, on tirera des formules (9) et (14)

$$(15)\qquad \mathrm{F}(x) = \theta x^m \mathrm{F}(tx),$$

et l'on pourra de la formule (15) déduire immédiatement la valeur de $\mathrm{F}(x)$, en opérant comme nous l'avons déjà fait dans un cas semblable (*voir* le *Compte rendu* de la séance du 9 octobre, page 82. On trouvera ainsi

$$(16)\qquad \mathrm{F}(x) = \mathrm{K}_0 \Pi(\theta x^m, t) + \mathrm{K}_1 \Pi(\theta t x^m, t) + \ldots + \mathrm{K}_{m-1} x^{m-1} \Pi(\theta t^{m-1} x^m, t),$$

la valeur générale de K_i étant donnée par la formule

$$(17)\qquad \mathrm{K}_i = \frac{\mathrm{F}(\mathrm{x}) + r^{-i}\mathrm{F}(r\mathrm{x}) + r^{-2i}\mathrm{F}(r^2\mathrm{x}) + \ldots + r^{-(m+1)i}\mathrm{F}(r^{m-1}\mathrm{x})}{m\mathrm{x}^i \Pi(\theta t^i \mathrm{x}^m, t^m)},$$

dans laquelle x désigne une valeur particulière de x, et r l'une des racines primitives de l'unité du degré m. Quant aux valeurs particulières de $\mathrm{F}(x)$ représentées par

$$\mathrm{F}(\mathrm{x}),\quad \mathrm{F}(r\mathrm{x}),\quad \ldots,\quad \mathrm{F}(r^{m-1}\mathrm{x}),$$

on pourra aisément les déduire de la formule (13) jointe à la formule (2).

Nous avons, dans ce qui précède, supposé la valeur de m positive. Si l'on supposait au contraire m négatif, alors, pour satisfaire aux conditions prescrites, on serait obligé de multiplier le second membre de la formule (11) par l'expression

$$(-\alpha t^n x)^{-nm},$$

et par conséquent de substituer à cette formule la suivante

$$\mathrm{H} = (-1)^{mn}\theta^n\alpha^{-mn}t^{-\frac{n(n+1)}{2}m}. \tag{18}$$

Alors aussi la fonction $\mathrm{F}(x)$, devant s'évanouir pour des valeurs nulle ou infinies de x, se réduirait nécessairement à zéro, et à la place de l'équation (14) on obtiendrait la formule

$$f(x) = -\mathcal{E}\frac{\mathrm{f}(z)}{[(1+\alpha z)(1+6z)\ldots]}\sum(-1)^{mn}\theta^n\frac{z^{-mn}t^{-\frac{n(n-1)}{2}m}}{z-t^n x}, \tag{19}$$

qui s'accorde avec les résultats obtenus par M. Jacobi dans le cas particulier où $f(x)$ se réduit à l'inverse d'une seule factorielle.

Enfin, si l'on supposait $m=0$, on verrait la formule (3) se réduire à des équations que j'ai déjà obtenues, dans un précédent Mémoire (*Comptes rendus*, tome XVII, pages 85 et 86), et qui renferment, comme cas particuliers, les formules données par M. Jacobi pour la décomposition des fonctions elliptiques ou de leurs puissances en fractions rationnelles.

237.

Calcul infinitésimal. — *Mémoire sur la théorie analytique des* maxima maximorum *et des* minima minimorum. *Application de cette théorie au calcul des limites et à l'Astronomie.*

C. R., T. XVII, p. 1215 (27 novembre 1843).

Pour déterminer, à l'aide du calcul des limites, les erreurs que l'on commet quand on arrête, après un certain nombre de termes, des séries ordonnées suivant les puissances entières et ascendantes, ou même suivant les puissances entières, positives, nulle et négatives d'une seule variable, il est utile de calculer les plus grandes valeurs que puissent acquérir les modules de certaines fonctions correspondants à des valeurs données des modules des variables, ou ce qu'on peut appeler les *maxima maximorum* et les *minima minimorum* des modules de ces mêmes fonctions. On y parvient, dans un grand nombre de cas, à l'aide des considérations que je vais exposer.

D'après les principes du Calcul différentiel, les maxima et minima d'une fonction d'une ou de plusieurs variables, qui reste continue, du moins entre certaines limites, correspondent généralement, comme l'on sait, aux valeurs des variables qui, étant comprises entre ces limites, réduisent à zéro les dérivées du premier ordre de la fonction. Concevons, pour fixer les idées, que la fonction donnée dépende d'une seule variable x. L'équation de condition qu'on obtiendra en égalant à zéro la fonction dérivée du premier ordre admettra généralement plusieurs racines correspondantes à plusieurs maxima ou minima. D'ailleurs il arrivera souvent que la fonction donnée renfermera, outre la variable x, un ou plusieurs paramètres, et qu'il sera facile d'assigner, pour une valeur donnée de l'un de ces paramètres, le plus grand de tous les maxima ou le plus petit de tous les minima, c'est-à-dire le *maximum maximorum* ou le *minimum minimorum*. Si maintenant on altère, par degrés insensibles, la valeur attribuée au paramètre dont il s'agit, celle des racines de l'équation de condition qui correspondait au *maximum maximorum* continuera certainement de lui correspondre, jusqu'au moment où un autre maximum lui deviendra équivalent. En partant de ce principe, qui peut être facilement étendu au cas où la fonction donnée renferme un nombre quelconque de variables et de paramètres, on déterminera facilement, dans un grand nombre de problèmes, les *maxima maximorum* des fonctions d'une ou de plusieurs variables. On pourrait encore évidemment déterminer de la même manière les *minima minimorum*.

En opérant comme je viens de le dire, on arrive à la détermination des erreurs que l'on commet quand on développe la fonction perturbatrice relative à deux planètes en une série ordonnée suivant les puissances entières des exponentielles trigonométriques qui offrent pour arguments les longitudes moyennes de ces deux planètes. C'est, au reste, ce que j'expliquerai plus en détail dans d'autres Mémoires, où je pourrai faire voir encore comment les mêmes principes appliqués au calcul des variations fournissent la solution de problèmes qu'on n'avait pu résoudre jusqu'à ce jour.

Analyse.

Théorie des maxima maximorum *et des* minima minimorum.

Soit x une variable réelle, et

$$u = f(x)$$

une fonction réelle de x, qui demeure continue avec sa dérivée $f'(x)$, du moins entre certaines limites. Les valeurs de x qui, étant comprises entre ces limites, correspondront aux valeurs maxima et minima de la fonction u, seront, comme on le sait depuis longtemps, celles qui vérifieront l'équation

$$f'(x) = 0$$

ou, ce qui revient au même, l'équation

$$D_x u = 0, \tag{1}$$

On sait encore que les caractères qui servent à distinguer les maxima des minima se déduisent de la considération des dérivées de u, d'un ordre supérieur au premier, et qu'en particulier une racine simple de l'équation (1) fournit un maximum ou un minimum de u, suivant que la valeur de $D_x^2 u$, correspondante à cette racine, est une quantité négative ou positive.

Dans certaines questions, et particulièrement dans celles qui se rattachent au calcul des limites, il importe de déterminer, non pas tous les maxima ou minima d'une fonction donnée, mais seulement le plus grand de tous les maxima ou le plus petit de tous les minima, c'est-à-dire, en d'autres termes, le *maximum maximorum* ou le *minimum minimorum*. On peut y parvenir, dans un grand nombre de cas, à l'aide des considérations suivantes.

Concevons que la fonction u renferme avec la variable x un certain paramètre α. Il arrivera souvent que, pour une valeur particulière de ce paramètre, il sera facile de reconnaître quelle est celle des racines de l'équation (1) qui fournit un *maximum maximorum* de u. Soient x cette racine et u la valeur correspondante de la fonction u ou le *maximum maximorum* de cette fonction. Si l'on pose

$$D_x u = f'(x),$$

on aura

$$\mathrm{u} = f(\mathrm{x}), \tag{2}$$

x étant racine de l'équation

$$f'(\mathrm{x}) = 0. \tag{3}$$

Concevons maintenant que le paramètre α, contenu dans la fonction u, vienne à varier, par degrés insensibles. La racine x de l'équation (3) qui correspond au *maximum maximorum* de la fonction u variera elle-même en général par degrés insensibles, jusqu'à l'instant où l'on aura

$$\mathrm{u} = \mathrm{u}_,,$$

$\mathrm{u}_,$ désignant un autre maximum correspondant à une autre racine $\mathrm{x}_,$

de l'équation (3), par conséquent jusqu'à l'instant où l'équation en u, produite par l'élimination de x entre les formules

(4) $$u = 0, \qquad D_x u = 0,$$

acquerra des racines égales. Soit

(5) $$U = 0$$

cette équation en u. Parmi les valeurs de u qui représenteront des racines égales de l'équation (5), se trouveront comprises celles qui correspondront à des racines égales de l'équation (1), c'est-à-dire à des valeurs de x pour lesquelles se vérifieront simultanément l'équation (1) et la suivante

(6) $$D_x^2 u = 0.$$

Observons d'ailleurs que des raisonnements semblables à ceux dont nous avons fait usage nous auraient encore conduit aux équations (5) et (6), s'il eût été question de fixer, non plus le *maximum maximorum*, mais le *minimum minimorum* de la fonction u. Cela posé, on peut évidemment énoncer la proposition suivante :

Théorème I. — *Soient x une variable réelle, et*

$$u = f(x)$$

une fonction de x, qui demeure continue, du moins pour des valeurs de x renfermées entre certaines limites. Soit, de plus, x *une racine de l'équation*

$$D_x u = 0,$$

qui, étant comprise entre ces limites, fournisse le maximum maximorum *ou le* minimum minimorum *de u, pour une valeur particulière d'un paramètre α contenu dans la fonction u. Si ce paramètre vient à varier, la racine* x *continuera de correspondre au* maximum maximorum *ou au* minimum minimorum *de la fonction u, jusqu'au moment où le paramètre α deviendra tel que l'équation*

$$U = 0,$$

produite par l'élimination de x entre les formules

$$u = f(x), \qquad D_x u = 0,$$

acquière des racines égales, par conséquent des racines pour lesquelles se vérifie la condition

$$D_u \text{U} = 0.$$

D'ailleurs cette condition sera remplie pour les valeurs de u correspondantes à des valeurs de x qui vérifieront, non seulement l'équation

$$D_x u = 0,$$

mais encore la suivante :

$$D_x^2 u = 0.$$

En raisonnant de la même manière, on établira généralement la proposition suivante :

Théorème II. — *Soient x, y, z, ... des variables réelles, et*

$$u = f(x, y, z, \ldots)$$

une fonction réelle de x, y, z, ..., qui demeure continue, du moins pour des valeurs de x, y, z, ... renfermées entre certaines limites. Soit de plus

$$\text{x}, \quad \text{y}, \quad \text{z}, \quad \ldots$$

un système de valeurs de x, y, z, ... qui, étant comprises entre ces limites, vérifient les équations

$$D_x u = 0, \qquad D_y u = 0, \qquad D_z u = 0, \qquad \ldots,$$

et qui fournissent le maximum maximorum *ou le* minimum minimorum *de u, pour certaines valeurs particulières d'un ou de plusieurs paramètres α, β, γ, ... contenus dans la fonction u. Si ces paramètres viennent à varier, le système des valeurs*

$$x = \text{x}, \qquad y = \text{y}, \qquad z = \text{z}, \qquad \ldots$$

continuera de correspondre au maximum maximorum *ou au* minimum minimorum *de la fonction u, jusqu'au moment où les paramètres deviendront tels que l'équation*

$$\text{U} = 0,$$

produite par l'élimination des $x, y, z, \ldots$ entre la formule

$$u = f(x, y, z, \ldots)$$

et les suivantes

$$D_x u = 0, \quad D_y u = 0, \quad D_z u = 0, \quad \ldots,$$

acquière des racines égales, par conséquent des racines pour lesquelles se vérifie la condition

$$D_u U = 0.$$

D'ailleurs cette condition sera remplie pour les valeurs de u correspondantes à des valeurs de $x, y, z, \ldots$ qui vérifieront, non seulement les formules

$$D_x u = 0, \quad D_y u = 0, \quad D_z u = 0, \quad \ldots,$$

mais encore la suivante

$$v = 0,$$

v désignant la fonction alternée que l'on forme avec les termes renfermés dans le Tableau

$$\begin{array}{llll} D_x^2 u, & D_x D_y u, & D_x D_z u, & \ldots, \\ D_x D_y u, & D_y^2 u, & D_y D_z u, & \ldots, \\ D_x D_z u, & D_y D_z u, & D_z^2 u, & \ldots, \\ \ldots\ldots, & \ldots\ldots, & \ldots\ldots, & \ldots; \end{array}$$

en sorte qu'on ait, par exemple, quand les variables $x, y, z, \ldots$ se réduisent à deux,

$$v = D_x^2 u \, D_y^2 u - (D_x D_y u)^2.$$

238.

ANALYSE MATHÉMATIQUE. — *Mémoire sur les modules des séries.*

C. R., T. XVII, p. 1220 (27 novembre 1843).

Dans mon *Analyse algébrique* publiée en 1821 ([1]), je ne me suis pas contenté d'observer que les séries convergentes sont les seules qui

([1]) *Œuvres de Cauchy*, S. II. T. III.

puissent être sommées, j'ai de plus établi des théorèmes généraux relatifs à la convergence des séries qui se prolongent indéfiniment dans un seul sens. L'énoncé de ces théorèmes, et de quelques autres relatifs aux séries qui se prolongent indéfiniment dans deux sens opposés, deviendra beaucoup plus simple, si l'on a recours à la considération de certaines quantités que j'appellerai les *modules des séries*. Entrons à ce sujet dans quelques détails.

Considérons d'abord une série qui se prolonge indéfiniment dans un seul sens, et désignons par une même lettre u, successivement affectée des indices

$$0,\quad 1,\quad 2,\quad 3,\quad \ldots,\quad n,\quad \ldots,$$

les divers termes de cette série. Le terme général, représenté par u_n, aura pour module une certaine quantité positive ρ_n, et la racine $n^{\text{ième}}$ de cette quantité convergera, pour des valeurs croissantes du nombre n, vers une ou plusieurs limites. Or la plus grande de ces limites sera ce que j'appellerai le *module de la série*. Cela posé, on déduira des principes établis dans l'Analyse algébrique la proposition suivante :

Théorème I. — *Une série qui se prolonge indéfiniment dans un seul sens est convergente quand son module reste inférieur à l'unité, et divergente quand ce module devient supérieur à l'unité.*

Considérons maintenant une série qui se prolonge indéfiniment dans les deux sens, et désignons ses divers termes par une même lettre u successivement affectée, d'une part, des indices nuls ou positifs

$$0,\quad 1,\quad 2,\quad 3,\quad \ldots,\quad n,\quad \ldots;$$

d'autre part, des indices négatifs

$$-1,\quad -2,\quad -3,\quad \ldots,\quad -n,\quad \ldots.$$

Les deux termes généraux u_n, u_{-n} offriront ordinairement deux modules différents ρ_n, ρ_{-n}, et les deux quantités positives vers lesquelles convergeront, pour des valeurs croissantes de n, les plus grandes valeurs des racines $n^{\text{ièmes}}$ de ces modules sont ce que nous appellerons les *deux modules* de la série en question. Cela posé, comme cette série pourrait être censée résulter de la réunion de deux autres dont chacune se prolongerait indéfiniment dans un seul sens, il est clair que le théorème ci-dessus énoncé entrainera encore le suivant :

Théorème II. — *Une série qui se prolonge indéfiniment dans les deux sens est convergente quand ses deux modules sont inférieurs à l'unité, et divergente quand un de ces modules devient supérieur à l'unité.*

Considérons maintenant deux séries dont les termes soient représentés par deux lettres distinctes u, v, chacune de ces lettres étant successivement affectée de tous les indices entiers positifs, nul et négatifs. Les produits que l'on formera, en multipliant les divers termes de la première série par les divers termes de la seconde, pourront être groupés entre eux de manière que chaque groupe renferme tous les produits dans lesquels les indices des deux lettres u, v offrent une somme donnée n ou $-n$. De plus, on pourra imaginer une nouvelle série dont le terme général sera la somme des produits correspondants à un même groupe. Cela posé, aux propositions déjà énoncées se joindront de nouveaux théorèmes relatifs à la nouvelle série. On reconnaîtra, par exemple, que les modules de la nouvelle série ne peuvent surpasser les modules des séries données, et qu'en conséquence la nouvelle série sera convergente si chacune des séries données a pour modules des nombres inférieurs à l'unité.

Dans le cas où l'on considère une série ordonnée suivant les puissances entières et ascendantes d'une certaine variable x, le premier des théorèmes précédemment énoncés fournit une limite supérieure que le module de la variable x ne peut dépasser, sans que la série cesse d'être convergente. Mais, d'après un autre théorème que j'ai démontré dans les *Exercices d'Analyse*, si la série représente le développement d'une fonction donnée, cette série restera convergente tant que le module de la variable sera inférieur au plus petit de ceux pour lesquels la fonction et sa dérivée restent continues. On doit donc présumer que, dans un grand nombre de cas, ce plus petit module sera précisément celui qui réduirait à l'unité le module de la série. Or, sans donner de ce théorème une démonstration générale, on peut du moins le démontrer dans une infinité de cas, et spécialement lorsque la fonction proposée, au moment où elle devient discontinue, peut être considérée comme le produit d'une autre fonction qui reste continue par une puissance fractionnaire ou négative d'un binôme linéaire qui devient alors nul ou infini. Les mêmes remarques peuvent être étendues au cas où la fonction proposée dépend de plusieurs variables, ainsi qu'au cas où le développement renferme à la fois des puissances positives et des puissances négatives, mais entières, des variables dont il s'agit.

Ces considérations fournissent le moyen de trouver, en Astronomie, les modules de séries qui représentent les développements des fonctions perturbatrices, et d'établir les règles de convergence de ces mêmes séries, ainsi que je me propose de l'expliquer dans un autre article.

239.

Mécanique. — *Rapport sur divers Mémoires de* M. de Saint-Venant *relatifs à la Mécanique rationnelle et à la Mécanique appliquée.*

C. R., T. XVII, p. 1234 (27 novembre 1843).

L'Académie nous a chargés, MM. Poncelet, Piobert, Lamé et moi, de lui rendre compte de plusieurs Mémoires de M. de Saint-Venant qui ont pour but le perfectionnement de la Mécanique rationnelle et de la Mécanique appliquée.

De ces Mémoires, les deux premiers ont pour objet le calcul de la résistance et de la flexion des pièces solides à simple ou à double courbure quand on prend simultanément en considération les divers efforts auxquels elles peuvent être soumises dans tous les sens.

Ces deux premiers Mémoires nous ont paru atteindre complètement le but que l'auteur s'était proposé, et répandre un nouveau jour sur les diverses questions qui se rattachent à la Mécanique moléculaire. L'auteur ne s'est pas contenté d'appliquer à leur solution les méthodes que peut fournir le Calcul différentiel et intégral, en ayant égard, dans chaque cas, aux diverses données que comporte le problème : il s'est encore attaché à représenter les solutions par des formules qui puissent être d'un usage facile dans la pratique, et à donner une interprétation géométrique des diverses quantités qui entrent dans les formules. Présentons à ce sujet quelques exemples.

L'un de nous avait remarqué depuis longtemps que, dans un corps solide dilaté, la dilatation, mesurée sur une droite passant par un point, n'est pas la même en tous sens, et déterminé les lois suivant lesquelles cette dilatation, appelée par lui *linéaire*, variait avec la direction de la droite. A cette considération des dilatations linéaires, M. de Saint-Venant a joint celle des glissements qui s'exécutent lorsque deux sections, comprises dans des plans parallèles, se déplacent l'une par rapport à l'autre, et du gauchissement que présente, après le changement de forme d'une pièce, une section transversale faite par un plan perpendiculaire à l'axe de la pièce.

Dans le calcul de la résistance qu'une pièce à double courbure oppose à la torsion et à la flexion, les géomètres s'étaient uniquement occupés de la variation du rayon de courbure et des angles que les plans osculateurs forment entre eux. M. de Saint-Venant a complété sur ce point l'analyse dont on avait fait usage, et il a tenu compte de la rotation du rayon de courbure autour de l'axe de la pièce.

On doit remarquer encore les formules que M. de Saint-Venant a obtenues dans son dernier Mémoire, et qui sont relatives à la torsion du prisme à base losange.

Les perfectionnements que les formules de M. de Saint-Venant ont apportés à la Mécanique pratique, ainsi qu'à la Mécanique rationnelle, ont été tellement sentis, que plusieurs d'entre elles sont déjà passées dans l'enseignement et ont été données, en particulier, dans le Cours fait par notre confrère M. Poncelet à la Faculté des Sciences.

En résumé, les divers Mémoires de M. de Saint-Venant nous paraissent justifier pleinement de la réputation que cet habile ingénieur, qui a toujours occupé les premiers rangs dans les promotions à l'École Polytechnique, s'est acquise depuis longtemps. Nous les croyons très dignes d'être approuvés par l'Académie et d'être insérés dans le *Recueil des Mémoires des Savants étrangers*.

240.

SCIENCES PHYSIQUES ET MATHÉMATIQUES. — *Rapport sur les méthodes qui ont servi au développement des facultés intellectuelles d'un jeune sourd-muet, et sur les moyens par lesquels il est parvenu, non seulement à un degré d'instruction élevé, mais encore à une connaissance très étendue des Sciences physiques et mathématiques.*

C. R., T. XVII, p. 1270 (14 décembre 1843).

L'Académie se souvient encore que, en novembre 1840, se présenta devant elle un jeune pâtre des environs de Tours, qui, abandonné d'abord à lui-même, était parvenu à exécuter de tête, avec une grande facilité, des calculs même très compliqués. Qu'est devenu cet enfant merveilleux? Ce que les journaux nous en ont appris ne paraît guère propre à nous faire espérer la réalisation des vœux que nous avions formés pour lui. Nous croyons que la retraite et l'étude eussent été beaucoup plus favorables au développement des facultés morales et intellectuelles de cet enfant, au perfectionnement de son éducation et de son instruction, qu'une vie errante, qui peut procurer quelques profits à lui et à son maître, mais le détourne des travaux sérieux, en exaltant, par une mise en scène continuelle, l'amour-propre de l'enfant sans utilité réelle. Quoi qu'il en soit, nous avons aujourd'hui à entretenir l'Académie, non plus d'espérances conçues, mais d'espérances réalisées. L'Académie nous a chargés, MM. Flourens, Francœur et moi, de lui rendre compte des moyens par lesquels un jeune sourd-muet, M. Paul de Vigan, élevé à Caen par M. l'abbé Jamet, est parvenu, non seulement à un degré d'instruction élevé, mais encore à une connaissance très étendue des Sciences physiques et mathématiques. La solidité, la valeur des connaissances effectivement acquises par ce jeune sourd-muet, a quelque chose de vraiment extraordinaire. Il sait l'Arithmétique, l'Algèbre, la Géométrie, les deux Trigonométries, la Mécanique, la Physique, la Chimie, la Botanique. Nous l'avons interrogé, et il a parfaitement répondu aux questions que nous lui avons faites sur les diverses branches des Sciences mathématiques, sur l'Analyse algébrique, sur le Calcul différentiel, sur le Calcul intégral. Il ne s'est pas borné à étudier les théories, il a voulu encore les appliquer. Il a fabriqué lui-même un grand nombre d'instruments de Physique, un cadran solaire, une machine électrique. Il a fait usage du daguerréotype et de la galvanoplastie. Il s'est servi des procédés nouveaux pour argenter, pour dorer des médailles, et le plus souvent, pour réaliser ces applications diverses des Sciences physiques et mathématiques, il lui suffit de lire les simples Notices, ordinairement très imparfaites, dans lesquelles on en parle, et de les étudier tout seul. Nous lui avons demandé de vouloir bien lui-même nous rendre compte des moyens par lesquels il avait acquis toutes ces connaissances, et nous croyons intéresser l'Académie en reproduisant quelques fragments d'un historique très remarquable qu'il nous a donné.

« Je crois utile, dit M. Paul de Vigan dans cet historique, de faire connaître l'inconvénient des pantomimes dont les sourds-muets se servent irrésistiblement pour causer entre eux. Elles les empêchent de bien apprendre la langue française, et aussi de sentir l'utilité de la lecture, ce qui fait qu'ils se trouvent souvent fort embarrassés quand il faut parler par écriture à ceux qui ne connaissent pas les signes ni les pantomimes, et qu'ils se hasardent à écrire des phrases ou des mots de la signification desquels ils ne sont pas sûrs, ou une suite de mots qui ne présente aucun sens ou qui n'est pas française. Comme il y a ordinairement dans les écoles beaucoup de sourds-muets de famille pauvre ou peu aisée, qui ne peuvent pas y rester assez longtemps pour devenir bien instruits, l'éducation des sourds-muets de famille riche, qui sont en très petit nombre, se trouve quelquefois interrompue par suite d'un changement opéré parmi leurs camarades, de sorte qu'ils sont obligés de revenir à ce qu'ils ont déjà vu, et que par là ils avancent peu leurs études. J'ai éprouvé tous les inconvénients dont je viens de parler. On ne sera plus étonné que j'aie été assez longtemps à m'instruire. Il est vrai que, quoique médiocrement instruit, j'étais toujours regardé comme le plus fort de ma classe, et que j'ai été souvent le premier dans les compositions. Depuis 1822 jusqu'à 1833, j'étudiai d'une manière très imparfaite et un peu vague. En 1833 M. l'abbé Jamet commença à me donner des leçons d'articulation et d'italien. En 1834 il m'enseigna l'espagnol, dans le même temps qu'il chargea un de ses neveux de m'apprendre les premières notions de l'Algèbre et de la Géométrie élémentaire. Quand je fus arrivé aux équations du second degré et au quatrième Livre de la *Géométrie* de Legendre, ce neveu me dit que je ne pourrais jamais aller au delà. Mais cette triste prédiction ne me découragea point du tout; car ces parties des Mathématiques avaient déjà quelque chose d'attrayant pour moi, quoique je les connusse encore très peu. Je revis de temps en temps les parties de l'Algèbre que j'avais déjà vues, pour m'en bien pénétrer, afin de pouvoir aller plus loin. »

L'Académie vient de voir comment M. Paul de Vigan fut initié à l'étude des Sciences mathématiques. Je vais maintenant citer un fragment relatif à ses études botaniques.

« Au commencement de l'année 1834, cédant au désir que j'avais de savoir trouver moi-même, et à l'aide d'un livre, le nom des plantes que je rencontrerais, j'achetai, nous dit le jeune sourd-muet, une *Botanique méthodique* de Dubois (directeur du Jardin des Plantes d'Orléans). Au mois de mars, je commençai à analyser de grandes fleurs dont je savais déjà les noms, pour me familiariser peu à peu avec les termes de la Botanique. Plusieurs mois après, j'eus la satisfaction de trouver les noms de plusieurs plantes que je ne connaissais pas. Bientôt je me mis à herboriser dans les environs de Caen, les jours de promenade des sourds-muets. Pendant deux ans, j'allai par degrés, des grandes fleurs aux plus petites, jusqu'aux plantes cryptogames. Dans l'hiver de 1835, j'essayai d'analyser des mousses, des lichens et des champignons, et je réussis à trouver les noms d'un petit nombre, tant les plantes cryptogames sont difficiles à distinguer dans la même famille. »

Aux fragments qu'on vient de lire nous joindrons ici les réponses que M. Paul de Vigan a faites instantanément à quelques questions, et qui paraissent devoir intéresser l'Académie.

Première question. — Vous formez-vous une idée de ce que peuvent être les sons?

Réponse. — Après avoir vu l'élasticité du gaz en Physique, je n'ai pas eu de peine à me former une idée du son. Le son ou le bruit n'est autre chose qu'une vibration de l'air qui, engendrée par un choc ou par toute autre cause, se propage de tous côtés, et qui heurte en chemin contre le tympan de l'oreille, ce qui fait naître une sensation plus ou moins agréable.

La sirène m'a donné quelque idée sur la différence qui existe entre l'acuité et la gravité du son. La succession des vibrations de l'air est plus rapide pour les sons aigus que pour les sons graves.

Par exemple, mille vibrations par seconde donnent naissance à un son aigu et quatre-vingts à un son grave.

Deuxième question. — Vous formez-vous une idée de la différence qui existe entre le bruit et le son?

Réponse. — Le bruit est une suite de vibrations si irrégulières, qu'on ne peut pas savoir si c'est un son aigu ou un son grave. Il n'en est pas de même du son proprement dit.

Troisième question. — A quels signes se rattachent, dans votre mémoire, les théorèmes de Géométrie? Est-ce aux figures ou aux paroles qui servent à l'énoncé des théorèmes?

Réponse. — Je crois que c'est principalement aux figures que se rattachent dans ma mémoire les théorèmes de Géométrie. Car il m'arrive quelquefois de réussir à répondre en traçant une figure ou une autre, suivant que j'y vois ce qui pourrait servir à ma réponse. On pourrait comparer les figures aux instruments de Physique, qui produisent plus d'impression sur la mémoire que les énoncés des principes. Cependant les figures seules ne suffisent pas toujours, parce qu'une même figure donne souvent lieu à l'énoncé de plusieurs théorèmes.

Quatrième question. — Concevez-vous comment les sons peuvent servir à distinguer les divers mots les uns des autres?

Réponse. — Chaque syllabe a un son particulier; chaque mot a autant de sons particuliers qu'il contient de syllabes. Il me paraît évident que l'on peut distinguer les mots les uns des autres par les différents sons, simples ou composés, qui leur correspondent.

Cinquième question. — En quoi consiste, à votre avis, la différence des sons qui servent à distinguer les syllabes les unes des autres? Cette différence dépend-elle de la gravité ou de l'acuité du son?

Réponse. — Quand je disais que chaque syllabe a un son particulier, j'entendais que les sons des syllabes étaient engendrés par différents efforts du poumon combinés avec les mouvements de la bouche, de la langue, des dents et du nez.

Sixième question. — La parole a-t-elle été inventée par l'homme ou révélée à l'homme?

Réponse. — Je ne crois pas que l'homme ait inventé la parole. Il faut que ce soit Dieu qui la lui ait révélée, pour qu'il pût communiquer ses pensées à ses semblables. Mais c'est bien l'homme qui a inventé l'écriture, parce qu'il avait besoin de transmettre ses idées à la postérité. Il a dû commencer par l'écriture hiéroglyphique.

Septième question. — Êtes-vous bien sûr que l'écriture n'ait pas été aussi révélée à l'homme?

Réponse. — On ne connaît aucune écriture qui date des temps qui précèdent le déluge. Je crois qu'on peut en conclure que l'écriture, quelle qu'elle soit, n'était pas connue avant cette terrible inondation. J'avoue que ce n'est pas une conclusion rigoureuse.

Les Commissaires pensent que M. Paul de Vigan mérite sous tous les rapports l'intérêt de l'Académie, intérêt qu'elle se plaît surtout à accorder aux études scientifiques accomplies dans des conditions si difficiles. En conséquence, les Commissaires émettent le vœu qu'il soit possible de fournir à M. Paul de Vigan les moyens de développer de plus en plus et d'employer utilement les rares facultés dont il est doué.

241.

Analyse mathématique. — *Sur la convergence d'une série.*

C. R., T. XVIII, p. 13 (8 janvier 1844).

M. Cauchy présente à l'Académie un Mémoire sur la convergence de la série qui exprime la fonction perturbatrice développée suivant les sinus et cosinus des multiples des longitudes moyennes des planètes que l'on considère.

242.

Théorie des nombres. — *Rapport sur divers Mémoires de* M. Houry, géomètre en chef du cadastre, etc.

C. R., T. XVIII, p. 84 (15 janvier 1844).

L'Académie nous a chargés, M. Liouville et moi, de lui rendre compte de divers Mémoires de M. Houry, qui tous ont pour objet ce qu'il appelle des *expériences sur les nombres*. Dans ces divers Mémoires, l'auteur, après avoir résolu numériquement certains problèmes d'Arithmétique ou même d'Analyse indéterminée, se trouve conduit, par l'examen des solutions obtenues, à l'énoncé de théorèmes qu'il présente en conséquence, sinon comme rigoureusement démontrés, du moins comme constatés par l'expérience entre certaines limites. Plusieurs de ces théorèmes sont relatifs au nombre des chiffres que renferme la période d'une fraction ordinaire convertie en fraction périodique dans un système quelconque de numération. L'auteur considère en particulier le cas où la fraction ordinaire a pour numérateur l'unité et pour dénominateur un nombre premier. On sait que, dans cette hypothèse, la détermination du nombre des chiffres de la période se réduit à la détermination de l'indice correspondant à la base du système de numération et à la recherche du quotient qu'on obtient quand on divise le nombre entier immédiatement inférieur au nombre premier donné par le plus grand commun diviseur de ce nombre entier et de l'indice. Cela posé, il est clair que la démonstration d'une grande partie des théorèmes exposés par M. Houry se déduira de la considération des racines primitives correspondantes aux nombres premiers, et des indices relatifs à ces racines. On reconnaîtra ainsi, par exemple, que, n étant un nombre premier, le nombre des chiffres de la période que renfermera le développement de $\frac{1}{n}$ en fraction périodique sera, dans tout système de numération, un diviseur l de $n-1$ et, de plus, on trouvera autant de systèmes de numération propres à fournir chacun une période composée de l chiffres, qu'il y aura de nombres entiers inférieurs à l et premiers à l. On en conclura aisément que, parmi les valeurs de l correspondantes aux divers systèmes de numération, celles qui se représenteront un plus grand nombre de fois seront les valeurs $n-1$ et $\frac{n-1}{2}$, si $\frac{n-1}{2}$ est un nombre impair, et la seule valeur $n-1$ dans le cas contraire; ce qui s'accorde encore avec une des observations faites par M. Houry.

En résumé, les Commissaires proposent à l'Académie de remercier M. Houry de l'envoi des Mémoires soumis à leur examen, ces Mémoires étant propres à fournir des documents qui peuvent être utiles aux personnes dont les travaux ont pour objet la théorie des nombres et la solution des problèmes d'Analyse indéterminée.

243.

Analyse mathématique. — *Mémoire sur les fonctions continues.*

C. R., T. XVIII, p. 116 (22 janvier 1844).

Dans les Ouvrages d'Euler et de Lagrange, une fonction est appelée *ontinue* ou *discontinue*, suivant que les diverses valeurs de cette fonc-ion, correspondantes à diverses valeurs de la variable, sont ou ne ont pas assujetties à une même loi, sont ou ne sont pas fournies par ne seule et même équation. C'est en ces termes que la continuité des onctions se trouvait définie par ces illustres géomètres, lorsqu'ils isaient que « les fonctions arbitraires, introduites par l'intégration es équations aux dérivées partielles, peuvent être des fonctions con-inues ou discontinues. » Toutefois, la définition que nous venons de appeler est loin d'offrir une précision mathématique; car, si les diverses aleurs d'une fonction, correspondantes aux diverses valeurs d'une ariable, dépendent de deux ou de plusieurs équations distinctes, rien 'empêchera de diminuer le nombre de ces équations et même de les emplacer par une équation unique, dont la décomposition fournirait outes les autres. Il y a plus : les lois analytiques auxquelles les fonc-ions peuvent être assujetties se trouvent généralement exprimées par es formules algébriques ou transcendantes, et il peut arriver que iverses formules représentent, pour certaines valeurs d'une va-iable x, la même fonction; puis, pour d'autres valeurs de x, des onctions différentes. Par suite, si l'on considère la définition d'Euler t de Lagrange comme applicable à toutes espèces de fonctions, soit lgébriques, soit transcendantes, un simple changement de notation uffira souvent pour transformer une fonction continue en fonction iscontinue, et réciproquement. Ainsi, par exemple, x désignant une ariable réelle, une fonction qui se réduirait, tantôt à $+x$, tantôt à $-x$, suivant que la variable x serait positive ou négative, devra, pour e motif, être rangée dans la classe des fonctions discontinues, et cependant la même fonction pourra être regardée comme continue, quand on la représente par l'intégrale définie

$$\frac{2}{\pi}\int_0^\infty \frac{x^2\,dt}{t^2+x^2},$$

ou même par le radical

$$\sqrt{x^2},$$

qui est la valeur particulière de la fonction continue

$$\sqrt{x^2+t^2},$$

correspondante à une valeur nulle de t. Ainsi, le caractère de continuité dans les fonctions, envisagé sous le point de vue auquel se sont d'abord arrêtés les géomètres, est un caractère vague et indéterminé. Mais l'indétermination cessera si à la définition d'Euler on substitue celle que j'ai donnée dans le Chapitre II de l'*Analyse algébrique* (1). Suivant la nouvelle définition, une fonction de la variable réelle x sera *continue* entre deux limites a et b de cette variable, si, entre ces limites, la fonction acquiert constamment une valeur unique et finie, de telle sorte qu'un accroissement infiniment petit de la variable produise toujours un accroissement infiniment petit de la fonction elle-même. Alors, si la variable est prise pour abscisse, la fonction supposée réelle sera l'ordonnée d'une branche de courbe *continue*, comprise entre deux droites perpendiculaires à l'axe des abscisses, et rencontrée en un seul point par chacune des droites parallèles que l'on pourrait tracer entre les deux premières. La continuité des fonctions ainsi définie est d'ailleurs un caractère dont l'importance se trouve aujourd'hui généralement appréciée par les géomètres. C'est en tenant compte des solutions ou interruptions observées dans cette espèce de continuité que je suis parvenu à déterminer, pour les équations algébriques, le nombre des racines qui satisfont à des conditions données, par exemple le nombre des racines dont le module demeure compris entre deux limites données, et c'est encore cette espèce de continuité

(1) *Œuvres de Cauchy*, S. II, T. III.

qui forme, comme je l'ai démontré, le caractère distinctif des fonctions développables en séries convergentes ordonnées suivant les puissances entières et ascendantes d'une ou de plusieurs variables.

Enfin, de l'analyse dont j'ai fait usage pour établir le théorème relatif à la convergence des développements des fonctions, on peut aisément déduire l'extension donnée par M. Laurent à ce théorème, et l'on reconnaît ainsi que la continuité est encore le caractère distinctif des fonctions développables en séries ordonnées suivant les puissances entières, positives et négatives des variables. Comme cette dernière proposition peut recevoir un grand nombre d'applications utiles, il importe de la bien préciser et d'entrer à ce sujet dans quelques détails.

Considérons une variable imaginaire x. Elle sera le produit de son module par une certaine exponentielle trigonométrique; et, pour obtenir toutes les valeurs de la variable correspondantes à un module donné, il suffira de faire croître l'argument de cette variable, c'est-à-dire l'argument de l'exponentielle trigonométrique, depuis la limite zéro jusqu'à une circonférence entière 2π, ou, ce qui revient au même, depuis la limite $-\pi$ jusqu'à la limite π. Si, tandis que l'argument varie entre ces limites et le module entre deux limites données, une fonction réelle ou imaginaire de x reste continue par rapport à l'argument et au module, de manière à reprendre la même valeur quand l'argument passe de la valeur $-\pi$ à la valeur $+\pi$, cette fonction sera, entre les limites assignées au module, ce que nous appelons une fonction *continue* de la variable x. Cela posé, le théorème général sur le développement en série des fonctions d'une seule variable peut être énoncé dans les termes suivants :

Théorème I. — *Une fonction réelle ou imaginaire de la variable x sera développable en une série convergente ordonnée, d'un côté, suivant les puissances entières positives, d'un autre côté, suivant les puissances entières négatives de x, tant que le module de x conservera une valeur comprise entre deux limites entre lesquelles la fonction et sa dérivée ne cesseront pas d'être continues.*

Ce théorème entraîne évidemment le suivant :

Théorème II. — *Une fonction réelle ou imaginaire de la variable x sera, pour une valeur donnée du module de x, développable en une série ordonnée, d'un côté, suivant les puissances entières positives, d'un autre côté, suivant les puissances entières négatives de la variable, si, dans le voisinage de cette valeur, la fonction et sa dérivée restent continues par rapport à x.*

Les théorèmes que nous venons de rappeler peuvent être immédiatement étendus au développement des fonctions de plusieurs variables.

D'ailleurs ces théorèmes ne sont pas seulement applicables au développement des fonctions explicites d'une variable x : ils s'appliquent encore au développement des fonctions implicites. Mais alors se présente à résoudre un nouveau problème : il s'agit de reconnaître si, pour un module donné de la variable x, une fonction u de x, déterminée par une équation entre x et u, reste, avec sa dérivée, continue par rapport à x. Or ce nouveau problème peut être effectivement résolu, dans un grand nombre de cas, à l'aide des considérations suivantes.

Supposons que, le second membre de l'équation entre x et u étant nul, le premier membre renferme, avec x et u, un ou plusieurs paramètres. Il arrivera souvent que, pour une valeur particulière de l'un de ces paramètres, une racine de l'équation résolue par rapport à u sera évidemment fonction continue de x, au moins tant que le module de x restera lui-même compris entre certaines limites. Concevons maintenant que l'on fasse varier par degrés insensibles le paramètre α dont il s'agit, et supposons que le premier membre de l'équation proposée reste, du moins entre certaines limites, fonction continue, non seulement de ce paramètre, mais encore de x et de u. Enfin admettons, pour fixer les idées, que la racine en question soit une racine simple. Alors, par des raisonnements semblables à ceux dont nous avons fait usage dans le Mémoire sur la nature et les propriétés des racines d'une équation qui renferme un paramètre variable (*voir* le IIe Volume des *Exercices d'Analyse et de Physique mathématique*, p. 111 et suiv.) (1), on prouvera que la racine en question variera généralement avec le paramètre α par degrés insensibles, en restant fonction continue de x, jusqu'à l'instant où, de nouvelles racines devenant équivalentes à la première, l'équation proposée acquerra des racines égales. D'ailleurs, on prouvera sans peine qu'avant cet instant le développement de u suivant les puissances entières de x se trouvera représenté par une série dont le module ou les modules seront inférieurs à l'unité, et l'on peut ajouter qu'à cet instant même les dérivées de u, prises par rapport à x, deviendront généralement infinies à partir d'un certain ordre, ce qui exige alors que le module ou l'un des modules du développement de u se réduise à l'unité. Ces observations fournissent le moyen de déterminer en général le module ou les deux modules de la série qui représente une fonction implicite de la variable x, développée suivant les puissances entières et ascendantes, ou même suivant les puissances entières positives et négatives de cette variable.

Dans un autre Mémoire j'appliquerai les principes que je viens d'établir aux séries qui représentent en Astronomie les développements des fonctions perturbatrices.

ANALYSE.

§ I. — *Formules générales.*

Soit

$$x = re^{\varphi\sqrt{-1}}$$

une variable imaginaire dont r représente le module et φ l'argument. Soit, de plus,

$$\mathrm{f}(x) = \mathrm{f}(re^{\varphi\sqrt{-1}})$$

une fonction de x qui reste, avec sa dérivée $\mathrm{f}'(x)$, continue par rapport à x, c'est-à-dire par rapport au module r et à l'argument φ, pour

(1) *Œuvres de Cauchy*, S. II, T. XII.

toutes les valeurs du module r inférieures à une limite donnée R. Soit enfin

$$z = \mathrm{R}e^{p\sqrt{-1}}$$

une nouvelle variable imaginaire qui ait pour module la constante R et pour argument l'angle variable p. On aura, en supposant $r < \mathrm{R}$,

$$(1) \qquad \mathrm{f}(x) = \frac{1}{2\pi}\int_{-\pi}^{\pi} \frac{z\,\mathrm{f}(z)}{z - x}\,dp;$$

puis en posant, pour abréger,

$$a_n = \frac{1}{2\pi}\int_{-\pi}^{\pi} \frac{\mathrm{f}(z)}{z^n}\,dp,$$

on tirera de l'équation (1)

$$(2) \qquad \mathrm{f}(x) = a_0 + a_1 x + a_2 x^2 + \ldots.$$

Soit maintenant ρ le module de la série

$$a_0, \quad a_1, \quad a_2, \quad \ldots,$$

c'est-à-dire la plus grande des limites vers lesquelles converge, pour des valeurs croissantes de n, la racine $n^{\text{ième}}$ du module de a_n. Le module de la série

$$(3) \qquad a_0, \quad a_1 x, \quad a_2 x^2, \quad \ldots$$

sera évidemment représenté par le produit

$$\rho r;$$

et, comme ce produit exprimera encore les modules des séries composées des termes que l'on obtiendra en différentiant une ou plusieurs fois de suite, par rapport à x, les divers termes de la série (3); comme d'ailleurs une série est toujours convergente et offre une somme finie, tant que son module reste inférieur à l'unité, il est clair que, si la fonction $\mathrm{f}(x)$ ou ses dérivées deviennent infinies pour la valeur R du module r de x, le produit $\rho\mathrm{R}$ devra se réduire à l'unité. On aura donc alors

$$\rho = \frac{1}{\mathrm{R}},$$

et par suite la série (3) aura pour module $\frac{r}{R}$. Alors aussi, pour $r < R$, il sera facile de calculer une limite supérieure au module du reste de la série (3), arrêtée après un nombre quelconque de termes.

Désignons maintenant par la seule lettre u la fonction $f(x)$, et supposons que u soit une fonction implicite de x, qui représente une racine simple de l'équation

$$F(u, x) = 0. \tag{4}$$

Enfin concevons que le premier membre de l'équation (4) renferme, avec les variables x et u, un ou plusieurs paramètres, et que, pour une certaine valeur, par exemple pour une valeur nulle du paramètre α, la racine simple u de l'équation (4) reste fonction continue de x, du moins tant que le module de x ne dépasse pas une certaine limite. En raisonnant comme à la page 113 du IIe Volume des *Exercices d'Analyse* (¹), on prouvera que, si le paramètre α vient à varier, et si, tandis qu'il varie, le premier membre de l'équation (4) reste fonction continue de x, u et α, la racine simple u restera généralement fonction continue de x, jusqu'à l'instant où, une seconde racine devenant égale à la première, l'équation (4) acquerra des racines multiples. Soit R la valeur du module r pour laquelle une seconde racine de l'équation (1) deviendra égale à u. Il est clair que, pour cette valeur de r, et pour une valeur correspondante de l'argument φ de la variable x, on aura

$$D_u F(u, x) = 0.$$

Donc alors aussi la valeur de $D_x u$, tirée de l'équation (4), et déterminée par la formule

$$D_x u = -\frac{D_x F(u, x)}{D_u F(u, x)},$$

deviendra généralement infinie. Cette démonstration ne serait plus admissible, si la valeur de x qui rend une seconde racine égale à u, réduisait $D_x F(u, x)$ à zéro. Mais il est facile de s'assurer qu'en général le module R correspondant à cette racine rendrait infinies, à partir

(¹) *OEuvres de Cauchy*, S. II. T. XII.

d'un certain ordre, les dérivées

$$D_x u, \quad D_x^2 u, \quad D_x^3 u, \quad \ldots.$$

Donc, en vertu de ce qui a été dit plus haut, le module de la série qui représentera la fonction u développée suivant les puissances ascendantes de x sera généralement

$$\frac{r}{R}.$$

Soit maintenant

$$u = f(x)$$

une fonction de x qui, avec sa dérivée $f'(x)$, reste finie et continue par rapport à x, pour des valeurs du module r comprises entre les limites

$$r = r_0, \qquad r = R;$$

et posons simultanément

$$y = r_0 e^{p\sqrt{-1}}, \qquad z = R e^{p\sqrt{-1}}.$$

L'équation (1) devra être remplacée par la suivante

$$(5) \qquad f(x) = \frac{1}{2\pi}\int_{-\pi}^{\pi} \frac{z f(z)}{z - x} dp - \frac{1}{2\pi}\int_{-\pi}^{\pi} \frac{y f(y)}{y - x} dp,$$

et, en posant, pour abréger,

$$a_n = \frac{1}{2\pi}\int_{-\pi}^{\pi} \frac{f(z)}{z^n} dp, \qquad a_{-n} = \frac{1}{2\pi}\int_{-\pi}^{\pi} y^n f(y)\, dp,$$

on tirera de l'équation (5)

$$(6) \qquad f(x) = a_0 + a_1 x + a_2 x^2 + \ldots + a_{-1} x^{-1} + a_{-2} x^{-2} + \ldots.$$

On pourra d'ailleurs supposer, comme ci-dessus, que u représente une racine simple d'une certaine équation (4) qui renfermerait, avec les variables x et u, un paramètre α. Si, pour une valeur particulière de ce paramètre, u se réduit effectivement à une fonction continue de x, alors, le paramètre venant à varier, u ne cessera pas d'être fonction continue de x, du moins entre certaines limites de r, jusqu'à l'instant où, une seconde racine de l'équation (4) devenant égale à u, cette équation acquerra des racines égales. Cela posé, si l'on désigne par r_0, R les limites inférieure et supérieure qu'atteint le module r quand une seconde racine de l'équation (4) devient, par suite de la variation du paramètre α, équivalente à la racine u, alors, en raisonnant comme dans le cas précédent, on prouvera que les deux modules de la série

$$\ldots,\quad a_{-2}x^{-2},\quad a_{-1}x^{-1},\quad a_0,\quad a_1 x,\quad a_2 x^2,\quad \ldots$$

se réduisent généralement aux deux rapports

$$\frac{r_0}{r},\quad \frac{r}{\mathrm{R}}.$$

§ II. — *Applications.*

Appliquons maintenant à quelques exemples les principes établis dans le § I, et d'abord supposons que la fonction u de x représente celle des racines de l'équation

(1) $$\alpha u^2 - 2u + x = 0$$

qui, pour une valeur nulle du paramètre α, se réduit à

$$u = \tfrac{1}{2}x.$$

Comme le premier membre de l'équation (1) est une fonction toujours continue des variables x, u et du paramètre α, il en résulte que, si ce paramètre, cessant d'être nul, acquiert une valeur infiniment petite, u restera fonction continue de la variable x, au moins pour des valeurs finies de cette variable. Si, le paramètre α variant encore, son module croît de plus en plus par degrés insensibles, u ne cessera pas d'être, pour un module donné de la variable x, fonction continue de cette variable, jusqu'au moment où, par suite de la variation de α, une seconde racine u de l'équation (1), devenant égale à la première, vérifiera, non seulement cette équation, mais encore l'équation dérivée

(2) $$\alpha u - 1 = 0;$$

par conséquent, jusqu'au moment où l'on aura, en vertu des équations (1) et (2),

$$\alpha x = 1. \tag{3}$$

Or, comme on tirera de la formule (3)

$$\alpha = \frac{1}{x}, \qquad \text{mod.}\,\alpha = \frac{1}{\text{mod.}\,x}$$

et réciproquement

$$x = \frac{1}{\alpha}, \qquad \text{mod.}\,x = \frac{1}{\text{mod.}\,\alpha},$$

il suit de cette formule que, si l'on pose

$$\frac{1}{\text{mod.}\,\alpha} = \text{R},$$

u restera fonction continue de x, non seulement quel que soit le paramètre α, dans le voisinage d'une valeur nulle de x, mais encore, pour une valeur quelconque de ce paramètre, jusqu'au moment où l'on aura

$$\text{mod.}\,x = \text{R}.$$

Donc, en vertu des principes établis dans le § I, celle des racines de l'équation (1) qui se réduit à $\frac{1}{2}x$, pour une valeur nulle du paramètre α, sera, pour un module r de x inférieur à R, développable suivant les puissances ascendantes et entières de x en une série convergente, dont le module se réduira au rapport

$$\frac{r}{\text{R}},$$

c'est-à-dire au module du produit αx. On vérifie aisément ces conclusions en commençant par tirer de l'équation (1) la valeur de u en x, et développant la valeur ainsi trouvée, savoir,

$$u = 1 - \sqrt{1 - \alpha x}, \tag{4}$$

suivant les puissances entières et ascendantes de x.

Concevons maintenant que la fonction u de x représente celle des racines de l'équation

$$(5) \qquad u e^{-\frac{\alpha}{2}\left(u-\frac{1}{u}\right)} - x = 0$$

qui se réduit à x, pour une valeur nulle du paramètre α, et supposons le module de x différent de zéro. Le premier membre de l'équation (5) sera toujours fonction continue de x, α et u, excepté dans le voisinage d'une valeur nulle de u; et si le paramètre α, cessant d'être nul, varie par degrés insensibles, u ne cessera pas d'être fonction continue de x, jusqu'au moment où, par suite de la variation α, une seconde racine u de l'équation (5), devenant égale à la première, vérifiera, non seulement cette équation, mais encore l'équation dérivée

$$(6) \qquad 1 - \frac{\alpha}{2}\left(u + \frac{1}{u}\right) = 0.$$

Admettons, pour fixer les idées, que l'on attribue toujours au paramètre α une valeur réelle et positive. Supposons d'ailleurs que l'on ne fasse pas croître ce paramètre au delà de l'unité. Alors l'équation (6), résolue par rapport à u, offrira deux valeurs réelles et positives, inverses l'une de l'autre. Les deux valeurs correspondantes de x, tirées de l'équation (5), seront pareillement deux quantités réelles et positives inverses l'une de l'autre; de sorte que, en désignant la plus petite par r_0 et la plus grande par R, on aura

$$r_0 = \frac{1}{R}$$

ou

$$R r_0 = 1.$$

Cela posé, il résulte des principes établis dans le § I que, pour une valeur de α positive, mais inférieure à l'unité, et pour un module r de x compris entre les limites R, $\frac{1}{R}$, une racine de l'équation (5), savoir, celle qui se réduit à R quand α s'évanouit, sera développable, suivant les puissances entières, positives et négatives de x, en une série convergente dont les deux modules seront

$$\frac{1}{Rr} \quad \text{et} \quad \frac{r}{R}.$$

Ces mêmes modules se réduiront l'un et l'autre à la fraction

$$\frac{1}{R},$$

si le module r de la variable x se réduit à l'unité.

§ III. — *Observations relatives aux fonctions discontinues.*

Les formules (11) et (5) du § I, dans lesquelles

$$(1) \qquad u = f(x)$$

représente une fonction explicite ou même implicite de la variable imaginaire

$$(2) \qquad x = r e^{\varphi\sqrt{-1}},$$

supposent que cette fonction reste continue, par rapport au module r, entre les limites 0 et R, ou r_0 et R, et par rapport à l'argument φ entre les limites $-\pi$, $+\pi$. Elles supposent, par suite, non seulement que u varie par degrés insensibles avec le module φ, mais encore que u reprend la même valeur quand l'angle φ se trouve augmenté d'une circonférence entière. Si cette dernière condition cessait d'être remplie, les formules (1) et (5) devraient subir des modifications que nous allons indiquer, en nous occupant seulement de la formule (5), qui comprend comme cas particulier la formule (1).

Supposons u déterminé en fonction de x par l'équation (1) ou même par une équation de la forme

$$(3) \qquad F(u, x) = 0.$$

On aura, eu égard à la formule (2),

$$(4) \qquad D_x u = \frac{1}{r\sqrt{-1}} D_\varphi u,$$

et l'on peut observer qu'une racine u de l'équation (3) satisfera généralement à la condition (4), lors même que cette racine ne reprendrait pas les mêmes valeurs, quand on fera croître l'argument φ d'une circonférence. Ainsi, en particulier, l'équation (4) sera satisfaite si l'on prend pour u la racine

$$(5) \qquad u = \mathrm{l}\, r + \varphi\sqrt{-1},$$

qui vérifie l'équation

$$e^u = x,$$

ou la racine

$$(6) \qquad u = r^{\frac{1}{m}} e^{\frac{\varphi}{m}\sqrt{-1}},$$

qui vérifie l'équation

$$u^m = x,$$

m étant un nombre entier supérieur à l'unité. Mais ces deux racines, si l'argument φ peut varier depuis la limite $-\pi$ jusqu'à la limite $+\pi$, seront des fonctions discontinues de φ et par conséquent de x, attendu que leurs valeurs seront altérées, quand on passera de la limite $\varphi = -\pi$ à la limite $\varphi = \pi$.

Supposons maintenant que la fonction

$$u = \mathrm{f}(x)$$

et sa dérivée relative à x soient des fonctions discontinues de x, analogues à celles que déterminent les formules (5), (6), c'est-à-dire des fonctions dont la discontinuité consiste seulement en ce qu'elles changent de valeurs quand on passe de la limite $\varphi = -\pi$ à la limite $\varphi = \pi$. Si l'on intègre les deux membres de l'équation (4) par rapport à φ entre les limites $-\pi$, π, et par rapport à r entre les limites r_0, R; alors, en écrivant p au lieu de φ, et $\imath$ au lieu de r, en posant d'ailleurs, pour abréger,

$$y = r_0\, e^{p\sqrt{-1}}, \qquad z = \mathrm{R}\, e^{p\sqrt{-1}},$$

et en désignant par

$$\mathfrak{R}\sqrt{-1}$$

l'accroissement que prend le facteur u quand l'argument φ passe de la limite $-\pi$ à la limite $+\pi$, on trouvera

$$(7) \qquad \int_{-\pi}^{\pi} \mathrm{f}(z)\,dp - \int_{-\pi}^{\pi} \mathrm{f}(y)\,dp = \int_{r_0}^{\mathrm{R}} \frac{\mathcal{R}}{\mathrm{r}}\,d\mathrm{r}.$$

Si dans cette dernière équation on remplace $\mathrm{f}(z)$ par le produit

$$z\,\frac{\mathrm{f}(z) - \mathrm{f}(x)}{z - x},$$

on obtiendra une formule nouvelle, analogue à l'équation (5) du § I. Cette formule nouvelle sera

$$(8) \qquad \mathrm{f}(x) = \frac{1}{2\pi} \int_{-\pi}^{\pi} \frac{z\,\mathrm{f}(z)}{z - x}\,dp - \frac{1}{2\pi} \int_{-\pi}^{\pi} \frac{y\,\mathrm{f}(y)}{y - x}\,dp - \Delta,$$

la valeur de Δ étant

$$(9) \qquad \Delta = \frac{1}{2\pi} \int_{r_0}^{\mathrm{R}} \frac{\mathcal{R}\,d\mathrm{r}}{\mathrm{r} + x}.$$

Si, pour plus de simplicité, on écrit

$$u, \quad v, \quad w$$

au lieu de

$$\mathrm{f}(x), \quad \mathrm{f}(y), \quad \mathrm{f}(z),$$

alors v, w seront ce que devient u quand on pose successivement

$$r = r_0, \qquad r = \mathrm{R},$$

en remplaçant d'ailleurs φ par p, et l'équation (8) se présentera sous la forme

$$(10) \qquad \mathrm{f}(x) = \frac{1}{2\pi} \int_{-\pi}^{\pi} \frac{z v}{z - x}\,dp - \frac{1}{2\pi} \int_{-\pi}^{\pi} \frac{y w}{y - x}\,dp - \Delta,$$

Δ étant toujours déterminé par la formule (9).

Il importe d'observer que, des intégrales comprises dans le second membre de la formule (10), la première peut être développée suivant les puissances positives de la variable x, et la seconde suivant les puissances négatives de la même variable, les coefficients des diverses puissances étant indépendants du module r aussi bien que de l'argument φ. Quant à la valeur de Δ, on peut la présenter sous la forme

$$(11) \qquad \Delta = \frac{1}{2\pi}\int_r^R \frac{\mathcal{R}\,d\iota}{\iota + x} + \frac{1}{2\pi}\int_{r_0}^{r} \frac{\mathcal{R}\,d\iota}{\iota + x},$$

et par conséquent la décomposer en deux intégrales qui soient elles-mêmes développables, la première suivant les puissances positives, la seconde suivant les puissances négatives de x. Mais, dans les deux nouveaux développements ainsi obtenus, les divers coefficients, en restant indépendants de l'angle φ, deviendront évidemment fonctions du module r.

Si, pour fixer les idées, on suppose la fonction u déterminée par la formule (5), $\mathcal{R}\sqrt{-1}$ sera l'accroissement que prendra cette fonction quand on fera croître φ de la circonférence 2π. On aura donc

$$\mathcal{R}\sqrt{-1} = 2\pi\sqrt{-1}, \qquad \mathcal{R} = 2\pi.$$

Alors aussi on tirera de la formule (5), en y écrivant p au lieu de φ, et remplaçant r par r_0 ou par R,

$$v = 1 r_0 + p\sqrt{-1}, \qquad w = 1\mathrm{R} + p\sqrt{-1}.$$

Cela posé, l'équation (10) donnera

$$1 r + \varphi\sqrt{-1} = 1\mathrm{R} + \frac{\sqrt{-1}}{2\pi}\int_{-\pi}^{\pi} \frac{pz}{z - x}\,dp - \frac{\sqrt{-1}}{2\pi}\int_{-\pi}^{\pi} \frac{py}{y - x}\,dp - \Delta;$$

puis on en conclura, en intégrant par parties, de manière que le facteur p se trouve différentié,

$$(12) \qquad 1 r + \varphi\sqrt{-1} = 1\mathrm{R} + 1\left(1 + \frac{x}{\mathrm{R}}\right) - 1\left(1 + \frac{r_0}{x}\right) - \Delta,$$

tandis que la formule (11), réduite à

$$\Delta = \int_r^R \frac{d\iota}{\iota + x} + \int_{r_0}^{r} \frac{d\iota}{\iota + x},$$

donnera

$$(13) \qquad \Delta = \mathrm{l}\left(\frac{R+x}{r+x}\right) + \mathrm{l}\left(\frac{x+r}{x+r_0}\right)$$

et, par suite,

$$\Delta - \mathrm{l}\left(\frac{R}{r}\right) - \mathrm{l}\left(1+\frac{x}{R}\right) + \mathrm{l}\left(1+\frac{r_0}{x}\right)$$
$$= -\mathrm{l}\left(1+\frac{x}{r}\right) + \mathrm{l}\left(1+\frac{r}{x}\right)$$
$$= -2\left(\sin\varphi - \frac{\sin 2\varphi}{2} + \frac{\sin 3\varphi}{3} - \ldots\right)\sqrt{-1}.$$

Or, eu égard à la dernière formule, on tirera de l'équation (12), pour toutes les valeurs de φ comprises entre les limites $-\pi$, $+\pi$,

$$(14) \qquad \frac{1}{2}\varphi = \sin\varphi - \frac{\sin 2\varphi}{2} + \frac{\sin 3\varphi}{3} - \ldots,$$

et l'on se trouvera ainsi ramené à une équation déjà connue.

244.

Analyse mathématique. — *Rapport sur une Note de M.* Cellérier *relative à la théorie des imaginaires.*

C. R., T. XVIII, p. 168 (29 janvier 1844).

L'Académie nous a chargés, M. Liouville et moi, de lui rendre compte d'une Note de M. Cellérier, relative à la théorie des imaginaires. Le théorème que l'auteur établit dans cette Note pouvant être fort utile dans les recherches d'Analyse et de Calcul intégral, nous avons pensé qu'il serait convenable d'en donner ici une idée en peu de mots.

L'un de nous a remarqué, dans le XIXe Cahier du *Journal de l'École Polytechnique* (p. 567) (¹), que, $f(x)$ étant une fonction donnée de la

(¹) *Œuvres de Cauchy*, S. II, T. I.

variable réelle x, une expression imaginaire de la forme

$$f(x+y\sqrt{-1})$$

se trouverait suffisamment définie, si on la considérait comme l'intégrale φ de l'équation aux dérivées partielles

$$D_y\varphi = D_x\varphi\sqrt{-1},$$

cette intégrale étant assujettie à vérifier, pour une valeur nulle de y, l'équation de condition

$$\varphi = f(x).$$

C'est en adoptant cette définition, et en s'appuyant sur le théorème général relatif à la convergence du développement d'une fonction en série ordonnée suivant les puissances entières et ascendantes d'une variable x, que M. Cellérier a établi le nouveau théorème dont nous transcrivons ici l'énoncé réduit à sa plus simple expression.

Théorème. — *$f(x)$ étant une fonction réelle ou imaginaire de x, si l'on a, pour toutes les valeurs réelles de x,*

$$f(x) = 0,$$

on aura encore, pour des valeurs réelles de x et de y,

$$f(x+y\sqrt{-1}) = 0,$$

tant que la variable y conservera une valeur numérique inférieure à la plus petite de celles pour lesquelles la fonction $f(x+y\sqrt{-1})$ ou sa dérivée de premier ordre cessera d'être finie et continue. Par suite, quand on fera croître la valeur numérique de y, en laissant x constant, la fonction $f(x+y\sqrt{-1})$ ne cessera point d'être nulle sans devenir infinie ou indéterminée.

Dans des additions jointes à sa Note, M. Cellérier, en donnant plus de rigueur à la démonstration de son théorème, a montré sous quelles conditions il subsiste, et indiqué le cas où il pourrait devenir inexact.

Appliquée à la théorie des intégrales définies, la proposition énoncée par M. Cellérier fournit le moyen d'étendre des formules établies pour des valeurs réelles de certains paramètres au cas où ces paramètres deviennent imaginaires. On reconnaît ainsi que les formules subsistent généralement, tandis qu'on fait varier les paramètres, jusqu'au moment où les intégrales deviennent infinies ou indéterminées, ce qui s'accorde avec des observations faites par l'un de nous, dans le Mémoire sur les intégrales définies prises entre des limites imaginaires (p. 34 et 40) ([1]), et dans le XVIIe Tome des *Annales* de M. Gergonne (p. 120 et 127) ([2]), relativement à diverses formules qui fournissent les valeurs de certaines intégrales définies.

En résumé, les Commissaires pensent que la Note de M. Cellérier est digne d'être approuvée par l'Académie et insérée dans le *Recueil des Savants étrangers*.

245.

Calcul intégral. — *Mémoire sur les valeurs moyennes des fonctions.*

C. R., T. XVIII, p. 558 (1er avril 1844).

Soient

$$x = r e^{p\sqrt{-1}}$$

une variable imaginaire dont r désigne le module, et

$$f(x)$$

une fonction réelle ou imaginaire de x qui reste continue par rapport à r et à p, pour toutes les valeurs de r comprises entre deux limites données

$$r = r_{,}, \qquad r = r_{,,}.$$

Enfin, soit $\mathcal{S}$ la valeur moyenne de $f(x)$. On aura

$$(1) \qquad \mathcal{S} = \frac{1}{2\pi}\int_{-\pi}^{\pi} f(x)\,dp;$$

([1]) *Œuvres de Cauchy*, S. II, T. XV.
([2]) *Ibid.*, S. II, T. II.

et, en vertu d'un théorème que j'ai démontré dans la 9e livraison des *Exercices d'Analyse et de Physique mathématique* [1], cette valeur moyenne $\mathcal{S}$ restera la même pour toutes les valeurs du module r comprises entre les limites $r_\prime$, $r_{\prime\prime}$. Mais il peut arriver que la valeur moyenne $\mathcal{S}$ de la fonction $f(x)$ vienne à varier quand on suppose précisément $r = r_\prime$, $r = r_{\prime\prime}$. Entrons à ce sujet dans quelques détails.

Supposons d'abord, pour fixer les idées, que la fonction $f(x)$ devienne discontinue en devenant infinie, quand on y pose précisément

$$r = r_\prime$$

et

$$x = x_\prime,$$

$x_\prime$ désignant tout à la fois une valeur particulière de x dont le module soit $r_\prime$ et une racine simple de l'équation

$$\frac{1}{f(x)} = 0. \tag{2}$$

Alors, en vertu des principes du calcul des résidus, on aura, pour une valeur de r comprise entre les limites $r = r_\prime$, $r = r_{\prime\prime}$,

$$\int_{-\pi}^{\pi} f(r_\prime e^{p\sqrt{-1}})\,dp = \int_{-\pi}^{\pi} f(re^{p\sqrt{-1}})\,dp - \pi \mathcal{E} \frac{[f(x)]}{x},$$

le signe $\mathcal{E}$ étant relatif à la seule racine $x_\prime$ de l'équation

$$\frac{1}{f(x)} = 0.$$

En d'autres termes, on aura

$$\int_{-\pi}^{\pi} f(r_\prime e^{p\sqrt{-1}})\,dp = \int_{-\pi}^{\pi} f(re^{p\sqrt{-1}})\,dp - \pi \mathcal{E} \frac{\left(1 - \frac{x_\prime}{x}\right) f(x)}{(x - x_\prime)}.$$

Donc, par suite, tandis que le module r passera d'une valeur plus grande que $r_\prime$ à la valeur $r_\prime$, la valeur moyenne $\mathcal{S}$ de la fonction $f(x)$ se trouvera diminuée de la moitié du résidu

$$\mathcal{E} \frac{\left(1 - \frac{x_{\prime\prime}}{x}\right) f(x)}{(x - x_{\prime\prime})}. \tag{3}$$

(1) *Œuvres de Cauchy*, S. II, T. XIV.

Ainsi, en particulier, si l'on prend

$$f(x) = \frac{1}{(x-1)(x-2)},$$

on verra la valeur moyenne de la fonction $f(x)$ se réduire, pour un module de x compris entre les limites

$$x = 1, \qquad x = 2,$$

à la quantité $+1$, et pour le module 1 de x, à la quantité

$$1 - \tfrac{1}{2} \mathcal{E} \frac{1}{x(x-1)(x-2)} = 1 - \tfrac{1}{2} = \tfrac{1}{2}.$$

Supposons en second lieu que la fonction $f(x)$ devienne discontinue en devenant infinie quand on y pose

$$r = r_{\prime\prime}$$

et

$$x = x_{\prime\prime},$$

$x_{\prime\prime}$ désignant tout à la fois une valeur particulière de x dont le module soit $r_{\prime\prime}$, et une racine simple de l'équation (2). Alors, en raisonnant toujours de la même manière, on prouvera que la valeur moyenne s de la fonction $f(x)$ se trouve généralement augmentée de la moitié du résidu

$$(4) \qquad \mathcal{E} \frac{\left(1 - \frac{x_{\prime\prime}}{x}\right) f(x)}{(x - x_{\prime\prime})},$$

tandis que le module r passe d'une valeur plus petite que $r_{\prime\prime}$ à la valeur $r_{\prime\prime}$.

Nous avons supposé, dans ce qui précède, que $x_{\prime}$ ou $x_{\prime\prime}$ représentait une racine simple de l'équation (2). Alors le résidu (3) ou (4) n'est autre chose que la véritable valeur du produit

$$(5) \qquad \left(1 - \frac{x_{\prime}}{x}\right) f(x),$$

correspondante à $x = x_{\prime}$, ou la véritable valeur du produit

$$(6) \qquad \left(1 - \frac{x_{\prime\prime}}{x}\right) f(x),$$

correspondante à $x = x_{\prime\prime}$. Mais il peut arriver que, $x_{\prime}$ étant une racine de l'équation (2), la valeur $x_{\prime}$ de x rende, par suite, la fonction $f(x)$ infinie, et réduise en même temps à zéro le produit (5). C'est, en effet, ce qui aura lieu si l'on suppose, par exemple,

$$(7) \qquad f(x) = \frac{F(x)}{\left(1 - \frac{x_{\prime}}{x}\right)^{\mu}},$$

l'exposant μ étant réel et non supérieur à l'unité, et $F(x)$ désignant une fonction qui conserve une valeur finie pour $x = x_{\prime}$. Or, comme dans ce cas le produit (5) s'évanouira pour $x = x_{\prime}$, il est naturel de penser qu'alors la valeur moyenne $\mathcal{S}$ de la fonction $f(x)$ restera invariable, tandis que le module r de x passera d'une valeur plus grande que $r_{\prime}$ à la valeur $r_{\prime}$. Pour transformer cette conjecture en certitude, il suffit d'observer que, à l'aide d'une intégration par parties, on tirera de la formule (1), jointe à la formule (7),

$$(8) \qquad \mathcal{S} = -\frac{1}{2\pi(1-\mu)x_{\prime}} \int_{-\pi}^{\pi} x\left(1 - \frac{x_{\prime}}{x}\right)^{1-\mu} D_x[x\,F(x)]\,dp,$$

et que cette dernière valeur de $\mathcal{S}$ se réduit à une fonction de r qui reste généralement finie et varie par degrés insensibles, tandis que r varie entre les limites $r = r_{\prime\prime}$, $r = r_{\prime}$, de manière à pouvoir même atteindre la limite $r_{\prime}$.

Pareillement, si $x_{\prime\prime}$ est une racine de l'équation (2), mais non une racine simple, la valeur $x_{\prime\prime}$ de x pourra tout à la fois rendre la fonction $f(x)$ infinie et réduire à zéro le produit (6). C'est ce qui aura lieu, par exemple, si l'on suppose

$$(9) \qquad f(x) = \frac{F(x)}{\left(1 - \frac{x}{x_{\prime\prime}}\right)^{\nu}},$$

l'exposant ν étant réel, mais supérieur à l'unité, et $F(x)$ désignant une fonction qui conserve une valeur finie pour $x = x_{\prime}$. Or, comme dans ce cas le produit (6) s'évanouira pour $x = x_{\prime\prime}$, il est naturel de penser qu'alors la valeur moyenne $\mathcal{S}$ de la fonction $f(x)$ restera invariable, tandis que le module r de x passera d'une limite plus petite que $r_{\prime\prime}$ à la valeur $r_{\prime\prime}$. Pour transformer cette conjecture en certitude, il suffira d'observer que, à l'aide d'une intégration par parties, on tirera de la formule (1), jointe à la formule (8),

$$(10) \qquad s = \frac{x_{\prime\prime}}{2\pi(1-\nu)} \int_{-\pi}^{\pi} x\left(1 - \frac{x}{x_{\prime\prime}}\right)^{1-\nu} \mathrm{D}_x\left[\frac{\mathrm{F}(x)}{x}\right] dp,$$

et que cette dernière valeur de s se réduit à une fonction de r qui reste généralement finie et varie par degrés insensibles, tandis que r varie entre les limites $r = r_{\prime}$, $r = r_{\prime\prime}$, de manière à pouvoir même atteindre la limite $r_{\prime\prime}$.

Lorsque la fonction $\mathrm{f}(x)$ est de l'une des formes déterminées par les équations (7), (9), alors, en posant

$$(11) \qquad y = r_{\prime}\, e^{p\sqrt{-1}}, \qquad z = r_{\prime\prime}\, e^{p\sqrt{-1}},$$

on trouve

$$(12) \qquad \mathrm{f}(x) = \frac{1}{2\pi}\int_{-\pi}^{\pi} \frac{z}{z-x}\,\mathrm{f}(z)\,dp - \frac{1}{2\pi}\int_{-\pi}^{\pi} \frac{y}{y-x}\,\mathrm{f}(y)\,dp,$$

non seulement pour un module r de x compris entre les limites $r = r_{\prime}$, $r = r_{\prime\prime}$, mais encore pour l'une des valeurs $r = r_{\prime}$, $r = r_{\prime\prime}$. Si la fonction $\mathrm{f}(x)$ était à la fois des deux formes déterminées par les formules (7) et (9), la formule (12) subsisterait pour $r = r_{\prime}$ et pour $r = r_{\prime\prime}$. Admettons cette dernière hypothèse; alors on aura, même pour $r = r_{\prime}$ et pour $r = r_{\prime\prime}$,

$$(13) \qquad \mathrm{f}(x) = a_0 + a_1 x + a_2 x^2 + \ldots + a_{-1} x^{-1} + a_{-2} x^{-2} + \ldots,$$

les valeurs de a_n et de a_{-n} étant

$$(14) \qquad \begin{cases} a_n = \dfrac{1}{2\pi}\displaystyle\int_{-\pi}^{\pi} z^{-n}\,\mathrm{f}(z)\,dp, \\[2ex] a_{-n} = \dfrac{1}{2\pi}\displaystyle\int_{-\pi}^{\pi} y^{n}\,\mathrm{f}(y)\,dp. \end{cases}$$

Alors aussi les deux modules de la série qui représente le développement de f(x), et qui se prolonge indéfiniment dans les deux sens, seront

$$\frac{r_{\prime}}{r}, \quad \frac{r}{r_{\prime\prime}},$$

et l'on déduira sans peine des formules (14) deux limites supérieures aux modules des coefficients a_n et a_{-n}. Par suite, on déduira aisément des formules (13) et (14) deux limites supérieures aux modules des restes qu'on obtient quand on supprime, dans la série que renferme le second membre de la formule (13), les termes dans lesquels les puissances de x ou $\frac{1}{x}$ sont d'un degré supérieur à un nombre entier donné.

Il est bon d'observer que, sans altérer les valeurs de a_n, a_{-n} fournies par les équations (14), on pourra généralement y supposer les valeurs de y, z déterminées, non plus par les formules (11), mais par les suivantes :

$$(15) \qquad y = x_{\prime} e^{p\sqrt{-1}}, \qquad z = x_{\prime\prime} e^{p\sqrt{-1}}.$$

Considérons, en particulier, la valeur de a_{-n} fournie par la seconde des formules (14). Eu égard aux équations (7) et (15), cette formule donnera

$$a_{-n} = \frac{x_{\prime}^n}{2\pi} \int_{-\pi}^{\pi} e^{np\sqrt{-1}} \frac{F(x_{\prime} e^{p\sqrt{-1}})}{(1 - e^{-p\sqrt{-1}})^{\mu}} dp,$$

ou, ce qui revient au même,

$$a_{-n} = \frac{x_{\prime}^n}{2\pi} \int_0^{\pi} \left[\frac{e^{np\sqrt{-1}} F(x_{\prime} e^{p\sqrt{-1}})}{(1 - e^{-p\sqrt{-1}})^{\mu}} + \frac{e^{-np\sqrt{-1}} F(x_{\prime} e^{-p\sqrt{-1}})}{(1 - e^{p\sqrt{-1}})^{\mu}} \right] dp,$$

ou bien encore

$$(16) \qquad a_{-n} = \frac{x_{\prime}^n}{\pi} \int_0^{\pi} \mathfrak{P} \frac{dp}{\left(2 \sin \frac{p}{2}\right)^{\mu}},$$

la valeur de $\mathfrak{P}$ étant déterminée par l'équation

$$(17) \quad 2\mathfrak{P} = e^{\left[np - \mu\left(\frac{\pi}{2} - p\right)\right]\sqrt{-1}} F(x_{\prime} e^{p\sqrt{-1}}) + e^{-\left[np - \mu\left(\frac{\pi}{2} - p\right)\right]\sqrt{-1}} F(x_{\prime} e^{-p\sqrt{-1}}).$$

Or, si l'on nomme P le module *maximum maximorum* de l'expression

$$F(r_{\prime}e^{p\sqrt{-1}}),$$

il est clair que, en vertu de la formule (17), le module de l'expression imaginaire $\mathfrak{P}$ sera inférieur à P, et que, en vertu de la formule (16), le module de a_{-n} sera inférieur au produit

$$(18) \qquad r_{\prime}^{n} P \int_0^{\pi} \frac{dp}{\left(2 \sin \frac{p}{2}\right)^{\mu}}.$$

Les principes que nous venons d'exposer peuvent être facilement appliqués à la détermination de limites supérieures aux restes de la série qu'on obtient quand on développe le rapport de l'unité à la distance mutuelle de deux planètes, suivant les puissances entières de l'exponentielle trigonométrique qui a pour argument l'anomalie excentrique, et même l'anomalie moyenne. C'est ce que nous expliquerons dans un prochain article.

246.

Astronomie. — *Nouveau Mémoire sur le calcul des inégalités des mouvements planétaires.*

C. R., T. XVIII, p. 625 (8 avril 1844).

On sait que le calcul des inégalités des mouvements planétaires a pour base le développement de la fonction perturbatrice en une série de termes proportionnels aux puissances entières, positives, nulle et négatives, des exponentielles trigonométriques, dont les arguments sont les anomalies moyennes des planètes. On sait encore que, dans la fonction perturbatrice, la partie dont le développement offre des difficultés sérieuses est la partie réciproquement proportionnelle à la distance mutuelle des deux planètes que l'on considère. Or, en s'appuyant sur une remarque faite dans un précédent Mémoire (*voir* la page 318 du Tome XIII des *Comptes rendus*) [1], et relative à certaines propriétés des fonctions entières et réelles des sinus et cosinus d'un même angle, on peut aisément développer le rapport de l'unité à la distance de deux planètes en une série de termes proportionnels aux puissances de l'exponentielle trigonométrique qui a pour argument l'une des anomalies excentriques, et même l'une des anomalies moyennes. Cette simple observation sert de fondement à la méthode nouvelle que je propose pour le calcul des inégalités des mouvements planétaires, et qui me paraît offrir des avantages assez considérables pour mériter de fixer un moment l'attention des géomètres. Je me bornerai d'ailleurs à donner dans ce Mémoire une idée générale de mes nouvelles recherches, que je reproduirai avec plus de détails dans les *Exercices d'Analyse et de Physique mathématique*.

Le premier paragraphe du Mémoire sera relatif à des notions préliminaires. Il aura pour objet la décomposition d'une fonction réelle et entière des sinus et cosinus d'un même angle en facteurs simples dont chacun soit linéaire par rapport à l'exponentielle trigonométrique qui offre un argument égal, au signe près, à l'angle donné. Dans le second paragraphe, je montrerai comment on peut décomposer en facteurs de cette espèce le carré de la distance mutuelle de deux planètes. Enfin, dans les paragraphes suivants, je développerai en série le rapport de l'unité à cette même distance.

§ I. — *Décomposition d'une fonction réelle et entière des sinus et cosinus d'un même angle en facteurs simples.*

Soit

$$u = \mathrm{f}(\cos p, \sin p) \tag{1}$$

une fonction réelle du sinus et du cosinus de l'angle p. Si l'on pose

$$\operatorname{tang}\frac{p}{2} = t,$$

[1] *OEuvres de Cauchy*, S. I, T. VI, p. 281.

on aura

$$(2)\qquad u = \mathrm{f}\left(\frac{1-t^2}{1+t^2},\ \frac{2t}{1+t^2}\right);$$

et, comme en conséquence u sera encore une fonction réelle de t, l'équation

$$(3)\qquad u = 0,$$

résolue par rapport à t, ne pourra offrir une racine imaginaire et finie de la forme

$$t = \rho e^{\varphi\sqrt{-1}},$$

ρ désignant une quantité positive, et φ un arc réel, sans offrir une seconde racine imaginaire conjuguée à la première, et de la forme

$$t = \rho e^{-\varphi\sqrt{-1}}.$$

Soit maintenant

$$s = e^{p\sqrt{-1}} = \frac{1+t\sqrt{-1}}{1-t\sqrt{-1}};$$

on aura encore

$$(4)\qquad u = \mathrm{f}\left(\frac{s+\frac{1}{s}}{2},\ \frac{s-\frac{1}{s}}{2\sqrt{-1}}\right),$$

et, à deux valeurs de t, de la forme

$$(5)\qquad t = \rho e^{\varphi\sqrt{-1}},\qquad t = \rho e^{-\varphi\sqrt{-1}},$$

correspondront deux valeurs de s, de la forme

$$s = \frac{1+\rho e^{\varphi\sqrt{-1}}\sqrt{-1}}{1-\rho e^{\varphi\sqrt{-1}}\sqrt{-1}},\qquad s = \frac{1+\rho e^{-\varphi\sqrt{-1}}\sqrt{-1}}{1-\rho e^{-\varphi\sqrt{-1}}\sqrt{-1}}.$$

Or, comme l'une de ces deux valeurs de s et l'inverse de l'autre seront évidemment deux expressions imaginaires conjuguées, elles pourront être réduites aux formes

$$(6)\qquad s = \mathrm{a}e^{\alpha\sqrt{-1}},\qquad s = \frac{1}{\mathrm{a}}e^{\alpha\sqrt{-1}},$$

a désignant une quantité positive et α un arc réel.

Si l'angle φ se réduisait à zéro ou à π, alors la valeur de t fournie par chacune des équations (5) se réduirait à la valeur réelle

$$t = \pm \rho,$$

qui pourrait être une racine simple de l'équation (3); et à cette racine correspondrait une seule valeur de s déterminée par la formule

$$s = e^{\alpha\sqrt{-1}}, \tag{7}$$

le module a se trouvant réduit à l'unité.

De ces remarques on déduit généralement la proposition suivante :

THÉORÈME I. — *Étant donnée une fonction réelle u des sinus et cosinus de l'angle p, si l'on pose*

$$s = e^{p\sqrt{-1}},$$

les racines finies de l'équation

$$u = 0,$$

résolue par rapport à s, seront, ou des racines dont les modules se réduiront à l'unité, ou des racines qui, prises deux à deux, offriront, avec un même argument, deux modules inverses l'un de l'autre. En d'autres termes, les racines finies de l'équation

$$u = 0$$

seront de la forme

$$s = e^{\alpha\sqrt{-1}},$$

ou, prises deux à deux, elles seront de la forme

$$s = \mathrm{a}e^{\alpha\sqrt{-1}}, \qquad s = \frac{1}{\mathrm{a}}e^{\alpha\sqrt{-1}},$$

a *désignant une quantité positive et α un arc réel.*

Il est bon d'observer que, des deux modules a, $\frac{1}{\mathrm{a}}$, le premier, a, peut être supposé le plus petit, et qu'alors on a nécessairement

$$\mathrm{a} < 1. \tag{8}$$

Concevons à présent que u représente une fonction entière des sinus et cosinus de l'angle p, et nommons m le degré de cette fonction par rapport à ces sinus et cosinus. En vertu de l'équation (4), u sera évidemment de la forme

$$u = \frac{\mathrm{s}}{s^m}, \tag{9}$$

s désignant une fonction entière de s, du degré $2m$; et, en vertu du théorème I, s sera le produit d'une constante réelle ou imaginaire par des facteurs linéaires dont chacun sera de la forme

$$s - e^{\alpha\sqrt{-1}},$$

ou par des facteurs linéaires qui, pris deux à deux, seront de la forme

$$s - \mathrm{a}e^{\alpha\sqrt{-1}}, \quad s - \frac{1}{\mathrm{a}}e^{\alpha\sqrt{-1}}. \tag{10}$$

Si u ne peut s'évanouir pour aucune valeur de s dont le module soit l'unité, ou, ce qui revient au même, pour aucune valeur réelle de l'angle p, tous les facteurs linéaires seront de la forme (10); et, comme on a identiquement

$$\frac{1}{s}(s - \mathrm{a}e^{\alpha\sqrt{-1}})\left(s - \frac{1}{\mathrm{a}}e^{\alpha\sqrt{-1}}\right) = -\frac{e^{\alpha\sqrt{-1}}}{\mathrm{a}}(1 - \mathrm{a}se^{-\alpha\sqrt{-1}})\left(1 - \frac{\mathrm{a}}{s}e^{\alpha\sqrt{-1}}\right),$$

il est clair que, dans l'hypothèse admise, la fonction u sera le produit d'une certaine constante k par des facteurs qui, pris deux à deux, seront de la forme

$$1 - \mathrm{a}se^{-\alpha\sqrt{-1}}, \quad 1 - \frac{\mathrm{a}}{s}e^{\alpha\sqrt{-1}}. \tag{11}$$

On aura donc alors

$$u = \mathrm{k}(1 - \mathrm{a}se^{-\alpha\sqrt{-1}})\left(1 - \frac{\mathrm{a}}{s}e^{\alpha\sqrt{-1}}\right)(1 - \mathrm{b}se^{-6\sqrt{-1}})\left(1 - \frac{\mathrm{b}}{s}e^{6\sqrt{-1}}\right)\ldots, \tag{12}$$

a, b, ... désignant des modules inférieurs à l'unité, et α, 6, ... des arcs réels. D'ailleurs, en vertu de l'équation

$$s = e^{p\sqrt{-1}},$$

tout produit de la forme

$$\left(1 - \mathrm{a}se^{-\alpha\sqrt{-1}}\right)\left(1 - \frac{\mathrm{a}}{s}e^{\alpha\sqrt{-1}}\right)$$

se réduit à un trinôme de la forme

$$1 - 2\mathrm{a}\cos(p-\alpha) + \mathrm{a}^2,$$

et par conséquent à une quantité qui ne peut être que positive ou nulle, pour une valeur réelle de l'angle p. Donc, si la quantité u reste positive pour toutes les valeurs réelles de p, la constante k renfermée dans le second membre de l'équation (12) devra elle-même être positive. On peut donc énoncer la proposition suivante :

Théorème II. — *Si une fonction réelle et entière u des sinus et cosinus d'un certain angle p reste positive pour toutes les valeurs réelles de cet angle, et si l'on prend d'ailleurs*

$$s = e^{p\sqrt{-1}},$$

on aura

$$u = \mathrm{k}\left(1 - \mathrm{a}se^{-\alpha\sqrt{-1}}\right)\left(1 - \frac{\mathrm{a}}{s}e^{\alpha\sqrt{-1}}\right)\left(1 - \mathrm{b}se^{-6\sqrt{-1}}\right)\left(1 - \frac{\mathrm{b}}{s}e^{6\sqrt{-1}}\right)\cdots,$$

a, b, ... *désignant des nombres inférieurs à l'unité,* k *une quantité positive, et* α, 6, ... *des arcs réels.*

Supposons, pour fixer les idées,

(13) $$u = \mathcal{A} + 2\mathcal{B}\cos p + 2\mathcal{C}\sin p,$$

$\mathcal{A}$, $\mathcal{B}$, $\mathcal{C}$ étant des coefficients réels dont le premier soit positif et vérifie la condition

(14) $$\mathcal{A}^2 > 4(\mathcal{B}^2 + \mathcal{C}^2).$$

Alors, pour des valeurs réelles de l'angle p, la valeur de u sera toujours positive; et, en posant

$$s = e^{p\sqrt{-1}},$$

on trouvera

$$\cos p = \frac{s + \frac{1}{s}}{2}, \qquad \sin p = \frac{s - \frac{1}{s}}{2\sqrt{-1}},$$

par conséquent

$$(15)\qquad u = \mathcal{A} + (\mathcal{B} - \mathcal{C}\sqrt{-1})s + (\mathcal{B} + \mathcal{C}\sqrt{-1})\frac{1}{s}.$$

Alors aussi l'équation (12) sera réduite à

$$(16)\qquad u = \mathrm{k}(1 - \mathrm{a}se^{-\alpha\sqrt{-1}})\left(1 - \frac{\mathrm{a}}{s}e^{\alpha\sqrt{-1}}\right).$$

Or, des formules (15), (16) comparées entre elles, on tirera

$$(17)\qquad \mathrm{k}(1 + \mathrm{a}^2) = \mathcal{A},$$

$$\mathrm{k} = \frac{\mathcal{A}}{1 + \mathrm{a}^2},$$

et par suite la formule (16) pourra être réduite à

$$(18)\qquad u = \frac{\mathcal{A}}{1 + \mathrm{a}^2}(1 - \mathrm{a}se^{-\alpha\sqrt{-1}})\left(1 - \frac{\mathrm{a}}{s}e^{\alpha\sqrt{-1}}\right).$$

Ainsi l'on peut énoncer la proposition suivante :

Théorème III. — *Nommons u une fonction réelle et linéaire de* $\cos p$ *et de* $\sin p$, *qui conserve une valeur positive pour toutes les valeurs réelles de* p, *en sorte qu'on ait*

$$u = \mathcal{A} + 2\mathcal{B}\cos p + 2\mathcal{C}\sin p,$$

$\mathcal{A}$, $\mathcal{B}$, $\mathcal{C}$ *désignant trois coefficients réels dont le premier soit positif et vérifie la condition*

$$\mathcal{A}^2 > 4(\mathcal{B}^2 + \mathcal{C}^2).$$

On aura encore

$$u = \frac{\mathcal{A}}{1 + \mathrm{a}^2}(1 - \mathrm{a}se^{-\alpha\sqrt{-1}})\left(1 - \frac{\mathrm{a}}{s}e^{\alpha\sqrt{-1}}\right),$$

a *désignant un nombre inférieur à l'unité, et* α *un arc réel.*

Corollaire. — Pour déterminer a et α, il suffit d'observer que la comparaison des formules (15), (16) fournit, avec l'équation (17), les deux suivantes

$$-\mathrm{ka}e^{-\alpha\sqrt{-1}} = \mathcal{B} - \mathcal{C}\sqrt{-1}, \qquad -\mathrm{ka}e^{\alpha\sqrt{-1}} = \mathcal{B} + \mathcal{C}\sqrt{-1},$$

desquelles on tire, non seulement

$$e^{\alpha\sqrt{-1}} = -\frac{\mathcal{B} + \mathcal{C}\sqrt{-1}}{(\mathcal{B}^2 + \mathcal{C}^2)^{\frac{1}{2}}},$$

et, par suite,

$$(19) \qquad \cos\alpha = -\frac{\mathcal{B}}{(\mathcal{B}^2 + \mathcal{C}^2)^{\frac{1}{2}}}, \qquad \sin\alpha = -\frac{\mathcal{C}}{(\mathcal{B}^2 + \mathcal{C}^2)^{\frac{1}{2}}},$$

mais encore

$$\mathrm{ka} = (\mathcal{B}^2 + \mathcal{C}^2)^{\frac{1}{2}},$$

et par suite, eu égard à l'équation (17),

$$(20) \qquad \mathrm{a} + \frac{1}{\mathrm{a}} = \frac{\mathcal{A}}{(\mathcal{B}^2 + \mathcal{C}^2)^{\frac{1}{2}}}.$$

Comme, eu égard à la condition (14), le second membre de la formule (20) surpasse le nombre 2, il est clair que cette formule fournira, ainsi qu'on devait s'y attendre, une valeur réelle de a.

Supposons maintenant

$$(21) \qquad u = \mathcal{A} + 2\mathcal{B}\cos p + 2\mathcal{C}\sin p + 4\mathcal{D}\cos^2 p,$$

$\mathcal{A}$, $\mathcal{B}$, $\mathcal{C}$, $\mathcal{D}$ étant des coefficients réels, tellement choisis que la fonction u conserve toujours une valeur positive. Alors, en prenant

$$s = e^{p\sqrt{-1}},$$

on aura

$$(22) \qquad u = \mathcal{A} + (\mathcal{B} - \mathcal{C}\sqrt{-1})s + (\mathcal{B} + \mathcal{C}\sqrt{-1})\frac{1}{s} + \mathcal{D}\left(s + \frac{1}{s}\right)^2,$$

et l'équation (12) deviendra

$$(23) \quad u = \mathrm{k}(1 - \mathrm{a}se^{-\alpha\sqrt{-1}})\left(1 - \frac{\mathrm{a}}{s}e^{\alpha\sqrt{-1}}\right)(1 - \mathrm{b}se^{-6\sqrt{-1}})\left(1 - \frac{\mathrm{b}}{s}e^{6\sqrt{-1}}\right),$$

a, b désignant des nombres inférieurs à l'unité, k une quantité positive, et α, 6 deux arcs réels. Or, des formules (22), (23) comparées entre elles, on tirera

$$(24) \qquad \mathcal{D} = \mathrm{kab}\,e^{-(\alpha+6)\sqrt{-1}} = \mathrm{kab}\,e^{(\alpha+6)\sqrt{-1}}.$$

Si le coefficient $\mathcal{D}$ est positif, la formule (24) donnera

$$\mathrm{kab} = \mathcal{D}, \qquad \mathrm{k} = \frac{\mathcal{D}}{\mathrm{ab}}$$

et

$$e^{(\alpha+\beta)\sqrt{-1}} = 1,$$

ou, ce qui revient au même,

$$e^{\beta\sqrt{-1}} = e^{-\alpha\sqrt{-1}}.$$

Donc alors la formule (23) sera réduite à

$$(25) \quad u = \frac{\mathcal{D}}{\mathrm{ab}}\left(1 - \mathrm{a}se^{-\alpha\sqrt{-1}}\right)\left(1 - \frac{\mathrm{a}}{s}e^{\alpha\sqrt{-1}}\right)\left(1 - \mathrm{b}se^{\alpha\sqrt{-1}}\right)\left(1 - \frac{\mathrm{b}}{s}e^{-\alpha\sqrt{-1}}\right).$$

Ainsi l'on peut énoncer la proposition suivante :

Théorème IV. — *Soit*

$$u = \mathcal{A} + 2\mathcal{B}\cos p + 2\mathcal{C}\sin p + 4\mathcal{D}\cos^2 p,$$

$\mathcal{A}$, $\mathcal{B}$, $\mathcal{C}$, $\mathcal{D}$ *désignant quatre coefficients dont le dernier* $\mathcal{D}$ *soit positif. Si la valeur précédente de* u *reste elle-même positive pour toutes les valeurs réelles de l'angle* p, *on aura*

$$u = \frac{\mathcal{D}}{\mathrm{ab}}\left(1 - \mathrm{a}se^{-\alpha\sqrt{-1}}\right)\left(1 - \frac{\mathrm{a}}{s}e^{\alpha\sqrt{-1}}\right)\left(1 - \mathrm{b}se^{\alpha\sqrt{-1}}\right)\left(1 - \frac{\mathrm{b}}{s}e^{-\alpha\sqrt{-1}}\right),$$

a, b *désignant des modules inférieurs à l'unité et* α *un arc réel.*

Corollaire. — Si, dans l'hypothèse admise, on pose

$$(26) \quad \mathfrak{a} = \mathrm{a}e^{\alpha\sqrt{-1}}, \qquad \mathfrak{b} = \frac{1}{\mathrm{a}}e^{\alpha\sqrt{-1}}, \qquad \mathfrak{c} = \mathrm{b}e^{-\alpha\sqrt{-1}}, \qquad \mathfrak{d} = \frac{1}{\mathrm{b}}e^{-\alpha\sqrt{-1}},$$

les quatre lettres

$$\mathfrak{a}, \quad \mathfrak{b}, \quad \mathfrak{c}, \quad \mathfrak{d}$$

représenteront les quatre racines finies de l'équation

$$u = 0,$$

qui, en vertu de la formule (22), deviendra

$$(27)\qquad \mathfrak{D}(s^2+1)^2+(\mathfrak{B}-\mathfrak{C}\sqrt{-1})s^3+\mathfrak{A}s^2+(\mathfrak{B}+\mathfrak{C}\sqrt{-1})s=0$$

ou

$$(28)\qquad s^4+\frac{\mathfrak{B}-\mathfrak{C}\sqrt{-1}}{\mathfrak{D}}s^3+\left(2+\frac{\mathfrak{A}}{\mathfrak{D}}\right)s^2+\frac{\mathfrak{B}+\mathfrak{C}\sqrt{-1}}{\mathfrak{D}}s+1=0.$$

Ajoutons que l'on pourra déterminer ces quatre racines, soit en appliquant à la résolution de l'équation (27) l'une des méthodes connues, soit en opérant comme il suit.

En vertu des formules (26), les trois sommes

$$\mathfrak{ab}+\mathfrak{cd},\quad \mathfrak{ac}+\mathfrak{bd},\quad \mathfrak{ad}+\mathfrak{bc}$$

se réduiront évidemment aux trois suivantes :

$$2\cos\alpha,\quad \mathrm{ab}+\frac{1}{\mathrm{ab}},\quad \frac{\mathrm{a}}{\mathrm{b}}+\frac{\mathrm{b}}{\mathrm{a}}.$$

Donc ces trois dernières sommes seront les trois racines réelles d'une équation auxiliaire qu'il est facile de former. En résolvant cette équation auxiliaire et posant, pour abréger,

$$(29)\qquad \begin{cases} \lambda=\dfrac{1}{3}\left(2+\dfrac{\mathfrak{A}}{\mathfrak{D}}\right), \qquad \rho=\left[\dfrac{1}{3}\left(3\lambda^2+4-\dfrac{\mathfrak{B}^2+\mathfrak{C}^2}{\mathfrak{D}^2}\right)\right]^{\frac{1}{2}}, \\ \cos\varphi=\dfrac{1}{\rho^3}\left[\lambda^3-\frac{1}{2}\lambda\left(8+\dfrac{\mathfrak{B}^2+\mathfrak{C}^2}{\mathfrak{D}^2}\right)+\dfrac{\mathfrak{B}^2-\mathfrak{C}^2}{\mathfrak{D}^2}\right], \end{cases}$$

on reconnaîtra que, pour obtenir les trois sommes

$$(30)\qquad 2\cos\alpha,\quad \frac{\mathrm{a}}{\mathrm{b}}+\frac{\mathrm{b}}{\mathrm{a}},\quad \mathrm{ab}+\frac{1}{\mathrm{ab}},$$

il suffit de ranger par ordre de grandeurs les trois quantités

$$(31)\qquad \lambda+2\rho\cos\frac{\varphi}{3},\quad \lambda+2\rho\cos\frac{\varphi-2\pi}{3},\quad \lambda+2\rho\cos\frac{\varphi+2\pi}{3}.$$

D'ailleurs, les sommes (30) étant connues, on en déduira sans peine les valeurs de

$$\alpha, \quad \frac{\mathrm{a}}{\mathrm{b}}, \quad \mathrm{ab},$$

et, par suite, les valeurs de a et b.

§ II. — *Sur la distance mutuelle de deux planètes, considérée comme fonction des exponentielles trigonométriques qui ont pour arguments les anomalies moyennes.*

Nommons

m, m' les masses de deux planètes;
$\mathfrak{r}$ leur distance mutuelle;
δ leur distance apparente, vue du centre du Soleil;
I l'inclinaison de leurs orbites.

Soient de plus, pour la planète m, et au bout du temps t,

r la distance au centre du Soleil;
p la longitude;
ψ l'anomalie excentrique.

Enfin soient, dans l'orbite elliptique de la planète m,

a le demi grand axe;
ε l'excentricité;
ϖ la longitude du périhélie;
Π la distance apparente du périhélie à la ligne d'intersection des orbites elliptiques de m et de m'.

On aura

$$(1) \qquad r = a(1 - \varepsilon \cos\psi),$$

$$(2) \qquad \cos(p - \varpi) = \frac{\cos\psi - \varepsilon}{1 - \varepsilon\cos\psi}, \qquad \sin(p - \varpi) = \frac{(1 - \varepsilon^2)^{\frac{1}{2}}\sin\psi}{1 - \varepsilon\cos\psi};$$

et, si l'on accentue chacune des lettres

$$r, \quad p, \quad \psi, \quad a, \quad \varepsilon, \quad \varpi, \quad \Pi,$$

quand on passe de la planète m à la planète m', on aura encore

$$(3)\qquad \mathfrak{r}^2 = r^2 - 2rr'\cos\delta + r'^2,$$

$$(4)\qquad \begin{cases} \cos\delta = \mu\cos(p - \varpi + \Pi - p' + \varpi' - \Pi') \\ \qquad + \nu\cos(p - \varpi + \Pi + p' - \varpi' + \Pi'), \end{cases}$$

les valeurs de μ, ν étant

$$\mu = \cos^2\frac{I}{2}, \qquad \nu = \sin^2\frac{I}{2}.$$

D'ailleurs, on tirera évidemment de la formule (4)

$$\begin{aligned} \cos\delta = {} & [\mu\cos(p' - \varpi' + \Pi' - \Pi) + \nu\cos(p' - \varpi' + \Pi' + \Pi)]\cos(p - \varpi) \\ & + [\mu\sin(p' - \varpi' + \Pi' - \Pi) - \nu\sin(p' - \varpi' + \Pi' + \Pi)]\sin(p - \varpi), \end{aligned}$$

et de cette dernière, combinée avec les formules (1) et (2),

$$\begin{aligned} \frac{r}{a}\cos\delta = {} & [\mu\cos(p' - \varpi' + \Pi' - \Pi) + \nu\cos(p' - \varpi' + \Pi' + \Pi)](\cos\psi - \varepsilon) \\ & + [\mu\sin(p' - \varpi' + \Pi' - \Pi) - \nu\sin(p' - \varpi' + \Pi' + \Pi)](1 - \varepsilon^2)^{\frac{1}{2}}\sin\psi. \end{aligned}$$

Donc, eu égard à l'équation (1), la formule (3) donnera

$$(5)\qquad \mathfrak{r}^2 = \mathcal{A} + 2\mathcal{B}\cos\psi + 2\mathcal{C}\sin\psi + 4\mathcal{D}\cos^2\psi,$$

les valeurs de $\mathcal{A}$, $\mathcal{B}$, $\mathcal{C}$, $\mathcal{D}$ étant déterminées par les formules

$$(6)\qquad \begin{cases} \mathcal{A} = a^2 + 2a\varepsilon r'[\mu\cos(p' - \varpi' + \Pi' - \Pi) + \nu\cos(p' - \varpi' + \Pi' + \Pi)] + r'^2, \\ \mathcal{B} = -[\mu\cos(p' - \varpi' + \Pi' - \Pi) + \nu\cos(p' - \varpi' + \Pi' + \Pi)]ar' - a^2\varepsilon, \\ \mathcal{C} = -[\mu\sin(p' - \varpi' + \Pi' - \Pi) - \nu\sin(p' - \varpi' + \Pi' + \Pi)](1 - \varepsilon^2)^{\frac{1}{2}}ar', \\ \mathcal{D} = \frac{1}{4}a^2\varepsilon^2. \end{cases}$$

Il est bon d'observer que, deux planètes ne devant jamais se rencontrer, leur distance mutuelle $\mathfrak{r}$ ne devra jamais s'évanouir. Donc la valeur de $\mathfrak{r}^2$, déterminée par la formule (5), devra conserver une valeur positive pour toutes les valeurs réelles de l'angle ψ.

Si l'on supposait

$$(7)\qquad \varepsilon = 0,$$

on aurait, par suite,

$$\mathcal{D} = 0,$$

et l'équation (5) se trouverait réduite à

$$(8)\qquad \iota^2 = \mathcal{A} + 2\mathcal{B}\cos\psi + 2\mathcal{C}\sin\psi,$$

les valeurs de $\mathcal{A}$, $\mathcal{B}$, $\mathcal{C}$ étant

$$(9)\qquad \left\{\begin{aligned} \mathcal{A} &= a^2 + r'^2,\\ \mathcal{B} &= -[\mu\cos(p' - \varpi' + \Pi' - \Pi) + \nu\cos(p' - \varpi' + \Pi' + \Pi)]ar',\\ \mathcal{C} &= -[\mu\sin(p' - \varpi' + \Pi' - \Pi) - \nu\sin(p' - \varpi' + \Pi' + \Pi)]ar'. \end{aligned}\right.$$

Alors aussi, en posant

$$s = e^{\psi\sqrt{-1}}$$

et ayant égard au théorème III du § I, on trouverait

$$(10)\qquad \iota^2 = \mathrm{k}(1 - \mathrm{a}se^{-\alpha\sqrt{-1}})\left(1 - \frac{\mathrm{a}}{s}e^{\alpha\sqrt{-1}}\right),$$

a désignant un nombre inférieur à l'unité, α un arc réel et k une quantité positive liée au nombre a par la formule

$$(11)\qquad \mathrm{k} = \frac{\mathcal{A}}{1 + \mathrm{a}^2}.$$

D'ailleurs le nombre a et l'exponentielle trigonométrique $e^{\alpha\sqrt{-1}}$ se trouveraient déterminés par les deux équations

$$(12)\qquad \mathrm{a} + \frac{1}{\mathrm{a}} = \frac{\mathcal{A}}{(\mathcal{B}^2 + \mathcal{C}^2)^{\frac{1}{2}}},$$

$$(13)\qquad e^{\alpha\sqrt{-1}} = -\frac{\mathcal{B} + \mathcal{C}\sqrt{-1}}{(\mathcal{B}^2 + \mathcal{C}^2)^{\frac{1}{2}}},$$

dont la dernière entraîne les formules

$$(14)\qquad \cos\alpha = -\frac{\mathcal{B}}{(\mathcal{B}^2 + \mathcal{C}^2)^{\frac{1}{2}}},\qquad \sin\alpha = -\frac{\mathcal{C}}{(\mathcal{B}^2 + \mathcal{C}^2)^{\frac{1}{2}}},$$

$$(15)\qquad \operatorname{tang}\alpha = \frac{\mathcal{C}}{\mathcal{B}}.$$

Ajoutons que, en vertu des équations (9), jointes à la formule

$$\mu + \nu = 1,$$

on aurait

$$\mathcal{A}^2 + \mathcal{C}^2 = [\mu^2 + 2\mu\nu\cos 2(p' - \varpi' + \Pi') + \nu^2]\, a^2 r'^2,$$

ou, ce qui revient au même,

$$\mathcal{A}^2 + \mathcal{C}^2 = [1 - 4\mu\nu\sin^2(p' - \varpi' + \Pi')]\, a^2 r'^2,$$

et que, en conséquence, les formules (12), (13), (15) donneraient

$$(16)\qquad \mathrm{a} + \frac{1}{\mathrm{a}} = \frac{\frac{a}{r'} + \frac{r'}{a}}{\sqrt{1 - 4\mu\nu\sin^2(p' - \varpi' + \Pi')}},$$

$$(17)\qquad e^{\alpha\sqrt{-1}} = \frac{\mu e^{(p' - \varpi' + \Pi')\sqrt{-1}} + \nu e^{-(p' + \varpi' - \Pi')\sqrt{-1}}}{\sqrt{1 - 4\mu\nu\sin^2(p' - \varpi' + \Pi')}}\, e^{-\Pi\sqrt{-1}},$$

$$(18)\qquad \operatorname{tang}\alpha = \frac{\mu\sin(p' - \varpi' + \Pi' - \Pi) - \nu\sin(p' - \varpi' + \Pi' + \Pi)}{\mu\cos(p' - \varpi' + \Pi' - \Pi) + \nu\cos(p' - \varpi' + \Pi' + \Pi)}.$$

Observons enfin qu'on vérifie les formules (17) et (18) en prenant

$$(19)\qquad \alpha = \gamma - \Pi,$$

et supposant l'angle γ lié à l'angle $p' - \varpi' + \Pi'$ par l'équation

$$(20)\qquad \operatorname{tang}\gamma = (\mu - \nu)\operatorname{tang}(p' - \varpi' + \Pi').$$

Si l'excentricité ε cesse de s'évanouir, alors, en posant toujours

$$s = e^{\psi\sqrt{-1}}$$

et ayant égard au théorème IV du § I, on trouvera

$$(21)\qquad \iota^2 = \mathrm{k}(1 - \mathrm{a}se^{-\alpha\sqrt{-1}})\left(1 - \frac{\mathrm{a}}{s}e^{\alpha\sqrt{-1}}\right)(1 - \mathrm{b}se^{\alpha\sqrt{-1}})\left(1 - \frac{\mathrm{b}}{s}e^{-\alpha\sqrt{-1}}\right),$$

la valeur de k étant

$$(22)\qquad \mathrm{k} = \frac{\mathbb{O}}{\mathrm{ab}},$$

α désignant un arc réel, et les lettres a, b représentant deux modules inférieurs à l'unité, qui pourront être déterminés, avec l'arc α, par le moyen des formules établies dans le § I.

§ III. — *Méthode nouvelle à l'aide de laquelle le rapport de l'unité à la distance de deux planètes peut être développée en une série ordonnée suivant les puissances entières de l'anomalie excentrique, ou de l'anomalie moyenne de l'une d'entre elles.*

Soient toujours $\mathfrak{r}$ la distance mutuelle des deux planètes m, m'; ψ l'anomalie excentrique de la planète m, et s l'exponentielle trigonométrique qui a pour argument l'angle ψ, en sorte qu'on ait

$$s = e^{\psi\sqrt{-1}}.$$

Si l'excentricité de l'orbite elliptique de la planète m se réduit à zéro, alors on aura

$$(1) \qquad \mathfrak{r}^2 = \mathrm{k}\left(1 - \mathrm{a}se^{-\alpha\sqrt{-1}}\right)\left(1 - \frac{\mathrm{a}}{s}e^{\alpha\sqrt{-1}}\right),$$

α désignant un arc réel, et k, a, deux quantités positives, dont la dernière sera inférieure à l'unité. On trouvera, par suite,

$$(2) \qquad \frac{1}{\mathfrak{r}} = \mathrm{k}^{-\frac{1}{2}}\left(1 - \mathrm{a}se^{-\alpha\sqrt{-1}}\right)^{-\frac{1}{2}}\left(1 - \frac{\mathrm{a}}{s}e^{\alpha\sqrt{-1}}\right)^{-\frac{1}{2}}.$$

Or, en vertu de l'équation (2), la fonction de s représentée par le rapport $\frac{1}{\mathfrak{r}}$ et sa dérivée resteront continues par rapport à la variable s, pour tout module de cette variable compris entre les limites

$$\mathrm{a}, \quad \frac{1}{\mathrm{a}},$$

qui rendront à la fois ces deux fonctions discontinues et infinies. Donc, par suite, pour tout module de s renfermé entre les limites a, $\frac{1}{\mathrm{a}}$, le rapport

$$\frac{1}{\mathfrak{r}}$$

sera développable, suivant les puissances entières positives, nulle et négatives de s, en une série dont les deux modules se réduiront à ceux des deux expressions

$$\mathrm{a}s, \quad \frac{\mathrm{a}}{s}.$$

Pour obtenir cette série, il suffira évidemment de multiplier par $\mathrm{k}^{-\frac{1}{2}}$ les divers termes de celle qui représentera le développement du rapport

$$(3) \qquad \frac{\mathrm{k}^{\frac{1}{2}}}{\mathrm{t}} = (1 - \mathrm{a}se^{-\alpha\sqrt{-1}})^{-\frac{1}{2}}\left(1 - \frac{\mathrm{a}}{s}e^{\alpha\sqrt{-1}}\right)^{-\frac{1}{2}}.$$

Or, en supposant le module de s compris entre les limites a, $\frac{1}{\mathrm{a}}$, on aura

$$(1 - \mathrm{a}se^{-\alpha\sqrt{-1}})^{-\frac{1}{2}} = 1 + \frac{1}{2}\mathrm{a}se^{-\alpha\sqrt{-1}} + \frac{1.3}{2.4}\mathrm{a}^2s^2e^{-2\alpha\sqrt{-1}} + \ldots,$$

$$\left(1 - \frac{\mathrm{a}}{s}e^{\alpha\sqrt{-1}}\right)^{-\frac{1}{2}} = 1 + \frac{1}{2}\frac{\mathrm{a}}{s}e^{\alpha\sqrt{-1}} + \frac{1.3}{2.4}\frac{\mathrm{a}^2}{s^2}e^{2\alpha\sqrt{-1}} + \ldots,$$

et, par suite,

$$(4) \qquad \frac{\mathrm{k}^{\frac{1}{2}}}{\mathrm{t}} = 1 + \mathrm{A}_1\left(se^{-\alpha\sqrt{-1}} + \frac{1}{s}e^{\alpha\sqrt{-1}}\right) + \mathrm{A}_2\left(s^2e^{-2\alpha\sqrt{-1}} + \frac{1}{s^2}e^{2\alpha\sqrt{-1}}\right) + \ldots,$$

la valeur générale de A_n étant

$$(5) \qquad \mathrm{A}_n = \frac{1.3\ldots(2n-1)}{2.4\ldots 2n}\mathrm{a}^n\left(1 + \frac{1}{2}\frac{2n+1}{2n+2}\mathrm{a}^2 + \frac{1.3}{2.4}\frac{2n+1}{2n+2}\frac{2n+3}{2n+4}\mathrm{a}^4 + \ldots\right).$$

Donc, pour obtenir le développement de $\frac{1}{\mathrm{t}}$ en une série ordonnée suivant les puissances entières de s, il suffira d'avoir construit des Tables qui fournissent les diverses valeurs de

$$\mathrm{A}_1, \quad \mathrm{A}_2, \quad \mathrm{A}_3, \quad \ldots$$

correspondantes aux diverses valeurs de la constante a.

Nous avons supposé jusqu'ici que l'excentricité de l'orbite elliptique de la planète m s'évanouissait. Si cette excentricité ne s'évanouissait pas, alors, au lieu des formules (1), (2), (3), on obtiendrait des équations de la forme

$$(6)\quad \iota^2 = \mathrm{k}\,(1-\mathrm{a}se^{-\alpha\sqrt{-1}})\left(1-\frac{\mathrm{a}}{s}e^{\alpha\sqrt{-1}}\right)(1-\mathrm{b}se^{\alpha\sqrt{-1}})\left(1-\frac{\mathrm{b}}{s}e^{-\alpha\sqrt{-1}}\right),$$

$$(7)\quad \frac{1}{\iota} = \mathrm{k}^{-\frac{1}{2}}(1-\mathrm{a}se^{-\alpha\sqrt{-1}})^{-\frac{1}{2}}\left(1-\frac{\mathrm{a}}{s}e^{\alpha\sqrt{-1}}\right)^{-\frac{1}{2}}(1-\mathrm{b}se^{\alpha\sqrt{-1}})^{-\frac{1}{2}}\left(1-\frac{\mathrm{b}}{s}e^{-\alpha\sqrt{-1}}\right)^{-\frac{1}{2}},$$

$$(8)\quad \frac{\mathrm{k}^{\frac{1}{2}}}{\iota} = (1-\mathrm{a}se^{-\alpha\sqrt{-1}})^{-\frac{1}{2}}\left(1-\frac{\mathrm{a}}{s}e^{\alpha\sqrt{-1}}\right)^{-\frac{1}{2}}(1-\mathrm{b}se^{\alpha\sqrt{-1}})^{-\frac{1}{2}}\left(1-\frac{\mathrm{b}}{s}e^{-\alpha\sqrt{-1}}\right)^{-\frac{1}{2}};$$

et, en supposant

$$(9)\quad \mathrm{b} < \mathrm{a} < 1,$$

on reconnaîtra que $\frac{1}{\iota}$ est encore, pour tout module de s compris entre les limites

$$\mathrm{a},\quad \frac{1}{\mathrm{a}},$$

développable, suivant les puissances entières de s, en une série dont les deux modules sont ceux des expressions

$$\mathrm{a}s,\quad \frac{\mathrm{a}}{s}.$$

De plus, en nommant B_n ce que devient A_n quand on remplace a par b, on tirerait de la formule (8)

$$(10)\quad \frac{\mathrm{k}^{\frac{1}{2}}}{\iota} = \left[1+\mathrm{A}_1\left(se^{-\alpha\sqrt{-1}}+\frac{1}{s}e^{\alpha\sqrt{-1}}\right)+\ldots\right]\left[1+\mathrm{B}_1\left(se^{\alpha\sqrt{-1}}+\frac{1}{s}e^{-\alpha\sqrt{-1}}\right)+\ldots\right],$$

ou, ce qui revient au même,

$$(11)\quad \left\{\begin{aligned} \frac{\mathrm{k}^{\frac{1}{2}}}{\iota} &= \mathfrak{P} + \mathfrak{P}_1\left(s+\frac{1}{s}\right) + \mathfrak{P}_2\left(s^2+\frac{1}{s^2}\right)+\ldots \\ &\quad -\left[\mathfrak{Q}_1\left(s-\frac{1}{s}\right)+\mathfrak{Q}_2\left(s^2-\frac{1}{s^2}\right)+\ldots\right]\sqrt{-1}, \end{aligned}\right.$$

les valeurs de $\mathfrak{P}_n$, $\mathfrak{Q}_n$ étant

$$(12)\quad \left\{\begin{aligned} \mathfrak{P}_n &= \ldots \mathrm{A}_{n-1}\mathrm{B}_1\cos(n-2)\alpha + \mathrm{A}_n\cos n\alpha + \mathrm{A}_{n+1}\mathrm{B}_1\cos(n+2)\alpha+\ldots, \\ \mathfrak{Q}_n &= \ldots \mathrm{A}_{n-1}\mathrm{B}_1\sin(n-2)\alpha + \mathrm{A}_n\sin n\alpha + \mathrm{A}_{n+1}\mathrm{B}_1\sin(n+2)\alpha+\ldots. \end{aligned}\right.$$

Donc, pour obtenir le développement de $\frac{1}{\mathfrak{r}}$ suivant les puissances entières de s, il suffira généralement de recourir aux Tables de sinus et cosinus et à celles qui fourniraient les diverses valeurs des transcendantes

$$A_1, \quad A_2, \quad \ldots,$$

ou plutôt de leurs logarithmes.

Soit maintenant

$$T$$

l'anomalie moyenne de la planète m. On aura, en nommant ε l'excentricité,

$$(13) \qquad \psi - \varepsilon \sin\psi = T;$$

et par suite, si l'on prend

$$(14) \qquad \mathfrak{s} = e^{T\sqrt{-1}},$$

on aura

$$(15) \qquad \mathfrak{s} = s e^{-\frac{\varepsilon}{2}\left(s - \frac{1}{s}\right)}.$$

Cela posé, après avoir développé le rapport $\frac{1}{\mathfrak{r}}$ suivant les puissances entières de s, pour développer le même rapport suivant les puissances entières de $\mathfrak{s}$, il suffira évidemment de tirer de l'équation (15) ou, ce qui revient au même, de l'équation (13), les développements de s^n et de s^{-n} en séries ordonnées suivant les puissances entières de $\mathfrak{s}$. On y parviendra facilement à l'aide de la série de Lagrange, si le module de ε ne dépasse pas la valeur

$$0,662742\ldots,$$

pour laquelle l'équation

$$(16) \qquad \psi - \varepsilon \sin\psi = 0,$$

résolue par rapport à ψ, acquiert deux racines égales et se vérifie en même temps que l'équation dérivée

$$(17) \qquad 1 - \varepsilon \cos\psi = 0.$$

Cette condition étant supposée remplie, si d'ailleurs une certaine fonction $f(\psi)$ de l'anomalie excentrique ψ reste continue par rapport à cette anomalie, tant que le module de ε ne s'élève pas au-dessus de la limite

$$0,662742\ldots,$$

on aura, en vertu de la formule de Lagrange,

$$(18) \qquad f(\psi) = f(T) + \frac{\varepsilon}{1} f'(T)\sin T + \frac{\varepsilon^2}{1.2} D_T[f'(T)\sin^2 T] + \ldots.$$

Si maintenant on pose

$$f(T) = e^{h\psi\sqrt{-1}} = s^h,$$

h désignant une quantité entière positive ou négative, et, par suite,

$$f(T) = e^{hT\sqrt{-1}} = \mathrm{s}^h,$$

$$f'(T) = he^{hT\sqrt{-1}}\sqrt{-1} = h\mathrm{s}^h\sqrt{-1},$$

la formule (18), jointe à l'équation

$$\sin T = \frac{\mathrm{s} - \frac{1}{\mathrm{s}}}{2\sqrt{-1}},$$

donnera

$$(19) \qquad s^h = \mathrm{s}^h + h\left(\frac{\varepsilon}{2}\right)\mathrm{s}^h\left(\mathrm{s} - \frac{1}{\mathrm{s}}\right) - h\frac{\left(\frac{\varepsilon}{2}\right)^2}{1.2} D_T\left[\mathrm{s}^h\left(\mathrm{s} - \frac{1}{\mathrm{s}}\right)^2\right]\sqrt{-1} - \ldots.$$

Or la formule (19), jointe à l'équation (14), de laquelle on tire

$$(20) \qquad D_T\mathrm{s}^h = h\mathrm{s}^h\sqrt{-1},$$

fournira, pour la valeur de s^h, un développement de la forme

$$(21) \qquad s^h = H_0\mathrm{s}^h + H_1\mathrm{s}^{h+1} + H_2\mathrm{s}^{h+2} + \ldots + H_{-1}\mathrm{s}^{h-1} + H_{-2}\mathrm{s}^{h-2} + \ldots,$$

les valeurs de H_n et H_{-n} étant déterminées par le système des équations

$$(22) \qquad H_n = \frac{h}{h+n}F(h+n, n), \qquad H_{-n} = (-1)^n\frac{h}{h-n}F(h-n, n),$$

dans lesquelles on suppose la fonction $F(h, n)$ déterminée par la formule

$$(23) \quad F(h,n) = \frac{\left(\frac{h\varepsilon}{2}\right)^n}{1.2\ldots n}\left[1 - \frac{\left(\frac{h\varepsilon}{2}\right)^2}{1.(n+1)} + \frac{\left(\frac{h\varepsilon}{2}\right)^4}{1.2(n+1)(n+2)} - \ldots\right].$$

On peut, au reste, arriver directement aux formules (22), (23) en partant de l'équation (21), de laquelle on tire

$$H_n = \frac{1}{2\pi}\int_{-\pi}^{\pi} s^{-h-n} s^h \, dT,$$

ou, ce qui revient au même,

$$H_n = \frac{1}{2\pi}\int_{-\pi}^{\pi} e^{-(h+n)T\sqrt{-1}} e^{h\psi\sqrt{-1}} \, dT;$$

puis, en intégrant par parties,

$$H_n = \frac{h}{h+n}\frac{1}{2\pi}\int_{-\pi}^{\pi} e^{-(h+n)T\sqrt{-1}} e^{h\psi\sqrt{-1}} \, d\psi$$

ou, ce qui revient au même,

$$(24) \qquad H_n = \frac{h}{h+n}\frac{1}{2\pi}\int_{-\pi}^{\pi} e^{-n\psi\sqrt{-1}} e^{(h+n)\varepsilon\sin\psi\sqrt{-1}} \, d\psi.$$

Or, de la formule (24), qui subsiste dans le cas même où l'on remplace n par $-n$, on déduira immédiatement les valeurs de H_n, H_{-n} fournies par les équations (22) jointes à la formule (23); et, pour y parvenir, il suffira de développer suivant les puissances ascendantes de ε l'exponentielle

$$e^{(h\pm n)\varepsilon\sin\psi\sqrt{-1}}.$$

Observons encore que MM. Bessel et Jacobi ont déjà considéré les transcendantes auxquelles se réduisent les coefficients représentés ci-dessus par H_n, H_{-n}, et que les valeurs numériques de ces coefficients sont même fournies par des Tables qu'a construites M. Bessel.

Après avoir développé $\frac{1}{\iota}$ suivant les puissances entières de l'exponentielle

$$s = e^{T\sqrt{-1}},$$

on pourra développer encore les coefficients des diverses puissances de s suivant les puissances entières de l'exponentielle

$$s' = e^{T'\sqrt{-1}}.$$

On peut d'ailleurs appliquer à ce dernier problème, ou une méthode d'interpolation, comme l'a proposé M. Le Verrier, ou une méthode analytique, comme nous l'expliquerons plus en détail dans un autre Mémoire.

247.

ANALYSE MATHÉMATIQUE. — *Memoire sur l'équilibre et le mouvement d'un système de molécules dont les dimensions ne sont pas supposées nulles.*

C. R., T. XVIII, p. 774 (22 avril 1844).

Dans la séance du 5 décembre 1842, j'ai présenté à l'Académie un cahier qui renfermait de nouvelles recherches sur la théorie de la lumière, et qui a été paraphé dans cette même séance par M. Arago. Les recherches dont il s'agit étaient relatives, en partie à l'équilibre et au mouvement d'un système de molécules dont les dimensions ne seraient pas supposées nulles, en partie aux lois suivant lesquelles un rayon lumineux est réfléchi et réfracté par la surface de séparation de deux milieux isophanes, dans le cas où l'on tient compte de la dispersion des couleurs. Je ne m'occuperai pas aujourd'hui de ces lois, auxquelles je reviendrai dans un autre article, mais seulement de l'équilibre et du mouvement d'un système de molécules; cet objet me paraissant digne d'être examiné de nouveau, quoique le même sujet ou des sujets analogues aient déjà été traités par quelques auteurs, entre autres par M. Poisson, par M. Savary, par M. Broch et par moi-même. Je me bornerai d'ailleurs à indiquer le plus brièvement possible quelques-uns des résultats auxquels j'étais parvenu.

§ I. — *Préliminaires. — Sur le moment de rotation d'un corps.*

Considérons un corps qui tourne autour d'un point fixe pris pour origine des coordonnées. Soit $\mathfrak{m}$ un élément de ce corps, et supposons la position de cet élément déterminée, au bout du temps t, non seulement par les coordonnées

$$x, \quad y, \quad z,$$

relatives à trois axes rectangulaires qui restent fixes dans l'espace, mais encore par les coordonnées

$$\mathrm{x}, \quad \mathrm{y}, \quad \mathrm{z},$$

relatives à trois axes rectangulaires qui restent fixes dans ce corps. On aura

$$(1) \qquad \left\{ \begin{aligned} x &= \alpha\,\mathrm{x} + 6\,\mathrm{y} + \gamma\,\mathrm{z}, \\ y &= \alpha'\mathrm{x} + 6'\mathrm{y} + \gamma'\mathrm{z}, \\ z &= \alpha''\mathrm{x} + 6''\mathrm{y} + \gamma''\mathrm{z}, \end{aligned} \right.$$

$\alpha, 6, \gamma; \alpha', 6', \gamma'; \alpha'', 6'', \gamma''$ étant les cosinus des angles formés par les demi-axes des x, y, z positives avec les demi-axes des $\mathrm{x}, \mathrm{y}, \mathrm{z}$ positives. D'ailleurs ces cosinus seront liés entre eux par les équations connues

$$(2) \qquad \left\{ \begin{array}{lll} \alpha^2 + \alpha'^2 + \alpha''^2 = 1, & 6^2 + 6'^2 + 6''^2 = 1, & \gamma^2 + \gamma'^2 + \gamma''^2 = 1, \\ 6\gamma + 6'\gamma' + 6''\gamma'' = 0, & \gamma\alpha + \gamma'\alpha' + \gamma''\alpha'' = 0, & \alpha 6 + \alpha' 6' + \alpha'' 6'' = 0. \end{array} \right.$$

De ces équations différentiées on pourra en déduire d'autres de la forme

$$\begin{aligned} \alpha \mathrm{D}_t \alpha + \alpha' \mathrm{D}_t \alpha' + \alpha'' \mathrm{D}_t \alpha'' &= 0, \\ \alpha \mathrm{D}_t 6 + \alpha' \mathrm{D}_t 6' + \alpha'' \mathrm{D}_t 6'' &= \mathfrak{r}, \\ \alpha \mathrm{D}_t \gamma + \alpha' \mathrm{D}_t \gamma' + \alpha'' \mathrm{D}_t \gamma'' &= -\mathfrak{q}, \end{aligned}$$

$$\begin{aligned} 6 \mathrm{D}_t \alpha + 6' \mathrm{D}_t \alpha' + 6'' \mathrm{D}_t \alpha'' &= -\mathfrak{r}, \\ 6 \mathrm{D}_t 6 + 6' \mathrm{D}_t 6' + 6'' \mathrm{D}_t 6'' &= 0, \\ 6 \mathrm{D}_t \gamma + 6' \mathrm{D}_t \gamma' + 6'' \mathrm{D}_t \gamma'' &= \mathfrak{p}, \end{aligned}$$

$$\begin{aligned} \gamma \mathrm{D}_t \alpha + \gamma' \mathrm{D}_t \alpha' + \gamma'' \mathrm{D}_t \alpha'' &= \mathfrak{q}, \\ \gamma \mathrm{D}_t 6 + \gamma' \mathrm{D}_t 6' + \gamma'' \mathrm{D}_t 6'' &= -\mathfrak{p}, \\ \gamma \mathrm{D}_t \gamma + \gamma' \mathrm{D}_t \gamma' + \gamma'' \mathrm{D}_t \gamma'' &= 0, \end{aligned}$$

p, q, r désignant trois nouvelles variables, dont les valeurs, une fois connues, serviront à faire connaître celles de

$$\alpha, \quad \beta, \quad \gamma, \quad \alpha', \quad \beta', \quad \gamma', \quad \alpha'', \quad \beta'', \quad \gamma''.$$

En effet, des neuf dernières formules on tirera, par exemple,

$$(3) \qquad D_t\alpha = \gamma q - \beta r, \quad D_t\beta = \alpha r - \gamma p, \quad D_t\gamma = \beta p - \alpha q;$$

et par conséquent, p, q, r étant supposées connues, il suffira, pour trouver α, β, γ, d'intégrer trois équations différentielles linéaires, savoir, les formules (3). D'ailleurs, ces trois équations continueront évidemment de subsister quand on y remplacera α, β, γ par α', β', γ' ou par α'', β'', γ''.

Soit maintenant $\varkappa$ une quantité positive déterminée par la formule

$$(4) \qquad \varkappa^2 = p^2 + q^2 + r^2,$$

et posons

$$(5) \qquad \frac{p}{\varkappa} = \cos\lambda, \quad \frac{q}{\varkappa} = \cos\mu, \quad \frac{r}{\varkappa} = \cos\nu.$$

On s'assurera aisément que λ, μ, ν représentent les angles formés, au bout du temps t, par l'axe instantané de rotation, prolongé dans un certain sens, avec les demi-axes des x, y, z positives; et $\varkappa$ la vitesse angulaire de rotation du corps autour de ce même axe.

Soient encore

ω la vitesse absolue de l'élément m;

χ le moment linéaire principal relatif aux quantités de mouvement, et

$$(6) \qquad \psi^2 = \sum m\omega^2$$

la somme des forces vives. Si, en faisant coïncider les axes des x, y, z avec les axes principaux du corps relatifs au point fixe autour duquel il tourne, on nomme

$$A, \quad B, \quad C$$

les moments d'inertie principaux relatifs à ce point, on aura

$$(7)\qquad \begin{cases} \mathfrak{p}^2 + \mathfrak{q}^2 + \mathfrak{r}^2 = 8^2, \\ A\,\mathfrak{p}^2 + B\,\mathfrak{q}^2 + C\,\mathfrak{r}^2 = \psi^2, \\ A^2\mathfrak{p}^2 + B^2\mathfrak{q}^2 + C^2\mathfrak{r}^2 = \chi^2. \end{cases}$$

Si d'ailleurs on nomme

$$\mathfrak{P},\quad \mathfrak{Q},\quad \mathfrak{R}$$

les projections algébriques du moment linéaire χ sur les axes des x, y, z, et

$$\mathrm{P},\quad \mathrm{Q},\quad \mathrm{R}$$

les projections algébriques du même moment linéaire sur les axes des x, y, z, on aura, non seulement

$$(8)\qquad \begin{cases} \mathfrak{P} = \alpha\,\mathrm{P} + 6\,\mathrm{Q} + \gamma\,\mathrm{R}, \\ \mathfrak{Q} = \alpha'\,\mathrm{P} + 6'\,\mathrm{Q} + \gamma'\,\mathrm{R}, \\ \mathfrak{R} = \alpha''\,\mathrm{P} + 6''\,\mathrm{Q} + \gamma''\,\mathrm{R}, \end{cases}$$

mais encore

$$(9)\qquad \mathrm{P} = -A\mathfrak{p}, \qquad \mathrm{Q} = -B\mathfrak{q}, \qquad \mathrm{R} = -C\mathfrak{r};$$

et l'on conclura des formules (8)

$$(10)\qquad \begin{cases} \mathrm{P} = \alpha\,\mathfrak{P} + \alpha'\,\mathfrak{Q} + \alpha''\,\mathfrak{R}, \\ \mathrm{Q} = 6\,\mathfrak{P} + 6'\,\mathfrak{Q} + 6''\,\mathfrak{R}, \\ \mathrm{R} = \gamma\,\mathfrak{P} + \gamma'\,\mathfrak{Q} + \gamma''\,\mathfrak{R}. \end{cases}$$

Soient enfin

K le moment linéaire principal du système des forces appliquées aux divers points du corps;

$\mathfrak{L}$, $\mathfrak{M}$, $\mathfrak{N}$ les projections algébriques de ce moment linéaire sur les axes des x, y, z;

L, M, N ses projections algébriques sur les axes des x, y, z.

On aura, non seulement

$$(11)\qquad \begin{cases} \mathrm{L} = \alpha\,\mathfrak{L} + \alpha'\,\mathfrak{M} + \alpha''\,\mathfrak{N}, \\ \mathrm{M} = 6\,\mathfrak{L} + 6'\,\mathfrak{M} + 6''\,\mathfrak{N}, \\ \mathrm{N} = \gamma\,\mathfrak{L} + \gamma'\,\mathfrak{M} + \gamma''\,\mathfrak{N}, \end{cases}$$

mais encore

$$(12) \qquad D_t \mathfrak{P} = \mathfrak{L}, \qquad D_t \mathfrak{Q} = \mathfrak{M}, \qquad D_t \mathfrak{R} = \mathfrak{N},$$

et l'on tirera des formules (12), jointes aux équations (9) et (10),

$$(13) \qquad \left\{ \begin{array}{l} AD_t p + (B - C) qr + L = 0, \\ BD_t q + (C - A) rp + M = 0, \\ CD_t r + (A - B) pq + N = 0. \end{array} \right.$$

Des formules (13), jointes aux équations (7), on conclut

$$(14) \qquad \left\{ \begin{array}{l} \psi D_t \psi + \quad Lp + \quad Mq + \quad Nr = 0, \\ \chi D_t \chi + ALp + BMq + CNr = 0. \end{array} \right.$$

Si le moment linéaire principal du système des forces appliquées au corps s'évanouit, ce qui aura lieu, par exemple, dans le cas où ces forces elles-mêmes se réduiraient à zéro, les formules (14) donneront

$$(15) \qquad D_t \psi = 0, \qquad D_t \chi = 0,$$

et par conséquent les valeurs de ψ, χ se réduiront à des quantités constantes.

Les formules obtenues dans ce paragraphe s'accordent avec celles qui étaient déjà connues, et en particulier avec celles que j'ai données dans mon cours de Mécanique de la Faculté des Sciences, en les établissant à l'aide de raisonnements analogues à ceux dont je viens de faire usage.

Observons d'ailleurs que ces formules continuent de subsister dans le cas où le corps que l'on considère se meut librement dans l'espace, et où l'on prend pour origine des coordonnées le centre de gravité de ce corps.

§ II. — *Sur l'équilibre et le mouvement d'un système de molécules dont les dimensions ne sont pas supposées nulles.*

Considérons un système de molécules dont les dimensions ne soient pas supposées nulles, et nommons

m une de ces molécules;

$(\mathfrak{m})$ et $[\mathfrak{m}]$ deux éléments distincts et infiniment petits de cette même molécule.

Supposons d'ailleurs que, en prenant pour axes coordonnés trois axes fixes de position dans l'espace, on nomme

x, y, z les coordonnées du centre de gravité de la molécule $\mathfrak{m}$;
$x + \delta x,\ y + \delta y,\ z + \delta z$ les coordonnées de l'élément $(\mathfrak{m})$;
$x + \partial x,\ y + \partial y,\ z + \partial z$ les coordonnées de l'élément $[\mathfrak{m}]$.

Soient encore

m une molécule distincte de $\mathfrak{m}$;
(m) et $[m]$ deux éléments de la molécule m correspondants aux éléments $(\mathfrak{m})$ et $[\mathfrak{m}]$ de la molécule $\mathfrak{m}$;
$x + \Delta x,\ y + \Delta y,\ z + \Delta z$ les coordonnées du centre de gravité de la molécule m.

Les coordonnées de l'élément (m) seront

$$x + \Delta x + \delta x + \Delta\delta x,\quad y + \Delta y + \delta y + \Delta\delta y,\quad z + \Delta z + \delta z + \Delta\delta z;$$

tandis que celles de l'élément $[m]$ seront

$$x + \Delta x + \partial x + \Delta\partial x,\quad y + \Delta y + \partial y + \Delta\partial y,\quad z + \Delta z + \partial z + \Delta\partial z.$$

Soient enfin

r la distance qui sépare les centres de gravité des molécules $\mathfrak{m}$ et m;
$\mathfrak{r}$ la distance qui sépare l'élément $(\mathfrak{m})$ de l'élément $[m]$;
$(\mathfrak{m})[m]\,\mathrm{f}(\mathfrak{r})$ l'action mutuelle de ces deux éléments, $\mathrm{f}(\mathfrak{r})$ désignant une quantité positive, lorsque les molécules s'attirent, et négative lorsqu'elles se repoussent.

On aura

$$(1)\quad \left\{ \begin{aligned} \mathfrak{r}^2 = {} & (\Delta x + \partial x - \delta x + \Delta\partial x)^2 \\ & + (\Delta y + \partial y - \delta y + \Delta\partial y)^2 + (\Delta z + \partial z - \delta z + \Delta\partial z)^2. \end{aligned} \right.$$

D'ailleurs, au système des forces qui solliciteront la molécule $\mathfrak{m}$ correspondra, non seulement une *force principale,* mais encore un *moment linéaire principal;* et, si l'on nomme

$\mathcal{X}$, $\mathcal{Y}$, $\mathcal{Z}$ les projections algébriques de cette force principale;

$\mathcal{L}$, $\mathcal{M}$, $\mathcal{N}$ les projections algébriques de ce moment linéaire principal, dans le cas où l'on prend pour origine des moments le centre de gravité de la molécule;

on aura, pour déterminer

$$\mathcal{X},\quad \mathcal{Y},\quad \mathcal{Z},\qquad \mathcal{L},\quad \mathcal{M},\quad \mathcal{N},$$

des équations de la forme

$$(2)\qquad \left\{\begin{array}{l} \mathcal{X} = \mathrm{S}\sum\sum\left\{(\mathfrak{m})[m]\dfrac{\Delta x + \mathcal{A}x - \delta x + \Delta\mathcal{A}x}{\mathfrak{r}}\,\mathrm{f}(\mathfrak{r})\right\}, \\ \ldots\ldots\ldots\ldots\ldots\ldots\ldots\ldots\ldots\ldots\ldots\ldots\ldots\ldots, \end{array}\right.$$

$$(3)\qquad \left\{\begin{array}{l} \mathcal{L} = \mathrm{S}\sum\sum\left\{(\mathfrak{m})[m]\dfrac{(\Delta z + \mathcal{A}z - \delta z + \Delta\mathcal{A}z)\,\delta y - (\Delta y + \mathcal{A}y - \delta y + \Delta\mathcal{A}y)\,\delta z}{}\,\mathrm{f}(\mathfrak{r})\right\}, \\ \ldots\ldots\ldots\ldots\ldots\ldots\ldots\ldots\ldots\ldots\ldots\ldots\ldots\ldots\ldots\ldots\ldots\ldots\ldots\ldots, \end{array}\right.$$

la sommation qu'indique le signe S se rapportant aux diverses molécules m distinctes de $\mathfrak{m}$, et les deux sommations qu'indiquent les deux signes $\sum$ étant relatives, l'une aux divers éléments $(\mathfrak{m})$ de la molécule $\mathfrak{m}$, l'autre aux divers éléments $[m]$ de la molécule m.

Cela posé, si le système des molécules que l'on considère est en équilibre, les équations d'équilibre seront

$$(4)\qquad \left\{\begin{array}{lll} \mathcal{X} = 0, & \mathcal{Y} = 0, & \mathcal{Z} = 0, \\ \mathcal{L} = 0, & \mathcal{M} = 0, & \mathcal{N} = 0. \end{array}\right.$$

Passons maintenant au cas où le système de molécules est en mouvement. Soient

$$\mathrm{x},\quad \mathrm{y},\quad \mathrm{z}$$

les coordonnées de l'élément $(\mathfrak{m})$ de la molécule $\mathfrak{m}$, rapportées à trois axes rectangulaires qui conservent une position fixe dans la molécule, et qui coïncident avec les trois axes principaux menés par le centre de gravité. Soient, de plus,

$$\mathrm{A},\quad \mathrm{B},\quad \mathrm{C}$$

les trois moments d'inertie principaux relatifs à ce même centre, et

$$\alpha,\quad 6,\quad \gamma,$$
$$\alpha',\quad 6',\quad \gamma',$$
$$\alpha'',\quad 6'',\quad \gamma''$$

les cosinus des angles formés avec les demi-axes des x, y, z positives par les demi-axes des x, y, z positives. Enfin, supposons les quantités

$$\mathfrak{p},\quad \mathfrak{q},\quad \mathfrak{r}$$

liées à ces cosinus, et les quantités

$$\mathbf{L},\quad \mathbf{M},\quad \mathbf{N}$$

liées aux projections algébriques

$$\mathcal{L},\quad \mathcal{M},\quad \mathcal{N}$$

par les formules données dans le § I. Les équations qui représenteront le mouvement du système de molécules seront

$$(5)\qquad \mathrm{m}\,\mathrm{D}_t^2 x = \mathcal{X},\qquad \mathrm{m}\,\mathrm{D}_t^2 y = \mathcal{Y},\qquad \mathrm{m}\,\mathrm{D}_t^2 z = \mathcal{Z}$$

et

$$(6)\qquad \begin{cases} \mathrm{A}\mathrm{D}_t\mathfrak{p} + (\mathrm{B}-\mathrm{C})\mathfrak{q}\mathfrak{r} + \mathbf{L} = 0, \\ \mathrm{B}\mathrm{D}_t\mathfrak{q} + (\mathrm{C}-\mathrm{A})\mathfrak{r}\mathfrak{p} + \mathbf{M} = 0, \\ \mathrm{C}\mathrm{D}_t\mathfrak{r} + (\mathrm{A}-\mathrm{B})\mathfrak{p}\mathfrak{q} + \mathbf{N} = 0. \end{cases}$$

On aura d'ailleurs

$$(7)\qquad \begin{cases} \delta x = \alpha\,\mathrm{x} + 6\,\mathrm{y} + \gamma\,\mathrm{z}, \\ \delta y = \alpha'\mathrm{x} + 6'\mathrm{y} + \gamma'\mathrm{z}, \\ \delta z = \alpha''\mathrm{x} + 6''\mathrm{y} + \gamma''\mathrm{z}. \end{cases}$$

Il importe d'observer qu'on peut, aux formules (7), joindre des formules analogues, mais relatives à la molécule m. En effet, soient

$$\mathrm{x}_{,},\quad \mathrm{y}_{,},\quad \mathrm{z}_{,}$$

les coordonnées de l'élément $[m]$ de cette dernière molécule, rapportées aux axes principaux qui passent par le centre de gravité. Les formules (7) continueront de subsister quand on y remplacera simultanément

$$\begin{array}{llll} \delta x, \ \delta y, \ \delta z & \text{par} & \mathfrak{d}x + \Delta\mathfrak{d}x, & \mathfrak{d}y + \Delta\mathfrak{d}y, \quad \mathfrak{d}z + \Delta\mathfrak{d}z, \\ \alpha, \ \beta, \ \gamma & \text{par} & \alpha + \Delta\alpha, & \beta + \Delta\beta, \quad \gamma + \Delta\gamma, \\ \mathrm{x}, \ \mathrm{y}, \ \mathrm{z} & \text{par} & \mathrm{x}_{,}, \ \mathrm{y}_{,}, \ \mathrm{z}_{,}. \end{array}$$

On aura donc

$$(8) \quad \left\{ \begin{array}{l} \mathfrak{d}x + \Delta\mathfrak{d}x = (\alpha + \Delta\alpha)\mathrm{x}_{,} + (\beta + \Delta\beta)\mathrm{y}_{,} + (\gamma + \Delta\gamma)\mathrm{z}_{,}, \\ \mathfrak{d}y + \Delta\mathfrak{d}y = (\alpha' + \Delta\alpha')\mathrm{x}_{,} + (\beta' + \Delta\beta')\mathrm{y}_{,} + (\gamma' + \Delta\gamma')\mathrm{z}_{,}, \\ \mathfrak{d}z + \Delta\mathfrak{d}z = (\alpha'' + \Delta\alpha'')\mathrm{x}_{,} + (\beta'' + \Delta\beta'')\mathrm{y}_{,} + (\gamma'' + \Delta\gamma'')\mathrm{z}_{,}. \end{array} \right.$$

Si maintenant on substitue les valeurs de

$$\delta x, \quad \delta y, \quad \delta z, \qquad \mathfrak{d}x + \Delta\mathfrak{d}x, \quad \mathfrak{d}y + \Delta\mathfrak{d}y, \quad \mathfrak{d}z + \Delta\mathfrak{d}z,$$

tirées des formules (7) et (8), dans les seconds membres des équations (2) et (3), on en conclura que les six quantités

$$\mathcal{X}, \quad \mathcal{Y}, \quad \mathcal{Z}, \qquad \mathcal{L}, \quad \mathcal{M}, \quad \mathcal{N}$$

peuvent être considérées comme des fonctions déterminées des variables

$$x, \ y, \ z, \qquad \alpha, \ \beta, \ \gamma, \qquad \alpha', \ \beta', \ \gamma', \qquad \alpha'', \ \beta'', \ \gamma''$$

et de leurs différences indiquées à l'aide de la caractéristique Δ. D'ailleurs, parmi ces variables, les neuf dernières seront liées entre elles par les équations (2) du § I.

On doit remarquer le cas où les dimensions de chaque molécule sont supposées très petites par rapport à la distance des deux molécules voisines; en sorte que, vis-à-vis des rapports

$$\frac{\delta x}{r}, \quad \frac{\delta y}{r}, \quad \frac{\delta z}{r}, \qquad \frac{\mathfrak{d}x}{r}, \quad \frac{\mathfrak{d}y}{r}, \quad \frac{\mathfrak{d}z}{r},$$

on puisse négliger les carrés ou même seulement les cubes de ces rapports. Nous développerons dans un autre article, non seulement les formules qu'on obtient dans cette hypothèse et qui se déduisent aisément des précédentes, mais encore celles que renferment divers Mémoires joints à celui-ci, et relatifs à la théorie de la lumière.

248.

Analyse mathématique. — *Addition au Memoire sur la synthèse algébrique* [1].

C. R., T. XVIII, p. 803 (29 avril 1844).

Dans le troisième paragraphe du Mémoire sur la synthèse algébrique, j'ai considéré de nouveau un problème de Géométrie qui a souvent occupé les géomètres, et qui consiste à tracer, dans un plan donné, un cercle tangent à trois cercles donnés, problème dont j'avais présenté moi-même, il y a longtemps, une solution géométrique assez simple qui a été publiée dans la *Correspondance sur l'École Polytechnique* pour l'année 1807. L'analyse dont je me suis servi pour résoudre,

(1) *Note lue à l'Académie par* M. Augustin Cauchy.

C. R., T. XVIII, p. 802 (29 avril 1844).

Le quatrième paragraphe de mon Mémoire sur la synthèse algébrique renfermait le paragraphe suivant [t. XVI des *Comptes rendus*, p. 1051 ([a])] :

On pourra, par la synthèse algébrique, obtenir des solutions élégantes de problèmes déterminés, par exemple de celui qui consiste à tracer une sphère tangente à quatre sphères données, dont les centres sont C, $C_{,}$, $C_{,,}$, $C_{,,,}$, *et les rayons* r, $r_{,}$, $r_{,,}$, $r_{,,,}$.

J'indiquais ensuite une solution fort simple de ce dernier problème, en disant qu'elle se déduit d'une analyse semblable à celle que j'avais employée pour la solution du problème analogue relatif aux cercles.

C'était pour abréger que je n'avais pas, dans le Mémoire dont il s'agit, donné *in extenso* la solution du problème relatif aux sphères. Je vais reproduire ici l'analyse qui sert à résoudre ce dernier problème, telle que je la retrouve dans une *addition* rédigée vers l'époque où je venais de composer le Mémoire. Cette analyse diffère très peu, comme on le verra, non seulement de celle qu'a employée M. Arcas Trébert, dans une Note dont l'auteur a bien voulu m'adresser un exemplaire, mais encore de celle que j'avais employée moi-même dans le Mémoire sur la synthèse algébrique, pour la détermination du cercle tangent à trois cercles donnés.

([a]) *Œuvres de Cauchy*, S. I, T. VII, p. 422.

non seulement le problème dont il s'agit, mais aussi le problème de la sphère tangente à quatre autres, coïncide en partie, comme je me suis empressé d'en faire la remarque, avec l'analyse que M. Gergonne a employée dans les *Mémoires de l'Académie de Turin* pour l'année 1814, et que le même auteur a reproduite, avec de nouveaux développements, dans les *Annales de Mathématiques* (1816, 1817). J'ajoute que cette analyse peut être modifiée de manière que les équations des deux droites dont elle exige la construction renferment seulement les expressions algébriques propres à représenter les carrés des tangentes menées d'un point extérieur à des cercles ou à des sphères concentriques aux cercles ou aux sphères données, et des valeurs particulières de ces expressions. On se trouve alors conduit, par des formules très concises et très symétriques, aux solutions obtenues par M. Gergonne et à celles que j'ai données moi-même, comme je vais l'expliquer en peu de mots (1).

Sur la recherche d'une sphère tangente à quatre autres.

Soient

r, $r_{\prime}$, $r_{\prime\prime}$, $r_{\prime\prime\prime}$ les rayons des quatre sphères données;

a, b, c; $a_{\prime}$, $b_{\prime}$, $c_{\prime}$; $a_{\prime\prime}$, $b_{\prime\prime}$, $c_{\prime\prime}$; $a_{\prime\prime\prime}$, $b_{\prime\prime\prime}$, $c_{\prime\prime\prime}$ les coordonnées rectangulaires de leurs centres C, $C_{\prime}$, $C_{\prime\prime}$, $C_{\prime\prime\prime}$;

ρ le rayon d'une sphère tangente aux quatre autres;

x, y, z les coordonnées du centre de cette nouvelle sphère;

x, y, z les coordonnées du point où la nouvelle sphère touchera la première des sphères données.

Le centre (x, y, z) se trouvera séparé du centre (a, b, c) de la première sphère par la distance $r \pm \rho$. On aura donc

$$(x-a)^2+(y-b)^2+(z-c)^2=(r\pm\rho)^2$$

ou, ce qui revient au même,

$$\mathfrak{R}=0,$$

(1) Pour abréger, je ne conserve ici de mon analyse que la partie relative au problème le plus compliqué, savoir, au problème des sphères.

la valeur de $\mathcal{R}$ étant

$$\mathcal{R} = (x - a)^2 + (y - b)^2 + (z - c)^2 - (r \pm \rho)^2.$$

Il y a plus : si l'on nomme

$$\mathcal{R}_{,}, \quad \mathcal{R}_{,,}, \quad \mathcal{R}_{,,,}$$

ce que devient $\mathcal{R}$ quand on y remplace a, b, c, r par $a_{,}$, $b_{,}$, $c_{,}$, $r_{,}$, ou par $a_{,,}$, $b_{,,}$, $c_{,,}$, $r_{,,}$, ou enfin par $a_{,,,}$, $b_{,,,}$, $c_{,,,}$, $r_{,,,}$, on aura évidemment

$$(1) \qquad \mathcal{R} = 0, \quad \mathcal{R}_{,} = 0, \quad \mathcal{R}_{,,} = 0, \quad \mathcal{R}_{,,,} = 0.$$

Ces quatre équations détermineront les quatre inconnues

$$x, \quad y, \quad z, \quad \rho.$$

D'autre part, les trois points (a, b, c), $(\mathrm{x}, \mathrm{y}, \mathrm{z})$, (x, y, z) devront être situés sur une même droite, de telle sorte que les distances du premier au deuxième et au troisième se trouvent représentées par r et par la valeur numérique du binôme $r \pm \rho$, le point (a, b, c) étant renfermé ou non renfermé entre les deux autres, suivant que le binôme $r \pm \rho$ sera positif ou négatif. On aura donc encore

$$(2) \qquad \frac{\mathrm{x} - a}{x - a} = \frac{\mathrm{y} - b}{y - b} = \frac{\mathrm{z} - c}{z - c} = \frac{r}{r \pm \rho},$$

le choix du double signe devant être réglé de la même manière que dans l'équation qui fournit la valeur de $\mathcal{R}$. Or la formule (2) suffira évidemment pour déduire des valeurs de x, y, z, ρ les valeurs des trois inconnues

$$\mathrm{x}, \quad \mathrm{y}, \quad \mathrm{z}.$$

En résumé, les sept équations représentées par les formules (1) et (2) suffiront à la détermination des sept inconnues

$$x, \quad y, \quad z, \qquad \mathrm{x}, \quad \mathrm{y}, \quad \mathrm{z}, \qquad \rho,$$

par conséquent à la résolution algébrique du problème énoncé. Mais, si l'on voulait construire géométriquement les valeurs des sept inconnues tirées des équations (1) et (2), on arriverait à des constructions peu élégantes. Pour éviter cet inconvénient, il suffit de combiner entre elles les formules (1) et (2) et d'en déduire des équations qui soient linéaires par rapport aux inconnues, en opérant comme il suit.

Observons d'abord que, dans la fonction

$$\mathfrak{R} = (x-a)^2 + (y-b)^2 + (z-c)^2 - (r \pm \rho)^2,$$

et par suite dans chacun des polynômes

$$\mathfrak{R}, \quad \mathfrak{R}_{,}, \quad \mathfrak{R}_{,,}, \quad \mathfrak{R}_{,,,},$$

la somme des termes du second degré en x, y, z, ρ sera

$$x^2 + y^2 + z^2 - \rho^2.$$

Donc, si des formules (1) on veut tirer des équations linéaires en x, y, z, ρ, il suffira de combiner ces formules entre elles par voie de soustraction. On obtiendra ainsi les trois équations

$$(3) \qquad \mathfrak{R}_{,} - \mathfrak{R} = 0, \qquad \mathfrak{R}_{,,} - \mathfrak{R} = 0, \qquad \mathfrak{R}_{,,,} - \mathfrak{R} = 0,$$

qui se trouveront comprises dans la seule formule

$$(4) \qquad \mathfrak{R} = \mathfrak{R}_{,} = \mathfrak{R}_{,,} = \mathfrak{R}_{,,,}.$$

Si l'on élimine ρ entre ces mêmes équations, on obtiendra deux équations nouvelles, qui seront linéaires par rapport à x, y, z, et représenteront en conséquence une droite OA sur laquelle devra se trouver le centre (x, y, z) de la sphère cherchée.

Ce n'est pas tout : si l'on représente par θ la valeur commune des rapports égaux qui composent les divers membres de la formule (2), on aura

$$x - a = \frac{\mathrm{x} - a}{\theta}, \qquad y - b = \frac{\mathrm{y} - b}{\theta}, \qquad z - c = \frac{\mathrm{z} - c}{\theta}, \qquad r \pm \rho = \frac{r}{\theta},$$

et, en substituant les valeurs de

$$x, \quad y, \quad z, \quad \rho,$$

tirées de ces dernières formules, dans les équations (3), on obtiendra évidemment, après avoir fait disparaître le dénominateur θ, trois équations qui seront linéaires en

$$\mathrm{x},\quad \mathrm{y},\quad \mathrm{z},\quad \theta.$$

Or il suffira évidemment d'éliminer θ entre ces trois équations pour obtenir deux autres équations linéaires qui renfermeront les seules inconnues

$$\mathrm{x},\quad \mathrm{y},\quad \mathrm{z},$$

et qui, en conséquence, représenteront une nouvelle droite PB sur laquelle devra se trouver le point (x, y, z) où la sphère cherchée touchera la première des sphères données.

Cela posé, il est clair que le problème énoncé pourra être réduit à la construction des seules droites OA, PB. Car, la droite PB étant tracée, l'un quelconque des points T, où elle rencontrera la surface de la première des sphères données, pourra être considéré comme le point de contact de cette sphère et de la sphère cherchée. De plus, le rayon C mené par ce point de contact devra rencontrer la droite OA au centre même de la sphère cherchée.

D'autre part, pour construire les deux droites OA, PB, il suffira de connaître deux points P et A, ou O et B de chacune d'elles.

Or, comme les équations des droites OA, PB se déduiront, par l'élimination de l'inconnue ρ, des seules formules (2) et (4), les valeurs de

$$x,\quad y,\quad z,\qquad \mathrm{x},\quad \mathrm{y},\quad \mathrm{z},$$

que fourniront, pour une valeur donnée de ρ, les six équations comprises dans ces deux formules, seront évidemment les coordonnées de deux points correspondants O et P, ou A et B des deux droites OA, PB. Enfin il est clair que la formule (2) donnera, pour $\rho = 0$,

$$\mathrm{x} = x,\qquad \mathrm{y} = y,\qquad \mathrm{z} = z,$$

et, pour $\pm\rho = r$,

$$\frac{\mathrm{x}-a}{x-a} = \frac{\mathrm{y}-b}{y-b} = \frac{\mathrm{z}-c}{z-c} = \frac{1}{2};$$

d'où il résulte que le point P se confondra simplement avec le point O, si celui-ci correspond à une valeur nulle de ρ, et que la distance CB sera la moitié de la distance CA, si le point A correspond à $\pm \rho = r$. Donc, en définitive, pour résoudre le problème énoncé, il suffira de construire le point O ou A dont les coordonnées x, y, z sont déterminées par la formule (4), lorsqu'on suppose dans cette formule $\rho = 0$ ou $\pm \rho = r$.

Or chacune des formules (1), prise séparément, représente l'une des quatre sphères décrites des centres C, $C_{,}$, $C_{,,}$, $C_{,,,}$, avec des rayons équivalents aux valeurs numériques des binômes

$$r \pm \rho, \quad r_{,} \pm \rho, \quad r_{,,} \pm \rho, \quad r_{,,,} \pm \rho;$$

et la fonction $\mathcal{R}$, quand on prend pour x, y, z les coordonnées d'un point extérieur à la première de ces sphères, représente le carré d'une tangente menée de ce point à la sphère. Donc le plan représenté par l'une quelconque des équations (3) est celui que M. Gaultier, de Tours, a nommé le *plan radical* correspondant à deux des sphères dont il s'agit, c'est-à-dire le lieu géométrique de tous les points d'où l'on peut mener à ces deux sphères des tangentes égales. Donc le point dont les coordonnées x, y, z se trouvent déterminées par le système des équations (3), ou, ce qui revient au même, par la formule (4), sera le centre radical du système des quatre sphères, c'est-à-dire le point commun aux plans radicaux qui correspondront à ces mêmes sphères combinées deux à deux. Enfin les quatre sphères dont il s'agit se réduiront évidemment, si l'on pose $\rho = 0$, à celles qui, étant décrites des centres C, $C_{,}$, $C_{,,}$, $C_{,,,}$, ont pour rayons

$$r, \quad r_{,}, \quad r_{,,}, \quad r_{,,,},$$

par conséquent aux quatre sphères données, et, si l'on pose $\pm \rho = r$, aux quatre sphères qui, étant décrites des mêmes centres, auront pour rayons les valeurs numériques des quantités

$$2r, \quad r_{,} \pm r, \quad r_{,,} \pm r, \quad r_{,,,} \pm r.$$

Donc, *pour trouver une sphère qui en touche quatre autres, décrites des centres* C, $C_{,}$, $C_{,,}$, $C_{,,,}$ *avec les rayons* r, $r_{,}$, $r_{,,}$, $r_{,,,}$, il suffira de recourir à la règle suivante :

Déterminez le centre radical O *correspondant au système des quatre sphères données, puis le centre radical* A *de quatre nouvelles sphères qui, étant respectivement concentriques aux quatre premieres, offrent pour rayons les valeurs numériques des quantités*

$$2r,\quad r_{,}\pm r,\quad r_{,,}\pm r,\quad r_{,,,}\pm r.$$

Enfin joignez le point O *au milieu* B *de la distance* CA. *La droite* OB *ainsi tracée coupera la première des sphères données en deux points* T, *dont chacun pourra être considéré comme un point de contact de cette sphère et d'une sphère nouvelle qui touchera les quatre premières. De plus, le centre de la nouvelle sphère sera le point où le rayon* CT, *prolongé s'il est nécessaire, rencontrera la droite* OA.

Il est bon d'observer que, eu égard au double signe renfermé dans chacun des binômes

$$r_{,}\pm r,\quad r_{,,}\pm r,\quad r_{,,,}\pm r,$$

le nombre des positions différentes que pourra prendre la droite OB sera

$$2^3 = 8.$$

Comme d'ailleurs, dans chacune de ses positions, la droite OB coupera la première des sphères données en deux points au plus, il est clair que le nombre des sphères tangentes à quatre sphères données ne surpassera jamais le nombre

$$2^4 = 16.$$

On pourrait, au lieu de s'arrêter aux formules (2) et (4), chercher à déduire de ces formules les équations mêmes des droites OA, OB. Alors, en raisonnant comme dans la recherche du cercle tangent à trois cercles donnés, on se trouverait conduit aux conclusions suivantes :

Soient

$$R,\quad R_{,},\quad R_{,,},\quad R_{,,,}$$

ce que deviennent

$$\mathfrak{R},\quad \mathfrak{R}_{,},\quad \mathfrak{R}_{,,},\quad \mathfrak{R}_{,,,}$$

quand on y pose $\rho = 0$. Soient encore

$$\mathbf{K}_{,},\quad \mathbf{K}_{,,},\quad \mathbf{K}_{,,,}$$

ce que deviennent

$$\mathfrak{R}_{,},\quad \mathfrak{R}_{,,},\quad \mathfrak{R}_{,,,}$$

quand on y pose simultanément

$$x = a,\qquad y = b,\qquad \pm\rho = -r.$$

Les équations de la droite OA pourront être réduites à la formule

$$(5)\qquad \frac{\mathfrak{R}_{,} - \mathfrak{R}}{\mathrm{R}_{,} - \mathrm{R}} = \frac{\mathfrak{R}_{,,} - \mathfrak{R}}{\mathrm{R}_{,,} - \mathrm{R}} = \frac{\mathfrak{R}_{,,,} - \mathfrak{R}}{\mathrm{R}_{,,,} - \mathrm{R}};$$

et, si l'on désigne par x, y, z, non plus les coordonnées courantes de la droite OA, mais celles de la droite OB, les équations de cette dernière droite seront celles que comprend la formule

$$(6)\qquad \frac{\mathrm{R}_{,} - \mathrm{R}}{\mathbf{K}_{,}} = \frac{\mathrm{R}_{,,} - \mathrm{R}}{\mathbf{K}_{,,}} = \frac{\mathrm{R}_{,,,} - \mathrm{R}}{\mathbf{K}_{,,,}}.$$

Si d'ailleurs on observe que R, $\mathrm{R}_{,}$, $\mathrm{R}_{,,}$, $\mathrm{R}_{,,,}$ représentent les carrés des tangentes menées d'un point extérieur (x, y, z) aux sphères données, et $\mathrm{K}_{,}$, $\mathrm{K}_{,,}$, $\mathrm{K}_{,,,}$ les carrés des tangentes qui sont communes à la première sphère et aux trois autres, on se trouvera immédiatement conduit, par la formule (6), aux solutions qu'a données M. Gergonne du problème énoncé, en les tirant d'une analyse qui s'accorde au fond avec celle à laquelle nous venons de recourir.

249.

Statistique.

C. R., T. XVIII, p. 885 (13 mai 1844).

M. Augustin Cauchy présente à l'Académie deux opuscules qu'il vient de publier.

Le premier opuscule a un rapport manifeste avec les travaux de Statistique dont se sont plusieurs fois occupés des membres de l'Académie. Il a pour titre : *Considérations sur les moyens de prévenir les crimes et de réformer les criminels.*

M. Cauchy explique à quelle occasion cet opuscule a été composé. Appelé à faire partie du jury près la cour d'assises du département de la Seine, pour la dernière session de l'année 1843, M. Cauchy avait concouru à la rédaction d'une Note que les jurés adressèrent à M. le Ministre de la Justice. Cette Note était conçue dans les termes suivants :

Note sur l'urgente nécessité d'une réforme dans le mode actuel de répression des délits et des crimes.

Les jurés du département de la Seine, membres du jury près la cour d'assises pour la dernière session de l'année 1843, après avoir mûrement réfléchi sur les obligations que la loi leur impose dans les fonctions qu'ils sont appelés à remplir, ont cru qu'un devoir sacré pour eux était de faire connaître à M. le Ministre de la Justice, au Gouvernement et aux Chambres, la cruelle alternative dans laquelle ils se trouvent habituellement placés, en raison du mode actuel de répression des délits et des crimes. Après avoir juré devant Dieu et devant les hommes *de ne trahir ni les intérêts de l'accusé, ni ceux de la société qui l'accuse,* les jurés ont la douleur de ne pouvoir satisfaire ni à l'un ni à l'autre de ces deux intérêts, simultanément compromis par la législation pénale existante. Si le jury acquitte un coupable, la société n'est point vengée, et il est fort douteux que le repentir que l'accusé a pu témoigner à l'audience soit assez persévérant pour le prémunir contre la tentation de commettre de nouveaux crimes. Le jury le condamne-t-il? Ce sera bien pis encore, surtout si l'accusé est novice et comparait pour la première fois devant la cour d'assises. Le bienfait d'une bonne éducation lui avait manqué. Il va maintenant recevoir des leçons de crime; et la prison fera, d'un homme entraîné par de mauvaises passions ou de mauvais exemples, un scélérat par principes, un scélérat consommé. *Non seulement nos prisons actuelles ne corrigent pas, mais elles dépravent; cela est hors de doute. Elles rendent à la société des citoyens beaucoup plus dangereux que ceux qu'elles en ont reçus* (1).

D'après ces faits irrécusables, on ne doit pas s'étonner de la progression effrayante des délits et des crimes qui se multiplient de telle manière que, de 1830 à 1841, le nombre des poursuites judiciaires s'est élevé de 62000 à 96000 (2).

Pour arrêter cette multiplication des délits et des crimes, il faudrait évidemment : 1° procurer aux enfants des classes pauvres, et surtout à ceux qui, élevés dans la misère et dans le vice, deviendront plus tard le fléau de la société, la bonne éducation dont ils sont généralement privés;

2° Soustraire les prévenus et les condamnés aux leçons du crime qu'ils reçoivent dans les prisons;

3° Faciliter la réforme des condamnés et leur retour au bien, en leur faisant donner dans les prisons la bonne éducation dont ils ont été généralement privés avant leur condamnation;

4° Prendre des mesures telles que, parmi les coupables, chacun de ceux qui rentrent dans la vie commune après l'expiration de leur peine ne soit pas considéré et ne se considère pas lui-même comme un ennemi de la société.

N'existe-t-il aucun moyen d'obtenir en France les améliorations et les réformes que nous venons d'indiquer? Répondre négativement, ce serait faire injure à notre patrie, à cette France qui s'est toujours montrée jalouse de marcher à la tête de la civilisation européenne; lorsque les ressources précieuses qu'offrent des institutions toutes françaises deviennent la garantie de succès déjà constatés par l'expérience;

(1) Les paroles soulignées sont extraites du Rapport fait en 1843, au nom de la Commission chargée d'examiner le projet de loi sur les prisons, par M. de Tocqueville, député de la Manche (page 34).

(2) *Voir* le Rapport cité, page 3.

lorsque la maison centrale de Nîmes, lorsque les colonies agricoles de Marseille et de Mettray prouvent d'une manière invincible la possibilité d'obtenir la réforme des prisons et même la réforme des criminels.

En priant M. le Ministre de la Justice de vouloir bien ordonner ou provoquer les mesures administratives et législatives qui doivent assurer le succès d'une réforme devenue nécessaire dans le mode actuel de répression des délits et des crimes, en réclamant pour cet objet le concours du Gouvernement et des Chambres, le concours des Conseils municipal et départemental de la ville de Paris, et même de toutes les villes de France; enfin le concours des jurés qui leur succéderont dans les pénibles fonctions qui leur sont confiées; les soussignés ont la douce satisfaction de songer qu'ils remplissent un devoir qui leur est prescrit par l'intérêt général de leurs concitoyens, et que leur pensée sera comprise par les Français de toutes les opinions et de tous les partis.

Après avoir revêtu de leurs signatures la Note qu'on vient de lire, les jurés avaient chargé cinq d'entre eux de faire les démarches qui pouvaient être utiles pour la réalisation des vœux exprimés dans cette Note. La Commission instituée à cet effet se trouvait composée de MM. Édouard Thayer, membre du Conseil général du département de la Seine; le baron Augustin Cauchy, membre de l'Institut; Érard; Reiss, docteur médecin, et Rousselle-Charlard, juge suppléant au tribunal de Commerce.

M. le baron Zangiacomi, président de la Cour d'assises, avait bien voulu accepter la proposition de transmettre lui-même la Note signée par MM. les jurés à M. le Ministre de la Justice.

M. Augustin Cauchy fut chargé par la Commission de communiquer cette Note à M. de Tocqueville, membre de l'Institut, et rapporteur du projet de loi sur les prisons. Celui-ci témoigna le désir de lire quelques réflexions que M. Cauchy avait tracées sur le papier, et qui étaient en quelque sorte un développement de la Note elle-même.

M. Cauchy s'empressa de les lui remettre, et quelques jours plus tard il reçut la Lettre suivante :

Monsieur, j'ai lu attentivement le manuscrit que vous avez bien voulu me confier. Cette lecture a été pour moi d'un intérêt extrême, et je ne puis trop vous remercier de m'avoir permis de la faire. Je pense que la publication de cet opuscule servirait puissamment la cause de la réforme.

Veuillez, etc.,

ALEXIS DE TOCQUEVILLE.

Paris, ce 15 avril 1844.

Ainsi, en publiant les *considérations* qu'il présente à l'Académie, M. Cauchy ne fait autre chose que se conformer au vœu exprimé par l'honorable rapporteur du projet de loi sur les prisons.

Le second opuscule, présenté par M. Augustin Cauchy, a pour titre : *Mémoire à consulter, adressé aux membres des deux Chambres.* Ce Mémoire se rattache à la question que l'auteur avait déjà traitée dans l'Ouvrage précédemment offert à l'Académie ([1]), et intitulé : *Considérations sur les ordres religieux, adressées aux amis des sciences.*

250.

ANALYSE MATHÉMATIQUE. — *Rapport sur un Mémoire de* M. LAURENT, *relatif au calcul des variations.*

C. R., T. XVIII, p. 920 (20 mai 1844).

L'Académie nous a chargés, M. Liouville et moi, de lui rendre compte d'un Mémoire de M. Laurent qui a pour titre : *Mémoire sur le calcul des variations.*

L'Académie se rappelle que, dans sa séance publique du 13 juillet 1840, elle avait proposé pour sujet du grand prix des Sciences

([1]) C. R., T. XVIII, p. 476 (18 mars 1844).

mathématiques la question suivante, relative au calcul des variations : *Trouver les équations aux limites que l'on doit joindre aux équations indéfinies pour déterminer complètement les maxima et minima des intégrales multiples.* Le programme exigeait de plus des exemples de l'application de la méthode à des intégrales triples.

L'Académie se rappelle encore que, parmi les Mémoires envoyés au concours, l'un, dont l'auteur était M. Sarrus, a remporté le prix, tandis qu'un autre, dont l'auteur était M. Delaunay, a été jugé digne d'une mention honorable.

Le Mémoire de M. Laurent a été adressé à l'Académie après l'expiration du concours, mais avant l'époque à laquelle les juges du concours ont fait connaître le résultat de leur examen. M. Laurent n'a donc pu avoir aucune connaissance des Mémoires des concurrents. Cette circonstance augmente l'intérêt qui s'attache à son travail.

L'application du calcul des variations à la recherche des maxima et minima des intégrales multiples réclamait avant tout de nouvelles formules d'intégration par parties et une notation nouvelle qui permît d'écrire facilement ces nouvelles formules. Les juges du concours avaient particulièrement remarqué les paragraphes relatifs à ces deux objets dans le Mémoire de M. Sarrus. Les paragraphes correspondants du Mémoire de M. Laurent sont aussi dignes de remarque. Les deux auteurs ont employé des méthodes différentes pour établir les formules d'intégration par parties; mais ces formules sont en réalité les mêmes dans les deux Mémoires, quoiqu'elles s'y trouvent écrites à l'aide de deux notations distinctes. Nous ajouterons que, ces formules une fois établies, M. Laurent se sert, pour obtenir les équations aux limites, de raisonnements analogues à ceux dont M. Sarrus avait fait usage.

D'ailleurs le Mémoire de M. Laurent renferme, sur les diverses manières de vérifier les équations aux limites, des observations qui ne sont pas sans intérêt.

Nous ne dissimulerons pas que, parmi les méthodes employées par M. Laurent, quelques-unes peuvent être considérées plutôt comme des méthodes d'induction que comme des méthodes parfaitement rigoureuses. Mais il est généralement facile de constater l'exactitude des résultats obtenus par ces méthodes qui, pour l'ordinaire, permettent d'effectuer assez simplement les calculs.

En résumé, nous croyons que le Mémoire de M. Laurent est digne d'être approuvé par l'Académie et d'être inséré dans le *Recueil des Savants étrangers*.

251.

PHYSIQUE MATHÉMATIQUE. — *Observations à l'occasion d'une Note de M.* LAURENT (¹).

C. R., T. XVIII, p. 940 (20 mai 1844).

M. Cauchy a clairement indiqué la méthode rationnelle à l'aide de laquelle il avait recherché les conditions analytiques de la polarisation circulaire. Il a dit expressément, dans la séance du 14 novembre 1842 : *Au lieu de former* A PRIORI *les équations différentielles d'après la nature des forces et des systèmes de molécules supposées connus, et d'intégrer ensuite*

(¹) *Extrait d'une Lettre de M. Laurent à M. Arago.*

La théorie de la polarisation mobile en est encore aujourd'hui au point où l'a laissée Fresnel. M. Cauchy, il est vrai, a donné des équations différentielles propres à reproduire l'explication de ces phénomènes telle que l'a présentée l'illustre physicien que je viens de citer; mais ces équations sont purement empiriques. En effet, M. Cauchy les a formées en admettant *a priori* précisément ce qu'il serait très important de vérifier, à moins que, dans certains systèmes de molécules, les mouvements simples polarisés circulairement en sens contraire se propagent *nécessairement* avec des vitesses différentes. En outre, ces équations empiriques sont incompatibles avec celles qui représentent les lois des mouvements d'un système, ou même de deux systèmes isotropes de points matériels, et que, depuis quatorze ans, M. Cauchy donne comme représentant les lois des mouvements de la lumière dans les corps diaphanes. En un mot, il est mathématiquement impossible que dans un système, ou même deux systèmes isotropes de points matériels, deux mouvements simples polarisés circulairement en sens contraire doivent *nécessairement* se propager avec des vitesses différentes. Ainsi donc, si l'on adopte l'hypothèse de points matériels admise sans réserve par M. Cauchy pour former les équations du mouvement de la *ces équations différentielles pour en déduire les phénomènes observés, je me suis proposé de remonter de ces phénomènes aux équations des mouvements infiniment petits. Les principes généraux qui servent à la solution de ce problème sont exposés dans le premier des deux Mémoires que j'ai l'honneur de soumettre à l'Académie. Parmi ces principes, il en est deux surtout qu'il importe de signaler. Un premier principe*, etc. (*voir* le Tome XV des *Comptes rendus*, p. 911-913) [1].

C'est en s'appuyant sur les principes rappelés dans le passage dont nous venons de transcrire les premières lignes, que M. Cauchy a obtenu les conditions analytiques de la polarisation circulaire. Il a dit, page 913 : *Ces conditions se réduisent à deux, et, pour que la polarisation d'un rayon lumineux devienne circulaire, il suffit que la dilatation symbolique du volume s'évanouisse avec la somme des carrés des trois déplacements symboliques de chaque molécule*. Ces conditions, qui étaient effectivement vérifiées dans les formules données par M. Cauchy, ne devront pas cesser de l'être si le mouvement se trouve représenté par des équations différentielles qui renferment six inconnues au lieu de trois.

M. Laurent observe que les équations différentielles de la polarisation chromatique *sont incompatibles avec celles qui représentent les mou-*

lumière, il faut nécessairement admettre que l'explication des phénomènes de la polarisation mobile donnée par Fresnel est inexacte, et il en résulterait une objection sérieuse contre le système des ondulations, dont toutes les formules ne pourraient plus être considérées que comme empiriques. Voilà l'état actuel de la question. Je pense que vous au moins, Monsieur, partisan déclaré du système des ondulations, non seulement pour représenter les lois des phénomènes lumineux, mais encore pour en donner l'explication réelle, vous verrez avec plaisir que l'explication que Fresnel a donnée des importants phénomènes de polarisation mobile que vous avez signalés le premier est une conséquence nécessaire de l'hypothèse de molécules à dimensions sensibles. Dans le Mémoire que j'ai l'honneur de vous adresser, je ne considère, il est vrai, qu'un système unique de sphéroïdes; mais les conséquences auxquelles j'arrive subsistent, si l'on considère un système de sphéroïdes et un système de points matériels qui coexistent dans une portion donnée de l'espace. Il est donc *prouvé* que les molécules des corps ont des dimensions sensibles. J'attache d'autant plus d'importance à ce résultat, qu'on devra nécessairement admettre les conséquences vraiment extraordinaires qui en résultent, et que je me propose de vous communiquer au fur et à mesure que le peu de loisirs dont je dispose me permettra de les rédiger.

[1] *OEuvres de Cauchy*, S. I, T. VII, p. 202.

vements d'un système isotrope de points matériels, telles que M. Cauchy les a données dans les *Exercices.* Cette proposition est évidente par elle-même, puisque, pour passer des unes aux autres, il faut faire évanouir la fonction désignée par la lettre G dans le Mémoire du 14 novembre 1842 (t. XV des *Comptes rendus*), et que, en réduisant cette fonction à zéro, on fait précisément disparaître la polarisation circulaire. Il y a plus : dans le Mémoire cité, aussi bien que dans les nouvelles recherches qu'il a présentées à l'Académie le 22 avril dernier, M. Cauchy avait déjà signalé la différence qui existe entre les deux espèces d'équations, dont les unes se réduisent aux autres *lorsque la fonction* G *s'évanouit* (*voir* le tome XV des *Comptes rendus,* p. 916) (1).

Ce n'est pas tout. Si M. Laurent veut bien prendre la peine de relire attentivement les Mémoires de M. Cauchy, relatifs à la polarisation circulaire (14 novembre et 12 décembre 1842), il reconnaîtra que l'auteur n'y a pas réduit les molécules à de simples points matériels. M. Cauchy a dit, page 911 (2) : *Le nombre des coefficients* que renferment les équations des mouvements infiniment petits d'un système de molécules *se trouvera encore considérablement augmenté, si l'on tient compte, avec quelques auteurs, des rotations des molécules, ou, avec moi-même, des divers atomes qui peuvent composer une seule molécule. Enfin il croîtra de nouveau, si l'on considère deux ou plusieurs systèmes de molécules au lieu d'un seul, etc.* M. Cauchy a dit encore, dans le Mémoire du 12 décembre 1842 (*voir* le t. XV des *Comptes rendus,* p. 1082) (3) : *Soient, au bout du temps t, ξ, η, ζ les déplacements d'une molécule ou plutôt de son centre de gravité;* et il est clair qu'il n'y a lieu à parler du *centre de gravité* d'une molécule que dans le cas où cette molécule ne se réduit pas à un simple point matériel.

Reste à savoir si M. Laurent est parvenu à établir *a priori* les équations différentielles de la polarisation chromatique, en partant de la

(1) *Œuvres de Cauchy*, S. I, T. VII, p. 208.
(2) *Ibid.*, p. 201.
(3) *Ibid.*, p. 219.

seule considération des actions mutuelles de molécules dont les dimensions ne sont pas supposées nulles.

Pour se former à ce sujet une opinion raisonnée, il sera nécessaire, non seulement de lire avec attention la Note de M. Laurent, mais encore de connaître le développement des calculs dont cette Note offre seulement un aperçu. Si M. Laurent a effectivement démontré qu'on peut obtenir un système de sphéroïdes qui présente les phénomènes de la polarisation circulaire, cette proposition constituera, dans la théorie de la polarisation, un nouveau progrès auquel M. Cauchy s'empressera d'applaudir.

252.

PHYSIQUE MATHÉMATIQUE. — *Mémoire sur la théorie de la polarisation chromatique.*

C. R., T. XVIII, p. 961 (27 mai 1844).

Une Lettre de M. Laurent, lue en partie seulement à la dernière séance, mais insérée tout entière dans le *Compte rendu*, commence par ces mots : *La théorie de la polarisation mobile en est encore aujourd'hui au point où l'a laissée Fresnel.* Pour savoir si cette proposition est exacte, voyons d'abord ce qui doit constituer une théorie.

Si nous ignorons l'essence intime de la matière, nous pouvons du moins observer les phénomènes qui se produisent sous nos yeux, et en étudier les phases diverses. Or la théorie d'un phénomène est généralement censée connue, quand on est parvenu à la connaissance des lois qui le régissent. D'ailleurs la découverte de ces lois n'est pas ordinairement l'affaire d'un jour, ni le fruit des recherches d'un seul homme. Le plus souvent on commence par déduire de l'observation, non pas les lois véritables, mais des lois approchées; plus tard, à l'aide du calcul, on découvre les modifications ou perturbations que doivent subir ces mêmes lois. Ainsi, par exemple, en Astronomie, Kepler a déduit de l'observation les lois du mouvement elliptique des planètes; mais, comme en réalité les orbites planétaires ne sont pas de véritables ellipses, le mouvement elliptique se trouve altéré par des perturbations dont le calcul est l'objet principal de diverses méthodes inventées par les géomètres. De même, en étudiant le phénomène de la réfraction des rayons lumineux produite par la surface d'un corps isophane, Descartes a conclu de ses expériences que le sinus d'incidence est proportionnel au sinus de réfraction; et par suite le rapport de ces deux sinus, ou l'indice de réfraction, a dû être considéré comme une constante dont la valeur pouvait s'exprimer en chiffres pour chaque substance. Mais, en y regardant de plus près, on a reconnu que cet indice variait pour un même corps, quoique dans des limites assez restreintes, avec la nature de la couleur; et dès lors il importait de découvrir les lois de cette variation. Ce problème offrait d'autant plus d'intérêt que la dispersion de la lumière était regardée, par les partisans du système de l'émission, comme une objection grave contre le système des ondulations lumineuses. On sait que cette objection est maintenant résolue. Je suis parvenu, en 1830, à établir les lois de la dispersion de la lumière. En vertu de ces lois, que j'ai développées dans les *Nouveaux Exercices de Mathématiques* (¹), les différences entre les indices de réfraction correspondants à diverses couleurs sont sensiblement proportionnelles aux différences entre les nombres inverses des carrés des longueurs d'ondulation dans l'air ou dans le vide. Cette conséquence de la théorie de la dispersion est effectivement conforme aux résultats des expériences de Fraunhofer, comme on peut le voir dans le Mémoire que j'ai présenté à l'Académie le 12 décembre 1842 (²).

En Physique, aussi bien qu'en Mécanique, les lois d'un phénomène se trouvent ordinairement représentées par les intégrales de certains systèmes d'équations différentielles. Donc alors la connaissance de ces équations et de leurs intégrales constitue ce qu'on pourrait appeler la

(¹) *OEuvres de Cauchy*, S. II, T. X.
(²) *OEuvres de Cauchy*, S. I, T. VII, p. 212 et suiv.

théorie complète du phénomène. Ainsi, par exemple, en Astronomie, le principe de la gravitation universelle fournit immédiatement les équations différentielles des mouvements planétaires; et la théorie de ces mouvements se trouvera portée au plus haut degré de perfection qu'elle puisse atteindre, lorsque les géomètres seront parvenus à former, dans tous les cas, avec le moins de travail possible, les intégrales de ces équations différentielles. Pareillement, la théorie mathématique de la dispersion se trouve comprise tout entière dans certaines équations différentielles linéaires dont j'ai donné la forme et les intégrales, savoir, dans les équations qu'on obtient quand on considère d'abord, comme je l'avais fait en 1827 et 1828, les mouvements infiniment petits d'un système quelconque de points matériels sollicités par des forces d'attraction ou de répulsion mutuelle, et quand on introduit ensuite dans le calcul les conditions qui expriment que le système devient isotrope, comme je l'ai fait dans les *Nouveaux Exercices* et dans divers Mémoires présentés à l'Académie.

Appliquons maintenant les notions générales que nous venons de rappeler au phénomène de la polarisation chromatique.

En étudiant ce phénomène, découvert, comme l'on sait, par M. Arago, M. Biot a reconnu que, si l'on fait tomber un rayon polarisé sur une plaque de cristal de roche taillée perpendiculairement à l'axe, le plan de polarisation tournera proportionnellement à l'épaisseur de la lame, et avec une vitesse angulaire qui sera différente pour les diverses couleurs. Par suite, ainsi que l'a remarqué Fresnel, le rayon qui traverse la plaque pourra être considéré comme résultant de la superposition de deux rayons simples, polarisés circulairement, mais doués de vitesses de propagation différentes. Il y a plus : M. Biot a conclu d'expériences faites avec beaucoup de précision que, pour des rayons polarisés de couleurs diverses, les indices de rotation sont, à très peu près, réciproquement proportionnels aux carrés des longueurs d'accès. Toutefois cette loi cesse d'être exacte, ainsi que M. Biot l'a remarqué lui-même, quand on substitue au cristal de roche certains liquides isophanes qui présentent aussi le phénomène de la polarisation chromatique. Mais comment la loi trouvée par M. Biot doit-elle être alors modifiée? En d'autres termes, quelles sont les lois de ce qu'on peut appeler la *dispersion circulaire?* C'est pour arriver à les découvrir, s'il était possible, que j'ai imaginé la méthode rationnelle qui se trouve exposée dans mon Mémoire du 14 novembre 1842. Cette méthode est fondée sur de nouveaux principes qui se rapportent à la Mécanique moléculaire et aux phénomènes représentés par des systèmes d'équations linéaires aux dérivées partielles, par conséquent aux phénomènes produits par les mouvements infiniment petits de points matériels ou même de molécules à dimensions finies. Parmi ces principes, il en est un surtout qui me paraissait digne de remarque. Je prouvais que, *si un mouvement infiniment petit, propagé dans un milieu donné, peut être considéré comme résultant de la superposition de plusieurs mouvements simples, chacun de ceux-ci pourra encore se propager dans ce même milieu, pourvu toutefois que les mouvements simples, superposés les uns aux autres, soient en nombre fini, et correspondent à des symboles caractéristiques différents.* Il résultait de ce principe que, dans la polarisation chromatique, les deux rayons simples, polarisés circulairement, sont bien réellement deux rayons distincts dont chacun peut être polarisé circulairement par le milieu soumis à l'expérience. Mais ce n'est pas tout : la méthode rationnelle que j'avais imaginée pour remonter des phénomènes aux équations linéaires qui peuvent les représenter m'avait fourni, d'une part, les conditions analytiques de la polarisation circulaire, et, d'autre part, les équations linéaires de la polarisation chromatique. D'ailleurs, ces dernières équations étant formées, j'ai pu en déduire les lois de la dispersion circulaire dans les milieux qui offrent le phénomène de la polarisation chromatique, et obtenir ainsi, dans le Mémoire du 12 décembre 1842, la théorie mathématique de ce phénomène. En vertu de ces lois, si l'on multiplie les indices de rotation relatifs aux diverses couleurs par les carrés des longueurs d'ondulations correspondantes à ces mêmes couleurs, les différences entre les produits ainsi formés seront représentées par des séries dont les premiers termes seront entre eux comme les différences entre les carrés de nombres réciproquement proportionnels aux longueurs des ondulations. Ces deux espèces de différences seront donc proportionnelles les unes aux autres, si l'on réduit les séries à leurs premiers termes. Or ce résultat remarquable se trouve précisément d'accord avec les résultats numériques des expériences de M. Biot sur l'acide tartrique étendu d'eau.

La théorie de la dispersion circulaire, qui devait nécessairement entrer dans la théorie complète de la polarisation chromatique, et qui détermine ce qu'on peut appeler les *perturbations de ce phénomène,* n'a été assurément ni établie, ni même indiquée par Fresnel. Si donc M. Laurent considère la théorie de la polarisation mobile comme étant encore au point où l'a laissée Fresnel, je devais penser qu'à ses yeux ma théorie de la dispersion circulaire est inexacte. A la vérité, en lisant sa Lettre imprimée dans le dernier *Compte rendu,* j'ai pu croire un instant qu'il obtenait, pour représenter la polarisation chromatique, des équations distinctes de celles auxquelles j'étais parvenu. Celles qu'il donne paraissent, au premier abord, renfermer six inconnues au lieu de trois. Mais, dans l'application qu'il en fait à la polarisation chromatique, les trois dernières inconnues se réduisent aux trois premières, et l'on se trouve ramené aux équations que j'avais obtenues. C'est ce dont M. Laurent lui-même pourra facilement s'assurer, en comparant ses formules aux miennes; et alors il reconnaîtra que ses formules doivent donner, pour la polarisation chromatique, précisément les lois auxquelles j'étais parvenu dans le Mémoire du 12 décembre 1842.

La seule question qui reste encore indécise consiste à savoir quelle doit être la constitution d'un système de molécules et la nature de leurs actions mutuelles, pour que les mouvements infiniment petits de ce système puissent être représentés par les équations différentielles de la polarisation chromatique. C'est en cherchant à résoudre cette question que j'avais construit, dans le Mémoire du 5 décembre 1842 (1),

(1) *OEuvres de Cauchy,* S. II, T. VII, p. 211.

les formules que j'ai reproduites dans le *Compte rendu* de la séance du 22 avril 1844, et qui représentent les mouvements d'un système de molécules à dimensions finies. J'avais même conclu de ces formules que, dans le cas où le système devient isotrope, et où l'on néglige les termes du même ordre que les cubes des dimensions des molécules, les mouvements infiniment petits des centres de gravité sont représentés par des équations semblables à celles que fournirait un système de points matériels. Donc, dans ce cas, ce système de molécules était incapable, comme un système de points matériels, de produire la polarisation chromatique. Ainsi, relativement à la dernière question que je viens d'énoncer, j'étais arrivé seulement à exclure certains systèmes moléculaires et à établir des propositions négatives. M. Laurent est-il effectivement parvenu à trouver des systèmes qui fournissent les équations obtenues? C'est ce que je me propose d'examiner dans un autre article.

Analyse.

§ I. — *Sur les équations différentielles de la polarisation chromatique.*

Considérons un mouvement infiniment petit du fluide éthéré dans un milieu isophane. Nommons $\mathfrak{m}$ la molécule d'éther qui coïncidait primitivement avec le point dont les coordonnées rectangulaires étaient x, y, z; et supposons que, au bout du temps t, l'on représente par ξ, η, ζ les déplacements de cette molécule, ou plutôt de son centre de gravité, mesurés parallèlement aux axes des x, y, z. Soit encore

$$\upsilon = D_x\xi + D_y\eta + D_z\zeta.$$

D'après la théorie que nous avons exposée dans les Mémoires des 14 novembre et 12 décembre 1842, les équations linéaires propres à représenter le phénomène de la polarisation chromatique seront de la forme

$$(1)\quad \begin{cases} (D_t^2 - E)\xi - F D_x\upsilon = G(D_z\eta - D_y\zeta), \\ (D_t^2 - E)\eta - F D_y\upsilon = G(D_x\zeta - D_z\xi), \\ (D_t^2 - E)\zeta - F D_z\upsilon = G(D_y\xi - D_x\eta), \end{cases}$$

E, F, G désignant trois fonctions entières de la somme

$$D_x^2 + D_y^2 + D_z^2 \quad (^1).$$

Comparons maintenant les formules (1) avec celles que fournit l'analyse de M. Laurent.

Supposons que, les rotations des molécules étant infiniment petites, comme leurs déplacements, la rotation infiniment petite de la molécule $\mathfrak{m}$ soit représentée, au bout du temps t, par l'angle θ; et nommons

$$\lambda, \quad \mu, \quad \nu$$

les produits de cet angle infiniment petit par les cosinus des angles que forme l'axe de rotation avec les axes des x, y, z. Les trois quantités λ, μ, ν seront trois angles infiniment petits, propres à mesurer ce qu'on appelle les rotations de la molécule autour des axes des x, y et z. Soit d'ailleurs

$$\varphi = D_x\lambda + D_y\mu + D_z\nu.$$

Les équations que M. Laurent a données dans le *Compte rendu* de la séance du 20 mai (p. 938) pourront être simplifiées par des changements de notation et réduites aux formules

$$(2) \quad \begin{cases} (D_t^2 - E)\xi - F\, D_x \upsilon = G\,(D_z\mu - D_y\nu), \\ (D_t^2 - E)\eta - F\, D_y \upsilon = G\,(D_x\nu - D_z\lambda), \\ (D_t^2 - E)\zeta - F\, D_z \upsilon = G\,(D_y\lambda - D_x\mu); \end{cases}$$

$$(3) \quad \begin{cases} (D_t^2 - E_{\prime})\lambda - F_{\prime} D_x\varphi = G_{\prime}(D_z\eta - D_y\zeta), \\ (D_t^2 - E_{\prime})\mu - F_{\prime} D_y\varphi = G_{\prime}(D_x\zeta - D_z\xi), \\ (D_t^2 - E_{\prime})\nu - F_{\prime} D_z\varphi = G_{\prime}(D_y\xi - D_x\eta), \end{cases}$$

(1) Dans le Mémoire du 14 novembre 1842 (*voir* le Tome XV des *Comptes rendus*, p. 916 ([a]), nous avons supposé que le terme indépendant de la somme $D_x^2 + D_y^2 + D_z^2$ s'évanouissait dans la fonction E. Cette supposition n'est pas une conséquence nécessaire des conditions analytiques de la polarisation circulaire énoncées dans le même Mémoire [p. 913 ([a])]; mais elle donne des résultats conformes à ceux que fournissent les expériences, et d'ailleurs elle se vérifie toujours quand la polarisation chromatique disparaît.

([a]) *Œuvres de Cauchy*, S. I, T. VII, p. 208 et 206.

$E, F, G; E_{,}, F_{,}, G_{,}$ désignant des fonctions entières de la somme

$$D_x^2 + D_y^2 + D_z^2.$$

Or, pour déduire de ces équations le phénomène de la polarisation chromatique, M. Laurent considère le cas où l'on aurait

$$(4) \qquad E_{,} = E, \qquad G_{,} = G.$$

Alors on satisfait aux équations (2) ou (3) en prenant

$$(5) \qquad \upsilon = 0$$

et, de plus,

$$(6) \qquad \lambda = \xi, \qquad \mu = \eta, \qquad \nu = \zeta,$$

$$(7) \qquad \varphi = \upsilon = 0.$$

Les conditions (5), (6), (7) se trouvent effectivement remplies dans les formules définitives auxquelles parvient M. Laurent. Or les conditions (6) réduisent évidemment les équations (2) aux équations (1).

§ II. — *Sur les équations d'équilibre et de mouvement d'un système de molécules.*

Les équations que j'ai reproduites dans la séance du 22 avril dernier, en les extrayant du cahier paraphé par M. Arago à la séance du 5 décembre 1842, se trouvaient appliquées, dans ce même cahier, au cas où, pour chacune des molécules que l'on considère, les moments d'inertie relatifs au centre de gravité sont tous égaux entre eux, et où l'on néglige dans le calcul les termes qui sont du même ordre que les cubes des dimensions des molécules. Je vais reproduire en peu de mots cette application; et, en la reproduisant, je conserverai les notations dont j'ai fait usage dans le *Compte rendu* de la séance du 22 avril (p. 193, 194). Seulement, pour abréger, je poserai

$$\delta x = \mathfrak{x}, \qquad \delta y = \mathfrak{y}, \qquad \delta z = \mathfrak{z},$$

$$\delta\!\!\!\!\!\;\;x + \Delta\,\delta\!\!\!\!\!\;\;x = \mathfrak{x}_{,}, \qquad \delta\!\!\!\!\!\;\;y + \Delta\,\delta\!\!\!\!\!\;\;y = \mathfrak{y}_{,}, \qquad \delta\!\!\!\!\!\;\;z + \Delta\,\delta\!\!\!\!\!\;\;z = \mathfrak{z}_{,}$$

et

$$\frac{\mathfrak{f}(\mathfrak{r})}{\mathfrak{r}} = f(\mathfrak{r}).$$

Cela posé, les formules (1), (2), (3) des pages 193, 194 donneront

$$(1)\quad \left\{\begin{array}{l} \mathfrak{X} = \mathrm{S}\sum\sum(\mathrm{m})[m](\Delta x + \mathfrak{x}_{,} - \mathfrak{x})f(\mathfrak{r}), \\ \dots\dots\dots\dots\dots\dots\dots, \\ \mathfrak{L} = \mathrm{S}\sum\sum(\mathrm{m})[m][(\Delta z + \mathfrak{z}_{,})\mathfrak{y} - (\Delta y + \mathfrak{y}_{,})\mathfrak{z}]f(\mathfrak{r}), \\ \dots\dots\dots\dots\dots\dots\dots\dots\dots\dots, \end{array}\right.$$

la valeur de $\mathfrak{r}^2$ étant

$$(2)\qquad \mathfrak{r}^2 = (\Delta x + \mathfrak{x}_1 - \mathfrak{x})^2 + (\Delta y + \mathfrak{y}_1 - \mathfrak{y})^2 + (\Delta z + \mathfrak{z}_1 - \mathfrak{z})^2.$$

On aura d'ailleurs

$$(3)\qquad r^2 = \Delta x^2 + \Delta y^2 + \Delta z^2;$$

et si l'on pose, pour abréger,

$$(4)\qquad \left\{\begin{array}{l} \varsigma = (\mathfrak{x}_{,} - \mathfrak{x})\Delta x + (\mathfrak{y}_{,} - \mathfrak{y})\Delta y + (\mathfrak{z}_{,} - \mathfrak{z})\Delta z, \\ \tau = (\mathfrak{x}_{,} - \mathfrak{x})^2 + (\mathfrak{y}_{,} - \mathfrak{y})^2 + (\mathfrak{z}_{,} - \mathfrak{z})^2, \end{array}\right.$$

la formule (2) donnera

$$(5)\qquad \mathfrak{r}^2 = r^2 + 2\varsigma + \tau,$$

par conséquent

$$(6)\qquad \mathfrak{r} = r\left(1 + \frac{2\varsigma + \tau}{r^2}\right)^{\frac{1}{2}}.$$

Concevons maintenant que l'on développe $\mathfrak{r}$ et $f(\mathfrak{r})$ suivant les puissances descendantes de r, et que dans les développements on néglige les termes comparables aux cubes des dimensions des molécules. On trouvera

$$\mathfrak{r} = r + \frac{\varsigma}{r} + \frac{1}{2}\frac{\tau}{r} - \frac{1}{2}\frac{\varsigma^2}{r^3},$$

$$f(\mathfrak{r}) = f(r) + \frac{\varsigma}{r} + \frac{\tau}{2r}f'(r) + \frac{\varsigma^2}{2r^2}\left[f''(r) - \frac{f'(r)}{r}\right].$$

Comme on aura d'ailleurs

$$(7)\qquad \sum(\mathfrak{m}) = \mathfrak{m}, \qquad \sum[m] = m,$$

$$(8)\qquad \left\{\begin{array}{lll} \sum(\mathfrak{m})\mathfrak{x} = 0, & \sum(\mathfrak{m})\mathfrak{y} = 0, & \sum(\mathfrak{m})\mathfrak{z} = 0, \\ \sum[m]\mathfrak{x}_{,} = 0, & \sum[m]\mathfrak{y}_{,} = 0, & \sum[m]\mathfrak{z}_{,} = 0 \end{array}\right.$$

et, par suite,

$$(9)\qquad \sum\sum(\mathfrak{m})[m]\varsigma = 0,$$

on tirera des formules (1)

$$(10)\qquad \left\{\begin{array}{l} \mathfrak{X} = \mathrm{S}\sum\sum(\mathfrak{m})[m]\left\{f(r) + \dfrac{\tau}{2r}f'(r) + \dfrac{\varsigma^2}{2r^2}\left[f''(r) - \dfrac{f'(r)}{r}\right]\right\}\Delta x \\ \quad + \mathrm{S}\sum\sum(\mathfrak{m})[m]\varsigma(\mathfrak{x}_1 - \mathfrak{x})f'(r), \\ \ldots\ldots\ldots\ldots\ldots\ldots\ldots\ldots\ldots\ldots, \\ \mathfrak{L} = \mathrm{S}\sum\sum(\mathfrak{m})[m]\dfrac{\varsigma}{r}f'(r)[\mathfrak{y}\,\Delta z - \mathfrak{z}\,\Delta y], \\ \ldots\ldots\ldots\ldots\ldots\ldots \end{array}\right.$$

Ajoutons que, eu égard aux formules (4), (7), (8), on aura

$$\sum\sum(\mathfrak{m})[m] = \mathfrak{m}m,$$

$$\sum\sum(\mathfrak{m})[m]\tau = m\sum(\mathfrak{m})(\mathfrak{x}^2 + \mathfrak{y}^2 + \mathfrak{z}^2) + \mathfrak{m}\sum[m](\mathfrak{x}_{,}^2 + \mathfrak{y}_{,}^2 + \mathfrak{z}_{,}^2),$$

$$\begin{aligned}\sum\sum(\mathfrak{m})[m]\varsigma^2 = {} & m\sum(\mathfrak{m})(\mathfrak{x}\,\Delta x + \mathfrak{y}\,\Delta y + \mathfrak{z}\,\Delta z)^2 \\ & + \mathfrak{m}\sum[m](\mathfrak{x}_{,}\Delta x + \mathfrak{y}_{,}\Delta y + \mathfrak{z}_{,}\Delta z)^2,\end{aligned}$$

$$\begin{aligned}\sum\sum(\mathfrak{m})[m]\varsigma(\mathfrak{x}_{,} - \mathfrak{x}) = {} & m\sum(\mathfrak{m})\,\mathfrak{x}(\mathfrak{x}\,\Delta x + \mathfrak{y}\,\Delta y + \mathfrak{z}\,\Delta z) \\ & + \mathfrak{m}\sum[m]\mathfrak{x}_{,}(\mathfrak{x}_{,}\Delta x + \mathfrak{y}_{,}\Delta y + \mathfrak{z}_{,}\Delta z),\end{aligned}$$

$$\sum\sum(\mathfrak{m})[m]\varsigma\mathfrak{y} = -m\sum(\mathfrak{m})\mathfrak{y}(\mathfrak{x}\,\Delta x + \mathfrak{y}\,\Delta y + \mathfrak{z}\,\Delta z),$$

$$\sum\sum(\mathfrak{m})[m]\varsigma\mathfrak{z} = -m\sum(\mathfrak{m})\,\mathfrak{z}(\mathfrak{x}\,\Delta x + \mathfrak{y}\,\Delta y + \mathfrak{z}\,\Delta z).$$

D'autre part, les formules (7), (8) des pages 195, 196 donneront

$$(11)\quad \left\{\begin{aligned} \mathfrak{x} &= \alpha\,\mathrm{x} + 6\,\mathrm{y} + \gamma\,\mathrm{z},\\ \mathfrak{y} &= \alpha'\mathrm{x} + 6'\mathrm{y} + \gamma'\mathrm{z},\\ \mathfrak{z} &= \alpha''\mathrm{x} + 6''\mathrm{y} + \gamma''\mathrm{z}; \end{aligned}\right.$$

$$(12)\quad \left\{\begin{aligned} \mathfrak{x}_{,} &= (\alpha + \Delta\alpha)\mathrm{x}_{,} + (6 + \Delta 6)\mathrm{y}_{,} + (\gamma + \Delta\gamma)\mathrm{z}_{,},\\ \mathfrak{y}_{,} &= (\alpha' + \Delta\alpha')\mathrm{x}_{,} + (6' + \Delta 6')\mathrm{y}_{,} + (\gamma' + \Delta\gamma')\mathrm{z}_{,},\\ \mathfrak{z}_{,} &= (\alpha'' + \Delta\alpha'')\mathrm{x}_{,} + (6'' + \Delta 6'')\mathrm{y}_{,} + (\gamma'' + \Delta\gamma'')\mathrm{z}_{,}; \end{aligned}\right.$$

et, puisque les coordonnées x, y, z ou $\mathrm{x}_{,}$, $\mathrm{y}_{,}$, $\mathrm{z}_{,}$ se rapportent aux axes principaux menés par le centre de gravité de la molécule $\mathfrak{m}$ ou m, on aura

$$(13)\quad \left\{\begin{aligned} &\sum(\mathfrak{m})\mathrm{yz} = 0, \qquad \sum(\mathfrak{m})\mathrm{zx} = 0, \qquad \sum(\mathfrak{m})\mathrm{xy} = 0,\\ &\sum[m]\mathrm{y}_{,}\mathrm{z}_{,} = 0, \qquad \sum[m]\mathrm{z}_{,}\mathrm{x}_{,} = 0, \qquad \sum[m]\mathrm{x}_{,}\mathrm{y}_{,} = 0. \end{aligned}\right.$$

Cela posé, si l'on fait

$$(14)\quad \left\{\begin{aligned} &\sum(\mathfrak{m})\mathrm{x}^2 = \mathrm{a}, \qquad \sum(\mathfrak{m})\mathrm{y}^2 = \mathrm{b}, \qquad \sum(\mathfrak{m})\mathrm{z}^2 = \mathrm{c},\\ &\sum[m]\mathrm{x}_{,}^2 = \mathrm{a}_{,}, \qquad \sum[m]\mathrm{y}_{,}^2 = \mathrm{b}_{,}, \qquad \sum[m]\mathrm{z}_{,}^2 = \mathrm{c}_{,}, \end{aligned}\right.$$

on trouvera

$$(15)\quad \left\{\begin{aligned} &\sum(\mathfrak{m})\mathfrak{x}^2 = \mathrm{a}\alpha^2 + \mathrm{b}6^2 + \mathrm{c}\gamma^2,\\ &\ldots\ldots\ldots\ldots\ldots\ldots,\\ &\sum(\mathfrak{m})\mathfrak{y}\mathfrak{z} = \mathrm{a}\alpha'\alpha'' + \mathrm{b}6'6'' + \mathrm{c}\gamma'\gamma'',\\ &\ldots\ldots\ldots\ldots\ldots\ldots; \end{aligned}\right.$$

$$(16)\quad \left\{\begin{aligned} &\sum[m]\mathfrak{x}_{,}^2 = \mathrm{a}_{,}(\alpha + \Delta\alpha)^2 + \mathrm{b}_{,}(6 + \Delta 6)^2 + \mathrm{c}_{,}(\gamma + \Delta\gamma)^2,\\ &\ldots\ldots\ldots\ldots\ldots\ldots\ldots\ldots\ldots\ldots,\\ &\sum[m]\mathfrak{y}_{,}\mathfrak{z}_{,} = \mathrm{a}_{,}(\alpha' + \Delta\alpha')(\alpha'' + \Delta\alpha'') + \mathrm{b}_{,}(6' + \Delta 6')(6'' + \Delta 6'')\\ &\qquad\qquad + \mathrm{c}_{,}(\gamma' + \Delta\gamma')(\gamma'' + \Delta\gamma''),\\ &\ldots\ldots\ldots\ldots\ldots\ldots\ldots\ldots\ldots\ldots\ldots\ldots \end{aligned}\right.$$

Dans le cas particulier où, pour chaque molécule, les moments d'inertie principaux relatifs au centre de gravité seront égaux entre eux, on aura

$$\mathrm{a} = \mathrm{b} = \mathrm{c},$$
$$\mathrm{a}_{,} = \mathrm{b}_{,} = \mathrm{c}_{,}.$$

Alors les formules (15), (16) donneront

$$(17)\quad \begin{cases} \sum (\mathrm{m})\mathfrak{x}^2 = \sum (\mathrm{m})\mathfrak{y}^2 = \sum (\mathrm{m})\mathfrak{z}^2 = \mathrm{a}, \\ \sum (\mathrm{m})\mathfrak{y}\mathfrak{z} = \sum (\mathrm{m})\mathfrak{z}\mathfrak{x} = \sum (\mathrm{m})\mathfrak{x}\mathfrak{y} = 0; \end{cases}$$

$$(18)\quad \begin{cases} \sum [m]\mathfrak{x}_{,}^2 = \sum [m]\mathfrak{y}_{,}^2 = \sum [m]\mathfrak{z}_{,}^2 = \mathrm{a}_{,}, \\ \sum [m]\mathfrak{y}_{,}\mathfrak{z}_{,} = \sum [m]\mathfrak{z}_{,}\mathfrak{x}_{,} = \sum [m]\mathfrak{x}_{,}\mathfrak{y}_{,} = 0; \end{cases}$$

et l'on aura, par suite,

$$\sum\sum (\mathrm{m})[m]\tau = 3(m\mathrm{a} + \mathrm{m}\mathrm{a}_{,}),$$

$$\sum\sum (\mathrm{m})[m]\varsigma^2 = (m\mathrm{a} + \mathrm{m}\mathrm{a}_{,})r^2,$$

$$\sum\sum (\mathrm{m})[m]\varsigma(\mathfrak{x} - \mathfrak{x}_{,}) = (m\mathrm{a} + \mathrm{m}\mathrm{a}_{,})\Delta x,$$

$$\sum\sum (\mathrm{m})[m]\varsigma\mathfrak{y} = -m\mathrm{a}\,\Delta y,$$

$$\sum\sum (\mathrm{m})[m]\varsigma\mathfrak{z} = -m\mathrm{a}\,\Delta z.$$

Cela posé, les formules (10) donneront

$$(19)\quad \begin{cases} \mathcal{X} = \mathrm{m}\,\mathrm{S}[m\,\mathcal{F}(r)\,\Delta x], & \mathcal{Y} = \mathrm{m}\,\mathrm{S}[m\,\mathcal{F}(r)\,\Delta y], & \mathcal{Z} = \mathrm{m}\,\mathrm{S}[m\,\mathcal{F}(r)\,\Delta z], \\ \mathcal{L} = 0, & \mathcal{M} = 0, & \mathcal{N} = 0, \end{cases}$$

la fonction $\mathcal{F}(r)$ étant déterminée par la formule

$$(20)\qquad \mathrm{m}m\,\mathcal{F}(r) = \mathrm{m}m\,f(r) + \frac{m\mathrm{a} + \mathrm{m}\mathrm{a}_{,}}{2}\,f''(r) + 4f'(r).$$

Lorsqu'on suppose les molécules réduites à des points matériels, on a évidemment

$$\mathrm{a} = 0, \qquad \mathrm{a}_{,} = 0$$

et, par suite,

$$\mathfrak{f}(r) = f(r).$$

Donc cette dernière supposition et celle que nous avons précédemment adoptée conduisent à des valeurs semblables de $\mathfrak{x}$, $\mathfrak{y}$, $\mathfrak{z}$, qu'on déduit immédiatement les unes des autres par la substitution de la fonction $f(r)$ à la fonction $\mathfrak{f}(r)$, ou de $\mathfrak{f}(r)$ à $f(r)$. Donc, dans l'un et l'autre cas, les équations d'équilibre et de mouvement conservent les mêmes formes et représentent les mêmes phénomènes.

253.

Calcul intégral. — *Mémoire sur la substitution des fonctions non périodiques aux fonctions périodiques dans les intégrales définies.*

C. R., T. XVIII, p. 1072 (10 juin 1844).

On sait qu'une intégrale définie est toujours équivalente au produit de la différence entre les limites par une quantité comprise entre la plus petite et la plus grande valeur de la fonction sous le signe $\int$ supposée réelle. Dans le cas où cette fonction conserve constamment le même signe pour des valeurs de la variable comprises entre les deux limites, la proposition que nous venons de rappeler fournit à la fois, et le signe de l'intégrale définie, et deux quantités entre lesquelles sa valeur numérique se trouve comprise. Il n'en est plus ainsi dans le cas où la fonction sous le signe $\int$ est une fonction périodique qui change plusieurs fois de signe entre les limites. On conçoit donc qu'il peut être souvent utile de substituer, dans les intégrales définies, des fonctions non périodiques à des fonctions périodiques. On y parvient à l'aide de la méthode qui se trouve exposée dans mon Mémoire de 1814 sur le passage du réel à l'imaginaire. Mais l'application de cette méthode exige quelquefois des artifices d'analyse qu'il convient de signaler. Ces artifices conduisent d'ailleurs à des résultats qui ne sont pas sans importance, spécialement à une transformation remarquable de certaines intégrales que l'on rencontre en Astronomie, et de diverses transcendantes qui comprennent ces intégrales comme cas particulier. C'est ce que l'on verra dans le présent Mémoire.

Analyse.

§ I. — *Sur le passage des intégrales indéfinies aux intégrales définies.*

Soient $F(x)$ et $f(x)$ deux fonctions telles que l'on ait

$$D_x F(x) = f(x); \tag{1}$$

on aura encore

$$\int f(x)\,dx = F(x) + \text{const.}, \tag{2}$$

et l'équation (2) fournira ce qu'on appelle la valeur de l'intégrale indéfinie

$$\int f(x)\,dx.$$

Si d'ailleurs on nomme

$$x_0, \quad X$$

deux valeurs réelles de x, alors, en passant de l'intégrale indéfinie

$$\int f(x)\,dx$$

à l'intégrale définie

$$\int_{x_0}^{X} f(x)\,dx,$$

on trouvera généralement

$$\int_{x_0}^{X} f(x)\,dx = F(X) - F(x_0). \tag{3}$$

Toutefois l'équation (3) suppose que la fonction $f(x)$ reste finie et continue par rapport à la variable x, depuis la limite $x = x_0$ jusqu'à la limite $x = \mathrm{X}$. Si cette même fonction devenait infinie pour une valeur a de x comprise entre ces mêmes limites, alors, ainsi que nous l'avons dit ailleurs, la notation

$$(4) \qquad \int_{x_0}^{\mathrm{X}} f(x)\,dx$$

devrait être considérée comme propre à représenter la limite vers laquelle converge la somme

$$(5) \qquad \int_{x_0}^{a-\varepsilon} f(x)\,dx + \int_{a+\varepsilon'}^{\mathrm{X}} f(x)\,dx,$$

tandis que les nombres ε, ε' s'approchent indéfiniment de zéro. Cette limite pourrait d'ailleurs être finie ou infinie, ou même indéterminée; car, dans certains cas, elle dépendra du rapport $\frac{\varepsilon'}{\varepsilon}$, ou plutôt de la limite de ce rapport, et alors la valeur principale de l'intégrale sera celle qu'on obtiendra en posant $\varepsilon' = \varepsilon$ ou, ce qui revient au même,

$$\frac{\varepsilon'}{\varepsilon} = 1.$$

Dans mes divers Ouvrages ou Mémoires, j'ai particulièrement recherché ce qui arrive quand on suppose que la fonction $f(x)$ devient infinie dès qu'elle cesse d'être continue. Mais il peut arriver qu'une solution de continuité dans la fonction $f(x)$ corresponde à une valeur a de x pour laquelle cette fonction $f(x)$, ou du moins la fonction primitive dont $f(x)$ est la dérivée, passe brusquement d'une valeur finie à une autre; alors, en posant toujours

$$\int f(x)\,dx = \mathrm{F}(x) + \text{const.},$$

on verra les deux quantités

$$\mathrm{F}(a-\varepsilon), \quad \mathrm{F}(a+\varepsilon')$$

converger vers deux limites différentes, tandis que les nombres ε, ε' s'approcheront indéfiniment l'un et l'autre de zéro. Nommons Δ la différence de ces limites, en sorte qu'on ait

$$(6)\qquad \Delta = \lim[\mathrm{F}(a+\varepsilon') - \mathrm{F}(a-\varepsilon)].$$

Comme on tirera de la formule (3)

$$\int_{x_0}^{a-\varepsilon} f(x)\,dx = \mathrm{F}(a-\varepsilon) - \mathrm{F}(x_0),$$

$$\int_{a+\varepsilon'}^{\mathrm{X}} f(x)\,dx = \mathrm{F}(\mathrm{X}) \qquad - \mathrm{F}(a+\varepsilon'),$$

il est clair que l'intégrale (4), considérée comme limite de l'expression (5), aura pour valeur

$$\mathrm{F}(\mathrm{X}) - \mathrm{F}(x_0) - \Delta.$$

Donc à la formule (3) on devra substituer la suivante

$$(7)\qquad \int_{x_0}^{\mathrm{X}} f(x)\,dx = \mathrm{F}(\mathrm{X}) - \mathrm{F}(x_0) - \Delta,$$

Δ représentant l'*accroissement instantané* qu'acquiert la fonction $\mathrm{F}(\mathrm{X})$, tandis que la différence $x - a$ passe du négatif au positif.

Si, tandis que la variable x passe de la limite x_0 à la limite X, la fonction $\mathrm{F}(x)$ devenait successivement discontinue pour diverses valeurs

$$a,\quad b,\quad c,\quad \ldots$$

de cette variable, alors, évidemment, l'équation (10) continuerait encore de subsister, pourvu que l'on posât

$$(8)\qquad \Delta = \Delta_a + \Delta_b + \Delta_c + \ldots,$$

Δ_a, Δ_b, Δ_c, ... désignant les accroissements instantanés que prendrait successivement la fonction $\mathrm{F}(x)$, tandis que la différence $x - a$, ou $x - b$, ou $x - c$, ... passerait du négatif au positif.

Pour montrer une application des principes que nous venons d'établir, supposons

$$(9)\qquad \mathrm{F}(x) = (1 - he^{(a-x)\sqrt{-1}})^s e^{mx\sqrt{-1}},$$

a, m, h, s désignant quatre quantités dont les deux dernières soient positives; et considérons l'intégrale définie

$$\int_0^{2\pi} f(x)\,dx,$$

la valeur de $f(x)$ étant toujours donnée par la formule

$$f(x) = D_x F(x).$$

Si le nombre h reste inférieur à l'unité, alors, en vertu des principes que j'ai développés dans le Chapitre VIII de l'*Analyse algébrique* [1], la fonction $F(x)$, déterminée par l'équation (9), restera fonction continue de x, depuis la limite $x = 0$ jusqu'à la limite $x = 2\pi$, et l'on tirera de l'équation (3)

$$(10) \qquad \int_0^{2\pi} f(x)\,dx = F(2\pi) - F(0).$$

Ajoutons que le nombre h étant, par hypothèse, inférieur à l'unité, on aura identiquement : 1° pour des valeurs positives de $\sin(x - a)$,

$$(1 - he^{(a-x)\sqrt{-1}})^s = (\sqrt{-1})^s \left[-(1 - he^{(a-x)\sqrt{-1}})\sqrt{-1}\right]^s;$$

2° pour des valeurs négatives de $\sin(x - a)$,

$$(1 - he^{(a-x)\sqrt{-1}})^s = (-\sqrt{-1})^s \left[(1 - he^{(a-x)\sqrt{-1}})\sqrt{-1}\right]^s.$$

Donc, au lieu de supposer la fonction $F(x)$ déterminée par l'équation (9), on pourra la supposer déterminée : 1° pour $\sin(x - a) > 0$, par la formule

$$(11) \qquad F(x) = (\sqrt{-1})^s \left[-(1 - he^{(a-x)\sqrt{-1}})\sqrt{-1}\right]^s e^{mx\sqrt{-1}};$$

2° pour $\sin(x - a) < 0$, par la formule

$$(12) \qquad F(x) = (-\sqrt{-1})^s \left[(1 - he^{(a-x)\sqrt{-1}})\sqrt{-1}\right]^s e^{mx\sqrt{-1}}.$$

Or, quoique au premier abord il semble désavantageux de substituer,

(1) *OEuvres de Cauchy*, S. II, T. III.

pour la détermination de la fonction $F(x)$, le système des formules (11) et (12) à la seule formule (9), toutefois, dans la réalité, cette substitution offre un avantage très réel et qu'il importe de signaler. En effet, la formule (9) suppose nécessairement que le binôme

$$1 - h\cos ax$$

reste positif, et lorsqu'on a simultanément

$$h > 1, \qquad 1 - h\cos ax < 0,$$

cette formule doit être supprimée avec la notation

$$\left(1 - h e^{(a-x)\sqrt{-1}}\right)^s,$$

qui cesse d'offrir, dans ce cas, un sens déterminé. Mais, dans ce cas même, les seconds membres des formules (11) et (12) présenteront des valeurs complètement définies. Seulement la fonction $F(x)$, déterminée par le système de ces deux formules, deviendra discontinue pour $x = a$, et variera brusquement, tandis que la différence $x - a$ passera du négatif au positif, en recevant, dans ce cas, l'accroissement instantané

$$\Delta = \left[(\sqrt{-1})^{2s} - (-\sqrt{-1})^{2s}\right](h-1)^s e^{ma\sqrt{-1}}. \tag{13}$$

Donc, en supposant $h > 1$ et Δ déterminé par l'équation (13) ou, ce qui revient au même, par la suivante

$$\Delta = 2(h-1)^s e^{ma\sqrt{-1}} \sin \pi s\sqrt{-1}, \tag{14}$$

on devra substituer à la formule (10) cette autre formule

$$\int_0^{2\pi} f(x)\,dx = F(2\pi) - F(0) - \Delta. \tag{15}$$

Si la quantité m se réduisait à un nombre entier, alors, en vertu de chacune des formules (11), (12), le facteur $F(x)$ ne changerait pas de valeur, tandis que l'on ferait croître l'arc x d'une circonférence entière 2π. On aurait donc alors

$$F(2\pi) = F(0);$$

en sorte qu'on devrait réduire l'équation (10) à celle-ci

$$(16)\qquad \int_0^{2\pi} f(x)\,dx = 0,$$

et l'équation (15) à la suivante :

$$(17)\qquad \int_0^{2\pi} f(x)\,dx = -\Delta.$$

§ II. — *Sur le passage du réel à l'imaginaire.*

Soit

$$(1)\qquad x = re^{p\sqrt{-1}}$$

une variable imaginaire, dont r représente le module, et p l'argument. Soit, de plus,

$$f(x)$$

une fonction donnée de cette variable imaginaire. On aura généralement

$$(2)\qquad \mathrm{D}_r f(x) = \frac{1}{r\sqrt{-1}} \mathrm{D}_p f(x).$$

Si d'ailleurs

$$f(x) = f(re^{p\sqrt{-1}})$$

reste fonction continue des variables r et p, entre les limites

$$r = r_0, \qquad r = r_1, \qquad p = p_0, \qquad p = p_1,$$

alors, par deux intégrations successives, effectuées entre ces limites, on tirera de la formule (2)

$$(3)\qquad \left\{\begin{aligned} &\int_{p_0}^{p_1} [f(r_1 e^{p\sqrt{-1}}) - f(r_0 e^{p\sqrt{-1}})]\,dp \\ &= \frac{1}{\sqrt{-1}} \int_{r_0}^{r_1} [f(re^{p_1\sqrt{-1}}) - f(re^{p_0\sqrt{-1}})] \frac{dr}{r}. \end{aligned}\right.$$

Supposons maintenant que la fonction

$$f(re^{p\sqrt{-1}})$$

cesse, une ou plusieurs fois, d'être continue entre les limites données, et que chaque fois elle change brusquement de valeur; les
accroissements instantanés qu'elle recevra pour diverses valeurs de r
ou de p devront être (*voir* le § I) successivement retranchés de la
fonction placée sous le signe $\int$, dans le premier ou dans le second
membre de l'équation (3).

Supposons, pour fixer les idées, que

$$f\left(re^{p\sqrt{-1}}\right)$$

reste toujours, entre les limites $r = r_0$, $r = r_1$, fonction continue de r;
mais que, p venant à varier entre les limites p_0, p_1, la même fonction
devienne discontinue pour diverses valeurs intermédiaires

$$\alpha, \quad \beta, \quad \gamma, \quad \ldots$$

de la variable p, et reçoive l'accroissement instantané

$$\Delta_\alpha \quad \text{ou} \quad \Delta_\beta, \quad \text{ou} \quad \Delta_\gamma, \quad \ldots,$$

tandis que la différence

$$p - \alpha \quad \text{ou} \quad p - \beta, \quad \text{ou} \quad p - \gamma, \quad \ldots$$

passe du négatif au positif. Alors à l'équation (3) on devra substituer
la suivante

$$(4) \quad \left\{ \begin{array}{l} \displaystyle\int_{p_0}^{p_1} \left[f\left(r_1 e^{p\sqrt{-1}}\right) - f\left(r_0 e^{p\sqrt{-1}}\right) \right] dp \\[2ex] \displaystyle = \frac{1}{\sqrt{-1}} \int_{r_0}^{r_1} \left[f\left(re^{p_1\sqrt{-1}}\right) - f\left(re^{p_0\sqrt{-1}}\right) \right] \frac{dr}{r} - \frac{1}{\sqrt{-1}} \int_{r_0}^{r_1} \Delta\frac{dr}{r}, \end{array} \right.$$

la valeur de Δ étant

$$(5) \qquad \Delta = \Delta_\alpha + \Delta_\beta + \Delta_\gamma + \ldots.$$

Si, pour fixer les idées, on suppose

$$p_0 = 0, \qquad p_1 = 2\pi,$$

et si d'ailleurs la fonction

$$f\left(re^{p\sqrt{-1}}\right)$$

reprend, pour $p = 2\pi$, la même valeur que pour $p = 0$, l'équation (4) donnera

$$(6) \qquad \int_0^{2\pi} [f(r_1 e^{p\sqrt{-1}}) - f(r_0 e^{p\sqrt{-1}})]\, dp = \sqrt{-1} \int_{r_0}^{r_1} \Delta \frac{dr}{r}.$$

Si, de plus, on prend

$$r_0 = 0, \qquad r_1 = 1,$$

et si l'on suppose que la fonction

$$f(re^{p\sqrt{-1}})$$

s'évanouisse avec r, l'équation (6) donnera simplement

$$(7) \qquad \int_0^{2\pi} f(e^{p\sqrt{-1}})\, dp = \sqrt{-1} \int_0^1 \Delta \frac{dr}{r}.$$

§ III. — *Sur la substitution de fonctions non périodiques à des fonctions périodiques dans les intégrales définies.*

Les formules établies dans les paragraphes précédents fournissent, comme on l'a dit dans le préambule de ce Mémoire, les moyens de transformer des fonctions périodiques en fonctions non périodiques dans un grand nombre d'intégrales définies et, en particulier, dans celles qui représentent les coefficients de développements ordonnés suivant des puissances entières d'exponentielles trigonométriques. Entrons à ce sujet dans quelques détails.

Soit $\mathcal{F}(p)$ une fonction donnée de l'angle p. En développant cette fonction suivant les puissances entières de l'exponentielle

$$e^{p\sqrt{-1}},$$

on trouvera généralement, comme l'on sait,

$$(1) \qquad \mathcal{F}(p) = \sum \mathcal{A}_m e^{mp\sqrt{-1}},$$

la valeur de $\mathcal{A}_m$ étant

$$(2) \qquad \mathcal{A}_m = \frac{1}{2\pi} \int_0^{2\pi} \mathcal{F}(p) e^{-mp\sqrt{-1}}\, dp$$

ou, ce qui revient au même,

$$(3)\qquad \mathcal{A}_m = \frac{1}{2\pi}\int_0^{2\pi} \mathcal{F}(-p) e^{mp\sqrt{-1}}\, dp,$$

et le signe $\sum$ s'étendant à toutes les valeurs entières, positives, nulle ou négatives de m. On tirera d'ailleurs de la formule (2), en y remplaçant m par $-m$,

$$(4)\qquad \mathcal{A}_{-m} = \frac{1}{2\pi}\int_0^{2\pi} \mathcal{F}(p) e^{mp\sqrt{-1}}\, dp.$$

Or, dans les intégrales définies qui représentent ici les coefficients

$$\mathcal{A}_m, \quad \mathcal{A}_{-m},$$

les fonctions placées sous le signe $\sum$ sont généralement des fonctions périodiques qui changent plusieurs fois de signe entre les limites des intégrations, en sorte qu'on ne pourra, ni calculer des valeurs approchées de ces coefficients, ni même trouver leurs signes, sans recourir à une détermination souvent pénible des intégrales. Pour faire disparaître cet inconvénient, il importe de pouvoir, au besoin, remplacer dans les intégrales dont il s'agit les fonctions périodiques placées sous le signe $\int$ par des fonctions non périodiques. On y parviendra effectivement, dans un grand nombre de cas, à l'aide des formules établies dans les §§ I et II.

Supposons d'abord, pour fixer les idées,

$$(5)\qquad \mathcal{F}(p) = (1 - \mathrm{a} e^{(\alpha - p)\sqrt{-1}})^s,$$

a, s désignant deux quantités positives dont la première soit inférieure à l'unité. On pourra substituer à la formule (5), qui subsiste quel que soit p, le système de deux autres formules, en supposant, pour des valeurs positives de $\sin(p-\alpha)$,

$$(6)\qquad \mathcal{F}(p) = (\sqrt{-1})^s \left[-(1 - \mathrm{a} e^{(\alpha - p)\sqrt{-1}})\sqrt{-1}\right]^s,$$

et, pour des valeurs négatives de $\sin(p-\alpha)$,

$$(7)\qquad \mathcal{F}(p) = (-\sqrt{-1})^s \left[(1 - \mathrm{a} e^{(\alpha - p)\sqrt{-1}})\sqrt{-1}\right]^s.$$

Cela posé, $\mathcal{A}_m$ se réduira simplement à zéro. Mais l'équation (4), jointe à la formule (7) du § II, donnera

(8) $$\mathcal{A}_{-m} = \frac{\sqrt{-1}}{2\pi}\int_0^1 \Delta\frac{dr}{r},$$

la valeur de Δ étant nulle, pour $r > \mathrm{a}$, et déterminée, dès que l'on aura $r < \mathrm{a}$, par la formule

(9) $$\Delta = 2r^m e^{m\alpha\sqrt{-1}}\left(\frac{\mathrm{a}}{r} - 1\right)^s \sin\pi s\sqrt{-1}.$$

On trouvera, en conséquence,

(10) $$\mathcal{A}_{-m} = -\frac{\sin\pi s}{\pi}e^{m\alpha\sqrt{-1}}\int_0^{\mathrm{a}} r^{m-1}\left(\frac{\mathrm{a}}{r} - 1\right)^s dr.$$

D'ailleurs, en remplaçant r par $\mathrm{a}r$, on tirera de la formule (10)

(11) $$\mathcal{A}_{-m} = -\frac{\sin\pi s}{\pi}\mathrm{a}^m e^{m\alpha\sqrt{-1}}\int_0^1 r^{m-s-1}(1-r)^s\, dr.$$

Il est aisé de reconnaître que la formule (11) subsiste pour toute valeur de s à laquelle correspond une valeur finie de l'intégrale comprise dans le second membre. Donc elle s'étend au cas même où l'exposant s deviendrait négatif, en demeurant compris entre les limites 0, -1.

Au reste, il est facile de vérifier directement la formule (11). En effet, le coefficient $\mathcal{A}_{-m}$ de la $m^{\text{ième}}$ puissance de l'exponentielle

$$e^{p\sqrt{-1}},$$

dans le développement de la fonction (5), est évidemment le produit de l'expression

$$\mathrm{a}^m e^{m\alpha\sqrt{-1}}$$

par

$$(-1)^m\frac{s(s-1)\ldots(s-m+1)}{1.2\ldots m} = -\frac{\Gamma(m-s)}{\Gamma(-s)\Gamma(s+1}.$$

On aura donc

(12) $$\mathcal{A}_{-m} = -\frac{\Gamma(m-s)}{\Gamma(-s)\Gamma(m+1)}\mathrm{a}^m e^{m\alpha\sqrt{-1}},$$

et, comme on a aussi

$$(13) \qquad \frac{\pi}{\sin \pi s} = \Gamma(s)\Gamma(1-s) = -\Gamma(-s)\Gamma(s+1),$$

on tirera de la formule (11), jointe aux équations (12) et (13),

$$(14) \qquad \int_0^1 r^{m-s-1}(1-r)^s dr = \frac{\Gamma(m-s)\Gamma(s+1)}{\Gamma(m+1)}.$$

Or l'équation (14) est effectivement exacte et s'accorde avec la formule connue

$$(15) \qquad \int_0^1 r^{m-1}(1-r)^{n-1} dr = \frac{\Gamma(m)\Gamma(n)}{\Gamma(m+n)},$$

qui subsiste pour toutes les valeurs positives entières ou fractionnaires, ou même irrationnelles, des deux nombres m, n.

Dans l'exemple que nous venons de choisir, la valeur de $\mathcal{A}_{-m}$ pouvait se calculer directement, et cette circonstance nous a permis de constater l'exactitude de l'équation particulière que nous avons déduite de nos formules générales. Appliquons maintenant ces mêmes formules à d'autres exemples dans lesquels la valeur de $\mathcal{A}_{-m}$ est inconnue, aussi bien que la valeur de $\mathcal{A}_m$.

Supposons, en premier lieu,

$$(16) \qquad \mathcal{F}(p) = [1 - 2\mathrm{a}\cos(p-\alpha) + \mathrm{a}^2]^s,$$

ou, ce qui revient au même,

$$(17) \qquad \mathcal{F}(p) = (1 - \mathrm{a}e^{(p-\alpha)\sqrt{-1}})^s (1 - \mathrm{a}e^{(\alpha-p)\sqrt{-1}})^s;$$

α, désignant un angle quelconque, a une quantité positive inférieure à 1, et s une autre quantité positive ou une quantité négative comprise entre les limites 0, -1. Alors la valeur de $\mathcal{A}_{-m}$ sera toujours déterminée par la formule (8). Seulement, pour $r < \mathrm{a}$, la valeur de Δ se trouvera déterminée, non par l'équation (9), mais par celle-ci :

$$(18) \qquad \Delta = 2r^m e^{m\alpha\sqrt{-1}} \left(\frac{\mathrm{a}}{r} - 1\right)^s (1 - \mathrm{a}r)^s \sin \pi s \sqrt{-1}.$$

Donc, à la place des formules (10) et (11), on obtiendra les suivantes :

$$(19)\qquad \mathcal{A}_{-m} = -\frac{\sin\pi s}{\pi} e^{m\alpha\sqrt{-1}} \int_0^{a} r^{m-1}\left(\frac{a}{r}-1\right)^s (1-ar)^s\,dr,$$

$$(20)\qquad \mathcal{A}_{-m} = -\frac{\sin\pi s}{\pi} a^m e^{m\alpha\sqrt{-1}} \int_0^{1} r^{m-s-1}(1-r)^s(1-a^2 r)^s\,ds.$$

D'ailleurs, m étant positif, pour déduire de l'équation (20) la valeur de $\mathcal{A}_m$, il suffira de changer dans le second membre le signe de $\sqrt{-1}$. L'équation (20) fournit une transformation remarquable de la transcendante

$$(21)\qquad \mathcal{A}_{-m} = \frac{1}{2\pi}\int_0^{2\pi} [1 - 2a\cos(p-\alpha) + a^2]^s e^{mp\sqrt{-1}}\,dp.$$

Cette transformation était déjà connue; elle est comprise dans une formule que renferme le Mémoire de notre confrère M. Binet sur les intégrales eulériennes.

Supposons enfin

$$(22)\qquad \mathcal{F}(p) = \mathcal{P}^s,$$

s étant positif, ou compris entre les limites 0, -1, et $\mathcal{P}$ désignant une fonction entière de $\sin p$, $\cos p$, qui reste toujours positive pour toutes les valeurs réelles de l'angle p. Une analyse semblable à celle que Lagrange a employée dans un Mémoire de 1776, pourra être appliquée à la décomposition de $\mathcal{P}$ en facteurs réels du second degré; et alors, en désignant par k une constante positive, on trouvera

$$(23)\qquad \mathcal{P} = k\,\mathcal{L}\mathcal{M}\mathcal{N}\ldots,$$

$\mathcal{L}$, $\mathcal{M}$, $\mathcal{N}$, ... étant déterminés par des équations de la forme

$$(24)\qquad \left\{\begin{aligned} \mathcal{L} &= 1 - 2a\cos(p-\alpha) + a^2,\\ \mathcal{M} &= 1 - 2b\cos(p-\beta) + b^2,\\ \mathcal{N} &= 1 - 2c\cos(p-\gamma) + c^2,\end{aligned}\right.$$

dans lesquelles on pourra supposer chacune des quantités a, b, c, ...

comprise entre les limites o, 1. Cette supposition étant admise, la transcendante

$$(25) \qquad \mathcal{A}_{-m} = \int_0^{2\pi} \mathcal{Q}^s \, e^{mp\sqrt{-1}} \, dp$$

pourra être, pour une valeur quelconque du nombre entier m, transformée à l'aide des principes ci-dessus établis. Soient, pour plus de commodité,

$$\mathfrak{M}_\alpha, \quad \mathfrak{N}_\alpha, \quad \ldots$$

ce que deviennent les facteurs

$$\mathfrak{M}, \quad \mathfrak{N}, \quad \ldots$$

quand on y remplace l'exponentielle $e^{p\sqrt{-1}}$ par le produit $re^{\alpha\sqrt{-1}}$. Soient pareillement

$$\mathcal{L}_\beta, \quad \mathfrak{N}_\beta, \quad \ldots$$

ce que deviennent les facteurs

$$\mathcal{L}, \quad \mathfrak{N}, \quad \ldots$$

quand on y remplace l'exponentielle $e^{p\sqrt{-1}}$ par le produit $re^{\beta\sqrt{-1}}$, etc. On trouvera

$$(26) \quad \mathcal{A}_{-m} = k^s \frac{\sin \pi s}{\pi} \left\{ \begin{array}{l} e^{m\alpha\sqrt{-1}} \int_0^a \left(\frac{a}{r} - 1\right)^s (1 - ar)^s \mathfrak{M}_\alpha^s \mathfrak{N}_\alpha^s \ldots r^{m-1} \, dr \\[2mm] + e^{m\beta\sqrt{-1}} \int_0^b \left(\frac{b}{r} - 1\right)^s (1 - br)^s \mathcal{L}_\beta^s \mathfrak{N}_\beta^s \ldots r^{m-1} \, dr \\[2mm] + \ldots\ldots\ldots\ldots\ldots\ldots\ldots\ldots\ldots\ldots\ldots \end{array} \right.$$

Il est bon d'observer que, en vertu de la seconde des formules (24), on aura

$$\mathfrak{M} = \left(1 - be^{(p-\beta)\sqrt{-1}}\right)\left(1 - be^{(\beta-p)\sqrt{-1}}\right),$$

par conséquent

$$\mathfrak{M}_\alpha = \left(1 - bre^{(\alpha-\beta)\sqrt{-1}}\right)\left(1 - \frac{b}{r} e^{(\beta-\alpha)\sqrt{-1}}\right),$$

et, par suite, pour $r > b$,

$$(27) \qquad \mathfrak{M}_\alpha^s = \left(1 - bre^{(\alpha-\beta)\sqrt{-1}}\right)^s \left(1 - \frac{b}{r} e^{(\beta-\alpha)\sqrt{-1}}\right)^s;$$

mais que la formule (27) ne pourra plus fournir la valeur de $\mathfrak{M}_\alpha^s$, dans le cas où r deviendra inférieur à b, et que, dans ce dernier cas, on aura, ou

$$(28)\qquad \mathfrak{M}_\alpha^s = (\sqrt{-1})^s \left[-\left(1-\frac{\mathrm{b}}{r}e^{(6-\alpha)\sqrt{-1}}\right)\right]^s (1-\mathrm{b}re^{(\alpha-6)\sqrt{-1}})^s,$$

ou bien

$$(29)\qquad \mathfrak{M}_\alpha^s = (-\sqrt{-1})^s \left[\left(1-\frac{\mathrm{b}}{r}e^{(6-\alpha)\sqrt{-1}}\right)\right]^s (1-\mathrm{b}re^{(\alpha-6)\sqrt{-1}})^s,$$

la formule (28) devant être employée quand $\sin(\alpha-6)$ sera positif, et la formule (29) quand $\sin(\alpha-6)$ sera négatif.

Si l'on désignait par

$$\mathfrak{M}_\alpha,\quad \mathfrak{N}_\alpha,\quad \ldots$$

ce que deviennent

$$\mathfrak{M},\quad \mathfrak{N},\quad \ldots$$

quand on y remplace l'exponentielle $e^{p\sqrt{-1}}$ par le produit $\mathrm{a}re^{\alpha\sqrt{-1}}$; si pareillement on nommait

$$\mathfrak{L}_6,\quad \mathfrak{N}_6,\quad \ldots$$

ce que deviennent

$$\mathfrak{L},\quad \mathfrak{N},\quad \ldots$$

quand on y remplace $e^{p\sqrt{-1}}$ par le produit $\mathrm{b}re^{6\sqrt{-1}}$, et ainsi de suite; alors, à la place de la formule (26), on obtiendrait la suivante

$$(30)\qquad \left\{\begin{aligned} \mathfrak{A}_{-m} = -\frac{\mathrm{k}^s\sin\pi s}{\pi}&\left[\mathrm{a}^m e^{m\alpha\sqrt{-1}}\int_0^1 \mathfrak{M}_\alpha^s\,\mathfrak{N}_\alpha^s\ldots r^{m-s-1}(1-r)^s(1-\mathrm{a}^2r)^s\,dr\right.\\ &\left.+\ldots\ldots\ldots\ldots\ldots\ldots\ldots\ldots\ldots\ldots\ldots\ldots\right],\end{aligned}\right.$$

et de cette dernière, jointe aux formules (23), (25), on tirerait

$$(31)\qquad \left\{\begin{aligned} &\int_0^{2\pi} \mathfrak{L}^s\mathfrak{M}^s\mathfrak{N}^s\ldots e^{mp\sqrt{-1}}\,dp\\ &\quad = -\frac{\mathrm{k}^s\sin\pi s}{\pi}\int_0^1 \left[\mathrm{a}^m e^{m\alpha\sqrt{-1}}\mathfrak{M}_\alpha^s\,\mathfrak{N}_\alpha^s\ldots(1-\mathrm{a}^2r)^s+\ldots\right] r^{m-s-1}(1-r)^s\,dr.\end{aligned}\right.$$

Ajoutons que, m étant positif, il suffira de changer $\sqrt{-1}$ en $-\sqrt{-1}$ dans les seconds membres des équations (26) et (30) pour que ces équations fournissent immédiatement, non plus la valeur de $\mathcal{A}_{-m}$, mais la valeur de $\mathcal{A}_m$.

Dans l'Astronomie, si l'on nomme $\mathfrak{r}$ la distance de deux planètes m, m', une partie de la fonction perturbatrice, savoir, la partie correspondante à l'action mutuelle de ces planètes, sera proportionnelle à $\frac{1}{\mathfrak{r}}$. Si d'ailleurs on nomme ψ l'anomalie excentrique relative à la planète m, le carré $\mathfrak{r}^2$ sera une fonction entière de $\sin\psi$ et $\cos\psi$, du quatrième degré. Cela posé, les formules (26), (30), ou plutôt celles qu'on en déduira en posant $s = -\frac{1}{2}$, fourniront une transformation remarquable des transcendantes qui représentent les coefficients des puissances entières de l'exponentielle

$$e^{\psi\sqrt{-1}},$$

dans le développement de $\frac{1}{\mathfrak{r}}$. Après cette transformation, les coefficients dont il s'agit se réduiront à des transcendantes elliptiques.

Lorsque le nombre m cesse d'être un nombre entier, l'intégrale que renferme l'équation (25) peut encore être transformée, non plus à l'aide de la formule (7), mais à l'aide de la formule (4) du § II; et l'on se trouve ainsi encore conduit à des conclusions importantes que nous développerons dans un autre article.

254.

Analyse mathématique. — *Sur la méthode logarithmique appliquée au développement des fonctions en séries.*

C. R., T. XIX, p. 51 (8 juillet 1844).

Tout le monde est d'accord sur l'immense service que Néper a rendu aux calculateurs par l'invention des logarithmes, qui permettent de remplacer, dans les calculs numériques, la multiplication par l'addition, et la division par la soustraction. Il m'a semblé que, dans la haute Analyse, on pouvait retirer des avantages tout aussi incontestables de l'application des logarithmes au développement des fonctions en séries. Entrons à ce sujet dans quelques détails.

Concevons qu'il s'agisse de développer une puissance donnée d'une fonction d'un certain angle en série de sinus et de cosinus des multiples de cet angle. On pourrait, à la rigueur, commencer par développer la fonction en une série du même genre, puis déduire, ou de multiplications successives, ou même de la formule du binôme, le développement de la puissance donnée. Toutefois le calcul deviendra très pénible et presque impraticable, si le degré n de la puissance dont il s'agit est un très grand nombre fractionnaire, ou même un nombre entier très considérable. Mais si, au lieu de commencer par développer la fonction proposée en série, on commence par développer son logarithme népérien, on obtiendra facilement le développement du logarithme de la $n^{\text{ième}}$ puissance de la fonction, puisque, pour y parvenir, il suffira de multiplier le développement du logarithme de la fonction par l'exposant n. Alors il ne restera plus qu'à revenir du développement du logarithme de la puissance au développement de la puissance elle-même. A la vérité, cette puissance sera représentée par une exponentielle népérienne qui aura pour exposant le développement du logarithme de la puissance. Mais le développement de cette exponentielle en série paraît être, au premier abord, une opération plus compliquée que celle qui consistait à élever à la $n^{\text{ième}}$ puissance la fonction représentée par une série. Toutefois, en réfléchissant attentivement sur cet objet, je suis arrivé à une méthode qui permet de passer facilement de l'exponentielle à son développement, et que je vais indiquer en peu de mots.

Quand le logarithme d'une fonction est représenté par une série convergente ordonnée suivant les puissances ascendantes d'une seule variable, on peut aisément déduire de cette série celle qui représente la fonction elle-même. En effet, il suffit de multiplier chaque terme de la première série par l'exposant de la variable dans ce terme, et de diminuer ensuite chaque exposant de l'unité, pour obtenir le développement de la dérivée logarithmique de la fonction; et de cette proposition on conclut immédiatement que les coefficients de la série cherchée sont liés entre eux par des équations linéaires qui permettent, comme l'on sait, de les déduire très aisément les uns des autres. Or, pour ramener à cette opération, déjà connue des géomètres, le problème qui consiste à développer une fonction d'un certain angle suivant les sinus et cosinus des multiples de cet angle, en supposant connu le développement du logarithme de la fonction, je considère cette fonction comme équivalente au produit de trois facteurs qui ont pour logarithmes respectifs, dans le développement du logarithme de la fonction : 1° le terme constant; 2° la somme des termes proportionnels aux puissances positives de l'exponentielle trigonométrique dont l'exposant est l'angle donné; 3° la somme des termes proportionnels aux puissances positives de la même exponentielle. Alors il devient facile de calculer séparément le facteur constant et les deux facteurs variables qui doivent fournir un produit équivalent à la fonction cherchée. Il y a plus : le développement de cette fonction se déduit immédiatement de la multiplication algébrique des deux derniers facteurs, et par conséquent ce développement se trouve construit définitivement, à l'aide d'un procédé analogue au procédé si simple qu'Euler a employé pour développer une puissance négative d'une fonction linéaire du cosinus d'un angle donné suivant les sinus et cosinus des multiples de cet angle.

La méthode de développement que je viens d'exposer, et qu'il est naturel d'appeler *méthode logarithmique*, puisqu'elle repose principalement sur l'emploi des logarithmes, offre surtout de grands avantages dans le calcul des perturbations des mouvements planétaires. On sait que le calcul de chaque inégalité périodique produite dans le mouvement d'une planète m par l'action d'une autre planète m' peut être réduit au développement de la fonction perturbatrice suivant les puissances entières des exponentielles trigonométriques qui ont pour exposants les longitudes moyennes des planètes, et que la détermination spéciale de l'une quelconque de ces inégalités se réduit à la détermination du coefficient numérique renfermé dans le terme proportionnel à deux puissances données de ces exponentielles. Lorsque le degré de ces puissances est élevé, la détermination, effectuée par les méthodes exposées dans la *Mécanique céleste*, exige beaucoup de temps et de travail, comme le savent très bien les astronomes; et l'on ne doit pas s'en étonner, puisque alors les fonctions développées se transforment en séries multiples, et que le nombre des termes de ces séries croît dans une progression effrayante avec les degrés des puissances. Mais, lorsqu'on applique la méthode logarithmique au développement de la fonction perturbatrice, les séries multiples dont il s'agit se trouvent remplacées par des séries simples que l'on ajoute les unes aux autres, au lieu de les multiplier l'une par l'autre. Ainsi étendu, l'usage des logarithmes aura donc pour effet de remplacer, dans la haute Analyse, tout comme dans les calculs numériques, les multiplications algébriques par de simples additions.

Analyse.

§ I. — *Détermination d'une fonction dont le logarithme est représenté par une série ordonnée suivant les puissances entières d'une variable.*

Nommons $f(x)$ une fonction de la variable x qui offre, au moins pour les valeurs de x que l'on considère, une partie réelle positive, et admettons que le logarithme $\mathrm{L}f(x)$ de cette fonction, correspondant à une base quelconque, soit représenté par une série convergente ordonnée suivant les puissances entières, positives, nulle et négatives de la variable x. On pourra en dire autant du logarithme népérien $\mathrm{l}f(x)$, correspondant à la base

$$e = 2,7182818\ldots,$$

et lié au logarithme $\mathrm{L}f(x)$ par la formule

$$\mathrm{l}f(x) = \frac{\mathrm{L}f(x)}{\mathrm{L}e}.$$

On aura donc, par exemple,

$$\mathrm{l}f(x) = a_0 + a_1 x + a_2 x^2 + \ldots + a_{-1} x^{-1} + a_{-2} x^{-2} + \ldots, \tag{1}$$

$a_0, a_1, a_2, \ldots, a_{-1}, a_{-2}, \ldots$ désignant des coefficients réels ou imaginaires, et il s'agit de savoir comment on peut, de l'équation (1), déduire le développement de $\mathrm{f}(x)$ en une série ordonnée suivant les puissances entières de x.

Si l'on pose, pour abréger,

$$(2) \qquad u = a_0 + a_1 x + a_2 x_2 + \ldots + a_{-1} x^{-1} + a_{-2} x^{-2} + \ldots,$$

l'équation (1) sera réduite à celle-ci

$$\mathrm{l}\,\mathrm{f}(x) = u,$$

et l'on en conclura

$$\mathrm{f}(x) = e^u,$$

par conséquent

$$(3) \qquad \mathrm{f}(x) = 1 + \frac{u}{1} + \frac{u^2}{1.2} + \frac{u^3}{1.2.3} + \ldots.$$

A la rigueur, on pourrait tirer de cette dernière formule le développement cherché, puisque, à l'aide de multiplications successives ou de la formule qui fournit la puissance $n^{\text{ième}}$ du binôme ou plutôt d'un polynôme quelconque, on peut déduire, de l'équation (2), les développements de u^2, de u^3, ..., et généralement de u^n. Toutefois le calcul, ainsi effectué, devient très pénible quand il s'agit de trouver dans le développement de $\mathrm{f}(x)$ le coefficient d'une puissance élevée de x ou de $\frac{1}{x}$. Mais on peut résoudre facilement ce problème en opérant comme il suit.

Décomposons la fonction $\mathrm{f}(x)$ en trois facteurs

$$\mathcal{A}, \quad v, \quad w,$$

qui, étant le premier constant, les deux autres variables, soient déterminés séparément par les formules

$$(4) \qquad \mathrm{l}\mathcal{A} = a_0,$$

$$(5) \qquad \mathrm{l}v = a_1 x + a_2 x^2 + \ldots, \qquad \mathrm{l}w = a_{-1} x^{-1} + a_{-2} x^{-2} + \ldots.$$

La formule (4) donnera immédiatement

$$(6) \qquad \mathcal{A} = e^{a_0},$$

et l'on tirera de la première des formules (5), non seulement

$$(7)\qquad v = e^{a_1 x + a_2 x^2 + \dots} = 1 + \frac{a_1 x + a_2 x^2 + \dots}{1} + \dots,$$

mais encore

$$(8)\qquad D_x v = (a_1 + 2 a_2 x + 3 a_3 x^2 + \dots) v.$$

Or la valeur de v, donnée par la formule (7), sera de la forme

$$(9)\qquad v = 1 + b_1 x + b_2 x^2 + \dots;$$

et, pour déterminer les coefficients b_0, b_1, b_2, ..., il suffira évidemment de substituer cette valeur dans l'équation (7). Car si, après cette substitution, l'on égale entre eux les coefficients des puissances semblables de x, on trouvera

$$(10)\qquad b_1 = a_1, \qquad b_2 = a_2 + \frac{a_1 b_1}{2}, \qquad b_3 = a_3 + \frac{2 a_2 b_1 + a_1 b_2}{3}, \qquad \dots.$$

Ainsi, des coefficients b_1, b_2, b_3, ..., le premier ne différera pas de la constante a_1, et les suivants se déduiront sans peine les uns des autres, la valeur générale de b_n étant

$$(11)\qquad b_n = a_n + \frac{(n-1) a_{n-1} b_1 + (n-2) a_{n-2} b_2 + \dots + a_1 b_{n-1}}{n}.$$

De même, en remplaçant x par $\frac{1}{x}$, et posant

$$(12)\qquad w = 1 + c_1 x^{-1} + c_2 x^{-2} + \dots,$$

on tirera de la seconde des formules (5)

$$(13)\qquad c_1 = a_{-1}, \qquad c_2 = a_{-2} + \frac{a_{-1} c_{-1}}{2}, \qquad c_3 = a_{-3} + \frac{2 a_{-2} c_1 + a_{-1} c_2}{3}, \qquad \dots$$

et généralement

$$(14)\qquad c_n = a_{-n} + \frac{(n-1) a_{-n+1} c_1 + (n-2) a_{-n+2} c_2 + \dots + a_{-1} c_{n-1}}{n}.$$

D'ailleurs, après avoir calculé, comme on vient de le dire, les coefficients que renferment les développements des facteurs v, w, on tirera des formules (9) et (12)

$$(15)\qquad \left\{\begin{aligned} vw = k_0 + k_1\, x &+ k_2\, x^2 + \ldots \\ &+ k_{-1} x^{-1} + k_{-2} x^{-2} + \ldots, \end{aligned}\right.$$

les valeurs générales de k_n et de k_{-n} étant

$$(16)\qquad \left\{\begin{aligned} k_n &= b_n + b_{n+1} c_1 + b_{n+2} c_2 + \ldots, \\ k_{-n} &= c_n + c_{n+1} b_1 + c_{n+2} b_2 + \ldots. \end{aligned}\right.$$

Après avoir ainsi formé les développements des facteurs v, w et du produit vw, on déduira immédiatement de la formule

$$(17)\qquad f(x) = A\, vw$$

le développement de la fonction $f(x)$, et l'on aura

$$(18)\qquad \left\{\begin{aligned} f(x) = A k_0 + A k_1\, x &+ A k_2\, x^2 + \ldots \\ &+ A k_{-1} x^{-1} + A k_{-2} x^{-2} + \ldots. \end{aligned}\right.$$

La méthode que nous venons d'exposer est particulièrement utile dans le cas où la variable x, réduite à une exponentielle trigonométrique, se trouve liée à un certain angle p par une équation de la forme

$$(19)\qquad x = e^{p\sqrt{-1}}.$$

Alors le développement de $f(x)$ se trouve ordonné suivant les puissances entières de l'exponentielle $e^{p\sqrt{-1}}$. On peut d'ailleurs substituer à ces puissances les sinus et cosinus des multiples de p, attendu qu'on a généralement, pour des valeurs positives ou même négatives de n,

$$(20)\qquad e^{np\sqrt{-1}} = \cos np + \sqrt{-1}\,\sin np.$$

§ II. — *Sur le développement de l'expression* $(1 - 2\theta\cos p + \theta^2)^{-s}$.

Si l'on pose, pour abréger,

$$\frac{s(s+1)\ldots(s+n-1)}{1.2\ldots n} = [s]_n,$$

la formule du binôme donnera

$$(1)\qquad (1-x)^{-s} = 1 + [s]_1 x + [s]_2 x^2 + \ldots.$$

On a d'ailleurs, en désignant par θ un nombre que nous supposerons inférieur à l'unité,

$$(2)\qquad 1 - 2\theta\cos p + \theta^2 = (1-\theta e^{p\sqrt{-1}})(1-\theta e^{-p\sqrt{-1}}),$$

par conséquent

$$(3)\qquad (1 - 2\theta\cos p + \theta^2)^{-s} = (1-\theta e^{p\sqrt{-1}})^{-s}(1-\theta e^{-p\sqrt{-1}})^{-s};$$

et des formules (1), (3), comme Euler en a fait la remarque, on tire

$$(4)\qquad \begin{cases} (1 - 2\theta\cos p + \theta^2)^{-s} = \Theta_0 + \Theta_1 e^{p\sqrt{-1}} + \Theta_2 e^{2p\sqrt{-1}} + \ldots \\ \qquad\qquad + \Theta_1 e^{-p\sqrt{-1}} + \Theta_2 e^{-2p\sqrt{-1}} + \ldots, \end{cases}$$

la valeur de Θ_n étant déterminée par la formule

$$(5)\qquad \Theta_n = [s]_n \theta^n \left(1 + \frac{s+n}{n+1}\theta^2 + \frac{s+n}{n+1}\,\frac{s+n+1}{n+2}\theta^4 + \ldots\right).$$

Il y a plus : si dans la formule

$$(6)\qquad (1-\theta e^{p\sqrt{-1}})^{-s}(1-\theta e^{-p\sqrt{-1}})^{-s} = \Theta_0 + \Sigma\Theta_n(e^{np\sqrt{-1}} + e^{-np\sqrt{-1}})$$

on remplace

$$e^{p\sqrt{-1}} \quad\text{par}\quad \frac{e^{p\sqrt{-1}}}{\theta},$$

on en conclura

$$(7)\qquad (1-e^{p\sqrt{-1}})^{-s}(1-\theta^2 e^{-p\sqrt{-1}})^{-s} = \Theta_0 + \Sigma\Theta_n(\theta^{-n} e^{np\sqrt{-1}} + \theta^n e^{-np\sqrt{-1}}),$$

le signe Σ indiquant une somme qui s'étend à toutes les valeurs entières, nulle et positives de n. Donc les deux produits

$$\Theta_n\theta^{-n} \quad\text{et}\quad \Theta_n\theta^n$$

seront les coefficients des exponentielles

$$e^{np\sqrt{-1}},\quad e^{-np\sqrt{-1}}$$

dans le développement de l'expression

$$\left(1 - e^{p\sqrt{-1}}\right)^{-s}\left(1 - \theta^2 e^{-p\sqrt{-1}}\right)^{-s}.$$

D'ailleurs on a

$$1 - \theta^2 e^{-p\sqrt{-1}} = 1 - \theta^2 - \theta^2 \frac{1 - e^{p\sqrt{-1}}}{e^{p\sqrt{-1}}}$$

et, par conséquent,

$$(8) \qquad 1 - \theta^2 e^{-p\sqrt{-1}} = (1 - \theta^2)\left(1 - \lambda \frac{1 - e^{p\sqrt{-1}}}{e^{p\sqrt{-1}}}\right),$$

la valeur de λ étant

$$(9) \qquad \lambda = \frac{\theta^2}{1 - \theta^2};$$

et de la formule (1), jointe à la formule (6), on conclut

$$\left(1 - e^{p\sqrt{-1}}\right)^{-s}\left(1 - \theta^2 e^{-p\sqrt{-1}}\right)^{-s}$$
$$= (1 - \theta^2)^{-s}\left\{\left(1 - e^{p\sqrt{-1}}\right)^{-s} + [s]_1 \lambda e^{-p\sqrt{-1}}\left(1 - e^{p\sqrt{-1}}\right)^{-s+1} + \ldots\right\}.$$

Or, de cette dernière équation, comparée à la formule (7), on tirera

$$\Theta_n \theta^{-n} = (1 - \theta^2)^{-s}\left\{[s]_n + [s]_1 [s-1]_{n+1} \lambda + [s]_2 [s-2]_{n+2} \lambda^2 + \ldots\right\}$$

et

$$\Theta_n \theta^{n} = (1 - \theta^2)^{-s}\lambda^n\left\{[s]_n + [s]_{n+1} [s-n+1]_1 \lambda + [s]_{n+2} [s-n+2]_2 \lambda^2 + \ldots\right\}.$$

Donc à l'équation (5) on peut substituer la suivante

$$(10) \qquad \Theta_n = [s]_n \mathrm{I}_n \frac{\theta^n}{(1 - \theta^2)^s},$$

la valeur de I_n pouvant être, à volonté, déterminée par l'une ou par l'autre des formules

$$(11) \qquad \mathrm{I}_n = 1 + \frac{s}{1}\,\frac{s-1}{n+1}\lambda + \frac{s(s+1)}{1.2}\,\frac{(s-1)(s-2)}{(n+1)(n+2)}\lambda^2 + \ldots,$$

$$(12) \qquad \mathrm{I}_n = (1 + \lambda)^n\left[1 + \frac{s+n}{n+1}\,\frac{s-n-1}{1}\lambda + \frac{(s+n)(s+n+1)}{(n+1)(n+2)}\,\frac{(s-n-1)(s-n-2)}{1.2}\lambda^2 + \ldots\right].$$

Les formules (11) et (12), dont la première était déjà connue, supposent

$$\lambda < 1,$$

ou, ce qui revient au même,

$$\theta^2 < \frac{1}{2}, \qquad \theta < \frac{1}{\sqrt{2}}.$$

§ III. — *Sur le développement des puissances d'une fonction entière du sinus et du cosinus d'un même angle.*

Concevons qu'une fonction réelle et entière du sinus et du cosinus de l'angle p soit représentée par la lettre u, et supposons que cette fonction reste positive pour toutes les valeurs réelles de p. On pourra la réduire à la forme

$$(1) \qquad u = \mathrm{k}[1 - \mathrm{a}\cos(p - \alpha)][1 - \mathrm{b}\cos(p - \beta)]\ldots,$$

k désignant une constante positive, a, b, ... d'autres constantes positives inférieures à l'unité, et α, β, ... des angles constants. Soient d'ailleurs

$$\mathfrak{a}, \quad \mathfrak{b}, \quad \ldots$$

des nombres inférieurs à l'unité, choisis de manière à vérifier les formules

$$(2) \qquad \mathfrak{a} + \frac{1}{\mathfrak{a}} = \frac{2}{\mathrm{a}}, \qquad \mathfrak{b} + \frac{1}{\mathfrak{b}} = \frac{2}{\mathrm{b}}, \qquad \ldots,$$

ou, ce qui revient au même, posons

$$(3) \qquad \mathfrak{a} = \operatorname{tang}(\tfrac{1}{2}\operatorname{arc}\sin\mathrm{a}), \qquad \mathfrak{b} = \operatorname{tang}(\tfrac{1}{2}\operatorname{arc}\sin\mathrm{b}), \qquad \ldots.$$

Posons, en outre,

$$h = \frac{\mathrm{k}}{(1+\mathfrak{a}^2)(1+\mathfrak{b}^2)\ldots},$$

ou, ce qui revient au même,

$$h = \frac{\mathrm{a}}{2\mathfrak{a}}\,\frac{\mathrm{b}}{2\mathfrak{b}}\cdots\mathrm{k}.$$

On aura encore

$$(4)\qquad u = h[1 - 2\mathfrak{a}\cos(p-\alpha) + \mathfrak{a}^2][1 - 2\mathfrak{b}\cos(p-6) + \mathfrak{b}^2]\ldots.$$

Donc, si l'on élève la fonction u à une puissance d'un degré donné, représenté par $-s$, on trouvera

$$(5)\qquad u^{-s} = h^{-s}[1 - 2\mathfrak{a}\cos(p-\alpha) + \mathfrak{a}^2]^{-s}[1 - 2\mathfrak{b}\cos(p-6) + \mathfrak{b}^2]^{-s}\ldots.$$

Si le degré de la fonction u est peu élevé, alors, en partant de l'équation (5), on pourra aisément déduire la valeur de u^{-s} des formules rappelées dans le § II. Ainsi, en particulier, si u est du second degré seulement par rapport à chacune des quantités $\sin p$, $\cos p$, et si l'on nomme

$$A_n \quad \text{ou} \quad B_n$$

ce que devient la quantité précédemment désignée par Θ_n, quand on remplace θ par $\mathfrak{a}$ ou par $\mathfrak{b}$; alors, en ayant égard aux formules

$$[1 - 2\mathfrak{a}\cos(p-\alpha) + \mathfrak{a}^2]^{-s} = A_0 + \sum A_n\left(e^{n(p-\alpha)\sqrt{-1}} + e^{-n(p-\alpha)\sqrt{-1}}\right),$$

$$1 - 2\mathfrak{b}\cos(p-6) + \mathfrak{b}^2]^{-s} = B_0 + \sum B_n\left(e^{n(p-6)\sqrt{-1}} + e^{-n(p-6)\sqrt{-1}}\right),$$

dans lesquelles le signe $\sum$ s'étend à toutes les valeurs positives de n, on tirera de l'équation (5)

$$(6)\qquad u^{-s} = K_0 + K_1 e^{p\sqrt{-1}} + K_2 e^{2p\sqrt{-1}} + \ldots + K_{-1} e^{-p\sqrt{-1}} + K_{-2} e^{-2p\sqrt{-1}} + \ldots,$$

la valeur de K_n étant

$$(7)\qquad \left\{\begin{aligned} K_n = {} & h^{-s}\left\{\begin{aligned} & A_n B_0 + A_{n-1} B_1 e^{(\alpha-6)\sqrt{-1}} + \ldots \\ & + A_{n+1} B_1 e^{-(\alpha-6)\sqrt{-1}} + \ldots \end{aligned}\right\} e^{-n\alpha\sqrt{-1}} \\ & + h^{-s}\left\{\begin{aligned} & B_n A_0 + B_{n-1} A_1 e^{-(\alpha-6)\sqrt{-1}} + \ldots \\ & + B_{n+1} A_1 e^{(\alpha-6)\sqrt{-1}} + \ldots \end{aligned}\right\} e^{n\alpha\sqrt{-1}}, \end{aligned}\right.$$

et la valeur de K_{-n} se déduisant de celle de K_n par un simple changement de signe du radical $\sqrt{-1}$.

Au reste, dans tous les cas, et surtout lorsque u renfermera des puissances élevées de $\sin p$ et de $\cos p$, on tirera immédiatement de la formule (5)

$$(8)\qquad \mathrm{l}(u^{-s}) = -s\left\{\begin{array}{l}\mathrm{l}(h)+\mathrm{l}\left(1-\mathfrak{a}e^{(p-\alpha)\sqrt{-1}}\right)+\mathrm{l}\left(1-\mathfrak{a}e^{-(p-\alpha)\sqrt{-1}}\right)\\ \quad+\mathrm{l}\left(1-\mathfrak{b}e^{(p-6)\sqrt{-1}}\right)+\mathrm{l}\left(1-\mathfrak{b}e^{-(p-6)\sqrt{-1}}\right)\\ \quad+\ldots\ldots\ldots\ldots\ldots\ldots\ldots\ldots\end{array}\right\},$$

et le développement de $\mathrm{l}(u^{-s})$, suivant les puissances entières de $e^{p\sqrt{-1}}$, se déduira immédiatement de la formule (8), jointe à la suivante :

$$(9)\qquad \mathrm{l}(1-x) = -x-\frac{x^2}{2}-\frac{x^3}{3}-\ldots.$$

D'ailleurs, le développement de $\mathrm{l}(u^{-s})$ étant formé, on en déduira le développement de u^{-s} par la méthode exposée dans le § I.

§ IV. — *Sur les inégalités périodiques des mouvements planétaires.*

Le calcul des inégalités périodiques produites dans le mouvement d'une planète m par l'action d'une autre planète m' suppose que l'on a développé la fonction perturbatrice, et spécialement la partie de cette fonction qui est réciproquement proportionnelle à la distance z des deux planètes, en une série ordonnée suivant les puissances entières des exponentielles trigonométriques dont les exposants sont l'anomalie moyenne T de la planète m, et l'anomalie moyenne T' de la planète m'. La question qu'il s'agit alors de résoudre consiste donc à développer $\frac{1}{z}$ suivant les puissances entières positives, nulle et négatives des exponentielles

$$e^{T\sqrt{-1}},\quad e^{T'\sqrt{-1}}.$$

On sait d'ailleurs que l'anomalie moyenne T d'une planète m est liée à l'anomalie excentrique ψ, et à l'excentricité ε de l'orbite, par la formule

$$(1)\qquad \psi-\varepsilon\sin\psi = T.$$

De plus, il est aisé de prouver que le coefficient $\mathfrak{S}_l$ de

$$e^{nT\sqrt{-1}},$$

dans le développement de l'exponentielle

$$e^{l\psi\sqrt{-1}}$$

suivant les puissances entières de $e^{T\sqrt{-1}}$, se réduit à l'intégrale

$$\frac{1}{2\pi}\int_{-\pi}^{\pi} e^{-nT\sqrt{-1}}e^{l\psi\sqrt{-1}}\,dT = \frac{l}{2\pi n}\int_{-\pi}^{\pi} e^{-(n-l)\psi\sqrt{-1}}\,e^{n\varepsilon\sin\psi\sqrt{-1}}\,d\psi.$$

Ce coefficient sera donc le produit de $\frac{l}{n}$ par le coefficient $\mathcal{E}_{n-l}$ de l'exponentielle

$$e^{(n-l)\psi\sqrt{-1}},$$

dans le développement de l'expression

$$e^{n\varepsilon\sin\psi\sqrt{-1}} = e^{\frac{n\varepsilon}{2}\left(e^{\psi\sqrt{-1}}-e^{-\psi\sqrt{-1}}\right)}$$

suivant les puissances entières de $e^{\psi\sqrt{-1}}$; et, par conséquent, on aura

$$(1)\qquad \mathfrak{S}_l = \frac{l}{n}\mathcal{E}_{n-l},$$

les valeurs de $\mathcal{E}_l$ et de $\mathcal{E}_{-l}$ étant déterminées, pour des valeurs positives de l, par les formules

$$(2)\qquad \mathcal{E}_{-l} = (-1)^l\mathcal{E}_l,$$

$$(3)\qquad \mathcal{E}_l = \frac{\left(\frac{n\varepsilon}{2}\right)^l}{1.2\ldots l}\mathfrak{I}_l,\qquad \mathfrak{I}_l = 1 - \frac{\left(\frac{n\varepsilon}{2}\right)^2}{1(l+1)} + \frac{\left(\frac{n\varepsilon}{2}\right)^4}{1.2(l+1)(l+2)} - \ldots.$$

Enfin, après avoir déduit de la dernière formule deux valeurs de $\mathfrak{I}_l$ correspondantes à des valeurs un peu considérables de l, on pourra aisément calculer les valeurs de $\mathfrak{I}_l$ qui répondront à de moindres valeurs de l, à l'aide de l'équation

$$(4)\qquad \mathfrak{I}_{l-1} = \mathfrak{I}_l - \frac{\left(\frac{n\varepsilon}{2}\right)^2}{l(l+1)}\mathfrak{I}_{l+1};$$

et ainsi on parviendra sans peine aux diverses valeurs de Θ_l. Cela posé, il est clair que le développement d'une fonction de ψ en une série ordonnée suivant les puissances entières de $e^{T\sqrt{-1}}$ se trouvera réduit au développement de la même fonction en une série ordonnée suivant les puissances entières de

$$e^{\psi\sqrt{-1}}.$$

Concevons, en particulier, que l'on désigne par $\mathcal{A}_n$ le coefficient de

$$e^{n\psi\sqrt{-1}},$$

dans le développement du rapport $\frac{1}{\mathfrak{r}}$ en une série ordonnée suivant les puissances entières de $e^{\psi\sqrt{-1}}$. Le coefficient A_n de

$$e^{nT\sqrt{-1}},$$

dans le développement du même rapport en une série ordonnée suivant les puissances entières de $e^{T\sqrt{-1}}$, sera

$$(5)\quad \begin{cases} A_n = \mathcal{E}_0\mathcal{A}_n - \dfrac{n+1}{n}\mathcal{E}_1\mathcal{A}_{n+1} + \dfrac{n+2}{n}\mathcal{E}_2\mathcal{A}_{n+2} + \ldots \\ \qquad + \dfrac{n-1}{n}\mathcal{E}_1\mathcal{A}_{n-1} + \dfrac{n-2}{n}\mathcal{E}_2\mathcal{A}_{n-2} - \ldots . \end{cases}$$

Pareillement, le développement de $\frac{1}{\mathfrak{r}}$, suivant les puissances entières des deux exponentielles

$$e^{T\sqrt{-1}},\quad e^{T'\sqrt{-1}},$$

pourra se déduire du développement de $\frac{1}{\mathfrak{r}}$ suivant les puissances entières des deux exponentielles

$$e^{\psi\sqrt{-1}},\quad e^{\psi'\sqrt{-1}}.$$

Il reste à montrer comment on peut construire ce dernier développement.

La valeur générale de $\mathfrak{r}^2$ est de la forme

$$(6)\quad \begin{cases} \mathfrak{r}^2 = \mathrm{h} + \mathrm{k}\cos(\psi - \psi' - \alpha) - \mathrm{b}\cos(\psi - \delta) - \mathrm{b}'\cos(\psi' - \delta') \\ \qquad + \mathrm{c}\cos(\psi + \psi' - \gamma) + \mathrm{i}\cos 2\psi + \mathrm{i}'\cos 2\psi', \end{cases}$$

h, k, b, b', c, i, i' désignant des constantes positives, et α, 6, $6'$, γ des angles constants. On tirera d'ailleurs de l'équation (6)

$$(7) \qquad \iota^2 = \mathrm{h}(1 + \mathfrak{R})$$

et, par suite,

$$(8) \qquad \frac{1}{\iota} = \mathrm{h}^{-\frac{1}{2}}\left(1 + \frac{1}{2}\mathfrak{R} + \frac{1.3}{2.4}\mathfrak{R}^2 + \ldots\right),$$

la valeur de $\mathfrak{R}$ étant donnée par la formule

$$(9) \quad \left\{\begin{aligned} \mathfrak{R} = {} & \frac{1}{2}\frac{\mathrm{k}}{\mathrm{h}}e^{(\psi-\psi'-\alpha)\sqrt{-1}} + \frac{1}{2}\frac{\mathrm{k}}{\mathrm{h}}e^{-(\psi-\psi'-\alpha)\sqrt{-1}} \\ & - \frac{1}{2}\frac{\mathrm{b}}{\mathrm{h}}e^{(\psi-6)\sqrt{-1}} - \frac{1}{2}\frac{\mathrm{b}}{\mathrm{h}}e^{-(\psi-6)\sqrt{-1}} - \frac{1}{2}\frac{\mathrm{b}'}{\mathrm{h}}e^{(\psi'-6')\sqrt{-1}} - \frac{1}{2}\frac{\mathrm{b}'}{\mathrm{h}}e^{-(\psi'-6')\sqrt{-1}} \\ & + \frac{1}{2}\frac{\mathrm{c}}{\mathrm{h}}e^{(\psi+\psi'-\gamma)\sqrt{-1}} + \frac{1}{2}\frac{\mathrm{c}}{\mathrm{h}}e^{-(\psi+\psi'-\gamma)\sqrt{-1}} \\ & + \frac{1}{2}\frac{\mathrm{i}}{\mathrm{h}}e^{2\psi\sqrt{-1}} + \frac{1}{2}\frac{\mathrm{i}}{\mathrm{h}}e^{-2\psi\sqrt{-1}} + \frac{1}{2}\frac{\mathrm{i}'}{\mathrm{h}}e^{2\psi'\sqrt{-1}} + \frac{1}{2}\frac{\mathrm{i}'}{\mathrm{h}}e^{-2\psi'\sqrt{-1}}. \end{aligned}\right.$$

On pourrait, à la rigueur, déduire de cette dernière formule les valeurs successives de $\mathfrak{R}^2$, $\mathfrak{R}^3$, ..., développées suivant les puissances entières des exponentielles

$$e^{\psi\sqrt{-1}}, \quad e^{\psi'\sqrt{-1}},$$

et les substituer, avec la valeur de $\mathfrak{R}$, dans le second membre de l'équation (8). Ce calcul, qui serait fort long, peut d'ailleurs être abrégé par les considérations suivantes.

Posons

$$(10) \quad \left\{\begin{aligned} \rho &= \mathrm{h} + \mathrm{k}\cos(\psi - \psi' - \alpha) - \mathrm{b}\cos(\psi - 6) - \mathrm{b}'\cos(\psi' - 6') + \mathrm{c}\cos(\psi + \psi' - \gamma), \\ \varsigma &= \mathrm{i}\cos 2\psi + \mathrm{i}'\cos 2\psi'. \end{aligned}\right.$$

La formule (6) donnera

$$(11) \qquad \iota^2 = \rho + \varsigma;$$

et d'ailleurs, en nommant a, a' les grands axes des orbites décrites par les planètes m, m', on aura

$$\mathrm{i} = \frac{1}{2}a^2\varepsilon^2, \qquad \mathrm{i}' = \frac{1}{2}a'^2\varepsilon'^2,$$

en sorte que, pour des excentricités qui ne surpasseront pas $\frac{1}{4}$, les valeurs de i, i' seront généralement assez petites. Cela posé, on tirera de la formule (11)

$$(12)\qquad \frac{1}{\mathrm{r}} = \rho^{-\frac{1}{2}} + \frac{1}{2}\rho^{-\frac{3}{2}}\varsigma + \frac{1.3}{2.4}\rho^{-\frac{5}{2}}\varsigma^2 + \ldots;$$

et, comme ς sera très petit par rapport à ρ, on pourra réduire la série comprise dans l'équation (12) à un petit nombre de termes. Il ne s'agira donc plus que de développer ces divers termes suivant les puissances entières des exponentielles

$$e^{\psi\sqrt{-1}}, \quad e^{\psi'\sqrt{-1}}.$$

Or on pourra évidemment y parvenir à l'aide des formules établies dans les paragraphes précédents. On pourra, en particulier, développer le premier terme $\rho^{-\frac{1}{2}}$, en opérant comme il suit.

Posons

$$(13)\qquad \upsilon = \mathrm{h} + \mathrm{k}\cos(\psi - \psi' - \alpha)$$

et

$$(14)\qquad 8 = \mathrm{b}\cos(\psi - 6) + \mathrm{b}'\cos(\psi' - 6') - \mathrm{c}\cos(\psi + \psi' - \gamma).$$

On aura

$$(15)\qquad \rho = \upsilon - 8,$$

$$(16)\qquad \rho^{-\frac{1}{2}} = \upsilon^{-\frac{1}{2}} + \frac{1}{2}\upsilon^{-\frac{3}{2}}8 + \frac{1.3}{2.4}\upsilon^{-\frac{5}{2}}8^2 + \ldots.$$

Posons encore, pour abréger, non seulement

$$[l]_n = \frac{l(l+1)\ldots(l+n-1)}{1.2\ldots n},$$

mais aussi

$$(l)_n = \frac{l(l-1)\ldots(l-n+1)}{1.2\ldots n} = [l-n+1]_n$$

et

$$(l)_{n,n'} = \frac{1.2\ldots l}{(1.2\ldots n)(1.2\ldots n')(1.2\ldots l-n-n')}.$$

Représentons, dans le développement de $\rho^{-\frac{1}{2}}$, par $\mathcal{K}_{n,n'}$ le coefficient de l'exponentielle

$$e^{(nT+n'T)\sqrt{-1}}$$

et, en conséquence, par $\mathcal{K}_{-n,n'}$ le coefficient de l'exponentielle

$$e^{(n'T'-nT)\sqrt{-1}}.$$

Supposons, pour fixer les idées, $n'>n$, $\mathrm{b}'>\mathrm{b}$, et désignons : 1° par $2\mathrm{N}$ le nombre pair égal ou immédiatement supérieur à $n'-n$; 2° par $2\mathrm{N}'$ la quantité qui, ayant pour valeur numérique un nombre pair, est, ou égale, ou supérieure d'une unité à la somme

$$\mathrm{N}-n-2g+n'+f'-g',$$

f, g, f', g' désignant quatre nombres entiers quelconques. Enfin, prenons

$$(17)\qquad \theta=\operatorname{tang}\left(\frac{1}{2}\arc\sin\frac{\mathrm{k}}{\mathrm{h}}\right),\qquad \lambda=\frac{\theta^2}{1-\theta^2}$$

et

$$(18)\qquad \mathfrak{b}=\frac{\theta\mathrm{b}'}{\mathrm{k}},\qquad \mathfrak{c}=\frac{\mathrm{c}}{\mathrm{b}},$$

et nommons

$$\Theta_{l,l'}$$

le coefficient de l'exponentielle

$$e^{l'p\sqrt{-1}},$$

dans le développement de l'expression

$$(1-2\theta\cos p+\theta^2)^{-l+\frac{1}{2}}.$$

On aura

$$(19)\qquad \mathcal{K}_{-n,n'}=[\tfrac{1}{2}]_{\mathrm{N}}\,\mathfrak{b}^{\mathrm{N}}e^{n(\alpha+\beta')\sqrt{-1}}e^{-n'\varpi'\sqrt{-1}}\sum\left(\frac{\mathrm{b}}{\mathrm{b}'}\right)^{f+g}\Theta_{f,g}\,e^{(g-f)(\alpha-\varpi+\varpi')\sqrt{-1}}$$

et

$$(20)\qquad \Theta_{f,g}=\sum(-1)^{f'+g'}(f)_{f'}(g)_{g'}\Theta_{f',g'}\,\mathfrak{c}^{f'+g'}e^{(g'-f')(\beta+\beta'-\gamma)\sqrt{-1}},$$

la valeur de $\mathfrak{G}_{f',g'}$ étant déterminée, pour des valeurs paires de

$$N - n + n' + f' - g',$$

par la formule

$$(21)\quad \left\{\begin{aligned} \mathfrak{G}_{f',g'} = {} & (N)_{f,g}(N - f - g)_{N'}\Theta_{N,\,n-f+g} \\ & + \frac{2N+1}{2N+2}\,\frac{2N+3}{2N+4}(N+2)_{f,g}(N+2-f-g)_{N'+1}\Theta_{N+2,\,n-f+g}\,\mathfrak{b}^2 \\ & + \ldots\ldots\ldots\ldots\ldots\ldots\ldots\ldots\ldots\ldots\ldots\ldots, \end{aligned}\right.$$

et, pour des valeurs impaires de $N - n + n' + f' - g'$, par la formule

$$(22)\quad \left\{\begin{aligned} \mathfrak{G}_{f',g'} = {} & \frac{2N+1}{2N+2}(N+1)_{f',g}(N+1-f-g)_{N'}\Theta_{N+1,\,n-f-g}\,\mathfrak{b} \\ & + \frac{2N+1}{2N+2}\,\frac{2N+3}{2N+4}\,\frac{2N+5}{2N+6}(N+3)_{f,g}(N+3-f-g)_{N'+1}\Theta_{N+3,\,n-f-g}\,\mathfrak{b}^3 \\ & + \ldots\ldots\ldots\ldots\ldots\ldots\ldots\ldots\ldots\ldots\ldots\ldots \end{aligned}\right.$$

D'ailleurs les sommes indiquées par le signe $\sum$ s'étendent, dans la formule (19), aux diverses valeurs entières et positives de f, g, et, dans la formule (21), aux diverses valeurs entières et positives de f', g', qui fournissent des valeurs positives de N', en vérifiant les conditions

$$f' \leqq f, \qquad g' \leqq g,$$

puisque $(f)_{f'}$ et $(g)_{g'}$ s'évanouissent lorsque ces conditions cessent d'être remplies.

Les formules (19), (20), (21) sont d'un emploi facile quand les nombres entiers n, n' sont peu considérables. Mais, dans le cas contraire, elles doivent être abandonnées, et il convient de leur substituer celles que l'on déduit de la méthode logarithmique, établie dans le § I, comme nous l'expliquerons plus en détail dans un prochain article.

255.

Calcul intégral. — *Note sur les intégrales eulériennes.*

C. R., T. XIX, p. 67 (8 juillet 1844).

Il semble qu'après les travaux des géomètres sur les intégrales eulériennes, et en particulier sur les fonctions Γ, il n'y ait plus à s'occuper de celles-ci. Toutefois, je suis parvenu à établir, pour l'évaluation de celles qui correspondent à de grandes valeurs de la variable, une formule nouvelle qui paraît digne d'être remarquée. D'ailleurs la méthode qui m'a conduit à cette formule pourra être appliquée avec succès à la détermination d'autres intégrales, et en particulier de celles que l'on rencontre en Astronomie, comme je me propose de le faire voir dans un autre article.

On connaît la formule de Stirling pour la détermination approximative du logarithme d'une factorielle qui correspond à de grandes valeurs de la variable, et M. Binet est parvenu à remplacer la série non convergente qui représentait ce logarithme par une série convergente. J'ai été curieux de voir s'il ne serait pas possible de développer dans le même cas la factorielle elle-même en une série convergente dont la loi fût immédiatement donnée. Ce problème me paraissait d'autant plus digne d'intérêt, que la série déduite par Laplace de sa méthode d'approximation pour la détermination des fonctions de très grands nombres procède suivant une loi inconnue, en sorte que l'auteur s'est borné à calculer les deux premiers termes. En réfléchissant sur cet objet, j'ai reconnu que la difficulté du calcul tient ici à ce que l'auteur, en transformant les intégrales par un changement de variable, a supposé la variable nouvelle toujours représentée par une fonction linéaire du logarithme de la fonction sous le signe $\int$. Je trouve un grand avantage à employer des substitutions plus simples, qui permettent de passer facilement de l'ancienne variable à la nouvelle, et réciproquement. La seule condition à laquelle je m'astreins est de développer la fonction sous le signe $\int$ en une série dont le premier terme soit sa valeur maximum ou la valeur minimum d'un de ses facteurs, par exemple d'un facteur élevé à une très haute puissance. Alors on parvient à déterminer plus facilement par approximation les fonctions de très grands nombres et à les développer en séries convergentes. C'est ce que je fais en particulier pour les fonctions Γ, et je me trouve conduit de cette manière à une série convergente dont la loi est connue et de laquelle on peut aisément déduire les deux premières approximations obtenues par Laplace.

Analyse.

Considérons en particulier l'intégrale

$$\Gamma(n) = \int_0^\infty x^{n-1} e^{-x} dx,$$

que l'on peut écrire comme il suit

$$\Gamma(n) = \int_0^\infty x^n e^{-x} \frac{dx}{x}. \tag{1}$$

Si l'on décompose la fonction sous le signe $\int$ en deux facteurs $x^n e^{-x}$ et $\frac{1}{x}$, le premier variera très rapidement avec x pour de grandes valeurs de n, et la valeur maximum du premier facteur sera celle qui correspond à $x = n$, savoir, le produit

$$n^n e^{-n}.$$

Cela posé, concevons qu'à la variable x on substitue une nouvelle variable t liée à la première par l'équation

$$x = ne^t.$$

Aux limites o, ∞ de x répondront les limites $-\infty$, ∞ de t, et, comme on aura

$$\frac{dx}{x} = dt,$$

l'équation (1) donnera

$$\Gamma(n) = n^n \int_{-\infty}^{\infty} e^{-n(e^t - t)}\, dt. \tag{2}$$

D'autre part, on a

$$e^t = 1 + t + \frac{t^2}{1.2} + \frac{t^3}{1.2.3} + \ldots;$$

et par suite, si l'on fait, pour abréger,

$$T = \frac{t^3}{1.2.3} + \frac{t^4}{1.2.3.4} + \ldots, \tag{3}$$

on trouvera

$$e^t = 1 + t + \frac{t^2}{2} + T. \tag{4}$$

Cela posé, l'équation (2) donnera

$$\Gamma(n) = n^n e^{-n} \int_{-\infty}^{\infty} e^{-\frac{n}{2}t^2} e^{-nT}\, dt, \tag{5}$$

et, si l'on pose, pour plus de commodité,

$$\frac{n}{2} = a,$$

on aura simplement

$$\Gamma(n) = n^n e^{-n} \int_{-\infty}^{\infty} e^{-at^2} e^{-nT} dt. \tag{6}$$

Pour déduire de cette dernière formule la valeur de $\Gamma(n)$ représentée par une série dont la loi soit facile à constater, il suffit de développer l'exponentielle

$$e^{-nT}$$

suivant les puissances de T. On trouve ainsi

$$\Gamma(n) = n^n e^{-n}\left(A_0 - \frac{n}{1} A_1 + \frac{n^2}{1.2} A_2 - \ldots\right), \tag{7}$$

la valeur de A_m étant donnée par l'équation

$$A_m = \int_{-\infty}^{\infty} T^m e^{-at^2}\, dt. \tag{8}$$

Il ne reste plus qu'à déterminer la valeur de l'intégrale (8).

Or, des équations connues

$$(9)\qquad \int_{-\infty}^{\infty} e^{-t^2}\,dt = \pi^{\frac{1}{2}}, \qquad \int_{-\infty}^{\infty} te^{-t^2}\,dt = 0$$

on tire, non seulement

$$(10)\qquad \int_{-\infty}^{\infty} e^{-at^2}\,dt = \pi^{\frac{1}{2}} a^{-\frac{1}{2}}, \qquad \int_{-\infty}^{\infty} te^{-at^2}\,dt = 0,$$

mais encore, en remplaçant t par $t - \frac{l}{2a}$,

$$(11)\qquad \int_{-\infty}^{\infty} e^{-at^2} e^{lt}\,dt = \pi^{\frac{1}{2}} a^{-\frac{1}{2}} e^{\frac{l^2}{4a}}, \qquad \int_{-\infty}^{\infty} te^{-at^2} e^{lt}\,dt = \frac{\pi^{\frac{1}{2}} l}{2} a^{-\frac{3}{2}} e^{\frac{l^2}{2a}};$$

puis on en conclut, en différentiant m fois de suite par rapport au paramètre a,

$$(12)\qquad \int_{-\infty}^{\infty} t^{2m} e^{-at^2} e^{lt}\,dt = \pi^{\frac{1}{2}}\; - \mathrm{D}_a)^m \left(a^{-\frac{1}{2}} e^{\frac{l^2}{4a}}\right)$$

et

$$(13)\qquad \int_{-\infty}^{\infty} t^{2m+1} e^{-at^2} e^{lt}\,dt = \frac{\pi^{\frac{1}{2}} l}{2} (-\mathrm{D}_a)^m \left(a^{-\frac{3}{2}} e^{\frac{l^2}{4a}}\right).$$

En conséquence, si l'on nomme $\mathrm{f}(t)$ une fonction entière de t, on aura généralement

$$(14)\qquad \int_{-\infty}^{\infty} \mathrm{f}(t^2) e^{-at^2} e^{lt}\,dt = \pi^{\frac{1}{2}} \mathrm{f}(-\mathrm{D}_a) \left(a^{-\frac{1}{2}} e^{\frac{l^2}{4a}}\right)$$

et

$$(15)\qquad \int_{-\infty}^{\infty} t\,\mathrm{f}(t^2) e^{-at^2} e^{lt}\,dt = \frac{\pi^{\frac{1}{2}} l}{2} \mathrm{f}(-\mathrm{D}_a) \left(a^{-\frac{3}{2}} e^{\frac{l^2}{4a}}\right).$$

Ces dernières formules offrent un moyen simple de calculer facilement la valeur de A_m. En effet, on tire des formules (4) et (8)

$$(16)\qquad \mathrm{A}_m = \int_{-\infty}^{\infty} \left(e^t - 1 - t - \frac{t^2}{2}\right)^m e^{-at^2}\,dt.$$

Posons, de plus,

$$(17)\qquad \mathrm{B}_m = \int_{-\infty}^{\infty} \left(e^t - 1 + t - \frac{t^2}{2}\right)^m e^{-at^2}\,dt.$$

On pourra évidemment déterminer la valeur de $\frac{A_m + B_m}{2}$ à l'aide de la formule (15), et la valeur de $\frac{A_m - B_m}{2}$ à l'aide de la formule (16).

Si, pour abréger, on pose

$$(18)\quad \begin{cases} \left(1+t+\frac{t^2}{2}\right)^m + \left(1-t+\frac{t^2}{2}\right)^m = 2\,\varphi_m(t^2), \\ \left(1+t+\frac{t^2}{2}\right)^m - \left(1-t+\frac{t^2}{2}\right)^m = 2t\,\chi_m(t^2), \end{cases}$$

on tirera des formules (16) et (17)

$$(19)\quad \frac{A_m + B_m}{2} = \pi^{\frac{1}{2}} \left\{ \begin{array}{l} a^{-\frac{1}{2}} e^{\frac{m^2}{4a}} - \frac{m}{1}\varphi_1(-D_a)\left(a^{-\frac{1}{2}} e^{\frac{(m-1)^2}{4a}}\right) \\ \quad + \frac{m(m-1)}{1.2}\varphi_2(-D_a)\left(a^{-\frac{1}{2}} e^{\frac{(m-2)^2}{4a}}\right) \\ \quad + \ldots\ldots\ldots\ldots\ldots\ldots \\ \quad + (-1)^m \varphi_m(-D_a)\left(a^{\frac{1}{2}}\right) \end{array} \right\},$$

et

$$(20)\quad \frac{A_m - B_m}{2} = -\frac{\pi^{\frac{1}{2}}}{2} \left\{ \begin{array}{l} \frac{m}{1}(m-1)\chi_1(-D_a)\left(a^{-\frac{3}{2}} e^{\frac{(m-1)^2}{4a}}\right) \\ \quad - \frac{m(m-1)}{2}(m-2)\chi_2(-D_a)\left(a^{-\frac{3}{2}} e^{\frac{(m-2)^2}{4a}}\right) \\ \quad + \ldots\ldots\ldots\ldots\ldots\ldots \\ \quad - (-1)^m \chi_m(-D_a)\left(a^{-\frac{3}{2}}\right) \end{array} \right\}.$$

En combinant entre elles, par voie d'addition, les formules (19) et (20), on obtiendra immédiatement la valeur de A_m. On trouvera ainsi

$$A_0 = \left(\frac{\pi}{a}\right)^{\frac{1}{2}},$$

$$A_1 = \left(\frac{\pi}{a}\right)^{\frac{1}{2}} \left(e^{\frac{1}{4a}} - 1 - \frac{1}{4a}\right),$$

$$A_2 = \left(\frac{\pi}{a}\right)^{\frac{1}{2}} \cdot \left[e^{\frac{1}{a}} - \left(2 + \frac{3}{2a} + \frac{1}{4a^2}\right) e^{\frac{1}{4a}} + \left(1 + \frac{1}{a} + \frac{3}{16a^2}\right)\right],$$

$$\ldots\ldots\ldots\ldots\ldots\ldots\ldots\ldots\ldots\ldots,$$

puis, en remplaçant a par $\frac{n}{2}$,

$$A_0 = \left(\frac{2\pi}{n}\right)^{\frac{1}{2}},$$

$$A_1 = \left(\frac{2\pi}{n}\right)^{\frac{1}{2}} \left(e^{\frac{1}{2n}} - 1 - \frac{1}{2n}\right),$$

$$A_2 = \left(\frac{2\pi}{n}\right)^{\frac{1}{2}} \left[e^{\frac{2}{n}} - \left(2 + \frac{3}{n} + \frac{1}{n^2}\right) e^{\frac{1}{2n}} + \left(1 + \frac{2}{n} + \frac{3}{4n^2}\right)\right],$$

$$\cdots\cdots\cdots\cdots\cdots\cdots\cdots\cdots\cdots\cdots$$

On aura donc

$$(21) \qquad \Gamma(n) = \left(\frac{2\pi}{n}\right)^{\frac{1}{2}} n^n e^{-n} (1 + a_1 + a_2 + \ldots),$$

les valeurs de a_1, a_2, ... étant

$$(22) \qquad \begin{cases} a_1 = \dfrac{n}{1}\left(e^{\frac{1}{2n}} - 1 - \dfrac{1}{2n}\right), \\ a_2 = \dfrac{n^2}{1.2}\left[e^{\frac{2}{n}} - \left(2 + \dfrac{3}{n} + \dfrac{1}{n^2}\right) e^{\frac{1}{2n}} + \left(1 + 2n + \dfrac{3}{4n^2}\right)\right], \\ \cdots\cdots\cdots\cdots\cdots\cdots\cdots\cdots \end{cases}$$

Nous observerons en finissant que, si l'on substituait dans la formule (8) la valeur de T tirée de l'équation (3), on obtiendrait, non plus les valeurs de A_1, A_2, A_3, ... en termes finis, mais ces valeurs développées en séries ordonnées suivant les puissances de $\frac{1}{n}$. En opérant ainsi, on reconnaît que les premiers termes des développements de

$$a_{2m-1} \quad \text{et} \quad a_{2m}$$

sont respectivement représentés par les expressions

$$\frac{2m-1}{4} \frac{n^{2m-1}}{1.2\ldots(2m-1)} \frac{a^{\frac{1}{2}}}{6^{2m-1}} (-D_a)^{3m-1}\left(a^{-\frac{1}{2}}\right)$$

et

$$\frac{n^{2m}}{1.2\ldots 2m} \frac{a^{\frac{1}{2}}}{6^{2m}} (-D_a)^{3m}\left(a^{-\frac{1}{2}}\right),$$

qui se réduiront définitivement aux produits

$$\frac{2m-1}{4}\frac{1.3\ldots(6m-3)}{1.2\ldots(2m-1)}\frac{1}{6^{2m-1}}\left(\frac{1}{n}\right)^m \quad \text{et} \quad \frac{1.3\ldots(6m-1)}{1.2\ldots 2m}\frac{1}{6^{2m}}\left(\frac{1}{n}\right)^m.$$

Il en résulte que, si n devient très grand, et par suite $\frac{1}{n}$ très petit, les deux quantités

$$\mathfrak{a}_{2m-1}, \quad \mathfrak{a}_{2m}$$

seront l'une et l'autre de l'ordre de la fraction

$$\left(\frac{1}{n}\right)^m,$$

c'est-à-dire de l'ordre m par rapport à n. Si l'on pose, en particulier, $m=1$, les premiers termes de

$$\mathfrak{a}_1, \quad \mathfrak{a}_2$$

seront respectivement

$$\frac{1}{8n}, \quad \frac{5}{24n},$$

et leur différence

$$\frac{1}{12n}$$

sera le seul terme de premier ordre par rapport à $\frac{1}{n}$, que l'on rencontrera dans le développement du polynôme

$$1-\mathfrak{a}_1+\mathfrak{a}_2-\ldots.$$

256.

Analyse mathématique. — *Mémoire sur divers théorèmes relatifs à la convergence des séries.*

C. R., T. XIX, p. 141 (15 juillet 1844).

J'ai prouvé qu'une série ordonnée suivant les puissances ascendantes d'une variable x, et produite par le développement d'une fonction de cette variable, reste convergente tant que le module de x est inférieur au plus petit de ceux qui rendent la fonction ou sa dérivée discontinue. On pourrait être tenté de croire que la série cesse toujours d'être convergente à partir du moment où la fonction cesse d'être continue; et c'est, en effet, ce qui arrive quand, au module qui rend la fonction discontinue, correspond une valeur infinie, ou de cette fonction elle-même, ou de l'une de ses dérivées. Mais cette proposition, que j'ai démontrée dans un précédent article, ne saurait être étendue au cas où la fonction cesse d'être continue, sans que l'une de ses dérivées devienne infinie, et l'on peut même énoncer la proposition contraire. Sans doute il paraît étrange, au premier abord, que la série produite par le développement d'une fonction de la variable x puisse demeurer convergente et offrir encore pour somme une fonction continue de x, quand, par suite de la variation du module de x, la fonction, dont cette somme représentait la valeur, a cessé d'être continue. Toutefois il en est ainsi, comme on le verra dans ce Mémoire, qui a pour but, non seulement de constater et d'expliquer tout à la fois l'espèce de paradoxe que je viens de signaler, mais, en outre, d'établir des théorèmes généraux relatifs à la détermination des modules des séries ordonnées suivant les puissances entières et ascendantes, ou même ascendantes et descendantes d'une variable x.

Analyse.

§ I. — *Sur les fonctions dont les développements restent convergents tandis qu'elles deviennent discontinues.*

Concevons qu'une fonction u de la variable x soit développée en série ordonnée suivant les puissances ascendantes de x. Cette série sera certainement convergente, tant que le module de x demeurera inférieur au plus petit de ceux qui rendent la fonction et sa dérivée du premier ordre infinies ou discontinues. Ainsi, en particulier, si l'on développe en séries les fonctions

$$(1-x)^{-\frac{1}{2}} \quad \text{et} \quad l(1-x),$$

dont chacune reste continue, tant que la partie réelle de $1-x$ reste positive et, par suite, tant que le module de x reste inférieur à l'unité, les développements obtenus, savoir

$$1+\frac{1}{2}x+\frac{1.3}{2.4}x^2+\ldots \quad \text{et} \quad -\left(x+\frac{x^2}{2}+\frac{x^3}{3}+\ldots\right),$$

seront effectivement convergents, tant que le module x sera au-dessous de l'unité. Les deux fonctions cesseront d'être continues, et les deux séries cesseront d'être convergentes, si le module de x devient supérieur à l'unité.

Lorsque le plus petit module k de x qui rend la fonction u ou sa dérivée du premier ordre discontinue fournit une valeur infinie, ou de cette fonction elle-même, ou de l'une de ses dérivées, le rapport $\frac{x}{k}$ est le module commun des séries qui représentent les développements de la fonction et de ses dérivées suivant les puissances entières de la variable x. Donc alors ces séries deviennent divergentes dès que le module de x devient supérieur à k, c'est-à-dire à partir du moment où la discontinuité se manifeste dans la fonction u ou dans sa dérivée du premier ordre.

Mais, si le plus petit module k qui rend la fonction ou sa dérivée discontinue fournit une valeur finie de cette fonction et de ses dérivées des divers ordres, le module de x pourra quelquefois croître au delà de r, sans que le développement de la fonction en série ordonnée suivant les puissances ascendantes de x cesse d'être convergent.

En effet, supposons, pour fixer les idées,

$$(1) \quad u=\left[1-x^2+x(2-x^2)^{\frac{1}{2}}\sqrt{-1}\right]^{\frac{1}{3}}+\left[1-x^2-x(2-x^2)^{\frac{1}{2}}\sqrt{-1}\right]^{\frac{1}{3}}.$$

Pour des valeurs réelles de x, la fonction u, déterminée par l'équation (1), restera continue tant que la partie réelle de $1-x^2$ restera positive, c'est-à-dire tant que l'on aura

$$x^2<1,$$

et deviendra discontinue à partir de l'instant où l'on posera $x^2=1$. On pourrait donc être tenté de croire que le développement de cette fonction en série ordonnée suivant les puissances ascendantes de x cessera d'être convergent et d'offrir pour somme une fonction continue de x, quand x^2 deviendra supérieur à l'unité. Voyons si cette présomption est ou n'est pas conforme à la réalité.

On tire de l'équation (1)

$$u^3 - 3u - 2(1 - x^2) = 0. \tag{2}$$

D'ailleurs, comme on a

$$u^3 - 3u - 2 = (u-2)(u+1)^2,$$

l'équation (2) pourra être réduite à

$$u = 2 - \frac{2x^2}{(u+1)^2}. \tag{3}$$

Cela posé, la fonction u, déterminée par la formule (1), sera évidemment celle des racines de l'équation (2) ou (3) qui se réduit au nombre 2, pour une valeur nulle de x. Or on peut déduire immédiatement de l'équation (3) cette même racine, développée en série par la formule de Lagrange, et l'on trouve ainsi

$$u = 2 - \frac{1}{3^2} 2x^2 + \frac{4}{3^5}\frac{(2x^2)^2}{1.2} - \frac{6.7}{3^8}\frac{(2x^2)^3}{1.2.3} + \ldots. \tag{4}$$

D'ailleurs, dans la série que renferme le second membre de la formule (4), les termes proportionnels à x^{2n} et à x^{2n+2} sont respectivement, abstraction faite de leurs signes,

$$\frac{2n(2n+1)\ldots(3n-2)}{3^{3n-1}}\frac{(2x^2)^n}{1.2\ldots n}, \quad \frac{(2n+2)\ldots(3n+1)}{3^{3n+2}}\frac{(2x^2)^{n+1}}{1.2\ldots n(n+1)},$$

et le rapport de ces deux termes, ou le produit

$$\frac{(3n+1)3n(3n-1)}{2n(2n+1)(n+1)}\frac{2x^2}{3^3},$$

converge, pour des valeurs croissantes de n, vers la limite

$$\frac{x^2}{2}.$$

Donc la série comprise dans le second membre de l'équation (4) sera encore convergente, pour un module de x égal ou même supérieur à l'unité, et ne deviendra divergente qu'à partir du moment où le module de x surpassera le nombre $\sqrt{2}$. Ainsi, le développement de la fonction u, déterminée par l'équation (1), restera convergent pour un module de x supérieur au plus petit de ceux qui rendent cette fonction discontinue.

Considérons encore une fonction déterminée par l'équation

$$(5) \qquad u = (2 - 3x + x^2)^{\frac{1}{2}}.$$

Si l'on attribue à la variable x une valeur imaginaire ou de la forme

$$x = re^{p\sqrt{-1}},$$

r désignant une quantité positive et p un arc réel, l'équation (5) donnera

$$(6) \qquad u = \sqrt{2 - 3r\cos p + r^2\cos 2p + (r^2\sin 2p - 3r\sin p)\sqrt{-1}};$$

et, comme la partie réelle de l'expression, placée ici sous le radical, savoir

$$2 - 3r\cos p + r^2\cos 2p = 2\left(\frac{3}{4} - r\cos p\right)^2 + \frac{7}{8} - r^2,$$

s'évanouira quand on posera

$$r = \left(\frac{7}{8}\right)^{\frac{1}{2}}, \qquad \cos p = \frac{3}{4r},$$

il est clair que cette partie réelle deviendra négative pour des valeurs de r comprises entre les limites $\left(\frac{7}{8}\right)^{\frac{1}{2}}$ et 1, pourvu que l'angle p ait une valeur peu différente de celle que fournira l'équation

$$\cos p = \frac{3}{4r}.$$

Donc la fonction (5) ou (6), qui reste toujours continue par rapport à r et à p, tant que le module r de la variable x reste inférieur à la limite $\left(\frac{7}{8}\right)^{\frac{1}{2}}$, deviendra discontinue à partir de l'instant où le module r atteindra cette limite. Toutefois, il est aisé de s'assurer que, si l'on développe la fonction (5) en série ordonnée suivant les puissances ascendantes de x, la série ainsi obtenue ne cessera pas d'être convergente pour un module de x supérieur à $\left(\frac{7}{8}\right)^{\frac{1}{2}}$, mais inférieur à l'unité. En effet, comme on a identiquement

$$2 - 3x + x^2 = (1 - x)(2 - x),$$

il est clair que la série dont il s'agit se confond avec celle qui résulte du développement du produit

$$(7) \qquad (1 - x)^{\frac{1}{2}}(2 - x)^{\frac{1}{2}}.$$

Elle sera donc convergente aussi bien que les développements des deux fonctions

$$(1 - x)^{\frac{1}{2}}, \quad (2 - x)^{\frac{1}{2}},$$

tant que le module de x restera inférieur à l'unité; mais elle deviendra divergente, si le module de x devient supérieur à l'unité.

Au reste, il est important d'observer que les deux expressions

$$(2 - 3x + x^2)^{\frac{1}{2}} \quad \text{et} \quad (1 - x)^{\frac{1}{2}}(2 - x)^{\frac{1}{2}}$$

sont deux formes différentes d'une seule et même fonction, tant que le module de x reste inférieur à la limite $\left(\frac{7}{8}\right)^{\frac{1}{2}}$. Mais, quand le module de x devient supérieur à cette limite, les deux expressions dont il s'agit représentent deux fonctions distinctes qui ne sont plus identiquement égales entre elles, pour toutes les valeurs réelles de l'angle p. De ces deux fonctions la seconde seule reste continue pour un module de x supérieur à $\left(\frac{7}{8}\right)^{\frac{1}{2}}$, mais inférieur à l'unité, et représente constamment, dans cet intervalle, la somme de la série qu'on avait obtenue en développant la première fonction.

Les observations faites dans ce paragraphe s'appliquent, à plus forte raison, aux séries ordonnées à la fois suivant les puissances ascendantes et suivant les puissances descendantes d'une même variable x.

Au reste, nous ne voudrions pas nous borner à signaler ce qui paraît être, au premier abord, une espèce de paradoxe, sans en offrir l'explication; et, afin que cette explication ne laisse rien à désirer, je donne ici, en peu de mots, la théorie générale des modules des séries, en rappelant d'abord les propositions précédemment établies, et en joignant à leur énoncé la démonstration de propositions nouvelles qui sont dignes, ce me semble, de fixer l'attention des géomètres.

§ II. — *Sur les modules des séries considérées en général.*

Soit

$$u_0, \quad u_1, \quad u_2, \quad \ldots \tag{1}$$

une série dont u_n désigne le terme général correspondant à l'indice n, ce terme général pouvant d'ailleurs être réel ou imaginaire. Désignons d'ailleurs par la notation

$$\text{mod.}\, u_n$$

le module de ce terme général, et par u la limite unique, ou du moins la plus grande des limites dont s'approche indéfiniment, pour des valeurs croissantes du nombre n, l'expression

$$(\text{mod.}\, u_n)^{\frac{1}{n}}.$$

La quantité positive u sera ce que nous appellerons le *module* de la série (1). D'après ce qui a été démontré dans l'*Analyse algébrique*, la série sera convergente si l'on a

$$\mathrm{u} < 1, \tag{2}$$

divergente si l'on a

$$\mathrm{u} > 1. \tag{3}$$

De plus, si, pour des valeurs croissantes de n, le module du rapport

$$\frac{u_{n+1}}{u_n}$$

s'approche indéfiniment d'une limite fixe, cette limite sera précisément le module de la série (1).

Soit maintenant

$$(4) \qquad \ldots, \quad u_{-2}, \quad u_{-1}, \quad u_0, \quad u_1, \quad u_2, \quad \ldots$$

une série qui se prolonge indéfiniment dans deux sens opposés, de manière à offrir deux termes généraux

$$u_n \quad \text{et} \quad u_{-n},$$

correspondants, le premier à l'indice n, le second à l'indice $-n$. Concevons d'ailleurs que, le nombre n venant à croître, on cherche la limite unique, ou la plus grande des limites dont s'approche indéfiniment chacune des expressions

$$(\text{mod.}\, u_n)^{\frac{1}{n}}, \quad (\text{mod.}\, u_{-n})^{\frac{1}{n}},$$

et représentons par u la limite de $(\text{mod.}\, u_n)^{\frac{1}{2}}$, par $\text{u}_{\prime}$ la limite de $(\text{mod.}\, u_{-n})^{\frac{1}{n}}$. Les deux quantités positives

$$\text{u}, \quad \text{u}_{\prime}$$

seront les deux *modules* de la série (4), qui sera convergente si ces deux modules sont inférieurs à l'unité, divergente si l'un d'eux ou si les deux à la fois deviennent supérieurs à l'unité.

Il est bon d'observer que le module d'une série prolongée indéfiniment dans un seul sens n'est point altéré dans le cas où le rang de chaque terme est diminué d'une ou de plusieurs unités, en vertu de la suppression du premier, ou des deux premiers, ou des trois premiers, ... termes. Pareillement, les deux modules d'une série prolongée indéfiniment en deux sens opposés ne seront point altérés, si l'on déplace simultanément tous les termes en les faisant marcher vers la droite ou vers la gauche avec celui qui servait de point de départ pour la fixation des rangs et des indices.

Considérons à présent une série

$$(5)\qquad a_0,\quad a_1x_1,\quad a_2x_2,\quad \ldots,$$

ordonnée suivant les puissances entières et ascendantes d'une variable réelle ou imaginaire x. Nommons r le module de cette variable, et p son argument, en sorte qu'on ait

$$x = re^{p\sqrt{-1}}.$$

Soit d'ailleurs a le module de la série

$$a_0,\quad a_1,\quad a_2,\quad \ldots,$$

c'est-à-dire la plus grande limite dont s'approche indéfiniment, pour des valeurs croissantes de n, l'expression

$$(\text{mod}.a_n)^{\frac{1}{n}}.$$

Comme on aura

$$\text{mod}.(a_nx^n) = r^n\,\text{mod}.a_n,$$

on en conclura

$$(\text{mod}.a_nx^n)^{\frac{1}{n}} = r(\text{mod}.a_n)^{\frac{1}{n}},$$

et, par conséquent, il est clair que le module de la série (5) se réduira au produit

$$\mathrm{a}r.$$

Donc la série (5) sera convergente si l'on a

$$\mathrm{a}r < 1 \quad \text{ou} \quad r < \frac{1}{\mathrm{a}},$$

divergente si l'on a

$$\mathrm{a}r > 1 \quad \text{ou} \quad r > \frac{1}{\mathrm{a}}.$$

Considérons enfin une série

$$(6)\qquad \ldots,\quad a_{-2}x^{-2},\quad a_{-1}x^{-1},\quad a_0,\quad a_1x_1,\quad a_2x^2,\quad \ldots,$$

ordonnée à la fois suivant les puissances ascendantes et suivant les puissances descendantes de la variable x. Si l'on nomme a la plus grande des limites vers lesquelles converge, pour des valeurs croissantes de n, l'expression

$$(\text{mod.}\,\mathrm{a}_n)^{\frac{1}{n}},$$

et $\mathrm{a}_{\prime}$ la plus grande des limites vers lesquelles converge l'expression

$$(\text{mod.}\,\mathrm{a}_{-n})^{\frac{1}{n}},$$

les deux modules de la série (6) seront évidemment

$$\mathrm{a}_{\prime} r^{-1}, \quad \mathrm{a} r,$$

et par suite la série (6) sera convergente si le module r de x vérifie les deux conditions

$$r < \frac{1}{\mathrm{a}}, \qquad r > \mathrm{a}_{\prime},$$

divergente si r vérifie les deux conditions

$$r > \frac{1}{\mathrm{a}}, \qquad r < \mathrm{a}_{\prime},$$

ou seulement l'une d'entre elles.

En résumé, il y aura généralement deux limites extrêmes, l'une inférieure, l'autre supérieure, entre lesquelles le module r de x pourra varier, sans que la série (5) ou (6) cesse d'être convergente. Soient

$$\mathrm{k}_{\prime}, \quad \mathrm{k}$$

ces limites extrêmes, k désignant la limite supérieure. D'après ce qu'on vient de dire, on aura, pour la série (6),

$$\mathrm{k}_{\prime} = \mathrm{a}_{\prime}, \qquad \mathrm{k} = \frac{1}{\mathrm{a}}, \tag{7}$$

et par suite les deux modules de la série (6) seront

$$\frac{\mathrm{k}_{\prime}}{r}, \quad \frac{r}{\mathrm{k}}. \tag{8}$$

D'ailleurs $k_{,}$ devra être remplacé par zéro si la série (6) est réduite à la série (5).

Ajoutons que la quantité k sera certainement la limite extrême et supérieure du module r si, la série étant convergente pour $r < k$, la somme de cette série devient infinie pour $r = k$ et pour une valeur convenablement choisie de l'argument p.

Pareillement $k_{,}$ sera certainement la limite extrême et inférieure du module r si, la série (6) étant convergente pour $r > k$, la somme de cette série devient infinie pour $r = k$ et pour une valeur convenablement choisie de l'argument p.

En effet, une série ne peut acquérir une somme infinie sans devenir divergente et, par conséquent, sans offrir un module égal ou supérieur à l'unité.

Lorsque les divers termes d'une série sont fonctions d'une certaine variable x, la nouvelle série qu'on obtient en substituant à chaque terme de la première sa dérivée prise par rapport à x doit naturellement s'appeler la *série dérivée*. Concevons, pour fixer les idées, que la première série se réduise à la série (5), dont le terme général est $a_n x^n$, ou même à la série (6), dont les termes généraux sont

$$a_{-n} x^{-n} \quad \text{et} \quad a_n x^n;$$

alors la série dérivée aura pour terme général le produit

$$n a_n x^{n-1},$$

ou bien elle aura pour termes généraux les produits

$$- n a_{-n} x^{-n+1}, \quad n a_n x^{n-1}.$$

D'ailleurs, comme on a

$$- n a_{-n} x^{-n+1} = - n x (a_{-n} x^{-n}), \qquad n a_n x^{n-1} = n x^{-1} (a_n x^n),$$

on en conclut que les deux expressions

$$(9) \qquad [\text{mod.}(- n a_{-n} x^{-n+1})]^{\frac{1}{n}}, \quad [\text{mod.}(n a_n x^{n-1})]^{\frac{1}{n}}$$

s'approchent indéfiniment, pour des valeurs croissantes de n, des produits que l'on obtient quand on multiplie respectivement les quantités positives

$$a_{,}r^{-1} \quad \text{et} \quad a r$$

par les limites des expressions

$$(nr)^{\frac{1}{n}} \quad \text{et} \quad (nr^{-1})^{\frac{1}{n}}.$$

Enfin ces deux limites, qui se confondent avec les limites fixes des rapports

$$\frac{(n+1)r}{nr} = 1 + \frac{1}{n}, \qquad \frac{(n+1)r^{-1}}{nr^{-1}} = 1 + \frac{1}{n},$$

se réduisent l'une et l'autre à l'unité. Donc les limites des expressions (9) se réduiront simplement aux produits

$$a_{,}r^{-1} \quad \text{et} \quad a r.$$

Donc *le module ou les modules de la série* (5) *ou* (6) *seront en même temps le module ou les modules de la série dérivée.*

Nous avons ici supposé que l'on différentiait une seule fois chaque terme de la série donnée (5) ou (6); mais, après avoir ainsi obtenu ce qu'on doit appeler la *série dérivée du premier ordre,* on pourrait former encore la dérivée de celle-ci, puis la dérivée de sa dérivée, ..., et l'on obtiendrait alors, à la place de la série (5) ou (6), des *séries dérivées de divers ordres.* Or, de ce que nous avons dit tout à l'heure, il résulte évidemment que *le module ou les modules de toutes ces séries seront précisément le module ou les modules de la série* (5) *ou* (6).

§ III. — *Sur les modules des séries produites par le développement de fonctions explicites d'une variable x.*

Soit $f(x)$ une fonction donnée de la variable réelle ou imaginaire

$$x = re^{p\sqrt{-1}},$$

et représentons par $f'(x)$ sa dérivée du premier ordre, ou

$$D_x f(x).$$

On peut, comme je l'ai fait voir depuis longtemps, établir la proposition suivante :

Théorème I. — *Si* f(x) *et* f$'(x)$ *restent fonctions continues de la variable* x, *c'est-à-dire fonctions continues du module* r *et de l'argument* p *de cette variable, pour toutes les valeurs du module* r *inférieures à une certaine limite* I, *la fonction* f(x) *sera, pour chacune de ces valeurs, développable en une série convergente*

$$(1) \qquad a_0, \quad a_1 x, \quad a_2 x_2, \quad \ldots,$$

ordonnée suivant les puissances ascendantes de la variable x.

Il y a plus : cette proposition peut, suivant la remarque de M. Laurent, être généralisée, et l'on obtient alors le théorème dont voici l'énoncé :

Théorème II. — *Si* f(x) *et* f$'(x)$ *restent fonctions continues de* x *pour toutes les valeurs du module* r *de* x *inférieures à une certaine limite* I, *et supérieures à une autre limite* $\mathrm{I}_{,}$, *la fonction* f(x) *sera, pour chacune de ces valeurs, développable en une série convergente*

$$(2) \qquad \ldots, \quad a_{-2} x^{-2}, \quad a_{-1} x^{-1}, \quad a_0, \quad a_1 x, \quad a_2 x^2, \quad \ldots,$$

ordonnée suivant les puissances entières, ascendantes et descendantes de la variable x.

Au reste, des remarques faites dans le § I, il résulte que les limites I, $\mathrm{I}_{,}$, mentionnées dans les théorèmes (1) et (2), peuvent être distinctes des limites extrêmes k et $\mathrm{k}_{,}$ entre lesquelles le module r de x peut varier sans que la série (1) ou (2) cesse d'être convergente; et ces limites extrêmes sont évidemment celles qu'il importe surtout de connaître. Or on les déterminera, pour l'ordinaire, assez facilement à l'aide de deux nouveaux théorèmes qui, se déduisant des deux précédents et des principes établis dans le § II, peuvent s'énoncer comme il suit :

Théorème III. —. *Supposons que* f(x) *et* f$'(x)$ *restent fonctions conti-*

nues de la variable

$$x = re^{p\sqrt{-1}}$$

pour toutes les valeurs du module r de cette variable inférieures à une certaine limite k. *Supposons encore que la fonction* f(x) *ou l'une quelconque de ses dérivées devienne infinie pour* $r = \mathrm{k}$ *et pour une valeur convenablement choisie de l'argument p; alors* k *sera la limite extrême et supérieure au-dessous de laquelle le module r pourra varier arbitrairement, sans que la fonction* f(x) *cesse d'être développable en une série convergente ordonnée suivant les puissances entières et ascendantes de x.*

THÉORÈME IV. — *Supposons que* f(x) *et* f$'(x)$ *restent fonctions continues de la variable*

$$x = re^{p\sqrt{-1}}$$

pour toutes les valeurs du module r de cette variable inférieures à une certaine limite k, *et supérieures à une certaine limite* $\mathrm{k}_{,}$. *Supposons encore que la fonction* f(x), *ou l'une quelconque de ses dérivées, devienne infinie :* 1° *pour* $r = \mathrm{k}$; 2° *pour* $r = \mathrm{k}_{,}$ *et pour des valeurs convenablement choisies de l'argument p. Alors* k *et* $\mathrm{k}_{,}$ *seront les limites extrêmes inférieure et supérieure entre lesquelles le module r pourra varier arbitrairement, sans que la fonction* f(x) *cesse d'être développable en série convergente, ordonnée suivant les puissances entières ascendantes et descendantes de x.*

Corollaire. — Il est clair que, si la fonction f(x) devenait infinie pour une seule des valeurs de r représentées par k, $\mathrm{k}_{,}$, on connaîtrait une seule des limites extrêmes du module r.

Pour montrer une application du théorème III, considérons d'abord les fonctions

$$(1+x)^{\frac{1}{2}}, \quad \arcsin x, \quad \operatorname{arc\,tang} x.$$

Ces trois fonctions restent continues, tant que le module r de x reste inférieur à l'unité. De plus, leurs trois dérivées du premier ordre, savoir

$$\frac{1}{2}(1+x)^{-\frac{1}{2}}, \quad \frac{1}{\sqrt{1-x^2}}, \quad \frac{1}{1+x^2},$$

deviennent infinies, la première pour $x = -1$, la deuxième pour $x = \pm 1$, la troisième pour $x = \pm\sqrt{-1}$, et par conséquent toutes trois deviennent infinies pour $r = 1$. Donc, en vertu du théorème III, l'unité sera la limite supérieure au-dessous de laquelle le module r pourra varier, sans que les trois fonctions

$$(1+x)^{\frac{1}{2}}, \quad \text{arc}\sin x, \quad \text{arc tang}\, x$$

cessent d'être développables en séries convergentes ordonnées suivant les puissances ascendantes de x.

Considérons encore la fonction représentée par le produit

$$(1-x)^{\frac{1}{2}}(2-x)^{\frac{1}{2}}.$$

Elle restera continue pour une valeur du module r inférieure à l'unité, et sa dérivée deviendra infinie pour $r = 1$. Donc l'unité sera encore la limite supérieure au-dessous de laquelle le module r pourra varier arbitrairement, sans que cette fonction cesse d'être développable en série convergente ordonnée suivant les puissances entières et ascendantes de x. On ne pourra pas en dire autant de la fonction

$$(2 - 3x + x^2)^{\frac{1}{2}}.$$

Cette autre fonction, qui ne diffère pas du produit

$$(1-x)^{\frac{1}{2}}(2-x)^{\frac{1}{2}}$$

dans le cas où le module de x reste inférieur à $\left(\frac{7}{8}\right)^{\frac{1}{2}}$, et offre nécessairement dans ce cas le même développement, cesse d'être continue pour des valeurs du module de x supérieures à la limite $\left(\frac{7}{8}\right)^{\frac{1}{2}}$, mais inférieures à l'unité. Elle cesse aussi alors d'être constamment représentée par le développement de la première fonction, quoique la série à laquelle se réduit ce développement demeure convergente.

Concevons maintenant que l'on désigne par X une fonction entière de x qui offre une valeur positive quand le module de x est très petit.

Soient d'ailleurs

$$a, \quad b, \quad c, \quad \ldots$$

les racines de l'équation

$$X = 0,$$

rangées d'après l'ordre de grandeur de leurs modules. On aura, pour de petites valeurs du module r,

$$(3) \qquad X = h\left(1 - \frac{x}{a}\right)\left(1 - \frac{x}{b}\right)\left(1 - \frac{x}{c}\right)\cdots,$$

h désignant une constante positive; et par suite, si l'on nomme s une constante réelle quelconque, on trouvera

$$(4) \qquad X^s = h^s\left(1 - \frac{x}{a}\right)^s\left(1 - \frac{x}{b}\right)^s\left(1 - \frac{x}{c}\right)^s\cdots.$$

Cela posé, réduisons $f(x)$ au second membre de la formule (4), et prenons en conséquence

$$(5) \qquad f(x) = h^s\left(1 - \frac{x}{a}\right)^s\left(1 - \frac{x}{b}\right)^s\left(1 - \frac{x}{c}\right)^s\cdots.$$

La fonction $f(x)$ restera continue pour tout module de x inférieur au module de a; et cette même fonction, si s est négatif, ou, dans le cas contraire, ses dérivées d'un certain ordre deviendront infinies pour $x = a$. Donc, en vertu du théorème III, le module de a sera la limite extrême et supérieure au-dessous de laquelle le module r de x pourra varier arbitrairement, sans que la fonction $f(x)$, déterminée par l'équation (5), cesse d'être développable en série convergente ordonnée suivant les puissances entières et ascendantes de x.

Pour montrer une application du théorème IV, supposons que P représente une fonction réelle, entière et toujours positive, du sinus et du cosinus de l'angle p. On pourra mettre P sous la forme

$$P = h[1 - a\cos(p - \alpha)][1 - b\cos(p - \beta)][1 - c\cos(p - \gamma)]\ldots,$$

h désignant une constante positive, a, b, c, ... d'autres constantes positives et inférieures à l'unité, que nous supposerons rangées de manière à former une suite décroissante, et α, β, γ, ... des angles réels. On peut encore (*voir* l'Extrait n° 254, § III, pages 249, 250) mettre P sous la forme

$$(6)\quad P = h[1 - 2a\cos(p-\alpha) + a^2][1 - 2b\cos(p-\beta) + b^2][1 - 2c\cos(p-\gamma) + c^2].$$

en continuant de désigner par h, a, b, c, ... de nouvelles constantes qui dépendent des précédentes.

Posons maintenant

$$e^{-p\sqrt{-1}} = x.$$

On tirera de la formule (6)

$$(7)\quad P = h\left(1 - ax e^{\alpha\sqrt{-1}}\right)\left(1 - \frac{a}{x}e^{-\alpha\sqrt{-1}}\right)\left(1 - bx e^{\beta\sqrt{-1}}\right)\left(1 - \frac{b}{x}e^{-\beta\sqrt{-1}}\right)\ldots,$$

et par suite, en nommant s une constante réelle, on aura, pour des modules de x compris entre les limites a et $\frac{1}{a}$,

$$(8)\quad P^s = h^s\left(1 - ax e^{\alpha\sqrt{-1}}\right)^s\left(1 - \frac{a}{x}e^{-\alpha\sqrt{-1}}\right)^s\left(1 - bx e^{\beta\sqrt{-1}}\right)^s\left(1 - \frac{b}{x}e^{-\beta\sqrt{-1}}\right)^s\ldots.$$

Cela posé, réduisons $f(x)$ au second membre de l'équation (8), et prenons, en conséquence,

$$(9)\quad f(x) = h^s\left(1 - ax e^{\alpha\sqrt{-1}}\right)^s\left(1 - \frac{a}{x}e^{-\alpha\sqrt{-1}}\right)^s\left(1 - bx e^{\beta\sqrt{-1}}\right)^s\left(1 - \frac{b}{x}e^{-\beta\sqrt{-1}}\right)^s\ldots.$$

On conclura immédiatement du théorème IV que a et $\frac{1}{a}$ sont les limites extrêmes, inférieure et supérieure, entre lesquelles le module r de x peut varier arbitrairement sans que la fonction $f(x)$, déterminée par l'équation (5), cesse d'être développable en série convergente ordonnée suivant les puissances entières ascendantes et descendantes de la variable x. Donc cette fonction et, par suite, P^s seront développables en séries convergentes si l'on suppose, comme ci-dessus,

$$x = e^{p\sqrt{-1}},$$

c'est-à-dire si l'on réduit le module r de x à l'unité. Ajoutons que l'on aura, dans le cas présent,

$$\mathrm{k} = \frac{1}{\mathrm{a}}, \qquad \mathrm{k}_{\prime} = \mathrm{a};$$

en sorte que les deux modules

$$\frac{\mathrm{k}_{\prime}}{r}, \quad \frac{r}{\mathrm{k}}$$

de la série obtenue deviendront

$$\frac{\mathrm{a}}{r}, \quad \mathrm{a}r,$$

et se réduiront tous deux à la constante positive a pour $r = 1$.

Les conclusions auxquelles nous venons de parvenir sont particulièrement utiles en Astronomie : elles fournissent immédiatement les deux modules de la série qu'on obtient quand on développe la fonction perturbatrice suivant les sinus et cosinus des multiples de l'anomalie excentrique d'une planète.

§ IV. — *Sur les séries produites par le développement des fonctions implicites d'une variable x.*

Supposons que

$$u = \mathrm{f}(x)$$

représente une fonction implicite de la variable réelle ou imaginaire

$$x = e^{p\sqrt{-1}},$$

la valeur de u en x étant déterminée par une équation de la forme

$$\mathrm{F}(x, u) = 0. \tag{1}$$

Comme je l'ai prouvé dans un autre Mémoire, si le module r de x varie par degrés insensibles, la fonction u, tant qu'elle restera finie, variera elle-même par degrés insensibles, et, par conséquent, elle ne cessera pas d'être fonction continue de x jusqu'à ce que le module r acquière une valeur qui puisse rendre la fonction $\mathrm{F}(x, u)$ infinie ou discontinue, ou qui introduise dans l'équation (1), résolue par rapport à u, des racines égales. D'ailleurs, dans cette dernière hypothèse, on aura

$$(2) \qquad \mathrm{D}_u \mathrm{F}(x, u) = 0,$$

et, par suite, la valeur de $\mathrm{D}_x u$, tirée de l'équation (1), savoir

$$(3) \qquad \mathrm{D}_x u = -\frac{\mathrm{D}_x \mathrm{F}(x, u)}{\mathrm{D}_u \mathrm{F}(x, u)},$$

deviendra généralement infinie. On doit seulement excepter le cas particulier où la valeur de x, qui introduit dans l'équation (1) des racines égales, vérifierait, non seulement l'équation (2), mais encore la suivante :

$$(4) \qquad \mathrm{D}_u \mathrm{F}(x, u) = 0.$$

Ces principes étant admis, on pourra évidemment appliquer les théorèmes III et IV du paragraphe précédent, non seulement aux fonctions explicites, mais encore aux fonctions implicites d'une variable x.

Pour donner une idée de cette application, supposons de nouveau la fonction u définie par la formule

$$(5) \qquad u = \left[1 - x^2 - x(1-x^2)^{\frac{1}{2}}\sqrt{-1}\right]^{\frac{1}{3}} + \left[1 - x^2 + x(1-x^2)^{\frac{1}{2}}\sqrt{-1}\right]^{\frac{1}{3}}.$$

On pourra regarder u comme une fonction implicite de x, déterminée par l'équation

$$(6) \qquad u^3 - 3u - 2(1 - x^2) = 0,$$

et le développement du second membre de la formule (5), suivant les puissances entières et ascendantes de x, ne sera autre chose que la série qu'on obtient quand on développe, par le théorème de Lagrange, celles des racines de l'équation (5) qui se réduit au nombre 2 pour une valeur nulle de x. Cette série sera donc convergente tant que la racine dont il s'agit restera fonction continue de x. D'ailleurs, quand on substitue l'équation (5) à l'équation (1), c'est-à-dire quand on pose

$$(7) \qquad \mathrm{F}(x, u) = u^3 - 3u - 2(1 - x^2),$$

$\mathrm{F}(x, u)$ est une fonction toujours continue de x et de u. Alors aussi les équations (2) et (4) se réduisent, la première à

$$u^2 - 1 = 0, \tag{8}$$

la seconde à

$$x = 0. \tag{9}$$

D'ailleurs, de l'équation (6), jointe à l'équation (8), on tire, ou

$$u = 1, \qquad x^2 = 2, \tag{10}$$

ou

$$u = -1, \qquad x = 0. \tag{11}$$

Dans le premier cas, la valeur de $D_x u$, tirée de l'équation (5), savoir

$$D_x u = -\frac{2x}{3(u^2 - 1)}, \tag{12}$$

devient effectivement infinie, tandis que, dans le second cas, elle se présente sous la forme indéterminée $\frac{0}{0}$. Enfin, il est clair que la fonction u, déterminée par l'équation (5), se réduit, non pas à -1, mais à 2 pour $x = 0$. Cela posé, on conclura immédiatement des principes ci-dessus établis et du théorème IV du paragraphe précédent, que le développement de la fonction u, déterminée par l'équation (5), en une série ordonnée suivant les puissances ascendantes de x, reste convergent jusqu'au moment où le module de x^2 atteint la limite 2, et le module de x la limite $\sqrt{2}$. On conclura encore que $\sqrt{2}$ représente précisément la limite extrême et supérieure au-dessous de laquelle le module r de x peut varier arbitrairement sans que cette série cesse d'être convergente. Donc, puisque la série renfermera seulement des puissances entières de x^2, le module de la série sera

$$\frac{r^2}{2}.$$

Or ces conclusions s'accordent effectivement avec celles que nous avons tirées de la considération directe de la série elle-même.

257.

Analyse mathématique. — *Note sur l'application de la méthode logarithmique à la détermination des inégalités périodiques des mouvements planétaires.*

C. R., T. XIX, p. 159 (15 juillet 1844).

Comme je l'ai dit dans la dernière séance, la détermination des inégalités périodiques produites dans le mouvement d'une planète m par l'action d'une autre planète m', séparée de m par la distance $\mathfrak{r}$, peut être ramenée au développement du rapport $\frac{1}{\mathfrak{r}}$ en une série ordonnée suivant les puissances entières des exponentielles trigonométriques qui ont pour arguments les anomalies moyennes T, T', ou même les anomalies excentriques ψ, ψ' des deux planètes. D'ailleurs, on peut aisément trouver le développement exact du rapport $\frac{1}{\mathfrak{r}}$ quand on sait développer les valeurs qu'on obtient pour ce rapport, en négligeant, dans le carré de la distance $\mathfrak{r}$, deux termes généralement très petits dont l'omission réduit le carré dont il s'agit à une fonction linéaire des sinus et des cosinus des angles ψ, ψ'. Enfin, à l'aide des formules rappelées dans un précédent article, on peut assez facilement développer la valeur approchée, et, par suite, la valeur exacte du rapport $\frac{1}{\mathfrak{r}}$ en une série convergente ordonnée suivant les puissances entières de l'une des deux exponentielles qui ont pour arguments ψ, ψ', par exemple suivant les puissances entières de l'exponentielle

$$e^{\psi'\sqrt{-1}}.$$

Soient θ le module de la série ainsi obtenue et

$$\mathcal{A}_{n'}e^{n'\psi'\sqrt{-1}}$$

son terme général. Il ne restera plus qu'à développer $\mathcal{A}_{n'}$ suivant les puissances entières de $e^{\psi\sqrt{-1}}$. Or je prouve que toute la difficulté de ce dernier problème se réduit à développer le logarithme népérien du module θ en une série ordonnée suivant les puissances ascendantes de $e^{\psi\sqrt{-1}}$. Ce n'est pas tout : je démontre que la dérivée du logarithme népérien de θ, prise par rapport à ψ, peut se décomposer en facteurs dont chacun est une puissance positive ou négative d'un binôme de la forme

$$1 - a e^{\pm(\psi-\alpha)\sqrt{-1}}.$$

Donc on pourra développer immédiatement le logarithme de cette dérivée suivant les puissances ascendantes de l'exponentielle

$$e^{\psi\sqrt{-1}},$$

et, pour effectuer ce développement, il suffira de recourir à la formule connue

$$1(1-x) = -\left(x + \frac{x^2}{2} + \frac{x^3}{3} + \ldots\right).$$

On reviendra ensuite, par la méthode logarithmique, de ce développement à celui de la dérivée elle-même, et, par conséquent, au développement du logarithme du module de θ. Enfin, après avoir déduit de ce dernier développement celui du logarithme de $\mathcal{A}_{n'}$, on en tirera, par une seconde application de la méthode logarithmique, le développement même de $\mathcal{A}_{n'}$.

Au reste, je donnerai dans un prochain article les résultats mêmes du calcul que je viens seulement d'indiquer, et je terminerai cette Note par une observation relative à quelques formules contenues dans mon dernier Mémoire.

Comme je l'ai dit à la page 247, si l'on pose

$$[s]_n = \frac{s(s+1)\ldots(s+n-1)}{1.2\ldots n}$$

et

$$\Theta_n = [s]_n \theta^n \left[1 + \frac{s+n}{n+1}\theta^2 + \frac{s+n}{n+1}\,\frac{s+n+1}{n+2}\theta^4 + \ldots\right],$$

θ étant un nombre inférieur à l'unité, on aura, non seulement

$$(1) \qquad (1-x)^{-s} = 1 + [s]_1 x + [s]_2 x^2 + \ldots,$$

mais encore

$$(2)\qquad (1-\theta e^{p\sqrt{-1}})^{-s}(1-\theta e^{-p\sqrt{-1}})^{-s} = \Theta_0 + \Sigma\,\Theta_n(e^{np\sqrt{-1}} + e^{-np\sqrt{-1}}),$$

le signe Σ s'étendant à toutes les valeurs entières et positives de x. Il y a plus : si, en supposant $r < \theta$, on remplace, dans la formule (2),

$$e^{p\sqrt{-1}} \quad \text{par} \quad \frac{e^{p\sqrt{-1}}}{r},$$

on en conclura

$$(3)\qquad \left(1-\frac{\theta}{r}e^{p\sqrt{-1}}\right)^{-s}(1-\theta r e^{-p\sqrt{-1}})^{-s} = \Theta_0 + \Sigma\,\Theta_n(r^{-n}e^{np\sqrt{-1}} + r^n e^{-np\sqrt{-1}}).$$

Donc les deux produits

$$\Theta_n r^{-n} \quad \text{et} \quad \Theta_n r^n$$

seront les coefficients des exponentielles

$$e^{np\sqrt{-1}}, \quad e^{-np\sqrt{-1}}$$

dans le développement de l'expression

$$\left(1-\frac{\theta}{r}e^{p\sqrt{-1}}\right)^{-s}(1-\theta r e^{-p\sqrt{-1}})^{-s}.$$

D'ailleurs on a

$$1-\theta r e^{-p\sqrt{-1}} = 1-\theta^2 - \theta r\,\frac{1-\frac{\theta}{r}e^{p\sqrt{-1}}}{e^{p\sqrt{-1}}}$$

et, par conséquent,

$$(4)\qquad 1-\theta r e^{-p\sqrt{-1}} = (1-\theta^2)\left(1-\lambda r\,\frac{1-\frac{\theta}{r}e^{p\sqrt{-1}}}{e^{p\sqrt{-1}}}\right),$$

la valeur de λ étant

$$(5)\qquad \lambda = \frac{\theta}{1-\theta^2};$$

et de la formule (1), jointe à la formule (4), on conclut

$$\left(1-\frac{\theta}{r}e^{p\sqrt{-1}}\right)^{-s}(1-\theta r e^{-p\sqrt{-1}})^{-s}$$
$$= (1-\theta^2)^{-s}\left[\left(1-\frac{\theta}{r}e^{p\sqrt{-1}}\right)^{-s} + [s]_1\lambda r e^{-p\sqrt{-1}}\left(1-\frac{\theta}{r}e^{p\sqrt{-1}}\right)^{-s+1} + \ldots\right].$$

Or, de cette dernière équation, comparée à la formule (7), on tirera

$$\Theta_n \theta^{-n} = (1-\theta^2)^{-s}\{[s]_n + [s]_1[s-1]_{n+1}\lambda + [s]_2[s-1]_{n+2}\lambda^2 + \ldots\}$$

et

$$\Theta_n \theta^{n} = (1-\theta^2)^{-s}\lambda^n\{[s]_n + [s]_{n+1}[s-n+1]_1\lambda + [s]_{n+2}[s-n+2]_2\lambda^2 + \ldots\},$$

et l'on se trouvera ainsi ramené aux équations (10), (11), (12) de la page 248. Donc, si l'on veut rendre complètement rigoureuse la méthode que nous avons suivie pour établir ces formules, il suffira de concevoir que, dans le rapport

$$\frac{e^{p\sqrt{-1}}}{\theta},$$

l'exponentielle $e^{p\sqrt{-1}}$ se trouve multipliée par un facteur $\frac{\theta}{r} < 1$, qui peut d'ailleurs différer aussi peu que l'on voudra de l'unité.

258.

Analyse mathématique. — *Note sur diverses propriétés remarquables du développement d'une fonction en série ordonnée suivant les puissances entières d'une même variable.*

C. R., T. XIX, p. 205 (22 juillet 1844).

Considérons une fonction donnée d'une variable x réelle ou imaginaire. Si cette fonction reste continue, du moins pour des valeurs du module de la variable comprises entre certaines limites, elle sera, pour de telles valeurs, développable en une série convergente ordonnée suivant les puissances entières de la variable. Il y a plus : les divers termes de ce développement jouiront de propriétés remarquables, et qu'il paraît utile de signaler.

D'abord, la valeur d'un terme quelconque, pour un module donné de la variable, ne sera autre chose, comme on peut aisément s'en assurer, que la valeur moyenne et correspondante du produit qu'on obtient quand on multiplie la fonction elle-même par une certaine exponentielle trigonométrique. Or, de ce principe on déduit immédiatement un théorème digne d'attention, savoir, que, dans le développement d'une fonction suivant les puissances ascendantes d'une variable, le module d'un terme quelconque est, pour un module donné de la variable, toujours égal ou inférieur au plus grand module correspondant de la fonction dont il s'agit.

D'ailleurs de ce premier théorème on en déduit immédiatement plusieurs autres qui permettent de transformer en méthodes rigoureuses divers procédés dont on s'était servi pour déterminer les valeurs approchées des coefficients que renferme la série.

Analyse.

Soit $f(x)$ une fonction donnée de la variable imaginaire

$$x = re^{p\sqrt{-1}}, \tag{1}$$

et supposons que cette fonction reste continue entre les limites inférieure et supérieure $k_{,}$ et k du module r de la variable x. On aura, en prenant $r = 1$,

$$f(e^{p\sqrt{-1}}) = \ldots a_{-2}e^{-2p\sqrt{-1}} + a_{-1}e^{-p\sqrt{-1}} + a_0 + a_1 e^{p\sqrt{-1}} + a_2 e^{2p\sqrt{-1}} + \ldots, \tag{2}$$

et plus généralement, en supposant r renfermé entre les limites $k_{,}$, k,

$$f(x) = \ldots a_{-2}x^{-2} + a_{-1}x^{-1} + a_0 + a_1 x + a_2 x^2 + \ldots, \tag{3}$$

la valeur de a_n étant déterminée par la formule

$$a_n = \frac{r^{-n}}{2\pi}\int_{-\pi}^{\pi} e^{-np\sqrt{-1}} f(re^{p\sqrt{-1}})\,dp. \tag{4}$$

Or cette formule, dans laquelle on peut supposer l'indice n positif ou négatif et attribuer au module r l'une quelconque des valeurs comprises entre les limites $k_{,}$, k, entraîne diverses conséquences dignes de remarque, et que nous allons indiquer.

D'abord, il suit de la formule (4) que le produit $a_n r^n$, c'est-à-dire le module du terme général du développement de $f(x)$, est précisément la valeur moyenne de la fonction

$$e^{-np\sqrt{-1}} f(re^{p\sqrt{-1}}).$$

D'ailleurs cette valeur moyenne offre nécessairement un module inférieur au module maximum de la fonction elle-même. On peut donc énoncer ce théorème très général, et qui paraît digne d'attention :

THÉORÈME I. — *Dans le développement d'une fonction suivant les puissances entières d'une variable, le module d'un terme quelconque est, pour une valeur donnée du module de la variable, toujours inférieur au plus grand module correspondant de la fonction elle-même.*

On peut évidemment tirer de la formule (4) une limite supérieure au module du terme général

$$a_n x^n \quad \text{ou} \quad a_{-n} x^{-n}$$

de la série comprise dans le second membre de la formule (3). Veut-on, par exemple, obtenir une limite supérieure au module de $a_n x^n$, n étant positif, on posera

$$r = \rho,$$

ρ désignant un nombre égal ou inférieur au module k. Soit d'ailleurs $\mathfrak{F}$ le module maximum de la fonction $f(\rho e^{p\sqrt{-1}})$, ou une quantité positive inférieure à ce module. En vertu de la formule (4), dans laquelle nous réduirons r à ρ, le module de $a_n x^n$ sera certainement inférieur au rapport

$$\left(\frac{r}{\rho}\right)^n \mathfrak{F}.$$

Pareillement, si $\rho_{\prime}$ désigne un nombre égal ou supérieur au module $k_{\prime}$, et $\mathfrak{F}_{\prime}$ le module maximum de la fonction

$$f(\rho_{\prime} e^{p\sqrt{-1}}),$$

ou une quantité positive inférieure à ce module, alors le module de

$a_{-n} x^{-n}$ sera certainement inférieur au produit

$$\left(\frac{\rho_{\prime}}{r}\right)^n \mathcal{F}_{\prime}.$$

Cela posé, si, dans le second membre de la formule (3), on conserve seulement les termes proportionnels aux puissances de x ou de $\frac{1}{x}$, dont le degré est inférieur au nombre entier n, l'erreur commise offrira certainement un module inférieur à la somme

$$\left[\left(\frac{r}{\rho}\right)^n + \left(\frac{r}{\rho}\right)^{n+1} + \ldots\right]\mathcal{F} + \left[\left(\frac{\rho_{\prime}}{r}\right)^n + \left(\frac{\rho_{\prime}}{r}\right)^{n+1} + \ldots\right]\mathcal{F}_{\prime}$$

ou, ce qui revient au même, à la somme

$$(5) \qquad \frac{\left(\frac{r}{\rho}\right)^n}{1 - \frac{r}{\rho}} \mathcal{F} + \frac{\left(\frac{\rho_{\prime}}{r}\right)^n}{1 - \frac{\rho_{\prime}}{r}} \mathcal{F}_{\prime}.$$

Donc, si l'on attribue au nombre entier n une valeur assez considérable pour que la somme (5) devienne inférieure à une certaine limite δ, on commettra sur la valeur de $f(x)$ une erreur, dont le module sera inférieure à cette limite, lorsqu'à l'équation (3) on substituera la suivante :

$$(6) \qquad f(x) = a_{-n+1} x^{-n+1} + \ldots + a_{-1} x^{-1} + a_0 + a_1 x + \ldots + a_{n-1} x^{n-1};$$

et par conséquent on pourra, sans craindre une telle erreur, ni sur la fonction elle-même, ni sur aucun des termes qui renferment les coefficients

$$a_{-n+1}, \quad \ldots, \quad a_{-1}, \quad a_0, \quad a_1, \quad \ldots, \quad a_{n-1},$$

déterminer chacun de ces coefficients, non plus à l'aide de l'équation

$$(7) \qquad a_m = \frac{r^{-m}}{2\pi} \int_{-\pi}^{\pi} e^{-mp\sqrt{-1}} f(re^{p\sqrt{-1}})\, dp,$$

mais à l'aide de la suivante

$$(8) \qquad a_m = \frac{r^{-m}}{l} \sum e^{-\frac{2mi\pi}{l}\sqrt{-1}} f\left(re^{\frac{2i\pi}{l}\sqrt{-1}}\right),$$

l désignant un nombre entier égal ou supérieur à $2n-1$, et la somme qu'indique le signe $\sum$ s'étendant à toutes les valeurs entières de i qui restent inférieures à l. Or, substituer l'équation (8) à l'équation (7), c'est tout simplement appliquer la méthode des quadratures à l'évaluation de l'intégrale que renferme le second membre de l'équation (7). C'est encore, si l'on veut, appliquer la méthode d'interpolation au développement de la fonction $f(x)$ en série. Mais, en opérant comme on vient de le dire, on transformera en méthodes rigoureuses ces méthodes dont les géomètres ont souvent fait usage, et dont j'avais moi-même, dès l'année 1832, indiqué l'emploi comme pouvant être utile dans les problèmes d'Astronomie.

Lorsque, en supposant $r=k$ et $r=k_{,}$, on rend infinies des dérivées de $f(x)$, alors, d'après ce que j'ai dit dans un autre article, k et $k_{,}$ sont les limites extrêmes entre lesquelles le module de x peut varier, sans que le développement de $f(x)$ cesse d'être convergent. Si d'ailleurs la fonction $f(x)$ ne devient pas infinie avec ses dérivées, mais conserve, au contraire, une valeur finie pour $r=k$ et pour $r=k_{,}$, il sera utile de réduire, dans l'expression (5), ρ à k, $\rho_{,}$ à $k_{,}$. Cette dernière réduction ne sera plus permise si $f(x)$ devient infinie quand on pose $r=k$ et $r=k_{,}$. Mais alors, pour diminuer la valeur de l'expression (5), il pourra être avantageux, quand le nombre n sera considérable, de supposer ρ peu différent de k, et $\rho_{,}$ peu différent de $k_{,}$.

Au reste, dans le cas dont il s'agit, on peut souvent substituer à l'expression (5) une autre expression du même genre, que l'on déduira de l'équation (4), transformée d'abord à l'aide d'une ou de plusieurs intégrations par parties. En effet, concevons que $f(x)$ devienne infinie pour une valeur ξ de x, dont le module soit k, et supposons, pour fixer les idées,

$$f(x)=\left(1-\frac{x}{\xi}\right)^{-s}\varphi(x),$$

l'exposant s étant positif; mais admettons en même temps que $\varphi(x)$ conserve une valeur finie pour $x=\xi$. Si l'on nomme α l'argument de ξ, on aura

$$\xi = ke^{\alpha\sqrt{-1}},$$

$$f(re^{p\sqrt{-1}}) = \left(1 - \frac{r}{k} e^{(p-\alpha)\sqrt{-1}}\right)^{-s} \varphi(re^{p\sqrt{-1}}).$$

On aura donc, par suite,

$$f(ke^{p\sqrt{-1}}) = \left(1 - e^{(p-\alpha)\sqrt{-1}}\right)^{-s} \varphi(ke^{p\sqrt{-1}}),$$

et l'on tirera de la formule (4), en y posant $r = k$,

$$(9) \qquad a_n = \frac{k^{-n}}{2\pi} \int_{-\pi}^{\pi} e^{-np\sqrt{-1}} \left(1 - e^{(p-\alpha)\sqrt{-1}}\right)^{-s} \varphi(ke^{p\sqrt{-1}})\, dp.$$

Or une ou plusieurs intégrations par parties, appliquées à cette dernière formule, feront croître l'exposant $-s$ d'une ou plusieurs unités, de manière qu'il se trouve remplacé par un exposant positif; et alors le module maximum de la fonction sous le signe $\int$, multiplié par le rapport $\left(\frac{r}{k}\right)^n$, donnera évidemment pour produit une limite supérieure au module du terme $a_n x^n$.

Lorsqu'on applique les principes que nous venons d'exposer aux problèmes d'Astronomie, il est bon de se rappeler que l'on simplifie les calculs en substituant directement, dans les intégrales dont les valeurs se déterminent par la méthode des quadratures, les anomalies excentriques aux anomalies moyennes.

259.

Astronomie. — *Mémoire sur l'application de la méthode logarithmique à la détermination des inégalités périodiques que présentent les mouvements des corps célestes.*

C. R., T. XIX, p. 279 (5 août 1844).

Dans l'une des dernières séances, j'ai proposé, pour le développement des fonctions en séries, une méthode nouvelle qui se fonde sur la considération des logarithmes, et que j'ai nommée pour cette raison la *méthode logarithmique*. Comme l'emploi de cette méthode offre surtout de grands avantages dans le calcul des perturbations que présentent les mouvements des planètes ou même les mouvements des comètes, j'ai cru qu'il serait utile de montrer comment elle s'applique à ce calcul. Cette application, qui peut intéresser à la fois les géomètres et les astronomes, a été seulement indiquée dans une précédente Note. Elle sera l'objet du présent Mémoire.

Les amis des sciences verront, je l'espère, avec satisfaction, la nouvelle méthode s'appliquer aussi facilement à la théorie du mouvement des comètes qu'à la théorie des mouvements planétaires.

§ I. — *Considérations générales.*

Comme je l'ai rappelé dans le Mémoire du 22 juillet, le calcul des inégalités périodiques, produites dans le mouvement d'une planète m par l'action d'une autre planète m', suppose que l'on a développé la fonction perturbatrice, et spécialement la partie de cette fonction qui est réciproquement proportionnelle à la distance ι des deux planètes, en une série ordonnée suivant les puissances entières des exponentielles trigonométriques dont les arguments sont l'anomalie moyenne T de la planète m, et l'anomalie moyenne T' de la planète m'. Le problème qu'il s'agit alors de résoudre consiste donc à développer $\frac{1}{\iota}$ suivant les puissances entières, positives, nulle et négatives des deux exponentielles

$$e^{T\sqrt{-1}}, \quad e^{T'\sqrt{-1}}.$$

Soient effectivement $A_{n'}$ le coefficient de

$$e^{n'T'\sqrt{-1}}$$

dans le développement de $\frac{1}{\iota}$, et $A_{n,n'}$ le coefficient de

$$e^{nT\sqrt{-1}}$$

dans le développement de $A_{n'}$. On aura, non seulement

$$(1) \qquad \frac{1}{\iota} = \sum A_{n'} e^{n' T' \sqrt{-1}},$$

la somme qu'indique le signe $\sum$ s'étendant à toutes les valeurs entières, positives, nulle ou négatives de n', mais encore

$$(2) \qquad \frac{1}{\iota} = \sum A_{n,n'} e^{(nT+n'T')\sqrt{-1}},$$

la somme qu'indique le signe $\sum$ s'étendant à toutes les valeurs entières de n, n'; et, pour obtenir l'inégalité périodique correspondante à un argument donné, par exemple à l'argument

$$n'T' - nT,$$

n, n' étant deux nombres entiers donnés, il faudra rechercher les valeurs correspondantes des coefficients

$$A_{n,-n'}, \quad A_{-n,n'}$$

des exponentielles

$$e^{(nT-n'T')\sqrt{-1}}, \quad e^{(n'T'-nT)\sqrt{-1}}.$$

Soient d'ailleurs ψ, ψ' les anomalies excentriques des planètes m, m', et nommons $\mathcal{A}_{n'}$ le coefficient de l'exponentielle

$$e^{n'\psi'\sqrt{-1}}$$

dans le développement de $\frac{1}{\iota}$ suivant les puissances entières de l'exponentielle

$$e^{\psi'\sqrt{-1}}.$$

Une formule, que j'ai rappelée dans le Mémoire sur la méthode logarithmique [*voir* la formule (5) de la page 253], et qui continue évidemment de subsister quand on passe de la planète m à la planète m', ramènera la recherche du coefficient $A_{n'}$ à la recherche du coefficient $\mathcal{A}_{n'}$. Il reste à montrer comment on peut déterminer la valeur du coefficient $\mathcal{A}_{n'}$ et développer cette valeur suivant les puissances entières de l'exponentielle

$$e^{T\sqrt{-1}}.$$

Cette détermination et ce développement seront l'objet des deux paragraphes suivants. Dans le dernier paragraphe, je ferai voir que, en vertu d'une légère modification apportée à la marche du calcul, les formules obtenues deviennent applicables à la théorie du mouvement des comètes aussi bien qu'à la théorie des mouvements planétaires.

§ II. — *Développement du rapport de l'unité à la distance ι de deux planètes m et m', en une série ordonnée suivant les puissances entières de l'exponentielle trigonométrique dont l'argument est l'anomalie excentrique de la planète m'.*

Soient toujours ψ, ψ' les anomalies excentriques des planètes m, m', et ι leur distance mutuelle. La valeur générale de ι^2 sera de la forme

$$(1)\qquad \left\{\begin{aligned} \iota^2 = \mathrm{h} + \mathrm{k}\cos(\psi - \psi' - \alpha) - \mathrm{b}\cos(\psi - \mathcal{6}) - \mathrm{b}'\cos(\psi' - \mathcal{6}') \\ + \mathrm{c}\cos(\psi + \psi' - \gamma) + \mathrm{i}\cos 2\psi + \mathrm{i}'\cos 2\psi', \end{aligned}\right.$$

h, k, b, b', c, i, i' désignant des constantes positives, et α, $\mathcal{6}$, $\mathcal{6}'$, γ des angles constants. Donc, en posant, pour abréger,

$$(2)\qquad \left\{\begin{aligned} \rho &= \mathrm{h} + \mathrm{k}\cos(\psi - \psi' - \alpha) \\ &\qquad - \mathrm{b}\cos(\psi - \mathcal{6}) - \mathrm{b}'\cos(\psi' - \mathcal{6}') + \mathrm{c}\cos(\psi + \psi' - \gamma), \\ \varsigma &= \mathrm{i}\cos 2\psi + \mathrm{i}'\cos 2\psi', \end{aligned}\right.$$

on aura

$$(3)\qquad \iota^2 = \rho + \varsigma.$$

On en conclura

$$(4)\qquad \frac{1}{\iota} = \rho^{-\frac{1}{2}} + \frac{1}{2}\rho^{-\frac{3}{2}}\varsigma + \frac{1.3}{2.4}\rho^{-\frac{5}{2}}\varsigma^2 + \ldots;$$

et, comme ς sera généralement très petit par rapport à ρ, on pourra réduire la série comprise dans le second membre de la formule (4) à un petit nombre de termes. D'ailleurs, les développements de ς, ς^2, ..., suivant les puissances entières de $e^{\psi'\sqrt{-1}}$, se déduiront très aisément de la formule

$$\varsigma = \mathrm{i}\cos 2\psi + \mathrm{i}'\cos 2\psi'.$$

Donc la recherche du développement de $\frac{1}{\mathfrak{r}}$ suivant les mêmes puissances, et en particulier la recherche du coefficient $\mathcal{A}_{n'}$ correspondant à la puissance du degré n', c'est-à-dire à l'exponentielle

$$e^{n'\psi'\sqrt{-1}},$$

se trouvera réduite à la recherche des développements de $\rho^{-\frac{1}{2}}$, $\rho^{-\frac{3}{2}}$, ... Or, l étant un nombre entier peu considérable, on développera aisément

$$\rho^{-l-\frac{1}{2}},$$

suivant les puissances entières de l'exponentielle

$$e^{\psi'\sqrt{-1}},$$

à l'aide des formules que nous avons déjà rappelées, et en opérant comme il suit.

La valeur de ρ, déterminée par la première des équations (2), peut être réduite à la forme

$$\rho = \mathrm{H} + \mathrm{K}\cos(\psi' - \omega), \tag{5}$$

H, K, ω désignant trois quantités indépendantes de l'angle ψ; et, pour effectuer cette réduction, il suffit de poser

$$\mathrm{H} = \mathrm{h} - \mathrm{b}\cos(\psi - \mathcal{6}), \tag{6}$$

$$\mathrm{K} = \mathrm{k}\,v^{\frac{1}{2}}w^{\frac{1}{2}}, \qquad e^{\omega\sqrt{-1}} = \left(\frac{w}{v}\right)^{\frac{1}{2}} e^{(\psi-\alpha)\sqrt{-1}}, \tag{7}$$

les valeurs de v, w étant fournies par les équations

$$\left\{\begin{aligned} v &= 1 - \frac{\mathrm{b}'}{\mathrm{k}}e^{(\psi-\alpha-\mathcal{6}')\sqrt{-1}} + \frac{\mathrm{c}}{\mathrm{k}}e^{(2\psi-\alpha-\gamma)\sqrt{-1}},\\ w &= 1 - \frac{\mathrm{b}'}{\mathrm{k}}e^{-(\psi-\alpha-\mathcal{6}')\sqrt{-1}} + \frac{\mathrm{c}}{\mathrm{k}}e^{-(2\psi-\alpha-\gamma)\sqrt{-1}}.\end{aligned}\right. \tag{8}$$

En vertu de ces diverses formules, H et K^2 seront des fonctions entières des deux quantités variables $\sin\psi$, $\cos\psi$, la fonction H étant du premier degré par rapport à chacune de ces deux quantités, et la fonction K^2 du second degré. Si d'ailleurs on pose

$$(9) \qquad \mathfrak{a} = \operatorname{tang}\left(\tfrac{1}{2}\operatorname{arc}\sin\frac{\mathfrak{b}}{\mathrm{h}}\right),$$

on en conclura

$$\frac{\mathrm{h}}{\mathfrak{b}} = \frac{1}{2}\left(\mathfrak{a} + \frac{1}{\mathfrak{a}}\right),$$

et par suite l'équation (6) pourra être réduite à

$$(10) \qquad \mathrm{H} = \frac{\mathfrak{b}}{2\mathfrak{a}}u,$$

la valeur de u étant

$$(11) \qquad u = 1 - 2\mathfrak{a}\cos(\psi - 6) + \mathfrak{a}^2.$$

Ajoutons que les valeurs de v, w fournies par les équations (8) peuvent elles-mêmes être présentées sous les formes

$$(12) \qquad \begin{cases} v = \left(1 - \mathfrak{b}e^{(\psi-\mu)\sqrt{-1}}\right)\left(1 - \mathfrak{c}e^{(\psi-\nu)\sqrt{-1}}\right), \\ w = \left(1 - \mathfrak{b}e^{-(\psi-\mu)\sqrt{-1}}\right)\left(1 - \mathfrak{c}e^{-(\psi-\nu)\sqrt{-1}}\right), \end{cases}$$

$\mathfrak{b}$, $\mathfrak{c}$ désignant des constantes positives, et μ, ν des angles constants.

Posons maintenant

$$(13) \qquad \upsilon = \frac{\mathrm{K}}{\mathrm{H}}$$

et

$$(14) \qquad \theta = \operatorname{tang}(\tfrac{1}{2}\operatorname{arc}\sin\upsilon).$$

On aura, par suite,

$$\frac{1}{\upsilon} = \frac{1}{2}\left(\theta + \frac{1}{\theta}\right).$$

Donc la formule (5) donnera

$$(15) \qquad \rho = \frac{\mathrm{K}}{2\theta}[1 + 2\theta\cos(\psi' - \omega) + \theta^2],$$

et l'on en conclura

$$(16) \qquad \rho^{-l-\frac{1}{2}} = \left(\frac{2\theta}{K}\right)^{l+\frac{1}{2}} [1 + 2\theta\cos(\psi' - \omega) + \theta^2]^{-l-\frac{1}{2}}.$$

Cela posé, concevons que l'on développe les deux expressions

$$(1 - 2\theta\cos\psi' + \theta^2)^{-l-\frac{1}{2}}, \qquad \rho^{-l-\frac{1}{2}}$$

en séries ordonnées suivant les puissances entières de l'exponentielle

$$e^{\psi'\sqrt{-1}}.$$

θ sera le module commun des deux séries; et, si l'on nomme

$$\Theta_{l,n'}, \quad \mathfrak{B}_{l,n'}$$

les coefficients de l'exponentielle

$$e^{n'\psi'\sqrt{-1}}$$

dans les deux développements, on aura

$$(17) \qquad \mathfrak{B}_{l,n'} = (-1)^{n'} \left(\frac{2\theta}{K}\right)^{l+\frac{1}{2}} \Theta_{l,n'} e^{-n'\omega\sqrt{-1}}.$$

Si d'ailleurs on pose, pour abréger,

$$[l]_n = \frac{l(l+1)\ldots(l+n-1)}{1.2\ldots n}$$

et

$$\lambda = \frac{\theta^2}{1-\theta^2},$$

on trouvera, non seulement

$$(18) \qquad \Theta_{l,n'} = [l+\tfrac{1}{2}]_{n'}\theta^{n'}\left(1 + \frac{1}{2}\,\frac{2n'+2l+1}{2n'+2}\theta^2 + \frac{1.3}{2.4}\,\frac{2n'+2l+1}{2n'+2}\,\frac{2n'+2l+3}{2n'+4}\theta^4 + \ldots\right)$$

mais encore

$$(19) \qquad \Theta_{l,n'} = [l+\tfrac{1}{2}]_{n'} I_{l,n'} \frac{\theta^{n'}}{(-\theta^2)^{l+\frac{1}{2}}},$$

la valeur de $I_{l,n'}$ étant

$$(20)\qquad I_{l,n'}=1+\frac{2l+1}{2}\,\frac{2l-1}{2n'+2}\lambda+\frac{(2l+1)(2l+3)}{2.4}\,\frac{(2l-1)(2l-3)}{(2n'+2)(2n'+4)}\lambda^2+\ldots$$

Ajoutons que, si, dans la formule (17), on substitue à la place de K et de l'exponentielle $e^{\omega\sqrt{-1}}$ leurs valeurs, tirées des formules (7), on trouvera

$$(21)\qquad \mathfrak{P}_{l,n'}=(-1)^{n'}\left(\frac{2\theta}{k v^{\frac{1}{2}} w^{\frac{1}{2}}}\right)^{l+\frac{1}{2}}\Theta_{l,n'}\left(\frac{v}{w}\right)^{\frac{1}{2}n'}e^{-n'(\psi-\alpha)\sqrt{-1}}.$$

Comme la valeur de $\Theta_{l,n'}$, fournie par l'équation (18), se compose de termes proportionnels à diverses puissances de θ, savoir, à

$$\theta^{n'},\quad \theta^{n'+1},\quad \ldots,$$

il est clair que, en vertu des formules (18) et (20), la valeur de $\mathfrak{P}_{l,n'}$ se composera de termes proportionnels à ces mêmes puissances, multipliées par le produit

$$\left(\frac{\theta}{v^{\frac{1}{2}} w^{\frac{1}{2}}}\right)^{l+\frac{1}{2}}\left(\frac{v}{w}\right)^{\frac{1}{2}n'}e^{-n'\psi\sqrt{-1}}.$$

Donc, pour développer $\mathfrak{P}_{l,n'}$ en une série ordonnée suivant les puissances entières de l'exponentielle $e^{\psi\sqrt{-1}}$, il suffira de développer en séries de cette espèce le produit

$$(22)\qquad \theta^{n'+l+\frac{1}{2}}\,v^{\frac{1}{2}\left(n'-l-\frac{1}{2}\right)}\,w^{-\frac{1}{2}\left(n'+l+\frac{1}{2}\right)}$$

et ceux dans lesquels il se transforme quand on remplace successivement le nombre n' par chacun des nombres $n'+1$, $n'+2$, ... Or, si l'on veut appliquer à ce dernier problème la méthode logarithmique, la question sera réduite au calcul des développements des logarithmes népériens de v, w et θ. D'ailleurs, les développements des logarithmes de v et w se déduiront immédiatement des équations (12) jointes à la formule

$$(23)\qquad \mathrm{l}(1-x)=-\left(x+\frac{x^2}{2}+\frac{x^3}{3}+\ldots\right),$$

dans laquelle la lettre l indique un logarithme népérien. Donc la question pourra être ramenée à la formation du développement de lθ, suivant les puissances entières de l'exponentielle

$$e^{\psi\sqrt{-1}}.$$

Considérons, en particulier, le cas où l'on se propose de calculer des perturbations correspondantes à des puissances élevées des exponentielles qui ont pour arguments les anomalies moyennes des deux planètes m, m'. Alors, le nombre n' devenant considérable, les termes qui suivent le premier, dans le second membre de la formule (20), deviennent très petits, et il est avantageux de remplacer la formule (18) par la formule (19), jointe à l'équation (20), dont le second membre peut être, sans erreur sensible, réduit à un petit nombre de termes. D'ailleurs, on tire des formules (17) et (19)

$$(24)\qquad \mathfrak{M}_{l,n'} = (-1)^{n'}[l+\tfrac{1}{2}]_{n'}\mathrm{I}_{l,n'}\frac{\theta^{n'}}{\left[\frac{1}{2}\left(\frac{1}{\theta}-\theta\right)\mathrm{K}\right]^{l+\frac{1}{2}}}e^{-n'\omega\sqrt{-1}}.$$

Il y a plus : comme la formule (14) donne

$$\theta = \frac{1-\sqrt{1-\upsilon^2}}{\upsilon},\qquad \frac{1}{\theta} = \frac{1+\sqrt{1-\upsilon^2}}{\upsilon},$$

on en conclut

$$\frac{1}{2}\left(\frac{1}{\theta}-\theta\right) = \frac{\sqrt{1-\upsilon^2}}{\upsilon} = \frac{\sqrt{\mathrm{H}^2-\mathrm{K}^2}}{\mathrm{K}}.$$

Donc l'équation (24) peut être réduite à

$$(25)\qquad \mathfrak{M}_{l,n'} = (-1)^{n'}[l+\tfrac{1}{2}]_{n'}\mathrm{I}_{l,n'}(\mathrm{H}^2-\mathrm{K}^2)^{-\frac{1}{2}\left(l+\frac{1}{2}\right)}\theta^{n'}e^{-n'\omega\sqrt{-1}},$$

ou, ce qui revient au même, en vertu de la seconde des formules (7), à

$$(26)\qquad \mathfrak{M}_{l,n'} = (-1)^{n'}[l+\tfrac{1}{2}]_{n'}\mathrm{I}_{l,n'}(\mathrm{H}^2-\mathrm{K}^2)^{-\frac{1}{2}\left(l+\frac{1}{2}\right)}\left(\frac{c}{w}\right)^{\frac{1}{2}n'}\theta^{n'}e^{-n'(\psi-\chi)\sqrt{-1}}.$$

Donc, pour développer $\mathfrak{M}_{l,n'}$ en une série ordonnée suivant les puissances entières de l'exponentielle

$$e^{\psi\sqrt{-1}},$$

il suffira de développer en séries de cette espèce le produit

$$\mathrm{I}_{l,n'}(\mathrm{H}^2 - \mathrm{K}^2)^{-\frac{1}{2}\left(l+\frac{1}{2}\right)}\left(\frac{v}{\varpi}\right)^{\frac{1}{2}n'}\theta^{n'},$$

par conséquent le produit

$$(27)\qquad (\mathrm{H}^2 - \mathrm{K}^2)^{-\frac{1}{2}\left(l+\frac{1}{2}\right)}\left(\frac{v}{\varpi}\right)^{\frac{1}{2}n'}\theta^{n'},$$

et ce même produit successivement multiplié par les premières puissances entières de λ. Or, si l'on veut appliquer à ce dernier problème la méthode logarithmique, la question sera réduite au calcul des logarithmes népériens des développements de

$$v, \quad \varpi, \quad \theta, \quad \mathrm{H}^2 - \mathrm{K}^2 \quad \text{et} \quad \lambda.$$

D'ailleurs, comme on l'a déjà remarqué, les développements de $\mathrm{l}v$, $\mathrm{l}\varpi$ se déduisent immédiatement des formules (12) et (23). D'autre part, $\mathrm{H}^2 - \mathrm{K}^2$ est une fonction entière, et du quatrième degré, de $\cos\psi$, $\sin\psi$, qui offre une valeur toujours positive, et qui, pour ce motif, peut être égalée au produit d'une constante par deux facteurs V, W semblables à ceux dont les formules (12) fournissent les valeurs. On pourra donc encore, à l'aide de la formule (23), développer aisément

$$\mathrm{l}(\mathrm{H}^2 - \mathrm{K}^2)$$

en une série ordonnée suivant les puissances entières de l'exponentielle

$$e^{\psi\sqrt{-1}},$$

et il ne restera plus qu'à développer en séries du même genre $\mathrm{l}\theta$ et $\mathrm{l}\lambda$. Enfin, comme des deux formules

$$\lambda = \frac{\theta^2}{1 - \theta^2}, \qquad \frac{1}{2}\left(\frac{1}{\theta} - \theta\right) = \frac{\sqrt{\mathrm{H}^2 - \mathrm{K}^2}}{\mathrm{K}}$$

on tirera

$$\lambda = \frac{\frac{1}{2}\theta \mathrm{K}}{\sqrt{\mathrm{H}^2 - \mathrm{K}^2}} = \tfrac{1}{2}\theta \mathrm{k} \frac{\rho^{\frac{1}{2}} \varpi^{\frac{1}{2}}}{\sqrt{\mathrm{H}^2 - \mathrm{K}^2}},$$

on en conclura

$$\mathrm{l}\lambda = \mathrm{l}\,\tfrac{1}{2}\mathrm{k} + \mathrm{l}\theta + \tfrac{1}{2}[\mathrm{l}\rho + \mathrm{l}\varpi - \mathrm{l}(\mathrm{H}^2 - \mathrm{K}^2)],$$

et par conséquent la recherche du développement de $\mathrm{l}\lambda$ se trouvera immédiatement ramenée à la recherche du développement de $\mathrm{l}\theta$.

Donc, en résumé, dans l'application de la méthode logarithmique au développement du coefficient $\mathcal{B}_{l,n'}$, et par suite au développement du coefficient $\mathcal{A}_{n'}$, suivant les puissances entières de $e^{\psi\sqrt{-1}}$, la principale difficulté consiste à développer le logarithme népérien du module θ.

Nous allons maintenant nous occuper de résoudre le dernier problème.

§ III. — *Développement du logarithme népérien du module θ suivant les puissances entières de l'exponentielle trigonométrique dont l'argument est l'anomalie excentrique de la planète m.*

Le module θ est, comme on l'a vu dans le paragraphe précédent, déterminé par le système des deux équations

$$(1) \qquad \theta = \operatorname{tang}(\tfrac{1}{2}\arcsin\upsilon), \qquad \upsilon = \frac{\mathrm{K}}{\mathrm{H}},$$

H, K^2 étant deux fonctions entières des quantités variables $\sin\psi$, $\cos\psi$, et ces deux fonctions étant, par rapport aux quantités dont il s'agit, la première du premier degré, la seconde du second degré. Or, comme on a généralement

$$d\,\mathrm{l}\operatorname{tang}\frac{x}{2} = \frac{dx}{\sin x} \qquad \text{et} \qquad d\arcsin x = \frac{dx}{\sqrt{1 - x^2}},$$

on tirera des formules (1)

$$\mathrm{D}_\psi \mathrm{l}\theta = \frac{\mathrm{D}_\psi \upsilon}{\upsilon\sqrt{1 - \upsilon^2}}$$

et, par suite,

(2) $$D_\psi l\theta = \frac{U}{K^2\sqrt{H^2 - K^2}},$$

la valeur de U étant

(3) $$U = HKD_\psi K - K^2 D_\psi H.$$

De plus, comme la première des formules (7) du § II donne

(4) $$K^2 = k^2 \upsilon\varpi,$$

les valeurs de υ, ϖ étant fournies par les équations (12) du même paragraphe, la formule (2) pourra être réduite à

(5) $$D_\psi l\theta = \frac{1}{\upsilon\varpi\sqrt{H^2 - K^2}} \frac{U}{k^2}.$$

D'ailleurs, en vertu de la formule (3), U et $\frac{U}{k^2}$ seront deux fonctions de $\sin\psi$, $\cos\psi$, entières et du troisième degré; par conséquent deux fonctions entières, et du troisième degré, de chacune des exponentielles

$$e^{\psi\sqrt{-1}}, \quad e^{-\psi\sqrt{-1}}.$$

Donc, pour développer $D_\psi l\theta$ en une série ordonnée suivant les puissances entières de l'exponentielle $e^{\psi\sqrt{-1}}$, il suffira de développer en une semblable série le rapport

(6) $$\frac{1}{\upsilon\varpi\sqrt{H^2 - K^2}}.$$

Or on y parviendra aisément en suivant la méthode logarithmique, puisque le logarithme de ce rapport sera égal et de signe contraire à la somme

$$l\upsilon + l\varpi + \tfrac{1}{2}l(H^2 - K^2),$$

dont chaque terme pourra être facilement développé, ainsi que nous l'avons déjà reconnu, en une série ordonnée suivant les puissances entières de $e^{\psi\sqrt{-1}}$.

§ IV. — *Des développements ordonnés suivant les puissances des exponentielles trigonométriques qui ont pour arguments les anomalies moyennes de deux planètes.*

Les principes exposés dans les paragraphes précédents fournissent immédiatement le développement de la fonction perturbatrice, et spécialement de la partie de cette fonction qui est réciproquement proportionnelle à la distance $\mathfrak{r}$ de deux planètes m, m', en une série ordonnée suivant les puissances entières des exponentielles trigonométriques qui ont pour arguments les anomalies excentriques ψ, ψ' de ces deux planètes. Mais le calcul des inégalités périodiques exige que les développements soient effectués suivant les puissances entières des anomalies moyennes T, T'. Voyons comment il est possible de substituer ces dernières anomalies aux deux premières.

Nommons toujours $\mathcal{A}_{n'}$ le coefficient de l'exponentielle

$$e^{n'\psi'\sqrt{-1}},$$

dans le développement de $\frac{1}{\mathfrak{r}}$ en une série ordonnée suivant les puissances entières de $e^{\psi'\sqrt{-1}}$; $\mathcal{A}_{n'}$ se composera de diverses parties dont chacune, comme on l'a vu, pourra être facilement déterminée à l'aide de la méthode logarithmique. Soit

$$\mathrm{F}(\psi)$$

une de ces parties, considérée comme fonction de l'angle ψ; $\mathrm{F}(\psi)$ sera un produit de facteurs simples dont les logarithmes népériens seront immédiatement développables en séries ordonnées suivant les puissances entières de l'exponentielle

$$e^{\psi\sqrt{-1}},$$

et la somme des développements ainsi formés fournira précisément le développement correspondant du logarithme népérien de la fonction $\mathrm{F}(\psi)$. Concevons maintenant qu'il s'agisse de développer $\mathrm{F}(\psi)$

suivant les puissances entières, non plus de l'exponentielle

$$e^{\psi\sqrt{-1}},$$

mais de l'exponentielle

$$e^{T\sqrt{-1}},$$

et cherchons en particulier, dans ce nouveau développement, le coefficient de la puissance du degré n, c'est-à-dire le coefficient de

$$e^{nT\sqrt{-1}},$$

n désignant une quantité entière positive ou négative. Le coefficient cherché sera

$$(1)\qquad \frac{1}{2\pi}\int_{-\pi}^{\pi} F(\psi)e^{-nT\sqrt{-1}}\,dT.$$

Mais, en nommant ε l'excentricité de l'orbite décrite par la planète m, on a

$$(2)\qquad T = \psi - \varepsilon\sin\psi.$$

Donc l'expression (17) pourra être réduite à celle-ci :

$$(3)\qquad \frac{1}{2\pi}\int_{-\pi}^{\pi}(1-\varepsilon\cos\psi)F(\psi)e^{-n\psi\sqrt{-1}}e^{n\varepsilon\sin\psi\sqrt{-1}}\,d\psi.$$

Donc le coefficient

$$e^{nT\sqrt{-1}}$$

dans le développement de la fonction

$$F(\psi),$$

suivant les puissances entières de

$$e^{T\sqrt{-1}},$$

sera en même temps le coefficient de

$$e^{n\psi\sqrt{-1}}$$

dans le développement du produit

$$(4)\qquad (1-\varepsilon\cos\psi)e^{n\varepsilon\sin\psi\sqrt{-1}}F(\psi),$$

suivant les puissances entières de

$$e^{\psi\sqrt{-1}}.$$

Donc, pour obtenir ce même coefficient à l'aide de la méthode logarithmique, il suffira de développer suivant les puissances entières de $e^{\psi\sqrt{-1}}$ le logarithme népérien du produit (4) et, par conséquent, le logarithme népérien de ses divers facteurs. Or, par hypothèse, on connaît déjà le développement du logarithme népérien de la fonction $F(\psi)$, et le logarithme népérien de l'exponentielle

$$e^{n\varepsilon\sin\psi\sqrt{-1}}$$

est tout simplement

$$n\varepsilon\sin\psi\sqrt{-1} = \frac{n\varepsilon}{2}e^{\psi\sqrt{-1}} - \frac{n\varepsilon}{2}e^{-\psi\sqrt{-1}}.$$

Il ne restera donc plus à développer, suivant les puissances entières de $e^{\psi\sqrt{-1}}$, que le logarithme népérien du facteur

$$1 - \varepsilon\cos\psi.$$

On y parviendra très aisément en posant

$$(5) \qquad \eta = \operatorname{tang}(\tfrac{1}{2}\operatorname{arc}\sin\varepsilon).$$

En effet, on tirera de la formule (5)

$$\frac{1}{2}\left(\eta + \frac{1}{\eta}\right) = \frac{1}{\varepsilon},$$

par conséquent

$$(6) \qquad 1 - \varepsilon\cos\psi = \frac{\varepsilon}{2\eta}(1 - 2\eta\cos\psi + \eta^2),$$

ou, ce qui revient au même,

$$(7) \qquad 1 - \varepsilon\cos\psi = \frac{\varepsilon}{2\eta}\left(1 - \eta e^{\psi\sqrt{-1}}\right)\left(1 - \eta e^{-\psi\sqrt{-1}}\right),$$

et il est clair que le développement cherché du logarithme népérien de $1 - \varepsilon\cos\psi$ se déduira immédiatement de l'équation (7), jointe à la formule (23) du § II.

En résumé, à l'aide des formules que nous avons établies, on calculera aisément le coefficient de l'exponentielle

$$e^{nT\sqrt{-1}},$$

ou bien encore de l'exponentielle

$$e^{-nT\sqrt{-1}}$$

dans le développement de la fonction $\mathcal{A}_{n'}$. On calculera de la même manière les coefficients de la même exponentielle dans les développements des fonctions

$$\mathcal{A}_{n'-1}, \quad \mathcal{A}_{n'-2}, \quad \ldots, \quad \mathcal{A}_{n'+1}, \quad \mathcal{A}_{n'+2}, \quad \ldots;$$

et, pour déduire de ces divers coefficients celui qui leur correspond dans le développement de la fonction $A_{n'}$, il suffira d'observer que ce dernier se trouve nécessairement lié aux autres par une équation linéaire, semblable à celle qui lie entre elles les fonctions elles-mêmes, c'est-à-dire semblable à l'équation (5) de la page 253.

§ V. — *Remarque sur les formules obtenues dans les paragraphes précédents.*

Soient a, a' les demi-grands axes des orbites décrites par les astres m, m', et nommons ε, ε' les excentricités de ces mêmes orbites. Les valeurs de i, i', dans le second membre de l'équation (1) du § II, seront

$$(1) \qquad \mathrm{i} = \frac{a^2\varepsilon^2}{2}, \qquad \mathrm{i}' = \frac{a'^2\varepsilon'^2}{2}.$$

Or, ces valeurs étant généralement très petites dans la théorie des planètes, il est clair que, dans cette théorie, la valeur de ς déterminée par la formule

$$(2) \qquad \varsigma = \mathrm{i}\cos 2\psi + \mathrm{i}'\cos 2\psi'$$

est très petite elle-même, comparée à la valeur de ρ que l'on peut supposer déterminée par l'équation

$$\rho = \iota^2 - \varsigma. \tag{3}$$

Donc alors la valeur de $\frac{1}{\iota}$ déterminée par la formule

$$\frac{1}{\iota} = \rho^{-\frac{1}{2}} + \frac{1}{2}\rho^{-\frac{3}{2}}\varsigma + \frac{1.3}{2.4}\rho^{-\frac{5}{2}}\varsigma^2 + \ldots \tag{4}$$

se trouve représentée par la somme d'une série très convergente. Il n'en est plus de même lorsque m, cessant d'être une planète, devient une comète, et alors, des deux quantités i, i', la première, i, cesse d'être très petite. Mais, dans ce dernier cas, et même dans tous les cas possibles, on peut, en conservant sans altération les formules (3) et (4), substituer à l'équation (2) l'équation plus simple

$$\varsigma = i' \cos 2\psi'. \tag{5}$$

Alors toutes les formules que nous avons précédemment obtenues, et les conséquences que nous en avons déduites, continuent de subsister. Seulement les fonctions entières de $\sin\psi$, $\cos\psi$, représentées par

$$H \quad \text{et} \quad H^2 - K^2,$$

sont : la première, du second degré; la seconde, du quatrième degré; ce qui n'empêche pas ces mêmes fonctions d'être décomposables en facteurs linéaires. Cette remarque très simple permet évidemment d'appliquer la méthode logarithmique au calcul des inégalités périodiques qu'éprouvent les mouvements, non seulement des grandes et des petites planètes, mais encore les mouvements des comètes elles-mêmes.

260.

Analyse mathématique. — *Note sur l'application de la méthode logarithmique au développement des fonctions en séries, et sur les avantages que présente, dans cette application, la détermination numérique des coefficients effectuée à l'aide d'approximations successives.*

C. R., T. XIX, p. 699 (7 octobre 1844).

Dans de précédents Mémoires, j'ai fait voir avec quelle facilité la méthode logarithmique s'appliquait au développement des fonctions en séries, et, en particulier, dans les problèmes astronomiques, au développement de la fonction perturbatrice. Il convient d'abréger et de simplifier, autant que possible, les calculs résultant de ces applications. Or j'ai reconnu que l'on parvenait effectivement à rendre ces calculs plus simples et plus concis, en déterminant par la méthode logarithmique les valeurs numériques des coefficients dans deux ou plusieurs approximations successives. Entrons, à ce sujet, dans quelques détails.

Concevons qu'il s'agisse d'évaluer numériquement le coefficient d'une certaine puissance positive ou négative d'une exponentielle trigonométrique, dans le développement d'une fonction ordonnée suivant les puissances entières de cette exponentielle. Souvent, d'après la nature même du problème qui exige cette évaluation, on saura quel est l'ordre de décimales auquel on doit s'arrêter dans la valeur numérique cherchée. Ainsi, en particulier, si cette valeur numérique doit représenter, en Astronomie, le maximum d'une certaine perturbation du moyen mouvement d'une planète, on saura quel est l'ordre de décimales auquel on doit s'arrêter pour que l'erreur commise ne dépasse pas une limite déterminée, par exemple une seconde sexagésimale. Mais on ne saura pas *a priori* de quel ordre sera le chiffre le plus élevé de la valeur numérique cherchée. A la vérité, on pourra facilement obtenir une limite supérieure à cette valeur numérique ou au nombre des chiffres significatifs à l'aide desquels elle devra être exprimée. Mais il importe de connaître exactement le nombre même de ces chiffres; en d'autres termes, il importe de savoir si le rapport de la valeur numérique cherchée à l'unité décimale de l'ordre auquel on doit s'arrêter reste compris entre 1 et 10, ou entre 10 et 100, ou entre 100 et 1000, ... En effet, sans cette connaissance, on se trouvera exposé, par exemple, à conserver partout dans les calculs cinq ou six chiffres significatifs, tandis que deux ou trois suffiraient pour atteindre le degré d'approximation désiré, et l'on verrait ainsi le temps employé par le calculateur croître dans une proportion effrayante. On évitera cet inconvénient, si l'on détermine la valeur numérique cherchée à l'aide de deux ou de plusieurs approximations successives. Pour fixer les idées, on pourra déduire successivement de la méthode logarithmique une valeur du coefficient demandé, qui soit approchée à quelques centièmes près, puis une valeur qui soit exacte jusqu'au chiffre décimal de l'ordre auquel on doit s'arrêter.

Ce qu'il importe surtout de remarquer, c'est que les deux approximations successives, loin de présenter deux opérations distinctes et indépendantes l'une de l'autre, peuvent être liées entre elles de telle sorte que la première rende la seconde beaucoup plus facile à effectuer. En effet, considérons les deux facteurs variables qui, multipliés l'un par l'autre et par une certaine constante, doivent reproduire une fonction dont le logarithme est développé suivant les puissances entières, positives et négatives d'une même exponentielle trigonométrique. Il suffira, pour simplifier notablement la seconde opération, de considérer chaque facteur variable comme équivalent à sa valeur approchée multipliée par un nouveau facteur. D'ailleurs, pour obtenir le logarithme développé de ce nouveau facteur, il suffira de retrancher du logarithme du premier le logarithme de la valeur approchée, ou plutôt son développement, dont les coefficients se détermineront, avec toute l'exactitude que l'on recherche, à l'aide des équations linéaires employées dans les applications de la méthode logarithmique.

Au reste, on ne s'étonnera pas de voir des approximations successives rendre plus facile le développement des fonctions en séries, si l'on songe que c'est précisément sur un système d'approximations effectuées l'une après l'autre, que reposent, non seulement la division arithmétique et l'extraction des racines, mais encore la méthode de Newton pour la résolution des équations numériques.

261.

ANALYSE MATHÉMATIQUE. — *Note sur les propriétés de certaines factorielles et sur la décomposition des fonctions en facteurs.*

C. R., T. XIX, p. 1069 (18 novembre 1844).

Les factorielles que j'ai nommées *géométriques* sont celles que l'on obtient quand on multiplie les uns par les autres des binômes dont les premiers termes sont tous égaux entre eux, tandis que les seconds termes forment une progression géométrique. Lorsque l'on prend pour raison de la progression géométrique une certaine variable x, la factorielle géométrique devient une fonction de x; et si, le premier terme de chaque binôme étant réduit à l'unité, le nombre des facteurs devient infini, alors, pour que la factorielle conserve une valeur finie et déterminée, il sera généralement nécessaire que le module de x devienne inférieur à l'unité.

Au reste, la factorielle géométrique, telle que je l'ai définie, se trouve comprise, comme cas particulier, dans une classe très nombreuse de factorielles dont on peut obtenir l'une quelconque, en substituant aux termes de la progression géométrique les termes correspondants d'une série ordonnée suivant les puissances ascendantes de la variable x. Il est d'ailleurs facile de s'assurer que les valeurs de x, qui rendent la série convergente, sont aussi généralement celles qui rendent convergente la factorielle elle-même, de manière à fournir une valeur finie et déterminée de cette factorielle.

On peut se demander quelles valeurs doivent acquérir les coefficients numériques de la série, pour que la factorielle représente une fonction donnée. Diverses méthodes sont applicables à la solution de ce dernier problème. On peut effectivement le résoudre, soit à l'aide de la division algébrique, soit en recourant à la méthode des coefficients indéterminés, soit à l'aide des logarithmes.

Je me propose, dans un autre article, de rechercher *a priori* quelles sont les valeurs de la variable x qui permettent de transformer une fonction donnée de cette variable en factorielles convergentes de l'espèce de celle que je viens d'indiquer.

Je montrerai d'ailleurs quels sont les avantages que l'on peut retirer de la considération des factorielles pour simplifier les applications de la méthode logarithmique, spécialement dans les problèmes d'Astronomie.

ANALYSE.

Désignons par x une variable réelle ou imaginaire dont le module soit r. Les divers termes d'une série ordonnée suivant les puissances entières et positives de x seront de la forme

$$a_0, \quad a_1 x, \quad a_2 x^2, \quad a_3 x^3, \quad \ldots. \tag{1}$$

Si d'ailleurs on nomme ρ_n le module de a_n, et k la plus grande des limites vers lesquelles converge, pour des valeurs croissantes de n, la valeur de l'expression

$$(\rho_n)^{\frac{1}{n}},$$

le produit kr sera le module de la série (1), qui restera convergente pour tout module de x inférieur à $\frac{1}{k}$. Faisons maintenant

$$P = (1 + a_0)(1 + a_1 x)(1 + a_2 x^2)(1 + a_3 x^3)\ldots \tag{2}$$

et

$$P_n = (1 + a_n x^n)(1 + a_{n+1} x^{n+1})\ldots, \tag{3}$$

n désignant un nombre entier qui pourra être supposé très considérable. Pour que la *factorielle* représentée par la lettre P conserve une valeur finie et déterminée, il sera nécessaire et il suffira que la factorielle P_n conserve elle-même une valeur finie et déterminée. Pour que cette dernière condition se trouve remplie, il sera nécessaire, non seulement que le produit

$$a_n x^n$$

diffère peu de zéro pour de grandes valeurs de n, mais encore que la série

$$(4)\qquad 1(1 + a_n x^n),\quad 1(1 + a_{n+1} x^{n+1}),\quad \ldots$$

reste convergente, la lettre caractéristique l indiquant un logarithme népérien. Or, le module de la série (4) se réduisant au produit kr, aussi bien que le module de la série (1), on en conclura que la série (4), et par suite les factorielles (2) et (3), seront convergentes ou divergentes, suivant que le module r de x sera inférieur ou supérieur à $\frac{1}{k}$.

Les valeurs des coefficients a_1, a_2, a_3, ..., que renferme le second membre de la formule (2), déterminent la nature de la fonction P. Supposons maintenant que cette fonction soit donnée *a priori* et qu'elle ait été développée en une série convergente ordonnée suivant les puissances ascendantes de x, en sorte qu'on ait

$$(5)\qquad P = A_0 + A_1 x + A_2 x^2 + \ldots.$$

On pourra chercher à déduire des coefficients A_0, A_1, A_2, ... les coefficients a_0, a_1, a_2, ... On y parviendra sans peine en partant de l'équation

$$(6)\qquad A_0 + A_1 x + A_2 x^2 + \ldots = (1 + a_0)(1 + a_1 x)(1 + a_2 x^2)\ldots,$$

qui doit être vérifiée tant que les deux membres restent convergents. Or on trouvera d'abord, en posant $x = 0$,

$$A_0 = 1 + a_0,$$

et, par suite, on aura

$$(7) \quad \begin{cases} 1 + \dfrac{A_1}{A_0}x + \dfrac{A_2}{A_0}x^2 + \ldots = (1 + a_1 x)(1 + a_2 x^2)(1 + a_3 x^3) + \ldots \\ \qquad = 1 + a_1 x + a_2 x^2 + (a_3 + a_1 a_2)x^3 + \ldots; \end{cases}$$

puis on en conclura

$$(8) \qquad a_1 = \frac{A_1}{A_0}, \qquad a_2 = \frac{A_2}{A_0}, \qquad a_3 + a_2 a_1 = \frac{A_3}{A_0}, \qquad \ldots$$

Ces dernières équations fourniront le moyen de déterminer successivement les valeurs de a_1, a_2, a_3, ... On pourrait aussi, après avoir déterminé a_1 par la première des équations (8), diviser par $1 + a_1 x$ le polynôme

$$1 + \frac{A_1}{A_0}x + \frac{A_2}{A_0}x^2 + \ldots,$$

ordonné suivant les puissances ascendantes de x, puis égaler ce quotient au produit

$$(1 + a_2 x^2)(1 + a_3 x^3) + \ldots = 1 + a_2 x^2 + a_3 x^3 + \ldots$$

et déterminer ainsi la valeur de a_2. On pourrait encore, après avoir trouvé le coefficient a_2, appliquer à la recherche du coefficient a_3 une nouvelle division algébrique, en prenant pour diviseur le binôme $1 + a_2 x^2$, ... Enfin il est clair que, si l'on suppose le logarithme népérien lP développé en série, en sorte qu'on ait

$$(9) \qquad \qquad lP = B_0 + B_1 x + B_2 x^2 + \ldots,$$

on pourra déduire a_1, a_2, a_3, ... de l'équation

$$(10) \quad \begin{cases} B_0 + B_1 x + B_2 x^2 + \ldots \\ \quad = l(1 + a_0) + l(1 + a_1 x) + l(1 + a_2 x^2) + \ldots \\ \quad = l(1 + a_0) + a_1 x + \left(a_2 - \dfrac{1}{2}a_1^2\right)x^2 \\ \qquad\qquad + \left(a_3 + \dfrac{1}{3}a_1^3\right)x^3 + \left(a_4 - \dfrac{1}{2}a_2^2\right)x^4 + \ldots. \end{cases}$$

En effet, l'équation (10) entraîne les suivantes

$$(11)\quad \begin{cases} l(1+a_0)=B_0, \\ a_1=B_1, \quad a_2-\frac{1}{2}a_1^2=B_2, \quad a_3+\frac{1}{3}a_1^3=B_3, \quad a_4-\frac{1}{2}a_2^2=B_4, \quad \ldots, \end{cases}$$

desquelles on tirera successivement les valeurs de a_1, a_2, a_3, ...

262.

Analyse mathématique. — *Sur un nouveau genre de développement des fonctions, qui permettra d'abréger notablement les calculs astronomiques.*

C. R., T. XIX, p. 1123 (25 novembre 1844).

On sait quels services ont rendus à la science du calcul la série de Taylor et la série de Lagrange. J'ai l'honneur de présenter aujourd'hui aux géomètres une nouvelle série qui me semble pouvoir elle-même contribuer aux progrès de l'Analyse. Je vais essayer d'en donner ici une idée en peu de mots, et indiquer de quelle manière j'ai été conduit à la formule générale qui est l'objet du présent Mémoire.

On connaît le développement de la fonction perturbatrice, relative au système de deux planètes, en une série ordonnée suivant les puissances entières de l'exponentielle trigonométrique qui a pour argument leur distance apparente vue du centre du Soleil. On sait d'ailleurs que, dans ce développement, le coefficient d'un terme d'un rang très élevé peut être représenté approximativement par une expression très simple, et rigoureusement par une série dont cette expression est le premier terme. J'ai reconnu que l'expression dont il s'agit est comprise, comme cas très particulier, dans une formule qui offre aussi le premier terme d'une série générale, dont l'usage paraît devoir rendre plus facile la solution d'un grand nombre de problèmes.

Concevons, par exemple, qu'il s'agisse de développer une fonction en une série ordonnée suivant les puissances entières d'une certaine exponentielle trigonométrique, et de calculer le coefficient d'une puissance d'un degré très élevé. Je prouve qu'il sera généralement très facile d'obtenir une valeur approchée ou même exacte de ce coefficient, si la fonction a été décomposée en deux facteurs, dont un seul fournisse pour les termes de ce degré ou d'un degré plus élevé des valeurs sensibles. Or ce cas est précisément celui qui se rencontre en Astronomie; et par suite, aux formules que j'ai déjà données pour la détermination des mouvements planétaires, il me paraît très utile de joindre encore celles que renferme le Mémoire ci-annexé.

Au reste, la nouvelle formule générale peut être appliquée à la détermination d'un terme quelconque d'une fonction quelconque, décomposée en deux facteurs.

Ce qui paraît digne d'attention, c'est que la série générale à laquelle je suis parvenu est une *série simple* dont les divers termes sont proportionnels, non plus, comme dans la série de Taylor, aux dérivées successives d'une même fonction, ni, comme dans la série de Lagrange, aux dérivées des puissances entières d'une fonction donnée, mais à diverses fonctions dont chacune est le produit de la variable par la dérivée de la fonction précédente. Quant aux coefficients numériques, ils offrent des valeurs qui dépendent du rang du terme que l'on considère et du premier des deux facteurs de la fonction donnée.

Dans de prochains Mémoires, je donnerai des applications numériques de mes nouvelles formules à la théorie des mouvements des planètes et des comètes elles-mêmes.

Analyse.

§ I. — *Recherche et démonstration de la nouvelle formule.*

Nommons $F(x)$ une fonction donnée de la variable x, et concevons que le développement de cette fonction en série ordonnée suivant les puissances entières positives, nulle et négatives de x, soit, pour des valeurs de x comprises entre certaines limites, celui que détermine la formule

$$(1)\qquad F(x) = A_0 + A_1 x + A_2 x^2 + \ldots + A_{-1} x^{-1} + A_{-2} x^{-2} + \ldots.$$

En d'autres termes, concevons que, pour des valeurs entières positives ou négatives de n, le coefficient x^n, dans le développement dont il s'agit, soit représenté par A_n. Supposons d'ailleurs la fonction $F(x)$ décomposée en deux facteurs; représentons l'un de ces facteurs par $f(x)$, l'autre par $\varphi(\theta x)$, θ désignant une constante qui pourra se réduire à l'unité, en sorte qu'on ait

$$(2)\qquad F(x) = \varphi(\theta x)\, f(x),$$

et posons encore

$$(3)\qquad f(x) = a_0 + a_1 x + a_2 x^2 + \ldots + a_{-1} x^{-1} + a_{-2} x^{-2} + \ldots,$$

$$(4)\qquad \varphi(x) = k_0 + k_1 x + k_2 x^2 + \ldots + k_{-1} x^{-1} + k_{-2} x^{-2} + \ldots.$$

On tirera de la formule (4), du moins pour des modules de θ qui ne s'écarteront pas de l'unité au delà d'une certaine limite,

$$(5)\qquad \varphi(\theta x) = k_0 + k_1 \theta x + k_2 \theta^2 x^2 + \ldots + k_{-1} \theta^{-1} x^{-1} + k_{-2} \theta^{-2} x^{-2} + \ldots.$$

Or, si l'on substitue, dans la formule (2), les valeurs de

$$F(x),\quad f(x),\quad \varphi(\theta x),$$

tirées des formules (1), (3), (5), les coefficients des puissances semblables de x, dans les deux membres, devront être égaux entre eux, et, par suite, on aura

$$(6)\qquad A_n = a_0 k_n \theta^n + a_1 k_{n-1} \theta^{n-1} + \ldots + a_{-1} k_{n+1} \theta^{n+1} + \ldots.$$

Ajoutons que, dans cette dernière formule,

$$A_n,\quad a_n \quad \text{et} \quad k_n$$

pourront être considérés comme des fonctions de n, dont les valeurs seront exprimées par des intégrales définies connues. On aura, par exemple,

$$(7)\qquad A_n = \frac{1}{2\pi}\int_{-\pi}^{\pi} e^{-np\sqrt{-1}}\,F\left(e^{p\sqrt{-1}}\right) dp,$$

$$(8)\qquad k_n = \frac{1}{2\pi}\int_{-\pi}^{\pi} e^{-np\sqrt{-1}}\,\varphi\left(e^{p\sqrt{-1}}\right) dp.$$

Si, dans l'équation (8), on remplace n par $n+m$, on en conclura

$$(9)\qquad k_{n+m} = \frac{1}{2\pi}\int_{-\pi}^{\pi} e^{-mp\sqrt{-1}}\,e^{-np\sqrt{-1}}\,\varphi\left(e^{p\sqrt{-1}}\right) dp.$$

D'ailleurs, l'expression $e^{-mp\sqrt{-1}}$ sera, pour toutes les valeurs de p, développable en une série convergente; et, si l'on substitue le développement de cette expression, savoir,

$$e^{-mp\sqrt{-1}} = 1 + m(-p\sqrt{-1}) + \frac{m^2}{1.2}(-p\sqrt{-1})^2 + \ldots,$$

dans le second membre de l'équation (9), on en tirera

$$(10)\qquad k_{n+m} = k_n + m\,k_{n,1} + m^2 k_{n,2} + \ldots,$$

la valeur de $k_{n,m}$ étant généralement déterminée par la formule

$$(11)\qquad k_{n,m} = \frac{1}{2\pi}\int_{-\pi}^{\pi} \frac{(-p\sqrt{-1})^m}{1.2\ldots m}\,e^{-np\sqrt{-1}}\,\varphi\left(e^{p\sqrt{-1}}\right) dp,$$

que l'on peut réduire à

$$(12)\qquad k_{n,m} = \frac{D_n^m k_n}{1.2.3\ldots m}.$$

Cela posé, la valeur de k_{n+m} fournie par l'équation (10) se réduira simplement à la suivante

$$(13)\qquad k_{n+m} = k_n + \frac{m}{1}D_n k_n + \frac{m^2}{1.2}D_n^2 k_n + \ldots,$$

c'est-à-dire à celle que donne la formule de Taylor.

Observons maintenant que la formule (3) peut s'écrire comme il suit

(14) $$f(x) = \Sigma a_m x^m,$$

la somme qu'indique le signe Σ s'étendant à toutes les valeurs entières, positives, nulle et négatives de m. Sous la même condition, l'équation (6) peut être réduite à

(15) $$A_n = \Sigma a_m k_{n-m} \theta^{n-m};$$

et de cette dernière formule, combinée avec l'équation (10), qui continue de subsister quand on y remplace m par $-m$, on tire immédiatement

(16) $$A_m = \theta^n (k_n \Sigma a_m \theta^{-m} - k_{n,1} \Sigma m a_m \theta^{-m} + k_{n,2} \Sigma m^2 a_m \theta^{-m} - \ldots).$$

Donc, si l'on pose, pour abréger,

(17) $$f_1(x) = \Sigma m a_m x^m, \qquad f_2(x) = \Sigma m^2 a_m x^m, \qquad \ldots,$$

et si d'ailleurs on a égard à la formule (14), on trouvera définitivement

(18) $$A_n = \theta^n [k_n f(\theta^{-1}) - k_{n,1} f_1(\theta^{-1}) + k_{n,2} f_2(\theta^{-1}) - \ldots]$$

ou, ce qui revient au même, en vertu de l'équation (22),

(19) $$A_n = \theta^n \left[k_n f(\theta^{-1}) - \frac{D_n k_n}{1} f_1(\theta^{-1}) + \frac{D_n^2 k_n}{1.2} f_2(\theta^{-1}) - \ldots \right].$$

Telle est la formule très simple et très générale par laquelle on peut tirer de k_n, considéré comme fonction de n, la valeur de A_n. Il est d'ailleurs important d'observer que, dans cette même formule, les diverses fonctions $f_1(x)$, $f_2(x)$, ... peuvent aisément se déduire les unes des autres et de la fonction donnée $f(x)$. En effet, comme on tire de l'équation (14)

$$D_x f(x) = \Sigma m a_m x^{m-1},$$

la première des formules (17) donnera évidemment

(20) $$f_1(x) = x D_x f(x),$$

et l'on trouvera de même

$$(21)\quad \begin{cases} f_2(x) = x D_x f_1(x), \\ f_3(x) = x D_x f_2(x), \\ \ldots\ldots\ldots\ldots\ldots\ldots \end{cases}$$

Ainsi, la suite

$$f(x), \quad f_1(x), \quad f_2(x), \quad \ldots$$

est composée de fonctions dont chacune est le produit auquel on parvient quand, après avoir différentié, par rapport à la variable x, la fonction précédente, on multiplie la dérivée ainsi obtenue par cette variable même.

§ II. — *Applications diverses de la nouvelle formule.*

Continuons de nous servir des notations employées dans le premier paragraphe, et, pour montrer une application de la nouvelle formule, supposons

$$(1)\quad \varphi(x) = (1 - x)^{-s},$$

s désignant une constante réelle ou imaginaire. En développant $\varphi(x)$ en série ordonnée suivant les puissances entières de x, et posant, pour abréger,

$$(2)\quad [s]_n = \frac{s(s+1)\ldots(s+n-1)}{1.2\ldots n}$$

ou, ce qui revient au même,

$$(3)\quad [s]_n = \frac{\Gamma(n+s)}{\Gamma(n+1)\Gamma(s)},$$

on reconnaîtra que le coefficient de x^n se réduit, pour une valeur négative de x, à zéro, et, pour une valeur nulle ou positive de x, à $[s]_n$. Donc, en nommant k_n ce coefficient, on aura

$$(4)\quad \begin{cases} k_n = 0 \qquad \text{pour } n < 0 \\ \text{et} \\ k_n = \dfrac{\Gamma(n+s)}{\Gamma(n+1)\Gamma(s)} \qquad \text{pour } n \geqq 0. \end{cases}$$

Par suite, la valeur générale de k_n, et celle que l'on devra substituer dans le second membre de la nouvelle formule, sera

$$(5)\qquad k_n = \frac{1}{2\pi}\int_{-\infty}^{\infty}\int_0^{\infty} e^{\alpha(n-\mu)\sqrt{-1}}\frac{\Gamma(\mu+s)}{\Gamma(s)\Gamma(\mu+1)}d\mu\, d\alpha.$$

On commettrait le plus souvent une erreur si, à la place de la formule (5), on employait, pour une valeur quelconque de n, la seconde des formules (4). Toutefois cette erreur peut devenir insensible, ou même rigoureusement nulle, dans certains cas qu'il importe d'examiner.

Supposons d'abord que le développement de $f(x)$ renferme seulement les puissances négatives de x, et que l'on cherche la valeur de A_n correspondante à une valeur positive de n; alors, les coefficients a_1, a_2, ... étant réduits à zéro, l'équation (6) du § I se réduira simplement à la suivante

$$A_n = a_0 k_n \theta^n + a_{-1} k_{n+1}\theta^{n+1} + a_{-2} k_{n+2}\theta^{n+2} + \ldots,$$

dans laquelle les coefficients

$$k_n, \quad k_{n+1}, \quad k_{n+2}, \quad \ldots$$

se détermineront tous à l'aide de la seconde des formules (4). Donc alors on pourra, dans le second membre de la formule (20) du § I, supposer généralement

$$(6)\qquad k_n = \frac{\Gamma(n+s)}{\Gamma(n+1)\Gamma(s)}.$$

Cela posé, il sera facile d'obtenir successivement les valeurs de

$$D_n k_n, \quad D_n^2 k_n, \quad \ldots,$$

et d'abord on conclura de l'équation (6)

$$(7)\qquad l k_n = l\Gamma(n+s) - l\Gamma(n+1) - l\Gamma(s).$$

D'autre part, on a généralement, pour des valeurs positives de la variable x,

$$D_x l\Gamma(x) = -0{,}57721566\ldots + \int_0^1 \frac{1-t^{x-1}}{1-t}dt.$$

Donc, en supposant n et $n+s$ positifs, et faisant, pour abréger, non seulement

$$(8)\qquad \mathfrak{N} = \int_0^1 \frac{1-t^{s-1}}{1-t}\, t^n\, dt,$$

mais encore

$$(9)\qquad \mathfrak{N}_m = \mathrm{D}_n^m \mathfrak{N}$$

ou, ce qui revient au même,

$$(10)\qquad \mathfrak{N}_m = \int_0^1 \frac{1-t^{s-1}}{1-t}\, t^n (\mathrm{l}t)^m\, dt,$$

on tirera successivement de la formule (7)

$$(11)\qquad \begin{cases} \mathrm{D}_n \mathrm{k}_n = \mathfrak{N}\mathrm{k}_n, \\ \mathrm{D}_n^2 \mathrm{k}_n = (\mathfrak{N}^2 + \mathfrak{N}_1)\mathrm{k}_n, \\ \dots\dots\dots\dots\dots\dots \end{cases}$$

D'ailleurs, on pourra facilement calculer les valeurs de $\mathfrak{N}$ et de $\mathfrak{N}_m$; car, en développant $\frac{1}{1-t}$ en série, on tire des formules (8), (9)

$$(12)\qquad \begin{cases} \mathfrak{N} = \left(\dfrac{1}{n+1} - \dfrac{1}{n+s}\right) + \left(\dfrac{1}{n+2} - \dfrac{1}{n+s+1}\right) + \dots \\ \quad = (s-1)\left[\dfrac{1}{(n+1)(n+s)} + \dfrac{1}{(n+2)(n+s+1)} + \dots\right] \end{cases}$$

et

$$(13)\qquad \mathfrak{N}_m = (-1)^m\, 1.2\dots m \left\{\left[\frac{1}{(n+1)^m} - \frac{1}{(n+s)^m}\right] + \dots\right\}.$$

Ajoutons que, pour obtenir la valeur de $\mathfrak{N}_m$ exprimée à l'aide d'une série très convergente, lorsque n est un très grand nombre, il suffit d'appliquer l'intégration par parties au développement de l'intégrale

$$\int_0^1 \frac{1-t^{s-1}}{1-t}\, t^n (\mathrm{l}t)^m\, dt,$$

en faisant porter les différentiations successives sur le seul facteur

$\frac{1 - t^{s-1}}{1 - t}$. On trouvera ainsi

$$(14)\quad \mathfrak{N} = \frac{s-1}{n+1} - \frac{1}{1.2}\frac{(s-1)(s-2)}{(n+1)(n+2)} + \frac{2}{1.2.3}\frac{(s-1)(s-2)(s-3)}{(n+1)(n+2)(n+3)} - \ldots;$$

puis on en conclura

$$(15)\quad \mathfrak{N}_1 = -\frac{s-1}{n+1}\frac{1}{n+1} - \frac{1}{1.2}\frac{(s-1)(s-2)}{(n+1)(n+2)}\left(\frac{1}{n+1} + \frac{1}{n+2}\right) - \ldots.$$

Donc, si, la valeur de n étant très considérable, le nombre $\frac{1}{n}$ est considéré comme une quantité très petite du premier ordre, les quantités $\mathfrak{N}$, $\mathfrak{N}_1$, $\mathfrak{N}_2$, ... seront elles-mêmes très petites, la première étant du premier ordre, la seconde du second, etc., et $\mathfrak{N}_m$ étant généralement de l'ordre $m + 1$.

Dans le cas particulier où l'on pose $s = 1$, les formules (6), (8) donnent

$$k_n = 1, \qquad \mathfrak{N} = 0,$$

et, par suite, l'équation (19) du § I se réduit à la formule connue

$$(16)\qquad \frac{1}{2\pi}\int_{-\pi}^{\pi} \frac{f(x)}{1 - \theta x}\,dx = f\left(\frac{1}{\theta}\right),$$

qui subsistera effectivement si la fonction $f(x)$ est développable en série ordonnée suivant les puissances entières, mais négatives de la variable x.

Si le développement de $f(x)$ renferme, non seulement des puissances négatives, mais encore des puissances positives de x, ou si le nombre n devient négatif, on ne pourra plus, sans erreur, substituer la seconde des formules (4) à la formule (5). Observons toutefois que l'erreur produite par cette substitution deviendra très petite, si le nombre n, étant positif, devient assez considérable pour que les termes affectés des coefficients a_n, a_{n+1}, ... puissent être négligés dans le développement de $f(x)$. Ce nombre n devenant de plus en plus grand, la valeur de A_n, que détermine la formule (19) du § I, finira par se réduire sensiblement à celle qu'on obtient lorsque la série comprise dans le second membre est réduite à son premier terme. Donc, pour de très grandes valeurs de n, cette formule, jointe à l'équation (7) du même paragraphe, donnera sensiblement

$$(17) \qquad A_n = \mathrm{k}_n \theta^n \mathrm{f}(\theta^{-1})$$

ou, ce qui revient au même, dans le cas présent,

$$(18) \qquad \frac{1}{2\pi}\int_{-\pi}^{\pi} \frac{\mathrm{f}(e^{p\sqrt{-1}})}{(1-\theta x)^{-s}} e^{-np\sqrt{-1}}\,dp = [s]_n \theta^n \mathrm{f}(\theta^{-1}).$$

Si l'on suppose, en particulier, $\mathrm{f}(x) = \left(1 - \frac{\theta}{x}\right)^{-s}$, on se trouvera immédiatement ramené à une formule connue, et l'équation (18) donnera sensiblement, pour de grandes valeurs de n,

$$(19) \qquad \frac{1}{2\pi}\int_{-\pi}^{\pi} \frac{\cos np}{(1-2\theta\cos p + \theta^2)^s}\,dp = [s]_n \frac{\theta^n}{(1-\theta^2)^s}.$$

Au reste, la formule (17) n'est pas seulement applicable au cas où l'on prend $\mathrm{f}(x) = (1-\theta x)^{-s}$: elle fournit généralement la valeur très approchée de A_n correspondante à de très grandes valeurs de n, dans une infinité de cas; et, pour que cette formule subsiste sans erreur sensible, il suffit d'attribuer à la fonction $\varphi(x)$ une forme telle que, pour de très grandes valeurs de n, le rapport $\frac{a_{n+1}}{a_n}$ se réduise sensiblement à l'unité.

263.

Analyse mathématique. — *Mémoire sur quelques formules relatives aux différences finies.*

C. R., T. XIX, p. 1183 (2 décembre 1844).

Les équations symboliques offrent un moyen facile d'obtenir un grand nombre de formules relatives au calcul des différences finies et de développer les fonctions en séries. Lorsque les développements ainsi obtenus se trouvent composés d'un nombre fini de termes, le théorème fondamental, relatif à la multiplication des lettres caractéristiques, suffit ordinairement pour prouver que ces développements représentent les fonctions elles-mêmes. Mais, lorsque les développements s'étendent à l'infini, les formules obtenues, comme je l'ai dit ailleurs, ne se trouvent plus établies que par induction, et ne subsistent plus que sous certaines conditions déterminées. Or ces conditions se réduisent, dans un grand nombre de cas, à celles qui expriment que les séries demeurent convergentes. C'est ce que l'on peut démontrer en particulier, comme on le verra dans le présent Mémoire, à l'égard de quelques formules remarquables, dont l'une a été donnée par Maclaurin, et sert à développer une intégrale aux différences finies en une série dont le premier terme est une intégrale aux différences infiniment petites.

Analyse.

§ I. — *Considérations générales.*

Soient $\mathrm{f}(x)$ une fonction donnée de la variable x, et

$$\Delta x = h$$

la différence finie de cette variable. L'équation

$$\mathrm{f}(x+h) = \mathrm{f}(x) + \Delta\,\mathrm{f}(x)$$

pourra être présentée sous la forme symbolique

$$\mathrm{f}(x+h) = (1+\Delta)\,\mathrm{f}(x), \tag{1}$$

et l'on tirera de cette dernière formule

$$\mathrm{f}(x+mh) = (1+\Delta)^m\,\mathrm{f}(x), \tag{2}$$

m étant un nombre entier quelconque. D'ailleurs, si l'on représente par la lettre Δ, non plus une caractéristique, mais une véritable quantité, on aura identiquement

$$(3)\qquad (1+\Delta)^m = 1 + \frac{m}{1}\Delta + \frac{m(m-1)}{1.2}\Delta^2 + \ldots,$$

$$(4)\qquad 1 = (1+\Delta-\Delta)^m = (1+\Delta)^m - \frac{m}{1}\Delta(1+\Delta)^{m-1} + \frac{m(m-1)}{1.2}\Delta^2(1+\Delta)^{m-2} - \ldots;$$

et, suivant un *théorème fondamental* facile à établir, *les règles relatives à la multiplication des lettres caractéristiques ne diffèrent pas des règles relatives à la multiplication des quantités*. Donc les formules (3), (4) continueront de subsister si Δ, au lieu de représenter une quantité, est une lettre caractéristique et indique une différence finie; de sorte qu'on aura encore

$$(5)\qquad (1+\Delta)^m f(x) = \left[1 + \frac{m}{1}\Delta + \frac{m(m-1)}{1.2}\Delta^2 + \ldots\right] f(x)$$

et

$$(6)\qquad f(x) = \left[(1+\Delta)^m - \frac{m}{1}\Delta(1+\Delta)^{m-1} + \frac{m(m-1)}{1.2}\Delta^2(1+\Delta)^{m-2} - \ldots\right] f(x),$$

ou, ce qui revient au même,

$$(7)\qquad f(x+mh) = f(x) + \frac{m}{1}\Delta f(x) + \frac{m(m-1)}{1.2}\Delta^2 f(x) + \ldots,$$

$$(8)\qquad \begin{cases} f(x) = f(x+mh) - \dfrac{m}{1}\Delta f(x + \overline{m-1}\,h) \\ \qquad + \dfrac{m(m-1)}{1.2}\Delta^2 f(x + \overline{m-2}\,h) - \ldots. \end{cases}$$

Ajoutons que, si l'on remplace x par $x - mh$ dans la formule (8), on en tirera

$$(9)\qquad f(x-mh) = f(x) - \frac{m}{1}\Delta f(x-h) + \frac{m(m-1)}{1.2}\Delta^2 f(x-2h) - \ldots.$$

Ainsi, le théorème fondamental, relatif à la multiplication des lettres caractéristiques, fournit immédiatement les formules (7), (8), (9), qui coïncident avec celles qu'on obtient lorsqu'on développe suivant les puissances ascendantes de Δ les binômes

$$(1+\Delta)^m,\quad (1+\Delta-\Delta)^m,\quad \left(1 - \frac{\Delta}{1+\Delta}\right)^m$$

dans les seconds membres des équations symboliques

$$f(x+mh) = (1+\Delta)^m f(x),$$

$$f(x) = (\overline{1+\Delta} - \Delta)^m f(x),$$

$$f(x-mh) = \left(1 - \frac{\Delta}{1+\Delta}\right)^m f(x),$$

dont la dernière peut être réduite à

$$f(x-mh) = (1+\Delta)^{-m} f(x).$$

Remarquons d'ailleurs que celle-ci est précisément celle en laquelle se transforme l'équation (2), quand on remplace m par $-m$.

On pourrait encore, du théorème fondamental que nous venons de rappeler, déduire un grand nombre de formules déjà connues pour la plupart, et, en particulier, la suivante

$$\Delta^m[\varphi(x)\chi(x)] = \Delta^m \varphi(x) + \frac{m}{1}\Delta\chi(x)\Delta^{m-1}\varphi(x+h) + \frac{m(m-1)}{1.2}\Delta^2\chi(x)\Delta^{m-2}\varphi(x+2h) + \ldots,$$

qui, lorsqu'on passe des différences finies aux différences infiniment petites, reproduit l'équation

$$D^m(uv) = u\, D^m v + \frac{m}{1} Du\, D^{m-1} v + \frac{m(m-1)}{1.2} D^2 u\, D^{m-2} v + \ldots.$$

Concevons maintenant que, dans les formules (7), (8), (9), m devienne négatif; ou, ce qui revient au même, concevons que l'on remplace dans ces formules m par $-m$. Alors les formules (7) et (9) deviendront

$$(10)\quad f(x-mh) = f(x) - \frac{m}{1}\Delta f(x) + \frac{m(m+1)}{1.2}\Delta^2 f(x) - \ldots,$$

$$(11)\quad f(x+mh) = f(x) + \frac{m}{1}\Delta f(x-h) + \frac{m(m+1)}{1.2}\Delta^2 f(x-2h) + \ldots;$$

et les séries comprises dans leurs seconds membres seront, pour des valeurs positives de m, composées d'un nombre infini de termes.

Ainsi, par exemple, pour $m = 1$, la formule (11) donnera

$$\mathrm{f}(x-h) = \mathrm{f}(x) - \Delta\,\mathrm{f}(x) + \Delta^2\,\mathrm{f}(x) - \Delta^3\,\mathrm{f}(x) + \ldots. \tag{12}$$

Cela posé, les formules (10) et (11) ne pourront évidemment subsister qu'autant que les séries comprises dans leurs seconds membres seront convergentes. J'ajoute que, sous cette condition, elles subsisteront toujours. Effectivement, supposons convergente la série comprise dans le second membre de l'une de ces formules, par exemple de la formule (10), et représentons par $\varphi(x)$ la somme de cette série, en sorte qu'on ait

$$\varphi(x) = \mathrm{f}(x) - \frac{m}{1}\Delta\,\mathrm{f}(x) + \frac{m(m+1)}{1.2}\Delta^2\,\mathrm{f}(x) - \ldots. \tag{13}$$

On en conclura

$$\varphi(x+mh) = \mathrm{f}(x+mh) - \frac{m}{1}\Delta\,\mathrm{f}(x+mh) + \ldots$$

ou, ce qui revient au même,

$$\varphi(x+mh) = (1+\Delta)^m\left[1 - \frac{m}{1}\Delta + \frac{m(m+1)}{1.2}\Delta^2 - \ldots\right]\mathrm{f}(x).$$

Mais, en vertu du théorème fondamental ci-dessus rappelé, on a identiquement

$$(1+\Delta)^m\left[1 - \frac{m}{1}\Delta + \frac{m(m+1)}{1.2}\Delta^2 - \ldots\right] = (1+\Delta)^m(1+\Delta)^{-m} = 1.$$

Donc on aura, en définitive,

$$\varphi(x+mh) = \mathrm{f}(x)$$

et, par suite,

$$\varphi(x) = \mathrm{f}(x-mh);$$

en sorte que l'équation (13) pourra être réduite à la formule (10). On démontrerait, de la même manière, que la formule (11) est toujours exacte dans le cas où la série que renferme le second membre de cette formule est convergente.

Des remarques analogues peuvent être appliquées aux équations déduites des formules symboliques propres à représenter les intégrales des équations linéaires aux différences finies. Entrons, à ce sujet, dans quelques détails.

Si l'on désigne par $F(\Delta)$ une fonction entière de Δ, puis par $f(x)$ et par u deux fonctions, l'une connue, l'autre inconnue de la variable x, une équation linéaire aux différences finies et à coefficients constants, entre u et x, pourra être présentée sous la forme symbolique

$$F(\Delta)u = f(x). \tag{14}$$

De cette dernière équation, résolue symboliquement, on tirera

$$u = \frac{f(x)}{F(\Delta)}. \tag{15}$$

D'ailleurs la formule de Taylor donne

$$\Delta f(x) = (e^{hD} - 1) f(x)$$

ou, ce qui revient au même,

$$\Delta = e^{hD} - 1.$$

Donc l'équation (6) peut s'écrire comme il suit :

$$u = \frac{f(x)}{F(e^{hD} - 1)}. \tag{16}$$

Ce n'est pas tout : si, en nommant x^m la plus haute puissance de x qui divise algébriquement la fonction $F(x)$, on représente par

$$k_{-m}x^{-m} + k_{-m+1}x^{-m+1} + \ldots + k_{-1}x^{-1} + k_0 x^0 + k_1 x + k_2 x^2 + \ldots$$

le développement du rapport

$$\frac{1}{F(e^x - 1)}$$

suivant les puissances ascendantes de x, la formule (16) se trouvera réduite à la suivante

$$\left\{\begin{aligned} u = {} & k_0 + k_1 hD\,f(x) + k_2 h^2 D^2 f(x) + \ldots \\ & + k_{-1}h^{-1}D^{-1} f(x) + k_{-2}h^{-2}D^{-2} f(x) + \ldots + k_{-m}h^{-m}D^{-m} f(x), \end{aligned}\right. \tag{17}$$

dans laquelle on aura

$$\mathrm{D}^{-1}\,\mathrm{f}(x) = \int \mathrm{f}(x)\,dx, \qquad \mathrm{D}^{-2}\,\mathrm{f}(x) = \int\!\!\int \mathrm{f}(x)\,dx^2, \qquad \ldots.$$

Il est donc à présumer que la formule (17) fournira, du moins sous certaines conditions, une intégrale particulière de l'équation (16); et l'on peut observer encore que, s'il en est ainsi, on déduira aisément de cette intégrale particulière l'intégrale générale de l'équation (16), en ajoutant à l'intégrale particulière dont il s'agit l'intégrale générale de l'équation linéaire

$$\mathrm{F}(\Delta)\,u = 0.$$

Mais il importe de rechercher quelles sont précisément les conditions sous lesquelles subsistera la formule (17), et de prouver que ces conditions se réduisent à celles qui expriment que la série comprise dans le second membre est convergente. Pour montrer comment l'on peut y parvenir, examinons, en particulier, le cas où l'on a simplement

$$\mathrm{F}(\Delta) = \Delta.$$

Alors la formule (14) se trouvera réduite à l'équation

$$\Delta u = \mathrm{f}(x), \tag{18}$$

dont l'intégrale générale sera

$$u = \Sigma\,\mathrm{f}(x).$$

De plus, la formule (16) deviendra

$$u = \frac{\mathrm{f}(x)}{e^{h\mathrm{D}} - 1},$$

et, comme on a, pour un module de x inférieur à 2π,

$$\frac{1}{e^x - 1} = \frac{1}{x} - \frac{1}{2} + \frac{c_1}{1.2}\,x - \frac{c_2}{1.2.3.4}\,x^2 + \ldots,$$

c_1, c_2, c_3, ... désignant les nombres de Bernoulli, c'est-à-dire les rapports

$$\frac{1}{6}, \quad \frac{1}{30}, \quad \frac{1}{42}, \quad \ldots,$$

l'équation (17) se réduira simplement à la suivante :

$$(19)\quad u = h^{-1}\int f(x)\,dx - \frac{1}{2}f(x) + \frac{c_1}{1.2}h\,D\,f(x) - \frac{c_2}{1.2.3.4}h^2 D^2 f(x) + \ldots.$$

D'ailleurs, pour que l'équation (19) subsiste, il sera d'abord nécessaire que la série comprise dans son second membre demeure convergente; et, comme le module de cette série ne différera pas du module de celle qui aurait pour terme général

$$\left(\frac{h}{2\pi}\right)^n D^n f(x),$$

il est clair que la convergence de la série comprise dans le second membre de l'équation (19) entraînera la convergence du développement de $f(x+z)$ pour une valeur quelconque de z. Donc l'équation de (19) ne peut subsister que dans le cas où $f(x+z)$ est toujours développable suivant les puissances ascendantes de z, et par conséquent dans le cas où $f(x)$ est une fonction toujours continue de la variable x. J'ajoute que, dans ce même cas, la valeur de u, donnée par la formule (19), représentera nécessairement une intégrale particulière de l'équation (18). En effet, on tirera de cette équation

$$(20)\quad \Delta u = h^{-1}\int_x^{x+h} f(z)\,dz - \frac{1}{2}\Delta f(x) + \frac{c_1}{1.2}h\Delta D f(x) - \frac{c_2}{1.2.3.4}h^2\Delta D^2 f(x) + \ldots,$$

les valeurs de $\Delta f(x)$, $\Delta D f(x)$, ... étant

$$\Delta f(x) = f(x+h) - f(x), \qquad \Delta D f(x) = D f(x+h) - D f(x), \qquad \ldots.$$

Or, dans l'hypothèse admise, le second membre de la formule (20) sera une fonction toujours continue de h. On pourra donc développer ce second membre en une série convergente ordonnée suivant les puissances ascendantes de h; et, si l'on représente par

$$k_0,\quad k_1 h,\quad k_2 h^2,\quad \ldots$$

le développement ainsi obtenu, on aura identiquement

$$(21)\quad \begin{cases} \Delta u = k_0 + k_1 h + k_2 h^2 + \ldots \\ \quad = \displaystyle\int_x^{x+h} \mathrm{f}(z)\,dz - \frac{1}{2}[\mathrm{f}(x+h) - \mathrm{f}(x)] + \frac{c_1}{1.2} h[\mathrm{D}\,\mathrm{f}(x+h) - \mathrm{D}\,\mathrm{f}(x)] + . \end{cases}$$

Si maintenant on différentie plusieurs fois de suite par rapport à la quantité h l'équation (21), et si l'on pose après les différentiations $h = 0$, alors, en ayant égard aux propriétés connues des nombres de Bernoulli, on tirera des formules (20) et (21)

$$k_0 = \mathrm{f}(x), \qquad k_1 = 0, \qquad k_2 = 0, \qquad \ldots.$$

On arriverait aussi à la même conclusion en observant que le développement du rapport

$$\frac{\Delta}{e^{h\mathrm{D}} - 1} = (e^{h\mathrm{D}} - 1)(e^{h\mathrm{D}} - 1)^{-1},$$

suivant les puissances ascendantes de h, doit se réduire identiquement à l'unité. Donc l'équation (21) donnera simplement

$$\Delta u = \mathrm{f}(x).$$

Donc, lorsque la série comprise dans le second membre de la formule (19) sera convergente, la valeur de u, donnée par cette formule, sera une intégrale particulière de l'équation (18), et l'intégrale générale de la même équation sera

$$(22)\qquad \Sigma\,\mathrm{F}(x) = u + \Pi(x),$$

$\Pi(x)$ désignant une fonction périodique qui ne change pas de valeur quand la variable x reçoit un accroissement représenté par h.

§ II. — *Application des formules établies dans le premier paragraphe.*

Si l'on suppose que la fonction jusqu'ici désignée par $\mathrm{f}(x)$ se réduise à l'exponentielle

$$e^{ax},$$

a désignant une quantité constante, on reconnaîtra que, dans ce cas, la formule de Maclaurin, c'est-à-dire la formule (19) du § I, subsiste pour un module de h inférieur au module de $\frac{2\pi}{a}$. De plus, dans la même hypothèse, les formules (10) et (11) du § I subsisteront, la première pour un module de $e^{ah} - 1$ inférieur à l'unité, la seconde pour un module de $e^{-ah} - 1$ inférieur à l'unité.

Concevons maintenant que l'on pose $\Delta x = 1$, et de plus

$$\mathrm{f}(x) = \frac{\Gamma(a+x)}{\Gamma(a-b)\,\Gamma(b+x+1)}. \tag{1}$$

Alors, en ayant égard à la formule connue

$$\Gamma(x+1) = x\,\Gamma(x),$$

on trouvera

$$\Delta\,\mathrm{f}(x) = \frac{\Gamma(a+x)}{\Gamma(a-b-1)\,\Gamma(b+x+2)}, \tag{2}$$

et généralement, pour une valeur quelconque du nombre entier n,

$$\Delta^n\,\mathrm{f}(x) = \frac{\Gamma(a+x)}{\Gamma(a-b-n)\,\Gamma(b+x+n+1)}. \tag{3}$$

Enfin, eu égard à l'équation

$$\Gamma(x)\,\Gamma(1-x) = \frac{\pi}{\sin\pi x},$$

qui subsiste pour une valeur quelconque de x, on pourra réduire la formule (3) à celle-ci :

$$\Delta^n\,\mathrm{f}(x) = (-1)^n \frac{\pi}{\sin(a-b)\pi}\,\frac{\Gamma(a+x)\,\Gamma(n-a+b+1)}{\Gamma(n+x+b+1)}. \tag{4}$$

D'autre part, $h = \Delta x$ étant réduit à l'unité, les formules (10) et (11) du § I donneront

$$\mathrm{f}(x-m) = \mathrm{f}(x) - \frac{m}{1}\,\Delta\,\mathrm{f}(x) + \frac{m(m+1)}{1.2}\,\Delta^2\,\mathrm{f}(x) - \ldots. \tag{5}$$

$$\mathrm{f}(x+m) = \mathrm{f}(x) + \frac{m}{1}\,\Delta\,\mathrm{f}(x-1) + \frac{m(m+1)}{1.2}\,\Delta^2\,\mathrm{f}(x-2) + \ldots. \tag{6}$$

Or, dans le second membre de l'équation (5), le terme général sera

$$(-1)^n \frac{m(m+1)\ldots(m+n-1)}{1.2\ldots n} \Delta^n f(x) = (-1)^n \frac{\Gamma(m+n)}{\Gamma(m)\Gamma(n+1)} \Delta^n f(x).$$

Donc, eu égard à la formule (4), ce terme général ne différera pas du produit

$$\frac{\pi}{\sin(a-b)\pi} \frac{\Gamma(a+x)}{\Gamma(m)} \frac{\Gamma(n+m)}{\Gamma(n+1)} \frac{\Gamma(n-a+b+1)}{\Gamma(n+x+b+1)},$$

qui, considéré comme fonction de n, est proportionnel au suivant

$$\frac{\Gamma(n+m)}{\Gamma(n+1)} \frac{\Gamma(n-a+b+1)}{\Gamma(n+x+b+1)}.$$

D'ailleurs, pour de grandes valeurs de n, on a sensiblement

$$\frac{\Gamma(n+a)}{\Gamma(n+b)} = n^{a-b}, \qquad \frac{\Gamma(n+m)}{\Gamma(n+1)} \frac{\Gamma(n-a+b+1)}{\Gamma(n+x+b+1)} = n^{m-a-x-1},$$

et la série qui a pour terme général la quantité

$$n^{m-a-x-1}$$

est convergente ou divergente, suivant que l'on a

$$m-a-x<0$$

ou

$$m-a-x>0.$$

Donc, dans l'hypothèse admise, la série que renferme le second membre de l'équation (5) sera elle-même convergente ou divergente, et la formule (5) sera ou ne sera pas vérifiée, suivant que la différence $m-a-x$ sera inférieure ou supérieure à l'unité, c'est-à-dire suivant que l'on aura

$$x>m-a$$

ou

$$x<m-a.$$

Si de la formule (5) on passe à la formule (6), alors, à la place de l'équation (3), on obtiendra la suivante

$$(7)\qquad \Delta^n f(x-n) = \frac{\Gamma(a+x-n)}{\Gamma(a-b-n)\Gamma(b+x+1)},$$

que l'on pourra réduire à

$$(8)\qquad \Delta^n f(x-n) = \frac{\sin(a+x)\pi}{\sin(a-b)\pi} \frac{\Gamma(n-a+b+1)}{\Gamma(b+x+1)\Gamma(n-a-x+1)}$$

et, par suite, la formule (6) sera ou ne sera pas vérifiée, suivant que la quantité

$$m+b+x-1$$

sera inférieure ou supérieure à -1, c'est-à-dire, en d'autres termes, suivant que l'on aura

$$x+m+b<0$$

ou

$$x+m+b>0.$$

Concevons maintenant que dans la formule (1) on pose

$$a=s, \qquad b=0,$$

et que l'on prenne pour valeur de x un nombre entier; alors la fonction $f(x)$ se réduira simplement à la valeur de $[s]_x$, déterminée par la formule

$$[s]_x = \frac{s(s+1)\ldots(s+x-1)}{1.2\ldots x},$$

et l'équation (5) donnera

$$(9)\qquad [s]_{x-m} = [s]_x - \frac{m}{1}\Delta[s]_x + \frac{m(m-1)}{1.2}\Delta^2[s]_x - \ldots.$$

De plus, comme on tirera de la formule (2)

$$\Delta^n[s]_x = [s-n]_{x+n},$$

la formule (9) se réduira simplement à la suivante :

$$(10)\qquad [s]_{x-m} = [s]_x - \frac{m}{1}[s-1]_{x+1} + \frac{m(m+1)}{1.2}[s-2]_{x+2} - \ldots.$$

Enfin, d'après ce qui a été dit ci-dessus, la formule (10) sera ou ne sera pas vérifiée, suivant que l'on aura

$$x > m - s$$

ou

$$x < m - s.$$

Ajoutons que, si l'on remplace m par $-m$, on tirera des formules (5) et (6), quelle que soit la valeur entière de x,

$$(11)\quad \left\{\begin{aligned} &[s]_{x+m} = [s]_x + \frac{m}{1}[s-1]_{x+1} + \frac{m(m-1)}{1.2}[s-2]_{x+2} + \ldots \\ &\text{et} \\ &[s]_{x-m} = [s]_x - \frac{m}{1}[s-1]_x + \frac{m(m-1)}{1.2}[s-2]_x - \ldots. \end{aligned}\right.$$

264.

Analyse mathématique. — *Mémoire sur plusieurs nouvelles formules qui sont relatives au développement des fonctions en séries.*

C. R., T. XIX, p. 1194 (2 décembre 1844).

J'ai donné, dans la dernière séance, une nouvelle formule générale qui se rapporte au développement des fonctions en séries; j'ai reconnu depuis que cette nouvelle formule peut être transformée en deux autres tout aussi générales, mais plus simples encore, qui s'appliquent avec beaucoup d'avantage aux calculs astronomiques. J'ai d'ailleurs trouvé les conditions précises sous lesquelles les trois formules subsistent, et les modifications qu'on doit leur faire subir pour les rendre rigoureuses, quand elles fournissent seulement des valeurs approchées des fonctions que l'on considère. Enfin, je suis parvenu à divers moyens d'établir directement ces formules. Tel est l'objet du présent Mémoire. Les résultats nouveaux qu'il renferme et leur évidente utilité me donnent lieu d'espérer qu'il sera favorablement accueilli par les géomètres.

Analyse.

§ I. — *Recherche et démonstration des nouvelles formules.*

Nommons $F(x)$ une fonction donnée de la variable x, et concevons que, pour des valeurs de x comprises entre certaines limites, le coefficient de x^m dans le développement de $F(x)$ en série ordonnée suivant les puissances entières, positives, nulle et négatives de x, soit représenté par A_m, en sorte qu'on ait

$$F(x) = \Sigma A_m x^m, \tag{1}$$

la somme qu'indique le signe Σ s'étendant à toutes les valeurs entières de m. Supposons d'ailleurs la fonction $F(x)$ décomposée en deux facteurs dont l'un se trouve représenté par $f(x)$, l'autre par $\varphi(\theta x)$, θ désignant une constante qui pourra se réduire à l'unité. Soit, en conséquence,

$$F(x) = \varphi(\theta x)\, f(x), \tag{2}$$

et posons encore

$$\varphi(x) = \Sigma k_m x^m, \qquad f(x) = \Sigma a_m x^m, \tag{3}$$

les sommes qu'indique le signe Σ s'étendant toujours à toutes les valeurs entières, positives, nulle et négatives de m. On tirera de la formule (2), en désignant par n une valeur particulière de m,

$$A_n = \ldots + a_{-1} k_{n+1} \theta^{n+1} + a_0 k_n \theta^n + a_1 k_{n-1} \theta^{n-1} + \ldots, \tag{4}$$

et l'on pourra encore présenter l'équation (4) sous l'une ou l'autre des deux formes

$$A_n = \Sigma a_m\, k_{n-m} \theta^{n-m}, \tag{5}$$

$$A_n = \Sigma a_{-m} k_{n+m} \theta^{n+m}. \tag{6}$$

Or de l'équation (6) on peut immédiatement déduire les trois nouvelles formules qui sont l'objet spécial de ce Mémoire, et dont l'une a été déjà obtenue dans la dernière séance, en opérant comme il suit.

Considérons k_{n+m} comme fonction de m, et supposons que la fonction de x, représentée par k_{n+x}, reste continue avec sa dérivée pour tout module de x inférieur à $\pm m$. La formule de Taylor donnera

$$(7)\qquad k_{n+m} = k_n + \frac{m}{1} D_n k_n + \frac{m^2}{1.2} D_n^2 k_n + \ldots.$$

De plus, les deux équations

$$(8)\qquad k_{n+m} = k_n + \frac{m}{1} \Delta k_n + \frac{m(m-1)}{1.2} \Delta^2 k_n + \ldots,$$

$$(9)\qquad k_{n+m} = k_n + \frac{m}{1} \Delta k_{n-1} + \frac{m(m+1)}{1.2} \Delta^2 k_{n-2} + \ldots$$

subsistent généralement l'une et l'autre pour toutes les valeurs de m qui permettent aux séries que ces équations renferment d'être convergentes. Cela posé, concevons que l'on combine l'équation (6) avec l'une des formules (7), (8), (9), et supposons que a_{-m} se réduise à zéro, pour toute valeur de m qui rend divergente la série comprise dans le second membre de la formule que l'on considère. On trouvera successivement

$$(10)\qquad A_n = \theta^n \left[k_n \Sigma a_{-m} \theta^m + \frac{D_n k_n}{1} \Sigma m a_{-m} \theta^m + \frac{D_n^2 k_n}{1.2} \Sigma m^2 a_{-m} \theta^m + \ldots \right],$$

$$(11)\qquad A_n = \theta^n \left[k_n \Sigma a_{-m} \theta^m + \frac{\Delta k_n}{1} \Sigma m a_{-m} \theta^m + \frac{\Delta^2 k_n}{1.2} \Sigma m(m-1) a_{-m} \theta^m + \ldots \right],$$

$$(12)\qquad A_n = \theta^n \left[k_n \Sigma a_{-m} \theta^m + \frac{\Delta k_{n-1}}{1} \Sigma m a_{-m} \theta^m + \frac{\Delta^2 k_{n-2}}{1.2} \Sigma m(m+1) a_{-m} \theta^m + \ldots \right].$$

D'ailleurs, la seconde des équations (3) peut s'écrire comme il suit

$$(13)\qquad f(x) = \Sigma a_{-m} x^{-m},$$

et de cette dernière on tire, non seulement

$$(14)\qquad \Sigma m^n a_{-m} x^{-m} = (-1)^n f_n(x),$$

les fonctions

$$f(x),\quad f_1(x),\quad f_2(x),\quad \ldots$$

étant déduites les unes des autres à l'aide de la formule

$$f_n(x) = x D_x f_{n-1}(x),$$

mais encore

$$\Sigma m(m+1)\ldots(m+n-1)a_{-m}x^{-m} = (-1)^n x^n D_x^n f(x)$$

ou, ce qui revient au même,

$$(15) \qquad \Sigma m(m+1)\ldots(m+n-1)a_{-m}x^{-m} = (-1)^n x^n f_n(x),$$

et, de plus,

$$f\left(\frac{1}{x}\right) = \Sigma a_{-m}x^m,$$

par conséquent

$$(16) \qquad \Sigma m(m-1)\ldots(m-n+1)a_{-m}x^m = x^n D_x^n f\left(\frac{1}{x}\right).$$

Si maintenant on pose $x = \theta^{-1}$ dans les formules (14), (15), et $x = \theta$ dans la formule (16), on trouvera

$$\Sigma m^n a_{-m}\theta^m = f_n(\theta^{-1}),$$

$$\Sigma m(m+1)\ldots(m+n-1)a_{-m}\theta^m = (-1)^n\theta^{-n} f_n(\theta^{-1}),$$

$$\Sigma m(m-1)\ldots(m-n+1)a_{-m}\theta^m = \theta^n D_\theta^n f(\theta^{-1}),$$

et par suite les équations (10), (11), (12) donneront

$$(17) \quad A_n = \theta^n\left[k_n f(\theta^{-1}) - \frac{D_n k_n}{1} f_1(\theta^{-1}) + \frac{D_n^2 k_n}{1.2} f_2(\theta^{-1}) + \ldots\right],$$

$$(18) \quad A_n = \theta^n\left[k_n f(\theta^{-1}) + \frac{\theta}{1}\Delta k_n D_\theta f(\theta^{-1}) + \frac{\theta^2}{1.2}\Delta^2 k_n D_\theta^2 f(\theta^{-1}) + \ldots\right],$$

$$(19) \quad A_n = \theta^n\left[k_n f(\theta^{-1}) - \frac{\theta^{-1}}{1}\Delta k_{n-1} f'(\theta^{-1}) + \frac{\theta^{-2}}{1.2}\Delta^2 k_{n-2} f''(\theta^{-1}) - \ldots\right].$$

Considérons spécialement le cas où le développement de $f(x)$ renferme seulement des puissances négatives de x. Dans ce cas, a_{-m} ne cessera d'être nul que pour des valeurs positives de m; et comme, pour de telles valeurs, la formule (8) se vérifie toujours, le second membre de cette formule étant alors réduit à un nombre fini de termes, on pourra compter sur l'exactitude de la formule (18).

Si l'on suppose, en particulier,

$$\varphi(x) = (1 - x)^{-s},$$

alors, en faisant, pour abréger,

$$[s]_n = \frac{s(s+1)\ldots(s+n-1)}{1.2\ldots n},$$

on aura

$$k_n = [s]_n, \qquad \Delta^m k_n = [s-m]_{n+m},$$

et l'on tirera de la formule (18)

$$(20) \quad A_n = \theta^n \left\{ [s]_n \mathrm{f}(\theta^{-1}) + [s-1]_{n+1} \frac{\theta}{1} \mathrm{D}_\theta \mathrm{f}(\theta^{-1}) + [s-2]_{n+2} \frac{\theta^2}{1.2} \mathrm{D}_\theta^2 \mathrm{f}(\theta^{-2}) + \ldots \right\}$$

ou, ce qui revient au même,

$$(21) \quad A_n = [s]_n \theta^n \left[\mathrm{f}(\theta^{-1}) + \frac{s-1}{n+1} \frac{\theta}{1} \mathrm{D}_\theta \mathrm{f}(\theta^{-1}) + \frac{(s-1)(s-2)}{(n+1)(n+2)} \mathrm{D}_\theta^2 \mathrm{f}(\theta^{-1}) + \ldots \right].$$

D'autre part, pour obtenir la valeur de A_n, représentée par une intégrale définie, il suffit généralement de poser

$$x = e^{p\sqrt{-1}}$$

dans la formule

$$(22) \qquad A_n = \frac{1}{2\pi} \int_{-\pi}^{\pi} x^{-n} \mathrm{F}(x)\, dp,$$

et par suite, dans l'hypothèse admise, cette valeur deviendra

$$A_n = \frac{1}{2\pi} \int_{-\pi}^{\pi} x^{-n} \frac{\mathrm{f}(x)}{(1-\theta x)^s} dp.$$

Donc, lorsque le développement de $\mathrm{f}(x)$ renfermera seulement des puissances négatives de x, alors, en posant $x = e^{p\sqrt{-1}}$, on aura

$$(23) \left\{ \begin{aligned} & \frac{1}{2\pi} \int_{-\pi}^{\pi} x^{-n} \frac{\mathrm{f}(x)}{(1-\theta x)^s} dp \\ & = [s]_n \theta^n \left[\mathrm{f}(\theta^{-1}) + \frac{s-1}{n+1} \frac{\theta}{1} \mathrm{D}_\theta \mathrm{f}(\theta^{-1}) + \frac{(s-1)(s-2)}{(n+1)(n+2)} \frac{\theta^2}{1.2} \mathrm{D}_\theta^2 \mathrm{f}(\theta^{-1}) + \ldots \right]. \end{aligned} \right.$$

Si, dans cette dernière équation, on posait

$$\theta = \alpha, \qquad f(x) = \left(1 - \frac{6}{x}\right)^{-t},$$

on obtiendrait la formule

$$(24)\quad \begin{cases} \dfrac{1}{2\pi}\displaystyle\int_{-\pi}^{\pi} \dfrac{x^{-n}}{(1-\alpha x)^s\left(1-\dfrac{6}{x}\right)^t}\,dp \\ = [s]_n \dfrac{\alpha^n}{(1-\alpha 6)^t}\left[1 + \dfrac{s-1}{n+1}\,\dfrac{t}{1}\,\dfrac{\alpha 6}{1-\alpha 6} + \dfrac{(s-1)(s-2)}{(n+1)(n+2)}\,\dfrac{t(t+1)}{1.2}\left(\dfrac{\alpha 6}{1-\alpha 6}\right)^2 + \ldots\right], \end{cases}$$

qui comprend elle-même, comme cas particulier, l'équation connue

$$(25)\quad \begin{cases} \dfrac{1}{2\pi}\displaystyle\int_{-\pi}^{\pi} \dfrac{\cos np}{(1-2\theta\cos p+\theta^2)^s}\,dp \\ = [s]_n \dfrac{\theta^n}{(1-\theta^2)^s}\left[1 + \dfrac{s}{1}\,\dfrac{s-1}{n+1}\,\dfrac{\theta^2}{1-\theta^2} + \dfrac{s(s+1)}{1.2}\,\dfrac{(s-1)(s-2)}{(n+1)(n+2)}\left(\dfrac{\theta^2}{1-\theta^2}\right)^2 + \ldots\right]. \end{cases}$$

§ II. — *Des restes qui complètent les séries comprises dans les nouvelles formules, lorsque l'on arrête chaque série après un certain nombre de termes.*

Les trois formules générales auxquelles nous sommes parvenus, c'est-à-dire les équations (17), (18) et (19) du § I, fournissent chacune la valeur de la fonction A_n représentée par la somme d'une série composée d'un nombre infini de termes. On peut demander quel est le reste qui doit compléter chaque série, quand on la suppose arrêtée après un certain terme. On résoudra aisément ce dernier problème par une méthode qui donnera en même temps une démonstration nouvelle de chaque formule, en opérant comme il suit.

Si, dans la formule (22) du § I, on substitue la valeur de $F(x)$ tirée de l'équation

$$F(x) = \varphi(\theta x)\,f(x),$$

on trouvera

$$(1)\qquad A_n = \frac{1}{2\pi}\int_{-\pi}^{\pi} x^{-n}\,\varphi(\theta x)\,f(x)\,dp,$$

la valeur de x étant

$$x = e^{p\sqrt{-1}},$$

et θ désignant une constante que l'on pourra supposer, non seulement réelle, mais encore très peu différente de l'unité, ou même réduite à l'unité. En conséquence, la valeur de θ pourra être supposée telle que la fonction

$$F(t) = \varphi(\theta t)\,f(t)$$

reste continue par rapport à t entre les limites

$$t = x, \qquad t = \frac{x}{\theta}.$$

Admettons cette hypothèse. La valeur moyenne de la fonction

$$x^{-n}\,\varphi(\theta x)\,f(x),$$

qui, en vertu de l'équation (1), représente précisément le coefficient A_n, ne variera pas quand on y remplacera x par $\frac{x}{\theta}$. Elle sera donc équivalente à la valeur moyenne de la fonction

$$\theta^n\,x^{-n}\,\varphi(x)\,f\left(\frac{x}{\theta}\right);$$

de sorte qu'on aura encore

$$A_n = \frac{\theta^n}{2\pi}\int_{-\pi}^{\pi} x^{-n}\,\varphi(x)\,f\left(\frac{x}{\theta}\right)dp. \tag{2}$$

Cela posé, faisons, pour plus de commodité,

$$f\left(\frac{x}{\theta}\right) = \psi(p).$$

En développant $\psi(p)$ suivant les puissances ascendantes et entières de p, on trouvera généralement

$$\psi(p) = \psi(0) + \frac{p}{1}\psi'(0) + \ldots + \frac{p^{m-1}}{1.2\ldots(m-1)}\psi^{(m-1)}(0) + r_m, \tag{3}$$

r_m désignant un reste qui pourra être représenté par une intégrale définie simple. Ainsi, en particulier, pour déterminer r_n, on pourra recourir à l'une quelconque des deux formules

$$(4)\qquad r_m = \int_0^p \frac{(p-\alpha)^{m-1}}{1.2\ldots(m-1)}\psi^{(n)}(\alpha)\,d\alpha,$$

$$(5)\qquad r_m = \frac{1}{2\pi}\int_{-\pi}^{\pi} \frac{p^m\,\psi(z)}{z^{m-1}(z-p)}\,d\alpha,$$

la valeur de z étant

$$z = \rho e^{\alpha\sqrt{-1}},$$

et ρ désignant un module supérieur à la valeur numérique de l'angle p. D'autre part, en différentiant plusieurs fois l'équation

$$\psi(p) = \mathrm{f}\left(\frac{x}{\theta}\right) = \mathrm{f}(\theta^{-1}e^{p\sqrt{-1}}),$$

et posant, pour abréger,

$$\mathrm{f}_1(x) = x\mathrm{D}_x\mathrm{f}(x), \qquad \mathrm{f}_2(x) = x\mathrm{D}_x\mathrm{f}_1(x), \qquad \ldots,$$

on trouvera

$$\psi'(p) = \sqrt{-1}\,\mathrm{f}_1(\theta^{-1}x), \qquad \psi''(p) = (\sqrt{-1})^2\,\mathrm{f}_2(\theta^{-1}x), \qquad \ldots$$

et, par suite, on aura généralement

$$\psi^{(m)}(p) = (\sqrt{-1})^m\,\mathrm{f}_m(\theta^{-1}x),$$
$$\psi^{(m)}(0) = (\sqrt{-1})^m\,\mathrm{f}_m(\theta^{-1}).$$

Donc l'équation (3) donnera

$$(6)\qquad \mathrm{f}\left(\frac{x}{\theta}\right) = \mathrm{f}(\theta^{-1}) + \frac{p\sqrt{-1}}{1}\mathrm{f}_1(\theta^{-1}) + \ldots + \frac{(p\sqrt{-1})^{m-1}}{1.2\ldots(m-1)}\mathrm{f}_{m-1}(\theta^{-1}) + r_m.$$

Or, si l'on substitue la valeur précédente de $\mathrm{f}\left(\frac{x}{\theta}\right)$ dans l'équation (2), alors, en posant, pour abréger,

$$(7)\qquad k_n = \frac{1}{2\pi}\int_{-\pi}^{\pi} x^{-n}\,\varphi(x)\,dp,$$

on obtiendra la formule

$$(8)\quad A_n = \theta^n \left[k_n f(\theta^{-1}) - \frac{D_n k_n}{1} f_1(\theta^{-1}) + \ldots + (-1)^{m-1} \frac{D_n^{m-1} k_n}{1.2\ldots(m-1)} f_{m-1}(\theta^{-1}) \right] + R_m,$$

la valeur de R_m étant

$$(9)\qquad R_m = \frac{\theta^n}{2\pi} \int_{-\pi}^{\pi} r_m x^{-n} \varphi(x)\, dp.$$

Si R_m décroît indéfiniment pour des valeurs croissantes de m, la formule (8) deviendra

$$(10)\qquad A_m = \theta^n \left[k_n f(\theta^{-1}) - \frac{D_n k_n}{1} f_1(\theta^{-1}) + \frac{D_n^2 k_n}{1.2} f_2(\theta^{-1}) - \ldots \right],$$

et l'on se trouvera ainsi ramené à l'équation (17) du § I. Mais cette équation cessera d'être exacte dans le cas contraire, et alors, pour la rectifier, il suffira d'arrêter, après un certain nombre m de termes, la série que renferme le second membre, puis d'ajouter à ce second membre le reste représenté par R_m. On peut observer que ce reste, déterminé par l'équation (9), se trouvera exprimé par une intégrale double, attendu que r_m se trouve déjà exprimé par une intégrale simple, en vertu de la formule (4) ou (5).

Nous venons d'indiquer, avec plus de précision que nous n'avions pu le faire dans le Mémoire présenté à la dernière séance, la condition sous laquelle la formule (10) est rigoureusement exacte. Cette condition est que le reste R_m devienne infiniment petit pour des valeurs infiniment grandes de m. Elle se trouve toujours remplie lorsque le reste r_m devient lui-même infiniment petit pour des valeurs infiniment grandes de m; par conséquent, lorsque la fonction

$$\psi(p) = f(\theta^{-1} e^{p\sqrt{-1}})$$

est développable en série convergente ordonnée suivant les puissances ascendantes de p, pour tout module de p inférieur à π, ou, ce qui revient au même, lorsque, pour tout module de p inférieur à π, l'expression

$$f(\theta^{-1} e^{p\sqrt{-1}})$$

reste fonction continue de p. Ces observations éclaircissent et rectifient ce qui pouvait demeurer obscur ou inexact dans les remarques faites à la page 321, et nous ajouterons à ce sujet que la formule (5) de cette page ne doit pas être distinguée, comme elle nous avait paru devoir l'être au premier abord, du système des formules (4) [*ibidem*].

Concevons maintenant que, au lieu de développer la fonction

$$f\left(\frac{x}{\theta}\right)=f(\theta^{-1}e^{p\sqrt{-1}})$$

suivant les puissances ascendantes de p, on pose dans cette fonction

$$\frac{x}{\theta}=\frac{1}{\theta}+t,$$

et qu'on la développe suivant les puissances ascendantes de t; alors on trouvera

$$(11)\qquad f\left(\frac{x}{\theta}\right)=f(\theta^{-1})+\frac{t}{1}f'(\theta^{-1})+\ldots+\frac{t^{m-1}}{1.2\ldots(m-1)}f^{(m-1)}(\theta^{-1})+r_m,$$

le reste r_m pouvant être représenté par une intégrale définie simple et, en particulier, par l'une quelconque de celles que renferment les deux formules

$$(12)\qquad r_m=\int_0^t\frac{(t-\alpha)^{m-1}}{1.2\ldots(m-1)}f^{(m)}\left(\frac{1}{\theta}+\alpha\right)d\alpha,$$

$$(13)\qquad r_m=\frac{1}{2\pi}\int_{-\pi}^{\pi}\frac{t^m\, f\left(\frac{1}{\theta}+z\right)}{z^{m-1}(z-t)}d\alpha,$$

dans lesquelles on aura encore

$$z=\rho e^{\alpha\sqrt{-1}},$$

le module ρ de z étant supérieur au module de t, et, de plus,

$$(14)\qquad t=\frac{x-1}{\theta}.$$

Si d'ailleurs on suppose la valeur de R_m toujours liée à celle de r_m

par la formule (9), alors, en ayant égard aux équations (7) et (14), on tirera des formules (2) et (11)

$$(15)\quad A_n = \theta^n\left[k_n\, f\left(\frac{1}{\theta}\right) - \frac{\theta^{-1}}{1}\Delta k_{n-1}\, f'\left(\frac{1}{\theta}\right) + \ldots + (-1)^{m-1}\frac{\theta^{-m+1}}{1.2\ldots(m-1)}\Delta^m k_{n-m+1}\, f^{(m-1)}\left(\frac{1}{\theta}\right)\right] + R_m.$$

Si le reste R_m devient infiniment petit pour des valeurs infiniment grandes de m, l'équation (15), réduite à la formule (19) du § I, deviendra

$$(16)\quad A_n = \theta^n\left[k_n\, f(\theta^{-1}) - \frac{\theta^{-2}}{1}\Delta k_{n-1}\, f'(\theta^{-1}) + \frac{\theta^{-2}}{1.2}\Delta^2 k_{n-2}\, f''(\theta^{-1}) - \ldots\right].$$

Cette dernière sera donc vérifiée lorsque la fonction

$$f(\theta^{-1} e^{p\sqrt{-1}})$$

sera développable, pour tout module de p inférieur à π, suivant les puissances ascendantes de la variable

$$t = \frac{e^{p\sqrt{-1}} - 1}{\theta}.$$

Supposons enfin que, dans la fonction

$$f\left(\frac{x}{\theta}\right),$$

on pose

$$\frac{\theta}{x} = \theta + t,$$

par conséquent

$$\frac{x}{\theta} = \frac{1}{\theta + t},$$

et que l'on développe

$$f\left(\frac{1}{\theta + t}\right)$$

suivant les puissances ascendantes de t. Alors on trouvera

$$(17)\quad f\left(\frac{x}{\theta}\right) = f(\theta^{-1}) + \frac{t}{1}D_\theta f(\theta^{-1}) + \ldots + \frac{t^{m-1}}{1.2\ldots(m-1)}D_\theta^{m-1} f(\theta^{-1}) + r_m,$$

le reste r_m pouvant être représenté par une intégrale définie simple.

et, en particulier, par l'une de celles que renferment les formules

$$(18)\qquad r_m = \int_0^t \frac{(t-\alpha)^{m-1}}{1.2\ldots(m-1)} D_\theta^m f\left(\frac{1}{\theta+\alpha}\right) d\alpha,$$

$$(19)\qquad r_m = \frac{1}{2\pi}\int_{-\pi}^{\pi} \frac{t^m f\left(\frac{1}{\theta+z}\right)}{z^{m-1}(z-t)} d\alpha,$$

dans lesquelles on aura encore

$$z = \rho e^{\alpha\sqrt{-1}},$$

le module ρ de z étant supérieur au module de t, et, de plus,

$$(20)\qquad t = \theta(1 - x^{-1}).$$

Si d'ailleurs on suppose la valeur de R_m toujours liée à celle de r_m par la formule (9), alors, en ayant égard aux équations (7) et (20), on tirera des formules (2) et (17)

$$(21)\quad A_m = \theta^n\left[k_n f(\theta^{-1}) + \frac{\theta}{1}\Delta k_n D_\theta f(\theta^{-1}) + \ldots + \frac{\theta^{m-1}}{1.2\ldots(m-1)}\Delta^{m-1}k_n D_\theta^{m-1} f(\theta^{-1})\right] + R_m.$$

Si le reste R_m devient infiniment petit pour des valeurs infiniment grandes de m, l'équation (21), réduite à la formule (18) du § I, deviendra

$$(22)\quad A_n = \theta^n\left[k_n f(\theta^{-1}) + \frac{\theta}{1}\Delta k_n D_\theta f(\theta^{-1}) + \frac{\theta^2}{1.2}\Delta^2 k_n D_\theta^2 f(\theta^{-1}) + \ldots\right].$$

Cette dernière sera donc vérifiée lorsque la fonction

$$f(\theta^{-1}e^{p\sqrt{-1}})$$

sera développable, pour tout module de p inférieur à π, suivant les puissances ascendantes de la variable

$$t = \theta(1 - e^{-p\sqrt{-1}}).$$

265.

ANALYSE MATHÉMATIQUE. — *Note sur l'application des nouvelles formules à l'Astronomie.*

C. R., T. XIX, p. 1228 (9 décembre 1844).

Les nouvelles formules que j'ai données dans les précédents Mémoires peuvent être appliquées avec avantage, comme j'en ai déjà fait la remarque, à la recherche des inégalités que présentent les mouvements des planètes et des comètes elles-mêmes. Pour rendre cette application plus facile, il importe de décomposer en facteurs la fonction perturbatrice relative au système de deux planètes, et spécialement la partie de cette fonction qui est réciproquement proportionnelle à leur distance mutuelle. Cette décomposition sera l'objet de la présente Note, dans laquelle je montrerai d'ailleurs comment on peut déterminer, à l'aide de formules simples et d'un usage commode, les racines de l'équation qu'on obtient en égalant à zéro la distance mutuelle de deux planètes, considérée comme fonction de l'exponentielle qui a pour argument l'une des anomalies excentriques.

ANALYSE.

Soient

$\imath$ la distance mutuelle de deux planètes m, m';

T, T′ leurs anomalies moyennes;

ψ, ψ' leurs anomalies excentriques.

Le calcul des inégalités périodiques produites dans le mouvement de la planète m par la planète m', et dans le mouvement de la planète m' par la planète m, exige le développement du rapport

$$\frac{1}{\imath}$$

suivant les puissances entières positives, nulle et négatives des exponentielles

$$e^{T\sqrt{-1}}, \quad e^{T'\sqrt{-1}}.$$

Si l'on nomme en particulier

$$A_{n'} \quad \text{et} \quad A_{n', -n}$$

les coefficients des exponentielles

$$e^{n'T'\sqrt{-1}} \quad \text{et} \quad e^{(n'T'-nT)\sqrt{-1}}$$

dans le développement dont il s'agit, on aura

$$(1) \qquad A_{n'} = \frac{1}{2\pi}\int_{-\pi}^{\pi} \frac{1}{r} e^{-n'T'\sqrt{-1}}\, dT'$$

et

$$(2) \qquad A_{n', -n} = \frac{1}{2\pi}\int_{-\pi}^{\pi} A_{n'} e^{nT\sqrt{-1}}\, dT.$$

Comme on a d'ailleurs, en nommant ε, ε' les excentricités des deux orbites,

$$T = \psi - \varepsilon \sin T, \qquad T' = \psi' - \varepsilon' \sin \psi',$$

les formules (1), (2) pourront être réduites aux suivantes :

$$(3) \qquad A_{n'} = \frac{1}{2\pi}\int_{-\pi}^{\pi} \frac{1 - \varepsilon' \cos\psi'}{r} e^{-n'T'\sqrt{-1}}\, d\psi',$$

$$(4) \qquad A_{n', -n} = \frac{1}{2\pi}\int_{-\pi}^{\pi} A_{n'}(1 - \varepsilon \cos\psi) e^{nT\sqrt{-1}}\, d\psi.$$

En vertu de la formule (4), $A_{n', -n}$ sera la valeur moyenne de la fonction de ψ représentée par le produit

$$(5) \qquad A_{n'}(1 - \varepsilon \cos\psi) e^{nT\sqrt{-1}}.$$

De plus, l'équation (3) peut être réduite à la formule

$$(6) \qquad A_{n'} = \frac{1}{2\pi}\int_{-\pi}^{\pi} \frac{1 - \varepsilon' \cos\psi'}{r} e^{-n'\psi'\sqrt{-1}} e^{n'\varepsilon' \sin\psi' \sqrt{-1}}\, d\psi';$$

et, si l'on pose, pour abréger,

$$x = e^{\psi'\sqrt{-1}}, \qquad \frac{n'\varepsilon'}{2} = c,$$

on aura

$$\cos\psi' = \frac{1}{2}\left(x + \frac{1}{x}\right), \qquad n'\varepsilon' \sin\psi' \sqrt{-1} = c\left(x - \frac{1}{x}\right).$$

Donc alors la formule (6) donnera

$$(7) \qquad A_{n'} = \frac{1}{2\pi}\int_{-\pi}^{\pi} x^{-n'} F(x)\, d\psi',$$

la valeur de $F(x)$ étant

$$(8) \qquad F(x) = \frac{1 - \varepsilon'\left(x + \frac{1}{x}\right)}{\imath} e^{c\left(x - \frac{1}{x}\right)},$$

et l'on en conclura que $A_{n'}$ représente précisément le coefficient de $x^{n'}$ dans le développement de la fonction $F(x)$ suivant les puissances entières de x. Il est d'ailleurs important d'observer que, dans la formule (8), $\imath$ désigne une fonction de l'angle ψ', par conséquent de la variable x, et même une fonction algébrique dont la forme irrationnelle se déterminera comme il suit.

Ainsi que je l'ai remarqué dans la séance du 5 août dernier, la valeur générale de $\imath^2$ est de la forme

$$(9) \qquad \begin{cases} \imath^2 = \mathrm{h} + \mathrm{k}\cos(\psi - \psi' - \alpha) - \mathrm{b}\cos(\psi - \beta) - \mathrm{b}'\cos(\psi' - \beta') \\ \qquad + \mathrm{c}\cos(\psi + \psi' - \gamma) + \mathrm{i}\cos 2\psi + \mathrm{i}'\cos 2\psi', \end{cases}$$

h, k, b, b′, c, i, i′ désignant des constantes positives, et α, β, β', γ des angles constants. Il y a plus : si l'on pose

$$\mathrm{H} = \mathrm{h} - \mathrm{b}\cos(\psi - \beta),$$
$$\mathrm{K}\cos\omega = \mathrm{k}\cos(\psi - \alpha) + \mathrm{c}\cos(\psi - \gamma) - \mathrm{b}'\cos\beta',$$
$$\mathrm{K}\sin\omega = \mathrm{k}\sin(\psi - \alpha) - \mathrm{c}\sin(\psi - \gamma) - \mathrm{b}'\sin\beta',$$

la formule (9) deviendra

$$(10) \qquad \imath^2 = \mathrm{K} + \mathrm{H}\cos(\psi' - \omega) + \mathrm{i}'\cos 2\psi',$$

ou, ce qui revient au même,

$$\mathfrak{t}^2 = \mathrm{K} + \tfrac{1}{2}\mathrm{H}\left(x e^{-\omega\sqrt{-1}} + \frac{1}{x} e^{\omega\sqrt{-1}}\right) + \tfrac{1}{2}\mathrm{i}'\left(x^2 + \frac{1}{x^2}\right).$$

Si maintenant on pose, pour abréger,

$$\frac{\mathrm{K}}{2\mathrm{i}'} = \mathrm{p}, \qquad \frac{\mathrm{H}}{3\mathrm{i}'} = \mathrm{q},$$

on aura simplement

$$(11) \qquad \mathfrak{t}^2 = \tfrac{1}{2}\mathrm{i}'\left[x^2 + \frac{1}{x^2} + 2\mathrm{p}\left(x e^{-\omega\sqrt{-1}} + \frac{1}{x} e^{\omega\sqrt{-1}}\right) + 6\mathrm{q}\right],$$

et par suite l'équation

$$\mathfrak{t}^2 = 0$$

pourra être réduite à la suivante

$$(12) \qquad x^2 + \frac{1}{x^2} + 2\mathrm{p}\left(x e^{-\omega\sqrt{-1}} + \frac{1}{x} e^{\omega\sqrt{-1}}\right) + 6\mathrm{q} = 0$$

ou, ce qui revient au même, à la suivante

$$(13) \qquad x^4 + 2\mathrm{p}x^3 e^{-\omega\sqrt{-1}} + 6\mathrm{q}x^2 + 2\mathrm{p}x e^{\omega\sqrt{-1}} + 1 = 0.$$

Soit

$$x = \mathfrak{a} e^{\varphi\sqrt{-1}}$$

une racine de l'équation (12) ou (13), l'arc φ étant réel aussi bien que le module $\mathfrak{a}$, on aura identiquement

$$\mathfrak{a}^2 e^{2\varphi\sqrt{-1}} + \mathfrak{a}^{-2} e^{-2\varphi\sqrt{-1}} + 2\mathrm{p}\left(\mathfrak{a} e^{(\varphi-\omega)\sqrt{-1}} + \mathfrak{a}^{-1} e^{-(\varphi-\omega)\sqrt{-1}}\right) + 6\mathrm{q} = 0;$$

et, comme cette dernière formule ne sera point altérée quand on remplacera $\mathfrak{a}$ par $\frac{1}{\mathfrak{a}}$, il est clair qu'on vérifiera encore l'équation (12) ou (13) en prenant

$$x = \frac{1}{\mathfrak{a}} e^{\varphi\sqrt{-1}}.$$

Donc les quatre racines de l'équation (13) se correspondront deux à deux, de manière à offrir, avec un même argument, deux modules inverses l'un de l'autre; donc ces quatre racines seront de la forme

$$\mathfrak{a}\, e^{\varphi\sqrt{-1}},\quad \frac{1}{\mathfrak{a}} e^{\varphi\sqrt{-1}},\quad \mathfrak{b}\, e^{\chi\sqrt{-1}},\quad \frac{1}{\mathfrak{b}} e^{\chi\sqrt{-1}},$$

$\mathfrak{a}$, $\mathfrak{b}$ désignant des quantités positives, et φ, χ des arcs réels. Donc la formule (11) donnera

$$(14)\quad \mathfrak{r}^2 = \frac{\mathfrak{i}'}{2x^2}\left(x - \mathfrak{a} e^{\varphi\sqrt{-1}}\right)\left(x - \frac{1}{\mathfrak{a}} e^{\varphi\sqrt{-1}}\right)\left(x - \mathfrak{b} e^{\chi\sqrt{-1}}\right)\left(x - \frac{1}{\mathfrak{b}} e^{\chi\sqrt{-1}}\right);$$

et, si l'on fait, pour abréger,

$$\mathcal{K}^2 = \frac{2\mathfrak{a}\mathfrak{b}}{\mathfrak{i}'},$$

on aura simplement

$$(15)\quad \mathfrak{r}^2 = \frac{\left(1 - \mathfrak{a} x e^{-\varphi\sqrt{-1}}\right)\left(1 - \mathfrak{a} x^{-1} e^{\varphi\sqrt{-1}}\right)\left(1 - \mathfrak{b} x e^{-\chi\sqrt{-1}}\right)\left(1 - \mathfrak{b} x^{-1} e^{\chi\sqrt{-1}}\right)}{\mathcal{K}^2} e^{(\varphi+\chi)\sqrt{-1}}.$$

De plus, comme, en ayant égard à la formule $x = e^{\psi'\sqrt{-1}}$, on trouvera

$$\left(1 - \mathfrak{a} x e^{-\varphi\sqrt{-1}}\right)\left(1 - \mathfrak{a} x^{-1} e^{\varphi\sqrt{-1}}\right) = 1 - 2\mathfrak{a}\cos(\psi' - \varphi) + \mathfrak{a}^2 > 0$$

et

$$\left(1 - \mathfrak{b} x e^{-\chi\sqrt{-1}}\right)\left(1 - \mathfrak{b} x^{-1} e^{\chi\sqrt{-1}}\right) = 1 - 2\mathfrak{b}\cos(\psi' - \chi) + \mathfrak{b}^2 > 0,$$

il est clair que la fraction comprise dans le second membre de la formule (15) offre une valeur réelle et positive. Donc, puisque $\mathfrak{r}^2$ est lui-même réel et positif, on aura nécessairement

$$e^{(\varphi+\chi)\sqrt{-1}} = 1$$

et, par suite,

$$e^{\chi\sqrt{-1}} = e^{-\varphi\sqrt{-1}}.$$

Donc les quatre racines de l'équation (13) seront de la forme

$$\mathfrak{a}\, e^{\varphi\sqrt{-1}},\quad \frac{1}{\mathfrak{a}} e^{\varphi\sqrt{-1}},\quad \mathfrak{b}\, e^{-\varphi\sqrt{-1}},\quad \frac{1}{\mathfrak{b}} e^{-\varphi\sqrt{-1}},$$

et l'équation (15) se réduira simplement à celle-ci :

$$(16)\quad \iota^2 = \frac{(1 - \mathfrak{a} x e^{-\varphi\sqrt{-1}})(1 - \mathfrak{a} x^{-1} e^{\varphi\sqrt{-1}})(1 - \mathfrak{b} x e^{\varphi\sqrt{-1}})(1 - \mathfrak{b} x^{-1} e^{-\varphi\sqrt{-1}})}{\mathcal{K}^2}.$$

On aura donc, par suite,

$$(17)\quad \frac{1}{\iota} = \mathcal{K}(1 - \mathfrak{a} x e^{-\varphi\sqrt{-1}})^{-\frac{1}{2}}(1 - \mathfrak{a} x^{-1} e^{\varphi\sqrt{-1}})^{-\frac{1}{2}}(1 - \mathfrak{b} x e^{\varphi\sqrt{-1}})^{-\frac{1}{2}}(1 - \mathfrak{b} x^{-1} e^{-\varphi\sqrt{-1}})^{-\frac{1}{2}}.$$

Telle est la valeur de $\frac{1}{\iota}$ qui devra être substituée dans le second membre de la formule (8).

On peut remarquer encore que, si l'on pose, pour abréger,

$$\eta' = \operatorname{tang}(\tfrac{1}{2} \operatorname{arc} \sin \varepsilon'),$$

on aura

$$\tfrac{1}{2}\varepsilon' = \frac{2\eta'}{1 + \eta'^2},$$

$$1 - \varepsilon' \cos\psi' = \frac{\varepsilon'}{2\eta'}(1 - 2\eta' \cos\psi' + \eta'^2)$$

et, par suite,

$$(18)\quad 1 - \varepsilon'\left(x + \frac{1}{x}\right) = \frac{\varepsilon'}{2\eta'}(1 - \eta' x)(1 - \eta' x^{-1}).$$

Lorsqu'on veut appliquer les formules précédentes au calcul des inégalités que présentent les mouvements des astres, il importe d'évaluer en nombres les modules et les arguments des quatre racines imaginaires de l'équation (13). Soient

$$x_1, \quad x_2, \quad x_3, \quad x_4$$

ces quatre racines, en sorte qu'on ait

$$x_1 = \mathfrak{a} e^{\varphi\sqrt{-1}}, \qquad x_2 = \frac{1}{\mathfrak{a}} e^{\varphi\sqrt{-1}}, \qquad x_3 = \mathfrak{b} e^{-\varphi\sqrt{-1}}, \qquad x_4 = \frac{1}{\mathfrak{b}} e^{-\varphi\sqrt{-1}}.$$

On pourrait, en ayant recours au procédé le plus généralement suivi, ramener la recherche des racines

$$x_1, \quad x_2, \quad x_3, \quad x_4$$

et, par suite, celle des quantités réelles

$$\mathfrak{a},\quad \mathfrak{b},\quad \varphi,$$

à la résolution de l'équation du troisième degré qui a pour racines les carrés des trois sommes

$$x_1 + x_2 - x_3 - x_4,\quad x_1 + x_3 - x_2 - x_4,\quad x_1 + x_4 - x_2 - x_3.$$

Mais il sera mieux encore de réduire la détermination des quantités

$$\mathfrak{a},\quad \mathfrak{b},\quad \varphi$$

à la résolution de l'équation du troisième degré qui a pour racines les moitiés des trois sommes

$$x_1 x_2 + x_3 x_4,\quad x_1 x_3 + x_2 x_4,\quad x_1 x_4 + x_2 x_3,$$

attendu que ces trois sommes s'expriment très simplement en fonction de $\mathfrak{a}$, $\mathfrak{b}$, φ, à l'aide des formules

$$x_1 x_2 + x_3 x_4 = 2\cos 2\varphi,\qquad x_1 x_3 + x_2 x_4 = \mathfrak{ab} + \frac{1}{\mathfrak{ab}},\qquad x_1 x_4 + x_2 x_3 = \frac{\mathfrak{a}}{\mathfrak{b}} + \frac{\mathfrak{b}}{\mathfrak{a}}.$$

Désignons par

$$y_1,\quad y_2,\quad y_3$$

les moitiés de ces trois sommes, et par y l'une quelconque d'entre elles. On aura

$$(19)\qquad y_1 = \cos 2\varphi,\qquad y_2 = \frac{1}{2}\left(\mathfrak{ab} + \frac{1}{\mathfrak{ab}}\right),\qquad y_3 = \frac{1}{2}\left(\frac{\mathfrak{a}}{\mathfrak{b}} + \frac{\mathfrak{b}}{\mathfrak{a}}\right);$$

et l'équation du troisième degré

$$(y - y_1)(y - y_2)(y - y_3) = 0$$

se réduira, en vertu de la formule (13), à la suivante :

$$(20)\qquad y^3 - 2\mathfrak{q}y^2 + (\mathfrak{p}^2 - 1)y + 3\mathfrak{q} - \mathfrak{p}^2\cos 2\omega = 0.$$

De plus, si l'on pose dans cette dernière

$$y = z + \mathfrak{q},$$

on en tirera

$$(21)\qquad z^3 - \mathfrak{P}z - \mathfrak{Q} = 0,$$

les valeurs de $\mathfrak{P}$, $\mathfrak{Q}$ étant déterminées par les formules

$$(22)\qquad \mathfrak{P} = 3q^2 - (p-1)(p+1), \qquad \mathfrak{Q} = 2q(q-1)(q+1) - p^2(q - \cos 2\omega),$$

ou, ce qui revient au même, par les formules

$$(23)\qquad \mathfrak{P} = 3q^2 - p^2 + 1, \qquad \mathfrak{Q} = q(2q^2 - p^2) + p^2 \cos 2\omega - 2q.$$

Il suit des formules (19) que les trois racines de l'équation (20) sont réelles. Donc on pourra en dire autant des trois racines de l'équation (21), ce qui suppose que la valeur $\mathfrak{P}$ reste positive. Or, dans cette supposition, on tire de l'équation (21)

$$(24)\qquad z = \mathfrak{R} \cos \theta,$$

les valeurs de $\mathfrak{R}$ et de θ étant déterminées par les formules

$$(25)\qquad \mathfrak{R} = 2\left(\frac{\mathfrak{P}}{3}\right)^{\frac{1}{2}}, \qquad \cos 3\theta = \frac{3\mathfrak{Q}}{\mathfrak{P}\mathfrak{R}}.$$

Par suite, si l'on pose, pour abréger,

$$\tau = \arccos \frac{3\mathfrak{Q}}{\mathfrak{P}\mathfrak{R}},$$

en sorte que τ désigne un arc renfermé entre les limites 0, π, les trois racines de l'équation en z seront

$$\mathfrak{R} \cos \frac{\tau}{3}, \quad \mathfrak{R} \cos \frac{\tau + 2\pi}{3}, \quad \mathfrak{R} \cos \frac{\tau - 2\pi}{3},$$

et les trois racines de l'équation en y seront

$$(26)\qquad q + \mathfrak{R} \cos \frac{\tau}{3}, \qquad q + \mathfrak{R} \cos \frac{\tau + 2\pi}{3}, \qquad q + \mathfrak{R} \cos \frac{\tau - 2\pi}{3}.$$

De ces trois racines, la plus petite, abstraction faite du signe, restera inférieure à l'unité et sera la valeur de

$$(27)\qquad y_1 = \cos 2\varphi.$$

Les deux autres racines, positives et supérieures à l'unité, seront les valeurs des demi-sommes

$$(28)\qquad y_2 = \frac{1}{2}\left(\mathfrak{ab} + \frac{1}{\mathfrak{ab}}\right), \qquad y_3 = \frac{1}{2}\left(\frac{\mathfrak{a}}{\mathfrak{b}} + \frac{\mathfrak{b}}{\mathfrak{a}}\right).$$

D'ailleurs, comme on l'a remarqué, les racines de l'équation (13), prises deux à deux, se correspondent de manière à offrir deux modules inverses l'un de l'autre, et dont l'un est nécessairement inférieur à l'unité. On peut donc, dans les calculs qui précèdent, supposer les modules $\mathfrak{a}$ et $\mathfrak{b}$ inférieurs à l'unité; et, si l'on désigne par $\mathfrak{a}$ le plus grand de ces deux modules, on aura

$$\mathfrak{b} < \mathfrak{a} < 1.$$

Dans cette hypothèse, y_2 sera la plus grande des deux valeurs de y qui surpassent l'unité. Ajoutons que l'on tirera des équations (28)

$$(29)\qquad \mathfrak{ab} = \text{tang}\left(\tfrac{1}{2}\arcsin\frac{1}{y_2}\right), \qquad \frac{\mathfrak{b}}{\mathfrak{a}} = \text{tang}\left(\tfrac{1}{2}\arcsin\frac{1}{y_3}\right),$$

et que, après avoir ainsi déterminé les valeurs des quantités positives

$$\mathfrak{ab}, \quad \frac{\mathfrak{b}}{\mathfrak{a}},$$

il suffira, pour obtenir $\mathfrak{a}$ et $\mathfrak{b}$, d'extraire les racines carrées de leur rapport et de leur produit. Quant à l'angle φ, il ne se trouvera pas complètement déterminé par la formule (27), à laquelle il conviendra de substituer celle que nous allons maintenant établir.

La valeur de ι^2, exprimée en fonction de x, doit rester la même, soit qu'on la déduise de la formule (11) ou de la formule (16); on doit donc avoir identiquement, quel que soit x,

$$\frac{\mathfrak{i}'}{2}\left[x^2 + \frac{1}{x^2} + 2\mathfrak{p}\left(xe^{-\omega\sqrt{-1}} + \frac{1}{x}e^{\omega\sqrt{-1}}\right) + 6\mathfrak{q}\right]$$
$$= \mathfrak{K}^{-2}(1 - \mathfrak{a}xe^{-\varphi\sqrt{-1}})(1 - \mathfrak{a}x^{-1}e^{\varphi\sqrt{-1}})(1 - \mathfrak{b}xe^{\varphi\sqrt{-1}})(1 - \mathfrak{b}x^{-1}e^{-\varphi\sqrt{-1}}).$$

Si l'on remplace $\mathfrak{K}^{-2}$ par sa valeur $\frac{\mathfrak{i}'}{2\mathfrak{ab}}$ et x par $e^{\psi'\sqrt{-1}}$ dans l'équation précédente, on en tirera

$$(30)\quad \left\{\begin{aligned}&\cos 2\psi' + 2p\cos(\psi' - \omega) + 3q\\ &= \frac{[1 - 2a\cos(\psi' - \varphi) + a^2][1 - 2b\cos(\psi' + \varphi) + b^2]}{2ab}.\end{aligned}\right.$$

De plus, si, dans l'équation (30), on remplace l'angle ψ' qui reste arbitraire par $\psi' + \pi$, elle donnera

$$(31)\quad \left\{\begin{aligned}&\cos 2\psi' - 2p\cos(\psi' - \omega) + 3q\\ &= \frac{[1 + 2a\cos(\psi' - \varphi) + a^2][1 + 2b\cos(\psi' + \varphi) + b^2]}{2ab}.\end{aligned}\right.$$

Enfin, si l'on combine par voie d'addition et de soustraction les formules (30) et (31), on en conclura

$$\cos 2\psi' + 3q = \frac{1}{2}\left(a + \frac{1}{a}\right)\left(b + \frac{1}{b}\right) + 2\cos(\psi' - \varphi)\cos(\psi' + \varphi)$$

ou, ce qui revient au même,

$$(32)\qquad 3q = \frac{1}{2}\left(a + \frac{1}{a}\right)\left(b + \frac{1}{b}\right) + \cos 2\varphi$$

et

$$(33)\quad 2p\cos(\psi' - \omega) = -\left(a + \frac{1}{a}\right)\cos(\psi' + \varphi) - \left(b + \frac{1}{b}\right)\cos(\psi' - \varphi).$$

L'équation (32) qui, comme la formule (27), fournit seulement la valeur de $\cos 2\varphi$, ne peut servir à déterminer complètement l'angle φ. Mais il n'en est pas de même de l'équation (33), et si, dans cette dernière, on pose successivement

$$\psi' = 0, \qquad \psi' = \frac{\pi}{2},$$

on en tirera

$$(34)\quad \cos\varphi = -\frac{2p\cos\omega}{a + \frac{1}{a} + b + \frac{1}{b}}, \qquad \sin\varphi = -\frac{2p\sin\omega}{b + \frac{1}{b} - a - \frac{1}{a}}.$$

Or il est clair que les formules (34) déterminent complètement la valeur de φ ou plutôt le point de la circonférence avec lequel coïncide l'extrémité de l'arc représenté par la lettre φ.

Il est important d'observer que, si l'on nomme ε, ε' les excentricités des orbites des deux planètes m et m', les valeurs de i, i' seront

$$(35) \qquad \mathrm{i} = \frac{\varepsilon^2}{2}, \qquad \mathrm{i}' = \frac{\varepsilon'^2}{2}.$$

Donc, si l'on désigne par m' une des anciennes planètes, la valeur de i' sera généralement très petite. Donc alors la valeur de r^2, déterminée par l'équation (10), se réduira sensiblement à

$$(36) \qquad \mathrm{r}^2 = \mathrm{H} + \mathrm{K}\cos(\psi' - \omega).$$

Par suite, deux racines de l'équation (13), celles-là mêmes que nous avons représentées par les produits

$$\mathrm{a}e^{\varphi\sqrt{-1}}, \quad \frac{1}{\mathrm{a}}e^{\varphi\sqrt{-1}},$$

se réduiront sensiblement aux deux valeurs de

$$x = e^{\psi'\sqrt{-1}},$$

qui seront déterminées par la formule

$$(37) \qquad \mathrm{H} + \mathrm{K}\cos(\psi' - \omega) = 0,$$

c'est-à-dire aux deux racines de l'équation

$$(38) \qquad \mathrm{H} + \tfrac{1}{2}\mathrm{K}\left(x e^{\omega\sqrt{-1}} + \frac{1}{x}e^{-\omega\sqrt{-1}}\right) = 0.$$

D'ailleurs, si l'on pose, pour abréger,

$$\theta = \operatorname{tang}\left(\tfrac{1}{2}\arcsin\frac{\mathrm{K}}{\mathrm{H}}\right),$$

les deux racines de l'équation (38) sont

$$(39) \qquad x = -\theta e^{\omega\sqrt{-1}}, \qquad x = -\frac{1}{\theta}e^{\omega\sqrt{-1}}.$$

Donc, si l'on prend pour m' une des anciennes planètes, la racine de l'équation (13), représentée par le produit

$$\mathfrak{a}\, e^{\varphi\sqrt{-1}},$$

aura pour valeur approchée le produit

$$-\theta e^{\omega\sqrt{-1}} = \theta e^{(\pi+\omega)\sqrt{-1}}.$$

Alors aussi celle des racines de l'équation (13) que représente le produit

$$\mathfrak{b}\, e^{-\varphi\sqrt{-1}}$$

deviendra sensiblement nulle, en sorte que sa valeur approchée sera réduite à zéro. Ajoutons que, en partant des valeurs approchées que nous venons d'obtenir pour les deux racines

$$\mathfrak{a}\, e^{\varphi\sqrt{-1}}, \quad \mathfrak{b}\, e^{-\varphi\sqrt{-1}},$$

on pourra les déterminer l'une et l'autre, très facilement et avec une grande exactitude, en appliquant la méthode des approximations successives, donnée par Newton, à l'équation (13) présentée sous la forme

$$(40) \qquad x(x + \theta e^{\omega\sqrt{-1}}) + \mathrm{i}' \frac{\theta}{\mathrm{K}} \frac{1 + x^4}{1 + \theta x e^{-\omega\sqrt{-1}}} = 0.$$

266.

Analyse mathématique. — *Mémoire sur une extension remarquable que l'on peut donner aux nouvelles formules établies dans les séances précédentes.*

C. R., T. XIX, p. 1331 (16 décembre 1844).

Les nouvelles formules que j'ai données dans les précédentes séances, pour le développement des fonctions en séries, peuvent encore être généralisées. Si, parmi ces formules, on considère spécialement celles qui renferment des différences finies, on reconnaîtra qu'elles se trouvent comprises, comme cas particuliers, dans une formule plus générale et très simple, dont les divers termes sont respectivement proportionnels aux différences finies successives de diverses fonctions qu'il est facile de calculer. Cette dernière formule, aussi bien que les autres, peut être appliquée avec avantage à la solution des problèmes de haute analyse. Concevons, pour fixer les idées, qu'on la fasse servir au développement d'une fonction en série de termes proportionnels aux diverses puissances entières, positives, nulle et négatives d'une exponentielle trigonométrique. Alors on se trouvera précisément ramené aux conclusions que j'ai déjà énoncées dans un article que renferme le *Compte rendu* de la séance du 9 août 1841.

ANALYSE.

Soient $F(x)$ une fonction donnée de la variable x, et a une constante réelle ou imaginaire dont le module a ne surpasse pas l'unité. Supposons d'ailleurs que la fonction

$$F(x)$$

et même la fonction

$$F\left(\frac{x}{a}\right)$$

restent continues par rapport à la variable x, pour tout module de cette variable inférieur à une certaine limite qui surpasse l'unité. Chacune des fonctions

$$F(x),\quad F\left(\frac{x}{a}\right)$$

sera, pour un tel module, développable en série convergente ordonnée suivant les puissances entières positives, nulle et négatives de x. Or, soit A_n le coefficient de x^n dans le développement de $F(x)$, et désignons par p un arc réel; alors, en prenant

$$x = e^{p\sqrt{-1}},$$

on aura

$$(1)\qquad A_n = \frac{1}{2\pi}\int_{-\pi}^{\pi} x^{-n}\,F(x)\,dp,$$

et l'on trouvera encore, en remplaçant x par $\frac{x}{a}$,

$$(2)\qquad A_n = \frac{a^n}{2\pi}\int_{-\pi}^{\pi} x^{-n}\,F\left(\frac{x}{a}\right)dp.$$

Supposons maintenant que $F(x)$ se décompose en deux facteurs, dont l'un soit représenté par $f(x)$, l'autre par $\varphi(ax)$, en sorte qu'on ait

$$(3)\qquad F(x) = \varphi(ax)\,f(x)$$

et, par suite,

$$F\left(\frac{x}{a}\right) = \varphi(x)\,f\left(\frac{x}{a}\right).$$

La formule (2) deviendra

$$(4)\qquad A_n = \frac{a^n}{2\pi}\int_{-\pi}^{\pi} x^{-n}\,\varphi(x)\,f\left(\frac{x}{a}\right)dp.$$

Pour déduire de l'équation (4) les formules (17) et (18) de la page 339, il suffit de poser

$$(5)\qquad y = x^{-1} - 1,$$

en sorte qu'on ait

$$(6)\qquad x = 1 - xy$$

et

$$(7)\qquad \frac{1}{x} = 1 + y,$$

puis de développer, suivant les puissances entières et ascendantes de y, la fonction $f\left(\frac{x}{a}\right)$, après y avoir substitué la valeur précédente de x ou de $\frac{1}{x}$. Mais on obtiendra une formule encore plus générale, si, la fonction $f(x)$ étant elle-même décomposée en deux facteurs $\varphi(x)$, $f\left(\frac{1}{x}\right)$, en sorte qu'on ait

$$f(x) = \varphi(x) f\left(\frac{1}{x}\right) \tag{8}$$

et

$$f\left(\frac{x}{a}\right) = \varphi\left(\frac{x}{a}\right) f\left(\frac{a}{x}\right),$$

on développe, suivant les puissances ascendantes de y, la fonction $f\left(\frac{x}{a}\right)$ dont les deux facteurs sont

$$\varphi\left(\frac{x}{a}\right), \quad f\left(\frac{a}{x}\right),$$

après avoir réduit ces deux facteurs aux formes

$$\varphi\left(\frac{1 - xy}{a}\right), \quad f(a + ay),$$

en substituant, dans le premier, la valeur de x tirée de l'équation (6), et dans le second la valeur de $\frac{1}{x}$ tirée de l'équation (7). Alors, en supposant que l'on ait, pour des valeurs quelconques des variables x, y,

$$\mathcal{F}(x, y) = \varphi\left(\frac{1 - xy}{a}\right) f(a + ay), \tag{9}$$

on tirera de l'équation (9) jointe à l'équation (5)

$$\mathcal{F}(x, y) = f\left(\frac{x}{a}\right), \tag{10}$$

et par suite la formule (4) deviendra

$$A_n = \frac{a_n}{2\pi} \int_{-\pi}^{\pi} x^{-n} \varphi(x) \mathcal{F}(x, y)\, dp. \tag{11}$$

D'autre part, en développant, suivant les puissances entières de y, la fonction $\mathcal{F}(x, y)$ déterminée par l'équation (9), on trouvera

$$\mathcal{F}(x, y) = X_0 + X_1 y + X_2 y^2 + \ldots + X_{m-1} y^{m-1} + r_m, \tag{12}$$

X_m désignant une fonction de x, entière, et du degré m, déterminée par la formule

$$(13)\quad X_m = \frac{1}{1.2\ldots m}\left[a^m f^{(m)}(a)\chi\left(\frac{1}{a}\right) - \frac{m}{1}a^{m-2}x f^{(m-1)}(a)\chi'\left(\frac{1}{a}\right) + \ldots + (-1)^m \frac{x^m}{a^m} f(a)\chi^{(m)}\left(\frac{1}{a}\right)\right],$$

en sorte qu'on aura, non seulement

$$(14)\qquad X_0 = f(a)\chi\left(\frac{1}{a}\right) = f\left(\frac{1}{a}\right),$$

mais encore

$$(15)\qquad \begin{cases} X_1 = a f'(a)\chi\left(\frac{1}{a}\right) - \frac{x}{a} f(a)\chi'\left(\frac{1}{a}\right), \\ X_2 = \frac{1}{1.2}\left[a^2 f''(a)\chi\left(\frac{1}{a}\right) - 2x f'(a)\chi'\left(\frac{1}{a}\right) + \frac{x^2}{a^2} f(a)\chi''\left(\frac{1}{a}\right)\right], \\ \ldots\ldots\ldots\ldots\ldots\ldots\ldots\ldots\ldots, \end{cases}$$

et le reste r_m pouvant être représenté par une intégrale définie simple, du genre de celles que nous avons mentionnées dans le précédent Mémoire. Si d'ailleurs on pose, pour abréger,

$$(16)\qquad K_m = \frac{1}{2\pi}\int_{-\pi}^{\pi} x^{-n} X_m \varphi(x)\, dp,$$

$$(17)\qquad R_m = \frac{a^n}{2\pi}\int_{-\pi}^{\pi} x^{-n} r_m \varphi(x)\, dp,$$

alors, en admettant que la caractéristique Δ des différences finies soit relative à l'exposant n, on tirera de la formule (16)

$$\Delta^m K_m = \frac{1}{2\pi}\int_{-\pi}^{\pi} x^{-n}(x^{-1}-1)^m X_m \varphi(x)\, dp$$

ou, ce qui revient au même,

$$(18)\qquad \Delta^m K_m = \frac{1}{2\pi}\int_{-\pi}^{\pi} x^{-n} X_m y^m \varphi(x)\, dp,$$

et de la formule (11), jointe à l'équation (12),

$$(19)\qquad A_n = a^n(K_0 + \Delta K_1 + \Delta^2 K_2 + \ldots + \Delta^{m-1} K_{m-1}) + R_m$$

Si le reste R_m devient infiniment petit pour des valeurs infiniment grandes de m, l'équation (19) donnera simplement

$$A_n = a^n (K_0 + \Delta K_1 + \Delta^2 K_2 + \ldots). \tag{20}$$

C'est ce qui aura lieu, en particulier, si le reste r_m devient lui-même infiniment petit pour des valeurs infiniment grandes de m. Ajoutons que cette dernière condition sera certainement remplie si $\mathcal{F}(x, y)$ est développable en série convergente ordonnée suivant les puissances ascendantes de la variable y, pour tout module de cette variable inférieur à 2; car le module 2 est évidemment le plus grand de ceux que peut acquérir la valeur de y déterminée par le système des deux équations

$$y = x^{-1} - 1, \qquad x = e^{p\sqrt{-1}},$$

la lettre p étant supposée représenter un arc réel.

Il est bon d'observer que, si l'on pose, pour abréger,

$$k_n = \frac{1}{2\pi}\int_{-\pi}^{\pi} x^{-n}\,\varphi(x)\,dp, \tag{21}$$

la formule (16), jointe aux équations (13), (14), (15), donnera

$$K_0 = k_n\,f(a)\,\chi\left(\frac{1}{a}\right) = k_n\,f\left(\frac{1}{a}\right), \tag{22}$$

$$(23)\quad \left\{\begin{aligned} K_1 &= k_n\,a\,f'(a)\,\chi\left(\frac{1}{a}\right) - k_{n-1}\,a^{-1}\,f(a)\,\chi'\left(\frac{1}{a}\right),\\ K_2 &= \frac{1}{1.2}\left[k_n\,a^2 f''(a)\,\chi\left(\frac{1}{a}\right) - k_{n-1}\,f'(a)\,\chi'\left(\frac{1}{a}\right) + k_{n-2}\,a^{-2}\,f(a)\,\chi''\left(\frac{1}{a}\right)\right],\\ &\ldots\ldots\ldots\ldots\ldots\ldots\ldots\ldots\ldots\ldots\ldots\ldots \end{aligned}\right.$$

et généralement

$$(24)\quad \left\{\begin{aligned} K_m = \frac{1}{1.2\ldots m}\Big[k_n a^m f^{(m)}(a)\,\chi\left(\frac{1}{a}\right) - \frac{m}{1}\,k_{n-1}\,a^{m-2}\,f^{(m-1)}(a)\,\chi'\left(\frac{1}{a}\right) + \ldots\\ + (-1)^m k_{n-m}\,a^{-m}\,f(a)\,\chi^{(m)}\left(\frac{1}{a}\right)\Big]. \end{aligned}\right.$$

Si l'on suppose, dans la formule (8),

$$f\left(\frac{1}{x}\right) = 1,$$

on en conclura

$$\chi(x) = f(x),$$

et la formule (24) deviendra

$$K_m = (-1)^m \frac{a^{-m}}{1.2\ldots m} k_{n-m} f^{(m)}\left(\frac{1}{a}\right).$$

Donc alors l'équation (19), réduite à la forme

$$(25)\quad A_n = a^n\left[k_n f\left(\frac{1}{a}\right) - \frac{a^{-1}}{1} \Delta k_{n-1} f'\left(\frac{1}{a}\right) + \ldots + (-1)^{m-1} \frac{a^{-m+1}}{1.2\ldots(m-1)} \Delta^{m-1} k_{n-m+1} f^{(m)}\left(\frac{1}{a}\right)\right] +$$

coïncidera précisément avec la formule (15) de la page 346.

Si, dans la formule (8), on suppose

$$\chi(x) = 1,$$

on en conclura

$$f\left(\frac{1}{x}\right) = f(x),$$

par conséquent

$$f(x) = f\left(\frac{1}{x}\right).$$

Donc alors l'équation (24) donnera

$$K_m = \frac{a^m}{1.2\ldots m} k_n D_a^m f\left(\frac{1}{a}\right),$$

et l'équation (19), réduite à la forme

$$(26)\quad A_n = a^n\left[k_n f(a^{-1}) + \frac{a}{1} \Delta k_n D_a f(a^{-1}) + \ldots + \frac{a^{m-1}}{1.2\ldots(m-1)} \Delta^{m-1} k_n D_a^{m-1} f(a^{-1})\right] + R_m,$$

coïncidera précisément avec la formule (21) de la page 347.

Dans un prochain article, je montrerai l'utilité des formules générales que je viens d'établir, spécialement des formules (19) et (20), dans la recherche des développements des fonctions et, en particulier, de la fonction perturbatrice relative au système de deux planètes.

267.

ANALYSE MATHÉMATIQUE. — *Mémoire sur quelques propositions fondamentales du calcul des résidus et sur la théorie des intégrales singulières.*

C. R., T. XIX, p. 1337 (16 décembre 1844).

§ I. — *Considérations générales.*

J'ai, dans le Ier Volume des *Exercices de Mathématiques*, appliqué le calcul des résidus à la recherche et à la démonstration de diverses propriétés que possède une fonction $f(z)$ d'une variable réelle ou imaginaire z, en supposant, comme je l'ai dit à la page 98 (théorème I) [1], qu'à chacune des valeurs de z que l'on considère, correspond une *valeur unique et déterminée* de la fonction $f(z)$. Cette étude m'a conduit (p. 109 et 110) [2] à une formule qui est l'expression pure et simple d'un théorème fondamental et très général dont voici l'énoncé :

THÉORÈME I. — *Si le produit de la fonction $f(z)$ par la variable z se réduit, pour toute valeur infinie, réelle ou imaginaire de cette variable, à une constante déterminée $\mathfrak{F}$, le résidu intégral de la fonction se réduira lui-même à cette constante.*

THÉORÈME II. — *Si la constante $\mathfrak{F}$ s'évanouit, le résidu intégral de la fonction s'évanouira pareillement.*

Cette seconde proposition, énoncée à la page 110 du Volume déjà cité, est, comme on le voit, une conséquence immédiate de la première.

Il y a plus : des théorèmes que je viens de rappeler, on déduit encore d'autres propositions fondamentales qui se trouvent discutées et déve-

(1) *Œuvres de Cauchy*, S. II, T. VI, p. 127.
(2) *Ibid.*, p. 141.

loppées dans le IIe Volume des *Exercices* (p. 277 et suiv.) (¹). La première est le théorème dont voici l'énoncé :

Théorème III. — *Si, en attribuant au module de la variable z des valeurs infiniment grandes, on peut les choisir de manière que la fonction $f(z)$ devienne sensiblement égale à une constante déterminée $\mathfrak{F}$, ou du moins de manière que la différence entre la fonction et la constante reste toujours finie ou infiniment petite, et ne cesse d'être infiniment petite en demeurant finie que dans le voisinage de certaines valeurs particulières de l'argument de la variable z; alors, pour une valeur quelconque de cette variable, la fonction $f(z)$ sera équivalente à la constante $\mathfrak{F}$, plus à une somme de fractions rationnelles qui correspondront aux diverses racines de l'équation*

$$\frac{1}{f(z)} = 0.$$

Si la fonction $f(z)$ ne devient jamais infinie, alors, l'équation

$$\frac{1}{f(z)} = 0$$

n'ayant plus de racines, les fractions rationnelles disparaîtront. Donc le théorème III renferme, comme cas particulier, la proposition suivante :

Théorème IV. — *Si, pour chaque valeur réelle ou imaginaire de la variable z, la fonction $f(z)$ conserve sans cesse une valeur unique et déterminée, si d'ailleurs elle se réduit, pour toute valeur infinie de z, à une constante déterminée $\mathfrak{F}$, elle se réduira encore à cette même constante quand la variable z acquerra une valeur finie quelconque.*

J'ai d'ailleurs, dans plusieurs Mémoires que renferment les *Comptes rendus des séances* de l'année 1843, appliqué à la théorie des fonctions elliptiques les propositions ci-dessus énoncées, et d'autres de la même nature, qui sont encore plus générales; et je suis ainsi parvenu, non

(¹) *OEuvres de Cauchy*, S. II, T. VII, p. 324 et suiv.

seulement à reproduire des résultats obtenus par M. Jacobi, mais encore à établir des formules nouvelles qui m'ont paru dignes de fixer un instant l'attention des géomètres.

Il n'est pas sans intérêt de remarquer, dès à présent, l'analogie qu'offrent, dans leurs énoncés, les diverses propositions, et spécialement le théorème IV, avec un autre théorème dont l'un de nos plus savants confrères, M. Liouville, a entretenu l'Académie dans la précédente séance. Ce dernier théorème, que notre confrère indique comme pouvant aussi être appliqué à la théorie des fonctions elliptiques, se rapporte généralement aux fonctions à double période. Je rechercherai, plus tard, quels rapports essentiels existent entre les deux théorèmes, et comment on peut arriver à déduire l'un de l'autre. Le nouveau principe, ou théorème indiqué par M. Liouville, se trouve énoncé, à la page 1262, dans les termes suivants :

Soient z une variable quelconque, réelle ou imaginaire, et $\psi(z)$ une fonction de z bien déterminée, je veux dire une fonction qui, pour chaque valeur $x+y\sqrt{-1}$ de z, prenne une valeur unique toujours la même, lorsque x et y redeviennent les mêmes. Si une telle fonction est doublement périodique, et si l'on reconnaît qu'elle n'est jamais infinie, on pourra affirmer, par cela seul, qu'elle se réduit à une simple constante.

En terminant ce paragraphe, j'observerai que j'ai déduit constamment les divers théorèmes précédemment rappelés, et les théorèmes analogues, d'un principe fondamental, établi dans mes Mémoires de 1814 et de 1822. Comme je l'ai reconnu dans ces Mémoires, la différence entre les deux valeurs d'une intégrale double, dans laquelle la fonction sous le signe $\int$ peut s'intégrer une première fois en termes finis par rapport à l'une quelconque des deux variables que l'on considère, se trouve exprimée par une intégrale définie singulière. Ce principe unique suffit pour montrer que, dans le théorème relatif au développement des fonctions en séries, on pourrait, à la rigueur, se passer de la considération des fonctions dérivées. Il en résulte donc, conformément à l'observation judicieuse que M. Liouville me faisait dernièrement à cet égard, qu'entre les deux énoncés de ce théorème, donnés dans mon Mémoire de 1831 et dans mes *Exercices d'Analyse*, il semblerait convenable de choisir le premier. Toutefois, lorsqu'il s'agit du développement des fonctions en séries, la considération des fonctions dérivées me paraît ne devoir pas être entièrement abandonnée, attendu que très souvent, comme je l'ai dit ailleurs, cette considération est précisément celle qui sert à déterminer les modules des séries.

Je remarquerai encore que les divers théorèmes rappelés au commencement de ce paragraphe, et les théorèmes analogues énoncés dans mes *Exercices* ou dans mes autres Ouvrages, se tirent aisément les uns des autres, en sorte qu'on peut déduire avec facilité les théorèmes plus généraux, et plus étendus en apparence, de ceux qui semblent l'être beaucoup moins. C'est ce que j'ai fait voir, en particulier, dans mes *Exercices de Mathématiques* (Ier Volume, p. 95) (1), ainsi que dans mon Mémoire de 1831 (2), sur le calcul des limites.

Je remarquerai enfin qu'aux formules données dans mon Mémoire de 1814, pour la détermination des intégrales doubles et des intégrales définies singulières, il convient de joindre les formules plus générales que renferme le Mémoire présenté à l'Académie le 28 octobre 1822 (3).

§ II. — *Usage des intégrales définies singulières dans la détermination des intégrales doubles.*

C'est dans le Mémoire lu à l'Institut le 22 août 1814 (4) que j'ai montré la différence qui peut exister entre les deux valeurs qu'on obtient pour une intégrale double, lorsqu'on effectue d'abord les intégrations dans un certain ordre, et qu'ensuite on renverse l'ordre des intégrations. C'est encore dans ce Mémoire que j'ai reconnu la cause de cette différence, et que j'en ai donné la mesure exacte, par le

(1) *OEuvres de Cauchy*, S. II, T. VI, p. 124 et suiv.
(2) *Ibid.*, S. II, T. XV.
(3) *Ibid.*, S. II, T. II, *Bulletin de la Société philomathique*.
(4) *Ibid.*, S. I, T. I, p. 319 et suiv.

moyen des intégrales définies singulières. Plus tard, en 1822, je me suis occupé de nouveau du même sujet, qui fut traité aussi, vers la même époque, par M. Ostrogradsky, dont les conclusions s'accordèrent avec les miennes. Mes recherches sur cette matière ont été consignées, d'une part, dans le Mémoire déjà cité, d'autre part, dans le second Mémoire, qui a été présenté à l'Académie le 28 octobre 1822, comme l'atteste la signature du Secrétaire perpétuel, M. Georges Cuvier. Le *Bulletin de la Société philomathique* de 1822 (p. 161) présente diverses formules tirées de ce second Mémoire; je me propose d'en extraire prochainement quelques autres du cahier manuscrit qui renferme le texte original et que j'ai retrouvé dernièrement. Je me bornerai, pour l'instant, à rappeler que, à l'aide des principes énoncés dans le *Bulletin de la Société philomathique*, j'avais décomposé généralement en intégrales définies singulières la différence $A - B$ des intégrales doubles

$$A = \int_{y'}^{y''} \int_{x'}^{x''} f(x, y)\, dy\, dx, \qquad B = \int_{x'}^{x''} \int_{y'}^{y''} f(x, y)\, dx\, dy,$$

et que j'avais ensuite spécialement appliqué mes formules, d'abord au cas où l'on suppose la fonction $f(x, y)$ intégrable en termes finis, par rapport à chacune des variables x, y, en sorte qu'on ait simultanément

$$f(x, y) = D_y \psi(x, y) = D_x \chi(x, y),$$

puis au cas plus restreint où l'on suppose

$$\psi(x, y) = f(X + Y\sqrt{-1})\, D_x(X + Y\sqrt{-1})$$

et

$$\chi(x, y) = f(X + Y\sqrt{-1})\, D_y(X + Y\sqrt{-1}),$$

X et Y désignant deux fonctions quelconques de x et de y.

§ III. — *Conséquences diverses des propositions fondamentales du calcul des résidus.*

Les propositions fondamentales du calcul des résidus, que j'ai rappelées dans le § I, entraînent avec elles, comme conséquences, divers autres théorèmes qui se trouvent déjà, en partie, énoncés dans les *Exercices de Mathématiques*, et que je vais indiquer en peu de mots.

D'abord, du théorème III du § I on peut immédiatement déduire une proposition énoncée à la page 279 du second Volume des *Exercices* (¹), dans les termes suivants :

THÉORÈME I. — *Si, en attribuant au module r de la variable*

$$z = r(\cos p + \sqrt{-1} \sin p)$$

des valeurs infiniment grandes, on peut les choisir de manière que la fonction $f(z)$ devienne sensiblement égale à zéro, quel que soit d'ailleurs l'angle p, ou du moins de manière que cette fonction reste toujours finie ou infiniment petite, et ne cesse d'être infiniment petite, en demeurant finie, que dans le voisinage de certaines valeurs particulières de l'angle p, on aura

$$(1) \qquad f(x) = \mathcal{E} \frac{(f(z))}{x - z},$$

pourvu que, dans le second membre de l'équation (1), *on réduise le résidu intégral*

$$\mathcal{E} \frac{(f(z))}{x - z}$$

à sa valeur principale.

On ne doit pas oublier que, en vertu de la condition énoncée à la page 98 du Iᵉʳ Volume des *Exercices* (²), la fonction $f(z)$ doit conserver, pour chaque valeur finie de z, une valeur unique et déterminée. Donc, si cette fonction ne devient jamais infinie, elle sera ce que nous appelons une *fonction continue* de z. Mais alors, l'équation

$$\frac{1}{f(z)} = 0$$

n'ayant plus de racine, le résidu intégral

$$\mathcal{E} \frac{(f(z))}{x - z}$$

(¹) *Œuvres de Cauchy*, S. II, T. VII, p. 305, 306.
(²) *Ibid.*, S. II, T. VI, p. 128.

s'évanouira, et la formule (1) donnera, pour une valeur quelconque réelle ou imaginaire de la variable x,

$$f(x) = 0.$$

Donc le théorème I entraînera immédiatement la proposition suivante :

Théorème II. — *Soit $f(z)$ une fonction toujours continue de la variable réelle ou imaginaire z. Si cette fonction s'évanouit pour toute valeur infinie de z, elle se réduira toujours à zéro, quel que soit z.*

Corollaire. — Supposons maintenant que la fonction $f(z)$, toujours continue, et par conséquent toujours finie, cesse de s'évanouir pour des valeurs infinies de z. Alors, si l'on désigne par a une valeur particulière de z, le rapport

$$\frac{f(z) - f(a)}{z - a}$$

sera une autre fonction toujours continue et toujours finie qui s'évanouira pour toute valeur infinie de z. Donc, en vertu du théorème II, cette autre fonction se réduira simplement à zéro ; de sorte qu'on aura

$$f(z) - f(a) = 0$$

ou, en d'autres termes,

$$f(z) = f(a) = \text{const.}$$

Donc une considération analogue à celle dont je me suis servi dans le Mémoire de 1831 (p. 6) [1], c'est-à-dire la considération d'un rapport de la forme

$$\frac{f(z) - f(a)}{z - a},$$

ici substitué à la fonction $f(z)$, suffit pour transformer le théorème II en une proposition plus générale en apparence, et dont voici l'énoncé :

Théorème III. — *Si une fonction $f(z)$ de la variable réelle ou imaginaire z reste toujours continue, et par conséquent toujours finie, elle se réduira simplement à une constante.*

(1) *Œuvres de Cauchy*, S. II, T. XV.

On pourrait encore déduire directement cette dernière proposition du théorème II du § I ou, ce qui revient au même, de la formule

$$(2) \qquad \mathcal{E}\,(f(z)) = 0,$$

qui subsiste dans le cas où, la fonction $f(z)$ conservant toujours une valeur unique et déterminée, le produit

$$z f(z)$$

s'évanouit pour toute valeur infinie de z. En effet, supposons que la fonction $f(z)$ cesse de remplir la dernière condition, mais reste toujours finie. On pourra lui substituer, dans la formule (2), le rapport

$$\frac{f(z)}{(z-x)(z-y)},$$

qui remplira certainement cette dernière condition, et alors la formule (2), réduite à la suivante

$$f(x) = f(y),$$

exprimera simplement que la fonction $f(x)$ devient indépendante de la valeur attribuée à x.

Ajoutons que le théorème III, renfermé, comme on vient de le voir, dans la formule (2), comprend évidemment lui-même, comme cas particulier, le théorème relatif aux fonctions à double période.

Concevons maintenant que la fonction $f(z)$, toujours continue, et par conséquent toujours finie, pour des valeurs finies de la variable z, devienne infiniment grande pour des valeurs infinies de cette variable, mais de telle manière que le rapport

$$\frac{f(z)}{z^m},$$

dans lequel m désigne un nombre entier donné, s'évanouisse toujours avec $\frac{1}{z}$. Alors, si l'on désigne par $F(z)$ une fonction entière de degré m, on aura, en vertu de la formule (1),

$$(3)\qquad \frac{f(x)}{F(x)} = \mathcal{E}\frac{1}{x-z}\left(\frac{f(z)}{F(z)}\right).$$

Si, pour fixer les idées, on pose

$$F(z) = (z-a)(z-b)\ldots(z-h)(z-k),$$

$a, b, \ldots, h, k$ désignant m valeurs particulières de z, la formule (3) donnera

$$(4)\qquad \frac{f(x)}{(x-a)(x-b)\ldots(x-k)} = \mathcal{E}\left(\frac{f(z)}{(z-a)(z-b)\ldots(z-k)}\right)\frac{1}{x-z}.$$

Comme on le voit, cette dernière formule, déjà présentée aux géomètres dans le Ier Volume des *Exercices* (p. 23) ([1]), n'est pas seulement applicable au cas spécial que j'ai considéré (*ibidem*), c'est-à-dire au cas où $f(x)$ représente une fonction entière de x. Mais, d'après les principes du calcul des résidus exposés dans le IIe Volume des *Exercices* ou, ce qui revient au même, en vertu du théorème I, il suffit, pour la vérification de la formule (4), que la fonction $f(z)$, étant toujours finie et toujours continue pour des valeurs finies de z, le rapport $\frac{f(z)}{z^m}$ s'évanouisse avec $\frac{1}{z}$. D'ailleurs la formule (4) pouvant, comme j'en ai fait la remarque dans le Ier Volume des *Exercices*, se réduire à la suivante

$$(5)\qquad f(x) = \frac{(x-b)\ldots(x-k)}{(a-b)\ldots(a-k)}f(a) + \ldots + \frac{(x-a)\ldots(x-h)}{(k-a)\ldots(k-h)}f(k),$$

c'est-à-dire à la formule d'interpolation de Lagrange, fournit, en conséquence, pour valeur de $f(x)$, une fonction entière de x du degré $m-1$. On peut donc encore énoncer la proposition suivante :

THÉORÈME IV. — *Si une fonction $f(z)$ de la variable réelle ou imaginaire z reste toujours finie et continue pour des valeurs finies de cette*

([1]) *OEuvres de Cauchy*, S. II, T. VI, p. 36.

variable, et si d'ailleurs le rapport

$$\frac{f(z)}{z^m},$$

dans lequel m désigne un nombre entier donné, s'évanouit pour toute valeur infinie de z, alors f(z) ne pourra être qu'une fonction entière de z du degré m — 1.

Corollaire. — Si la fonction $f(z)$, toujours continue, ne devient jamais infinie, même pour des valeurs infinies de z, on devra supposer évidemment $m = 1$. Donc alors $f(z)$ ne pourra être qu'une fonction entière du degré zéro, c'est-à-dire une constante, et l'on se trouvera immédiatement ramené au théorème III.

268.

Analyse mathématique. — *Sur les séries multiples et sur les séries modulaires.*

C. R., T. XIX, p. 1375 (23 décembre 1844).

On sait que la Géométrie à trois dimensions a souvent offert le moyen le plus facile de résoudre certains problèmes ou d'établir certains théorèmes de Géométrie plane. C'est ainsi que la théorie des projections centrales, si bien exposée et développée par notre honorable confrère M. Poncelet, l'a conduit à des solutions très élégantes d'un grand nombre de questions de Géométrie plane, en lui permettant, par exemple, de passer très aisément des propriétés d'un système de plusieurs cercles aux propriétés d'un système de plusieurs ellipses. La raison logique des succès que l'on obtient en marchant dans cette voie est facile à saisir. Un problème de Géométrie plane se présente sous un nouveau point de vue, quand on le considère comme intimement lié à un problème de Géométrie dans l'espace; et il est clair que, en augmentant le nombre des points de vue sous lesquels une question est envisagée, on se procure par cela même de nouveaux moyens de l'approfondir et de la résoudre. Ce raisonnement peut d'ailleurs s'appliquer aux problèmes et aux théorèmes d'Analyse, tout comme aux problèmes et aux théorèmes de Géométrie. Aussi est-il arrivé plusieurs fois que la considération des fonctions de plusieurs variables a conduit les géomètres à des propriétés remarquables des fonctions qui renferment une variable seulement. On peut citer, comme exemples, la démonstration que Laplace a donnée de la série de Lagrange, et les belles propositions, relatives aux nombres, que M. Jacobi a déduites immédiatement de la théorie des fonctions elliptiques. On conçoit de même que les propriétés des séries simples doivent souvent se déduire avec facilité des propriétés des séries multiples. Cette considération m'a engagé à reprendre une étude dans laquelle je me suis vu encouragé par l'assentiment des géomètres, et à poursuivre, à l'égard des séries multiples, les recherches auxquelles je me suis livré depuis vingt-quatre ans, pour établir sur des bases solides la théorie des séries simples. J'examine particulièrement quelle idée on doit se faire de la convergence des séries multiples, et quelles sont les conditions de cette convergence. Parmi les résultats auxquels je parviens, les plus importants peuvent être facilement énoncés. Je vais les indiquer en quelques lignes.

Les problèmes d'Analyse, comme l'on sait, ont généralement pour but la recherche de certaines quantités dont il s'agit de fixer les valeurs, en les déduisant des valeurs supposées connues d'autres quantités qui constituent ce qu'on appelle les données d'une question. Dans la langue algébrique, on représente les quantités connues et inconnues par des lettres, et les valeurs des inconnues sont censées déterminées quand on a réduit leur détermination au système de plusieurs opérations à effectuer sur les quantités connues. Le système de lettres et de signes qui représente ces opérations est ce qu'on appelle une formule. Il peut d'ailleurs arriver que l'on parvienne à déterminer une inconnue, ou d'un seul coup et à l'aide d'une seule opération, ou par pièces et par morceaux, s'il est permis de s'exprimer ainsi, et à l'aide d'approximations successives. Dans le dernier cas, la valeur de l'inconnue se trouve exprimée par la somme d'une série simple ou multiple. Mais, pour que la détermination de cette inconnue ne devienne pas illusoire, il est bien entendu que les approximations doivent être effectives, de sorte qu'après un certain nombre d'opérations chaque approximation nouvelle fasse généralement converger le résultat trouvé vers la valeur de l'inconnue et rapproche le calculateur du but qu'il se propose d'atteindre. C'est alors que la série simple ou multiple, propre à founir des valeurs de plus en plus exactes de l'inconnue, est appelée *convergente;* et, par ce peu de mots, on peut juger de l'importance que les géomètres ont dû attacher à la convergence des séries.

J'ai prouvé, en 1821, dans mon *Analyse algébrique* (1), que la convergence d'une série simple dépend surtout d'une certaine quantité positive, ou, si l'on veut, d'un certain module, que j'ai depuis appelé le *module* de la série. En effet, une série simple est convergente ou divergente, suivant que son module est inférieur ou supérieur à l'unité. A cette considération des modules des séries simples je joins aujourd'hui la considération des séries *modulaires*. J'appelle ainsi la série dont les termes se réduisent aux modules des divers termes d'une série donnée simple ou multiple.

Cela posé, j'établis des théorèmes fondamentaux relatifs à des séries quelconques, et je prouve, en particulier, qu'une série simple ou multiple est toujours convergente lorsque la série modulaire correspondante est convergente elle-même.

Dans un prochain article, je développerai les conséquences des principes exposés dans celui-ci, et je montrerai comment on peut ainsi revenir aux formules que j'ai données dans mes derniers Mémoires sur le développement des fonctions en séries, ou même fixer les conditions précises sous lesquelles subsistent ces formules, en

(1) *OEuvres de Cauchy*, S. II, T. III.

prouvant que ces mêmes formules se vérifient tant que les séries qu'elles renferment demeurent convergentes.

269.

ANALYSE MATHÉMATIQUE. — *Mémoires sur les fonctions complémentaires.*

C. R., T. XIX, p. 1377 (23 décembre 1844).

Considérons, avec une variable réelle ou imaginaire, une fonction qui ne cesse d'être continue que pour certaines valeurs de la variable auxquelles correspondent des résidus déterminés. *Si*, d'ailleurs, *pour toute valeur infinie de la variable, le produit de la variable par la fonction s'évanouit, le résidu intégral de la fonction s'évanouira pareillement.*

De ce principe fondamental du calcul des résidus on déduit sans peine, comme je l'ai déjà observé, les deux théorèmes suivants, dont le premier est un cas particulier d'une proposition plus générale, énoncée dans le IIe Volume de mes *Exercices de Mathématiques* [1] :

THÉORÈME I. — *Si, pour toute valeur finie d'une variable réelle ou imaginaire z, une fonction de z reste toujours continue, par conséquent toujours finie; si d'ailleurs, pour toute valeur infinie de la variable z, le produit de cette variable par la fonction se réduit à une constante déterminée, la fonction elle-même se réduira simplement à cette constante.*

THÉORÈME II. — *Si une fonction d'une variable réelle ou imaginaire z reste toujours continue, par conséquent toujours finie pour des valeurs finies de z, et si d'ailleurs cette fonction ne cesse pas d'être finie, même pour des valeurs infinies de z, elle se réduira simplement à une constante.*

Si, dans le précédent Mémoire, je me suis borné à remarquer l'analogie qui existe entre les deux théorèmes et à faire voir que le second est, tout comme le premier, une conséquence immédiate du principe fondamental, c'est qu'il ne me souvenait pas d'avoir publié aucune

(1) *OEuvres de Cauchy*, S. II, T. VII.

formule qui, dans le cas général, ou dans un cas particulier, fût l'expression précise du second théorème. Toutefois, une telle formule existe dans l'un de mes Mémoires. Il ne sera pas inutile d'entrer à ce sujet dans quelques détails.

Une fonction algébrique ou même transcendante peut être représentée, dans un grand nombre de cas, par une somme de fractions rationnelles, dont chacune devient infinie pour une valeur de la variable qui rend infinie la fonction donnée, ou, du moins, par une telle somme augmentée d'une fonction nouvelle que j'appellerai *complémentaire,* et qui offre cela de remarquable qu'elle conserve toujours une valeur finie pour toutes les valeurs finies de la variable. Cela posé, il est clair qu'on pourra généralement réduire la recherche des propriétés de la fonction donnée à la recherche des propriétés de la fonction complémentaire, et c'est effectivement ce que j'ai fait moi-même, dans plusieurs circonstances, spécialement dans le Ier Volume des *Exercices de Mathématiques* (page 95) ([1]).

Or, dans le Mémoire que renferme le *Compte rendu* de la séance du 25 septembre 1843, j'ai tiré du calcul des résidus deux formules générales qui m'ont paru spécialement applicables à la décomposition de certaines fonctions et, en particulier, des fonctions elliptiques en fractions simples. Ces deux formules se rapportent au cas où la fonction donnée ne cesse d'être continue que pour certaines valeurs de la variable qui la rendent infinie. En vertu de la première formule, qui n'est autre que l'équation (5) de la page 279 du IIe Volume des *Exercices* ([2]), si la fonction donnée s'évanouit pour une valeur infinie de la variable, la fonction complémentaire s'évanouira elle-même. Mais il en sera autrement si la fonction donnée satisfait seulement à la condition de rester finie pour une valeur nulle ou infinie de la variable, et alors, en vertu de la seconde formule, la fonction complémentaire se réduira simplement à une constante qui pourra différer de zéro.

([1]) *Œuvres de Cauchy,* S. II, T. VI, p. 124 et suiv.
([2]) *Ibid.,* S. II, T. VII, p. 326.

Si la fonction donnée ne devient jamais infinie, elle ne différera pas de la fonction complémentaire, et alors, en vertu de la seconde formule, ce sera la fonction donnée elle-même qui se réduira simplement à une constante. On se verra donc alors ramené par la seconde formule précisément au dernier des deux théorèmes que nous avons ci-dessus rappelés. D'autre part, il est clair que le théorème dont il s'agit subsistera, comme la formule elle-même, pour toute fonction continue de x. Si l'on considère séparément le cas où la fonction est doublement périodique, on retrouvera le théorème spécial regardé avec raison, par un de nos honorables confrères, comme particulièrement applicable à la théorie des fonctions elliptiques. Il est d'ailleurs évident que les résultats fournis par le théorème ne différeront pas des résultats qui ont été ou peuvent être fournis par l'application immédiate de la formule.

ANALYSE.

Soit $f(x)$ une fonction de la variable x, qui ne cesse d'être continue que pour certaines valeurs de x qui la rendent infinie, et auxquelles correspondent des résidus déterminés. Supposons, d'ailleurs, que le système de ces résidus, dans le cas où ils sont en nombre infini, forme une série convergente, et prenons

$$(1) \qquad \varpi(x) = f(x) - \mathcal{E}\frac{1}{x-z}(f(z)).$$

Alors la fonction $\varpi(x)$ conservera généralement une valeur finie pour toutes les valeurs finies réelles ou imaginaires de la variable x. D'ailleurs, cette fonction, étant précisément celle qui, en vertu de la formule (1), ou plutôt de la suivante

$$(2) \qquad f(x) = \mathcal{E}\frac{1}{x-z}(f(z)) + \varpi(x),$$

doit être ajoutée au résidu intégral

$$\mathcal{E}\frac{1}{x-z}(f(z))$$

quand on veut compléter la valeur de la fonction donnée $f(x)$, sera nommée, pour ce motif, la *fonction complémentaire*. La considération de cette fonction complémentaire fournit le moyen d'établir facilement diverses propositions importantes relatives à la fonction $f(x)$, comme je l'ai fait voir dans le Ier Volume des *Exercices de Mathématiques* (pages 95 et suivantes) (1).

Considérons maintenant le cas particulier où le produit $z f(z)$ s'évanouit pour toute valeur infinie de z. Alors, comme je l'ai fait voir dans le Ier Volume des *Exercices*, le résidu intégral de la fonction $f(z)$ s'évanouira, en sorte qu'on aura

$$\mathcal{E}\,((f(z))) = 0. \tag{3}$$

Si, dans cette dernière formule, on remplace $f(z)$ par $\frac{f(z)}{x-z}$, on obtiendra la suivante

$$f(x) = \mathcal{E}\,\frac{1}{x-z}((f(z))), \tag{4}$$

qui se trouvait déjà dans les *Exercices*, et qui suppose que la fonction $f(z)$ s'évanouit elle-même pour toute valeur infinie de z.

De la formule (4), comparée à la formule (2), on déduit immédiatement la proposition suivante :

Théorème III. — *Dans le cas où la fonction donnée $f(x)$ s'évanouit pour toute valeur infinie de x, la fonction complémentaire $\varpi(x)$ se réduit elle-même à zéro.*

Concevons à présent que la fonction $f(z)$ conserve une valeur finie, mais cesse de s'évanouir pour une valeur infinie de z. Alors on pourra, dans la formule (3), remplacer $f(z)$ par le produit

$$\left(\frac{1}{x-z} + \frac{1}{z}\right) f(z)$$

ou, ce qui revient au même, par le produit

$$\frac{x}{z(x-z)} f(z),$$

(1) *Œuvres de Cauchy*, S. II, T. VI, p. 124 et suiv.

attendu que l'expression

$$\frac{1}{x-z}f(z)$$

s'évanouira, dans l'hypothèse admise, pour toute valeur infinie de z. Cela posé, la formule (3) donnera

$$f(x) = \mathcal{E}\frac{1}{x-z}((f(z))) + \mathfrak{C}, \tag{5}$$

la valeur de $\mathfrak{C}$ étant constante, c'est-à-dire indépendante de x, et déterminée par la formule

$$\mathfrak{C} = \mathcal{E}\left(\frac{1}{z}f(z)\right). \tag{6}$$

D'ailleurs, de la formule (5), comparée à la formule (2), on déduira immédiatement la proposition suivante :

THÉORÈME IV. — *Dans le cas où la fonction donnée $f(x)$ reste finie pour toute valeur infinie de x, la fonction complémentaire $\varpi(x)$ se réduit simplement à une constante.*

La valeur de la constante $\mathfrak{C}$, fournie par l'équation (6), peut encore être présentée sous d'autres formes qu'il est bon de signaler.

D'abord, en développant le second membre de l'équation (6), on trouve

$$\mathfrak{C} = f(0) + \mathcal{E}\frac{1}{z}((f(z))). \tag{7}$$

D'autre part, si l'on pose

$$8 = \frac{1}{2\pi}\int_{-\pi}^{\pi} f(e^{p\sqrt{-1}})\,dp, \tag{8}$$

on aura, en vertu d'une formule établie dans le Ier Volume des *Exercices* [*voir* la formule (92) de la page 217] (¹),

$$8 = f(0) + \mathop{\mathcal{E}}_{(0)}^{(1)}\,{}_{(-\pi)}^{(\pi)}\frac{1}{z}((f(z))), \tag{9}$$

(¹) *OEuvres de Cauchy*, S. II, T. VI, p. 269.

et, par suite, l'équation (7) donnera

$$(10) \qquad \mathfrak{S} = \underset{(1)}{\overset{(\infty)}{}} \mathcal{E}_{(-\pi)}^{(\pi)} \frac{1}{z} (f(z)) + 8.$$

Si l'on substitue la valeur précédente de $\mathfrak{S}$ dans l'équation (5), on trouvera

$$(11) \qquad \begin{cases} f(x) = \underset{(0)}{\overset{(1)}{}} \mathcal{E}_{(-\pi)}^{(\pi)} \dfrac{1}{x-z} (f(z)) + \underset{(1)}{\overset{(\infty)}{}} \mathcal{E}_{(-\pi)}^{(\pi)} \left(\dfrac{1}{x-z} + \dfrac{1}{z} \right) (f(z)) \\ \qquad + \dfrac{1}{2\pi} \displaystyle\int_{-\pi}^{\pi} f(e^{p\sqrt{-1}})\, dp. \end{cases}$$

Cette dernière formule est précisément la formule (3) du Mémoire que j'ai présenté à l'Académie le 25 septembre 1843 sur l'application du calcul des résidus aux produits composés d'un nombre infini de facteurs. Comparée à l'équation (2), cette même formule reproduit immédiatement le théorème IV.

Au reste, le théorème IV pourrait être considéré comme compris dans le troisième, duquel on le déduit immédiatement en désignant par a une valeur particulière de x, et remplaçant la fonction $f(x)$ par le rapport

$$\frac{f(x) - f(a)}{x - a}.$$

J'ajouterai que, dans le cas où l'on prend pour $f(x)$ le rapport entre deux produits de factorielles réciproques, et où, des deux termes de ce rapport, le second, c'est-à-dire le dénominateur, renferme plus de factorielles que le premier, la fonction complémentaire doit s'évanouir en vertu du théorème III. Cette observation, relative aux factorielles réciproques, et, par conséquent, aux fonctions elliptiques, s'accorde avec une proposition énoncée à la dernière page d'un précédent Mémoire (séance du 20 novembre 1843) où j'ai déjà fait observer que, dans le cas dont il s'agit, la fonction complémentaire se réduit à zéro.

Lorsque la fonction $f(z)$ reste toujours continue, par conséquent toujours finie, et ne cesse pas d'être finie même pour des valeurs infinies de z, la formule (8) donne simplement

$$(12) \qquad f(x) = \frac{1}{2\pi}\int_{-\pi}^{\pi} f(e^{p\sqrt{-1}})\, dp$$

ou, ce qui revient au même,

$$(13) \qquad f(x) = \text{const.}$$

Donc alors la formule (8) reproduit purement et simplement le théorème II.

Enfin, si la fonction $f(x)$ est supposée doublement périodique, la formule (13) reproduira le théorème relatif à cette espèce de fonction.

En terminant cet article, je rappellerai que, dans les Mémoires du 2 et du 9 octobre 1843, j'ai déduit immédiatement de la formule (11) les équations remarquables à l'aide desquelles le rapport entre deux produits de factorielles réciproques, tous deux composés d'un même nombre de facteurs, se développe en série ou se transforme en une somme de termes dont chacun est proportionnel au rapport de deux factorielles seulement. Je rappellerai aussi que, dans le cas où les deux termes du premier rapport ne renferment plus le même nombre de facteurs, on peut encore, ou le développer en série, ou le décomposer en plusieurs termes, soit à l'aide de la formule (11), soit à l'aide d'une autre formule plus générale qui se trouve établie et développée dans mes Mémoires du 30 octobre et du 20 novembre 1843.

J'observerai enfin que, non seulement on peut tirer de ces formules générales un grand nombre de formules particulières relatives à la théorie des fonctions elliptiques et analogues à celles qui se trouvent déjà dans mes divers Mémoires, mais encore que de ces formules particulières on déduit souvent des théorèmes dignes de remarque et relatifs à la théorie des nombres. Ainsi, par exemple, la formule

$$(14) \qquad \left\{ \begin{aligned} &(1 + 2t + 2t^4 + 2t^9 + \ldots)(1 + 2t^3 + 2t^{12} + 2t^{27} + \ldots) \\ &= 1 + 2\left(\frac{1-t}{1-t^3}t + \frac{1+t^2}{1+t^6}t^2 + \frac{1-t^3}{1-t^9}t^3 + \frac{1+t^4}{1+t^{12}}t^4 + \ldots\right), \end{aligned} \right.$$

que j'ai donnée dans la séance du 25 septembre 1843, entraîne avec elle la proposition suivante :

THÉORÈME V. — *Soient n un entier quelconque et* N *le nombre des systèmes de valeurs entières positives ou négatives de x, y qui vérifient la formule*

$$x^2 + 3y^2 = n. \tag{15}$$

Si l'on nomme a l'un quelconque des diviseurs entiers de n, on aura

$$N = (-1)^{n+1} \Sigma (-1)^{a+\frac{n}{a}} \frac{\sin \frac{2\pi a}{3}}{\sin \frac{2\pi}{3}}, \tag{16}$$

la somme qu'indique le signe Σ *s'étendant à tous les diviseurs a de n.*

Si les diviseurs de n, non divisibles par 3, sont en nombre impair, alors, en vertu de la formule (16), N sera lui-même impair et ne pourra s'évanouir.

Si n est un nombre premier impair, l'équation (16) donnera

$$\frac{1}{2} N = 1 + \frac{\sin \frac{2\pi n}{3}}{\sin \frac{2\pi}{3}},$$

par conséquent

$$\frac{1}{2} N = 1 \pm 1, \tag{17}$$

le double signe $\pm$ devant être réduit au signe $+$ ou au signe $-$, suivant que n, divisé par 3, donnera pour reste 1 ou -1. Dans le premier cas, on tirera de la formule (17)

$$N = 4, \qquad \frac{1}{4} N = 1,$$

et par suite, si, dans l'équation (15), on assujettit les valeurs de x, y à demeurer positives, cette équation sera résoluble, mais d'une seule manière, ce que l'on savait déjà.

270.

ANALYSE MATHÉMATIQUE. — *Sur la convergence des séries multiples.*

C. R., T. XIX, p. 1433 (30 décembre 1844).

Soit

$$u = f(x, y, z, \ldots) \tag{1}$$

une fonction des variables x, y, z, ... qui, pour chaque système de valeurs entières, positives, nulle ou négatives attribuées à x, y, z, ..., acquière une valeur unique et finie. Cette fonction u pourra être considérée comme le *terme général* d'une *série multiple* dont chaque terme correspondrait à un système particulier de valeurs entières, positives, nulle ou négatives de x, y, z, ...

Réciproquement, le terme général d'une série multiple pourra toujours être représenté par une telle fonction de x, y, z, ...

Soit maintenant S une somme formée avec un grand nombre de termes de la série multiple. Cette série sera dite *convergente*, si la somme S s'approche indéfiniment d'une limite unique et finie s, dans le cas où le nombre des termes compris dans la somme S devient infiniment grand, et où les valeurs numériques de x, y, z, ... qui correspondent aux termes exclus de cette somme deviennent elles-mêmes infiniment grandes. Alors aussi la limite s de la somme partielle S sera ce qu'on appelle la *somme* de la série.

On peut dire encore que la série multiple sera convergente, si la somme S devient toujours infiniment petite, dans le cas où les termes dont elle est composée correspondent tous à des valeurs numériques infiniment grandes de x, y, z, ... Cette seconde définition s'accorde évidemment avec la précédente. Car, dans le second cas, la somme S peut être considérée comme composée de termes qu'on aurait exclus de cette somme dans le premier cas; et par suite, si dans le premier cas la somme S converge vers une limite unique et finie, elle devra, dans le second cas, converger vers une limite nulle, et réciproquement.

Concevons maintenant que, pour des valeurs entières de $x, y, z, \ldots$, on représente par

$$\upsilon = \varphi(x, y, z, \ldots)$$

le module de la fonction

$$u = f(x, y, z, \ldots).$$

Les modules des divers termes de la série qui a pour terme général u seront précisément les termes de la série dont le terme général est υ; et pour cette raison nous dirons que la seconde série est la *série modulaire* correspondante à la première. Cela posé, nommons, comme ci-dessus, S la somme d'un grand nombre de termes de la première série. Soit, de plus, s la somme des termes correspondants de la seconde : s représentera précisément la somme des modules des termes compris dans la somme S. Donc, si la somme s devient infiniment petite, dans le cas où les termes qu'elle renferme correspondent tous à des valeurs numériques infiniment grandes de chacune des quantités $x, y, z, \ldots$, on pourra en dire autant, *a fortiori*, de la somme S. De cette observation, rapprochée de la seconde définition des séries convergentes, on déduit immédiatement le théorème dont voici l'énoncé :

Théorème I. — *Une série simple ou multiple est toujours convergente lorsque la série modulaire correspondante est convergente elle-même.*

Admettons maintenant que, la série multiple

$$u = \mathrm{f}(x, y, z, \ldots)$$

étant convergente, on forme, avec divers termes de cette série, des sommes

$$k_0, \quad k_1 \quad k_2, \quad \ldots, \quad k_n, \quad \ldots,$$

tellement composées que le même terme ne se reproduise jamais dans deux sommes distinctes, et que les seuls termes exclus du système des sommes

$$k_0, \quad k_1, \quad k_2, \quad \ldots, \quad k_n,$$

quand le nombre n devient infiniment grand, soient des termes dans lesquels les valeurs numériques de $x, y, z, \ldots$ deviennent elles-mêmes infiniment grandes. Enfin posons

$$(2) \qquad s_n = k_0 + k_1 + k_2 + \ldots + k_n.$$

En vertu de la première définition que nous avons donnée des séries convergentes, s_n s'approchera indéfiniment, pour des valeurs croissantes de n, de la limite unique et finie s qui représente la somme de la série multiple. Donc, en faisant croître n indéfiniment, on trouvera

$$(3) \qquad s = k_0 + k_1 + k_2 + \ldots,$$

et l'on pourra énoncer la proposition suivante :

Théorème II. — *Une série multiple étant supposée convergente, désignons par*

$$k_0, \quad k_1, \quad k_2, \quad \ldots, \quad k_n, \quad \ldots$$

des sommes partielles formées avec divers termes de cette série multiple, de telle sorte que le même terme ne se trouve jamais reproduit dans deux sommes distinctes, et que les termes exclus du système des sommes

$$k_0, \quad k_1, \quad k_2, \quad \ldots, \quad k_n$$

soient toujours, pour une valeur infiniment grande de n, des termes qui correspondent à des valeurs numériques infiniment grandes de $x, y, z, \ldots$: alors la série simple

$$k_0, \quad k_1, \quad k_2, \quad \ldots$$

sera elle-même convergente, et elle aura pour somme la somme s de la série multiple.

Corollaire. — Si une seconde série simple

$$h_0, \quad h_1, \quad h_2, \quad \ldots$$

est formée comme la première, elle sera pareillement convergente, et l'on aura encore

$$(4) \qquad s = h_0 + h_1 + h_2 + \ldots,$$

par conséquent

$$(5) \qquad h_0 + h_1 + h_2 + \ldots = k_0 + k_1 + k_2 + \ldots.$$

Cette dernière formule renferme le principe fécond sur lequel repose la transformation des séries.

Parmi les séries multiples, on doit surtout remarquer celles qui représentent des fonctions développées suivant les puissances entières positives, nulle et négatives de plusieurs variables. On peut établir, à l'égard de ces développements, diverses propositions analogues à celles que renferme mon Mémoire de 1831, sur le calcul des limites; et, pour y parvenir, il suffit de transformer d'abord ces fonctions en intégrales définies, puis de développer en séries les intégrales obtenues. Ainsi, par exemple, en opérant de cette manière, on démontrera sans peine le théorème suivant :

THÉORÈME III. — *Si une fonction de plusieurs variables $x, y, z, \ldots$ reste continue pour des valeurs de $x, y, z, \ldots$ comprises entre certaines limites, non seulement, pour de telles valeurs, la fonction sera développable en une série convergente, ordonnée suivant les puissances entières de $x, y, z, \ldots$, mais la série modulaire correspondante sera convergente elle-même.*

Ajoutons que le calcul fournira une limite supérieure de l'erreur que l'on commettra, quand on arrêtera le développement effectué suivant les puissances entières de chaque variable après un certain nombre de termes.

271.

ANALYSE MATHÉMATIQUE. — *Mémoire sur les fonctions qui se reproduisent par substitution.*

C. R., T. XIX, p. 1436 (30 décembre 1844).

Soient

$$x, \quad y, \quad z, \quad \ldots$$

et

$$X, \quad Y, \quad Z, \quad \ldots$$

deux systèmes de variables liées entre elles par certaines équations, en vertu desquelles $X, Y, Z, \ldots$ puissent être considérées comme des fonctions connues et déterminées de $x, y, z, \ldots$. La substitution des variables $X, Y, Z, \ldots$ aux variables $x, y, z, \ldots$ transformera une fonction quelconque de $x, y, z, \ldots$, représentée par la notation

$$f(x, y, z, \ldots),$$

en une fonction nouvelle

$$f(X, Y, Z, \ldots),$$

qui sera généralement distincte de la première. Mais, dans certains cas particuliers, il peut arriver que la nouvelle fonction se confonde avec la première, ou du moins n'en diffère que par un facteur constant ou variable, qu'il soit aisé de reconnaître, en sorte qu'on ait identiquement ou

$$f(x, y, z, \ldots) = f(X, Y, Z, \ldots),$$

ou du moins

$$f(x, y, z, \ldots) = K f(X, Y, Z, \ldots),$$

K désignant une fonction déterminée de $x, y, z, \ldots$ que l'on puisse facilement reconnaître et mettre en évidence, comme étant, avec $f(X, Y, Z, \ldots)$, un facteur de la fonction $f(x, y, z, \ldots)$. Alors nous dirons que la fonction $f(x, y, z, \ldots)$ se trouve *reproduite* par la substitution des variables $X, Y, Z, \ldots$ aux variables $x, y, z, \ldots$ et par l'adjonction du facteur K au résultat que fournit cette substitution même.

Parmi les fonctions qui peuvent se reproduire aussi par substitution, il en existe quelques-unes qui méritent d'être remarquées. Telles sont, par exemple, celles dont la considération m'a conduit à deux théorèmes qu'il est facile d'établir et qui peuvent être énoncés dans les termes suivants :

THÉORÈME I. — *Concevons que l'indice n représente, au signe près, un nombre entier. Soit, de plus,*

$$u_n$$

une fonction de l'indice n et des variables $x, y, z, \ldots$. Enfin supposons *que les diverses valeurs de* u_n, *savoir*

(1) $$\ldots,\quad u_{-3},\quad u_{-2},\quad u_{-1},\quad u_0,\quad u_1,\quad u_2,\quad u_3,\quad \ldots,$$

forment une série convergente, prolongée indéfiniment dans les deux sens. Si, en substituant aux variables $x, y, z, \ldots$ *d'autres variables* $X, Y, Z, \ldots$ *qui soient des fonctions connues et déterminées des premières, on transforme généralement le rapport* $\frac{u_n}{u_0}$ *en une nouvelle fonction équivalente au rapport* $\frac{u_{n+1}}{u_1}$, *alors la somme* s *de la série* (1) *sera une fonction de* $x, y, z, \ldots$ *qui se trouvera reproduite par la substitution dont il s'agit et par l'adjonction du facteur* $\frac{u_1}{u_0}$ *au résultat de cette substitution même.*

Démonstration. — En effet, désignons, pour plus de commodité, par $f(x, y, z, \ldots)$ la somme s de la série (1). On aura, non seulement

(2) $$s = \ldots u_{-2} + u_{-1} + u_0 + u_1 + u_2 + \ldots$$

ou, ce qui revient au même,

$$f(x, y, z, \ldots) = \Sigma u_n,$$

le signe Σ s'étendant à toutes les valeurs entières positives, nulle et négatives de l'indice n, mais encore, en vertu de l'hypothèse admise,

$$f(X, Y, Z, \ldots) = \Sigma u_0 \frac{u_{n+1}}{u_1} = \frac{u_0}{u_1} \Sigma u_n$$

ou, ce qui revient au même,

$$f(X, Y, Z, \ldots) = \frac{u_0}{u_1} f(x, y, z, \ldots),$$

et, par conséquent,

(3) $$f(x, y, z, \ldots) = \frac{u_1}{u_0} f(X, Y, Z, \ldots).$$

Théorème II. — *Les mêmes choses étant posées que dans le théorème I, la factorielle* P *déterminée par l'équation*

(4) $$P = \left(1 + \frac{u_1}{u_0}\right)\left(1 + \frac{u_2}{u_1}\right)\left(1 + \frac{u_3}{u_2}\right)\cdots\left(1 + \frac{u_{-1}}{u_0}\right)\left(1 + \frac{u_{-2}}{u_{-1}}\right)\left(1 + \frac{u_{-3}}{u_{-2}}\right)\cdots$$

sera une fonction de x, y, z, ..., qui se trouvera reproduite par la substitution des variables X, Y, Z, ... aux variables x, y, z, ... et par l'adjonction du facteur $\frac{u_1}{u_0}$ au résultat de cette substitution même.

Démonstration. — En effet, dans l'hypothèse admise, la substitution des variables X, Y, Z, ... aux variables x, y, z, ... changera généralement les rapports de la forme

$$\frac{u_n}{u_{n-1}},\quad \frac{u_{-n-1}}{u_{-n}}$$

en des rapports de la forme

$$\frac{u_{n+1}}{u_n},\quad \frac{u_{-n}}{u_{-n+1}}.$$

Donc, si, pour plus de commodité, on représente par

$$F(x, y, z, \ldots)$$

la valeur de P que fournit l'équation (4), on aura, non seulement

$$F(x, y, z, \ldots) = \left(1+\frac{u_1}{u_0}\right)\left(1+\frac{u_2}{u_1}\right)\left(1+\frac{u_3}{u_2}\right)\cdots\left(1+\frac{u_{-1}}{u_0}\right)\left(1+\frac{u_{-2}}{u_{-1}}\right)\left(1+\frac{u_{-3}}{u_{-2}}\right)\cdots,$$

mais encore

$$F(X, Y, Z, \ldots) = \left(1+\frac{u_2}{u_1}\right)\left(1+\frac{u_3}{u_2}\right)\left(1+\frac{u_4}{u_3}\right)\cdots\left(1+\frac{u_0}{u_1}\right)\left(1+\frac{u_{-1}}{u_0}\right)\left(1+\frac{u_{-2}}{u_{-1}}\right)\cdots$$

ou, ce qui revient au même,

$$F(X, Y, Z, \ldots) = \frac{u_0}{u_1} F(x, y, z, \ldots),$$

et, par conséquent,

$$F(x, y, z, \ldots) = \frac{u_1}{u_0} F(X, Y, Z, \ldots).$$

Dans un prochain article, j'appliquerai les principes que je viens d'établir à la recherche et à la démonstration des propriétés remarquables des séries et des factorielles que l'on obtient, quand la fonction de x, y, z, ..., représentée par u_n, offre pour logarithme une fonction entière de l'indice n.

272.

Analyse mathématique. — *Mémoire sur les progressions des divers ordres.*

C. R., T. XX, p. 2 (6 janvier 1845).

Les progressions sont les premières séries qui aient fixé l'attention des géomètres. Il ne pouvait en être autrement. Diverses suites dont les considérations se présentaient naturellement à leur esprit, telles que la suite des nombres entiers, la suite des nombres pairs, la suite des nombres impairs, offraient cela de commun, que les divers termes de chacune d'elles étaient équidifférents entre eux; et l'on se trouvait ainsi conduit à remarquer les *progressions par différence*, autrement appelées *progressions arithmétiques*. De plus, en divisant algébriquement deux binômes l'un par l'autre, ou même en divisant un monôme par un binôme, on voyait naître la *progression par quotient*, autrement appelée *progression géométrique*, qui offre le premier exemple d'une série ordonnée suivant les puissances entières d'une même quantité.

En réalité, une *progression arithmétique* n'est autre chose qu'une série simple dont le terme général se réduit à une fonction linéaire du nombre qui exprime le rang de ce terme.

Pareillement, une *progression géométrique* n'est autre chose qu'une série simple, dans laquelle le terme général se trouve représenté par une exponentielle dont l'exposant se réduit à une fonction linéaire du rang de ce même terme.

Il en résulte qu'une progression géométrique est une série simple dont le terme général a pour logarithme le terme général d'une progression arithmétique.

Il y a plus : de même qu'en Géométrie on distingue des paraboles de divers ordres, de même il semble convenable de distinguer en Analyse des *progressions* de divers ordres. En adoptant cette idée, on devra naturellement appeler *progression arithmétique de l'ordre m* une série simple dont le terme général sera une fonction du rang de ce terme, entière et du degré *m*.

Pareillement, il paraît naturel d'appeler *progression géométrique de l'ordre m* une série simple, dans laquelle le terme général se trouve représenté par une exponentielle dont l'exposant est une fonction du rang de ce terme, entière et du degré *m*.

Cela posé, le terme général d'une progression géométrique de l'ordre *m* aura toujours pour logarithme le terme général d'une progression arithmétique du même ordre.

Les définitions précédentes étant admises, les progressions arithmétique et géométrique du premier ordre seront précisément celles que l'on avait déjà examinées d'une manière spéciale, celles-là mêmes dont les diverses propriétés, exposées dans tous les Traités d'Algèbre, sont parfaitement connues de tous ceux qui cultivent les sciences mathématiques.

Ajoutons que les progressions arithmétiques des divers ordres, quand on les suppose formées d'un nombre fini de termes, offrent des suites que les géomètres ont souvent considérées, et que l'on apprend à sommer dans le calcul aux différences finies. Telle est, en particulier, la suite des carrés des nombres entiers; telle est encore la suite des cubes ou, plus généralement, la suite des puissances entières et semblables de ces mêmes nombres.

Mais, entre les diverses progressions, celles qui, en raison des propriétés dont elles jouissent, méritent surtout d'être remarquées, sont les progressions géométriques des ordres supérieurs au premier. Celles-ci paraissent tout à fait propres à devenir l'objet d'une nouvelle branche d'analyse dont on peut apprécier l'importance et se former une idée, en songeant que la théorie des progressions géométriques du second ordre se confond, en quelque sorte, avec la théorie des factorielles réciproques, de laquelle se déduisent si aisément les belles propriétés des fonctions elliptiques. Ainsi qu'on le verra dans le présent Mémoire et dans ceux qui le suivront, les formules qui expriment ces belles propriétés, si bien développées par M. Jacobi, se trouvent comprises comme cas particuliers dans d'autres formules de même nature, mais beaucoup plus générales, que je crois pouvoir offrir avec confiance à l'Académie et à ceux qu'intéressent les progrès de l'Analyse mathématique.

Analyse.

§ I. — *Considérations générales.*

Une *progression arithmétique* n'est autre chose qu'une série simple, dans laquelle le terme général u_n, correspondant à l'indice n, se réduit à une fonction linéaire de cet indice, en sorte qu'on ait, pour toute valeur entière, positive, nulle ou négative de n,

$$u_n = a + bn, \tag{1}$$

a et b désignant deux constantes déterminées.

Pareillement, une *progression géométrique* n'est autre chose qu'une série simple. dans laquelle le terme général u_n, correspondant à l'indice n, se trouve représenté par une exponentielle dont l'exposant se réduit à une fonction linéaire de cet indice, en sorte qu'on ait, pour toute valeur entière, positive, nulle ou négative de n,

$$u_n = \mathrm{A}^{a+bn}, \tag{2}$$

A, a, b désignant trois constantes déterminées. Il est d'ailleurs important d'observer que, sans diminuer la généralité de la valeur de u_n fournie par l'équation (2), on peut toujours y supposer la constante A réduite à une quantité positive, par exemple à la base

$$e = 2,7182818\ldots$$

des logarithmes népériens.

En étendant et généralisant ces définitions, on devra naturellement appeler *progression arithmétique de l'ordre m* une série simple dont le terme général u_n sera une fonction de l'indice n, entière et du degré m.

Pareillement, il paraît naturel d'appeler *progression géométrique de l'ordre m* une série simple dans laquelle le terme général u_n se trouve représenté par une exponentielle dont l'exposant se réduit à une fonction de l'indice n, entière et du degré m.

Ces définitions étant admises, le terme général u_n d'une progression arithmétique de l'ordre m, exprimé en fonction de l'indice n, sera de la forme

$$(3) \qquad u_n = a_0 + a_1 n + a_2 n^2 + \ldots + a_m n^m,$$

a_0, a_1, a_2, ..., a_m étant des coefficients constants, c'est-à-dire indépendants de n.

Au contraire, le terme général d'une progression géométrique de l'ordre m sera de la forme

$$(4) \qquad u_n = \mathrm{A}^{a_0 + a_1 n + a_2 n^2 + \ldots + a_m n^m},$$

et, par conséquent, il aura pour logarithme le terme général d'une progression arithmétique de l'ordre m.

Si, pour abréger, on pose

$$x_0 = \mathrm{A}^{a_0}, \qquad x_1 = \mathrm{A}^{a_1}, \qquad \ldots, \qquad x_n = \mathrm{A}^{a_m},$$

l'équation (4) donnera

$$(5) \qquad u_n = x_0 x_1^n x_2^{n^2} \ldots x_m^{n^m}.$$

Donc le terme général d'une progression géométrique de l'ordre m peut être considéré comme équivalent au produit de m bases diverses

$$x_0, \quad x_1, \quad x_2, \quad \ldots, \quad x_m,$$

respectivement élevées à des puissances dont les exposants

$$1, \quad n, \quad n^2, \quad \ldots, \quad n^m$$

forment une progression géométrique du premier ordre, dont la raison est précisément le nombre n.

Si au coefficient x_0 on substitue la lettre k, et aux bases x_1, x_2, x_3, ..., x_{m-1}, x_m les lettres x, y, z, ..., v, w, alors on obtiendra, pour le terme général u_n d'une progression géométrique de l'ordre m, une expression de la forme

(6) $$u_n = k x^n y^{n^2} z^{n^3} \ldots v^{n^{m-1}} w^{n^m},$$

et le terme particulier correspondant à l'indice $n = 0$ sera

(7) $$u_0 = k.$$

Donc, si l'on nomme k le terme spécial qui, dans une progression géométrique, correspond à l'indice zéro, le terme général correspondant à l'indice n sera, dans une progression géométrique du premier ordre, de la forme

$$k x^n;$$

dans une progression géométrique du deuxième ordre, de la forme

$$k x^n y^{n^2};$$

dans une progression géométrique du troisième ordre, de la forme

$$k x^n y^{n^2} z^{n^3},$$

etc.

En terminant ce paragraphe, nous observerons que toute progression arithmétique ou géométrique peut être prolongée indéfiniment ou dans un seul sens, ou en deux sens opposés. Si u_n représente le terme général d'une telle progression, celle-ci, indéfiniment prolongée dans un seul sens, à partir du terme u_0, sera réduite à la série

$$u_0, \quad u_1, \quad u_2, \quad \ldots$$

ou à la série

$$u_0, \quad u_{-1}, \quad u_{-2}, \quad \ldots.$$

La même progression, indéfiniment prolongée dans les deux sens, sera

$$\ldots, \quad u_{-2}, \quad u_{-1}, \quad u_0, \quad u_1, \quad u_2, \quad \ldots.$$

§ II. — *Sur les modules et sur les conditions de convergence des progressions géométriques des divers ordres.*

Considérons d'abord une progression géométrique de l'ordre m, dans laquelle le terme général u_n, correspondant à l'indice n, soit de la forme

$$u_n = A^{n^m},$$

A désignant une quantité réelle et positive, et n une quantité entière positive, nulle ou négative. Si l'on suppose cette progression prolongée indéfiniment dans un seul sens, à partir du terme $u_0 = 1$, elle se trouvera réduite ou à la série

$$(1) \qquad 1, \quad A, \quad A^{2^m}, \quad A^{3^m}, \quad \ldots$$

ou à la série

$$(2) \qquad 1, \quad A^{(-1)^m}, \quad A^{(-2)^m}, \quad A^{(-3)^m}, \quad \ldots.$$

Dans le premier cas, le module de la progression sera la limite vers laquelle convergera, pour des valeurs croissantes du nombre n, la quantité

$$(u_n)^{\frac{1}{n}} = A^{n^{m-1}}.$$

Dans le second cas, au contraire, le module de la progression sera la limite vers laquelle convergera, pour des valeurs croissantes du nombre n, la quantité

$$(u_{-n})^{\frac{1}{n}} = A^{(-1)^m n^{m-1}}.$$

Enfin, si l'on suppose la progression prolongée indéfiniment dans les deux sens, on obtiendra la série

$$(3) \qquad \ldots, \quad A^{(-3)^m}, \quad A^{(-2)^m}, \quad A^{(-1)^m}, \quad 1, \quad A, \quad A^{2^m}, \quad A^{3^m}, \quad \ldots,$$

dont les deux modules se confondront, l'un avec le module de la série (1), l'autre avec le module de la série (2). D'ailleurs ces deux modules, c'est-à-dire les limites des deux expressions

$$A^{n^{m-1}}, \quad A^{(-1)^m n^{m-1}}$$

se réduiront évidemment : 1° si l'on suppose $m = 1$, aux deux quantités

$$A \quad \text{et} \quad A^{-1};$$

2° si l'on suppose m impair, mais différent de l'unité, aux deux quantités

$$A^{\infty}, \quad A^{-\infty};$$

3° si l'on suppose m pair, à la seule quantité

$$A^{\infty}.$$

Ajoutons que l'on aura encore : 1° en supposant $A < 1$,

$$A^{\infty} = 0, \qquad A^{-\infty} = \infty;$$

2° en supposant $A > 1$,

$$A^{\infty} = \infty, \qquad A^{-\infty} = 0.$$

Il est maintenant facile de reconnaître dans quels cas les séries (1), (2), (3) seront convergentes. En effet, une série quelconque, indéfiniment prolongée dans un seul sens, est convergente ou divergente suivant que son module est inférieur ou supérieur à l'unité. De plus, quand la série se prolonge indéfiniment en deux sens opposés, il faut substituer au module dont il s'agit le plus grand des deux modules, et l'on peut affirmer que la série est alors convergente ou divergente, suivant que le plus grand de ses deux modules est inférieur ou supérieur à l'unité.

Cela posé, on déduira évidemment des remarques faites ci-dessus les propositions suivantes :

Théorème I. — *Soient* A *une quantité positive, et m un nombre impair quelconque, la progression géométrique*

$$1, \quad A, \quad A^{2m}, \quad A^{3m}, \quad \ldots,$$

dont le module est A *ou* A^{∞}, *sera convergente ou divergente, suivant que la base* A *sera inférieure ou supérieure à l'unité. Au contraire, la pro-*

gression géométrique

$$1,\quad A^{-1},\quad A^{-2^m},\quad A^{-3^m},\quad \ldots,$$

dont le module est A^{-1} *ou* $A^{-\infty}$, *sera convergente ou divergente, suivant que la base* A *sera supérieure ou inférieure à l'unité. Quant à la progression*

$$\ldots,\quad A^{-3^m},\quad A^{-2^m},\quad A^{-1},\quad 1,\quad A,\quad A^{2^m},\quad A^{3^m},\quad \ldots,$$

qui comprend tous les termes renfermés dans les deux premières et se confond avec la série (3), *elle ne sera jamais convergente, attendu que ses deux modules, étant inverses l'un de l'autre, ne pourront devenir simultanément inférieurs à l'unité.*

Si m désigne un nombre pair, on aura, non plus

$$A^{(-n)^m} = A^{-n^m},$$

mais

$$A^{(-n)^m} = A^{n^m}.$$

Donc alors la série (2) ne sera plus distincte de la série (1), et la série (3), réduite à la forme

$$\ldots,\quad A^{3^m},\quad A^{2^m},\quad A,\quad 1,\quad A,\quad A^{2^m},\quad A^{3^m},\quad \ldots,$$

offrira deux modules égaux entre eux. Cela posé, on pourra évidemment énoncer la proposition suivante :

Théorème II. — *Soient* A *une quantité positive et* m *un nombre pair quelconque. La progression géométrique qui offrira pour terme général* A^{n^m}, *étant prolongée indéfiniment, ou dans un seul sens, ou en deux sens opposés, sera toujours convergente si l'on a*

$$A < 1,$$

et toujours divergente si l'on a

$$A > 1.$$

Considérons maintenant une progression géométrique, et de l'ordre m, qui ait pour terme général la valeur de u_n déterminée par l'équation

$$u_n = k x^n y^{n^2} z^{n^3} \ldots v^{n^{m-1}} w^{n^m}, \tag{4}$$

le nombre des variables

$$x,\quad y,\quad z,\quad \ldots,\quad v,\quad w$$

étant précisément égal à m. Soient, d'ailleurs,

$$\mathrm{x},\quad \mathrm{y},\quad \mathrm{z},\quad \ldots,\quad \mathrm{v},\quad \mathrm{w}$$

les modules de ces mêmes variables, et k le module du coefficient k. Si l'on nomme u_n le module de u_n, on trouvera

$$\mathrm{u}_n = \mathrm{k}\,\mathrm{x}^n\,\mathrm{y}^{n^2}\,\mathrm{z}^{n^3}\ldots\mathrm{v}^{n^{m-1}}\,\mathrm{w}^{n^m}, \tag{5}$$

ou, ce qui revient au même,

$$\mathrm{u}_n = \mathrm{N}^{n^m}, \tag{6}$$

la valeur de N étant

$$\mathrm{N} = \mathrm{k}^{\frac{1}{n^m}}\,\mathrm{x}^{\frac{1}{n^{m-1}}}\,\mathrm{y}^{\frac{1}{n^{m-2}}}\,\mathrm{z}^{\frac{1}{n^{m-3}}}\ldots\mathrm{v}^{\frac{1}{n}}\,\mathrm{w}. \tag{7}$$

D'autre part, la progression géométrique que l'on considère, étant prolongée indéfiniment, ou dans un seul sens, ou en deux sens opposés, offrira un ou deux modules représentés chacun par l'une des limites vers lesquelles convergeront, pour des valeurs croissantes de n, les deux expressions

$$(\mathrm{u}_n)^{\frac{1}{n}},\quad (\mathrm{u}_{-n})^{\frac{1}{n}}.$$

Mais, pour des valeurs croissantes de n, la valeur de N déterminée par la formule (7), et celle qu'on déduirait de la même formule en y remplaçant n par $-n$, convergent généralement vers la limite w. Donc, eu égard à la formule (6), les limites des expressions

$$(\mathrm{u}_n)^{\frac{1}{n}},\quad (\mathrm{u}_{-n})^{\frac{1}{n}}$$

seront généralement les mêmes que celles des expressions

$$\mathrm{w}^{n^{m-1}},\quad \mathrm{w}^{(-1)^m n^{m-1}}.$$

En partant de cette remarque, et raisonnant comme dans le cas où le terme général de la progression géométrique se réduisait à

$$\mathrm{A}^{n^m},$$

on établira immédiatement les deux propositions suivantes :

THÉORÈME III. — *Soit m un nombre impair quelconque. La progression géométrique, et de l'ordre m, qui a pour terme général la valeur de u_n déterminée par l'équation*

$$u_n = k x^n y^{n^2} z^{n^3} \dots v^{n^{m-1}} w^{n^m},$$

étant prolongée indéfiniment dans les deux sens, offrira généralement deux modules inverses l'un de l'autre, et sera par conséquent divergente, à moins que le module W *de la variable w ne se réduise à l'unité. La même progression, prolongée indéfiniment dans un seul sens à partir du terme*

$$u_0 = k,$$

et réduite ainsi à l'une des séries

$$(8)\quad k,\quad kxyz\dots vw,\quad kx^2y^4z^8\dots v^{2^{m-1}}w^{2^m},\quad kx^3y^9z^{27}\dots v^{3^{m-1}}w^{3^m},\quad \dots,$$

$$(9)\quad k,\quad kx^{-1}yz^{-1}\dots vw^{-1},\quad kx^{-2}y^4z^{-8}\dots v^{2^{m-1}}w^{-2^m},\quad kx^{-3}y^9z^{-27}\dots v^{3^{m-1}}w^{-3^m},\quad \dots,$$

sera convergente si le module du dernier des facteurs qui renferme le second terme reste inférieur à l'unité. En conséquence, W *étant toujours le module de la variable w, la série* (8) *sera convergente si l'on a*

$$\mathrm{W} < 1,$$

et la série (9) *si l'on a*

$$\mathrm{W}^{-1} < 1$$

ou, ce qui revient au même,

$$\mathrm{W} > 1.$$

Au contraire, la série (8) *sera divergente si l'on a*

$$\mathrm{W} > 1,$$

et la série (9) *si l'on a*

$$\mathrm{W} < 1.$$

THÉORÈME IV. — *Soit m un nombre pair quelconque; la progression* *géométrique, et de l'ordre m, qui a pour terme général*

$$u_n = k x^n y^{n^2} z^{n^3} \ldots v^{n^{m-1}} w^{n^m},$$

étant prolongée indéfiniment dans les deux sens, offrira deux modules égaux, et sera convergente ou divergente suivant que le module w *de la variable* w *sera inférieur ou supérieur à l'unité.*

Les théorèmes III et IV supposent que le module w de la variable w diffère de l'unité. Si ce même module se réduisait précisément à l'unité, alors, pour savoir si la série dont u_n représente le terme général est convergente ou divergente, il faudrait recourir à la considération des modules

$$\text{v}, \quad \ldots, \quad \text{z}, \quad \text{y}, \quad \text{x}$$

des autres variables, ou plutôt à la considération du premier d'entre ces modules qui ne se réduirait pas à l'unité. En suivant cette marche, on établirait généralement la proposition suivante :

Théorème V. — *Soit m un nombre entier quelconque, et nommons*

$$\text{x}, \quad \text{y}, \quad \text{z}, \quad \ldots, \quad \text{v}, \quad \text{w}$$

les modules des variables

$$x, \quad y, \quad z, \quad \ldots, \quad v, \quad w.$$

Enfin, supposons que la progression géométrique, et de l'ordre m, qui a pour terme général

$$u_n = k x^n y^{n^2} z^{n^3} \ldots v^{n^{m-1}} w^{n^m},$$

soit prolongée indéfiniment dans les deux sens. Cette progression sera convergente si, parmi les modules

$$\text{w}, \quad \text{v}, \quad \ldots, \quad \text{z}, \quad \text{y}, \quad \text{x},$$

le premier de ceux qui ne se réduisent pas à l'unité reste inférieur à l'unité et correspond à une variable dont l'exposant dans la formule (5) *soit une puissance paire de n. La même progression sera divergente si l'une de ces deux conditions n'est pas remplie.*

Le théorème V entraîne immédiatement la proposition suivante :

THÉORÈME VI. — *Soit m un nombre impair et supérieur à l'unité. La progression géométrique, et d'ordre impair, qui aura pour terme général*

$$k x^n y^{n^2} z^{n^3} \ldots v^{n^{m-1}} w^{n^m},$$

étant indéfiniment prolongée dans les deux sens, sera convergente si la dernière des variables

$$x, \quad y, \quad z, \quad \ldots, \quad v, \quad w$$

offre un module $\mathrm{w} = 1$, *et l'avant-dernière* v *un module* v *inférieur à l'unité.*

Il suit des théorèmes IV et V que, parmi les progressions géométriques, celle du premier ordre est la seule qui, prolongée indéfiniment dans les deux sens, ne puisse jamais être convergente.

§ III. — *Propriétés remarquables des progressions géométriques des divers ordres.*

Désignons par m un nombre entier quelconque, et considérons une progression géométrique de l'ordre m, dont le terme général u_n soit déterminé par la formule

$$u_n = k x^n y^{n^2} z^{n^3} \ldots v^{n^{m-1}} w^{n^m}. \tag{1}$$

On aura

$$u_0 = k, \qquad u_1 = kxyz \ldots vw, \qquad \ldots,$$

et par suite

$$\frac{u_n}{u_0} = x^n y^{n^2} z^{n^3} \ldots v^{n^{m-1}} w^{n^m}, \tag{2}$$

$$\frac{u_{n+1}}{u_1} = \frac{x^{n+1} y^{(n+1)^2} z^{(n+1)^3} \ldots v^{(n+1)^{m-1}} w^{(n+1)^m}}{xyz \ldots vw};$$

puis on tirera de la dernière équation

$$\frac{u_{n+1}}{u_1} = X^n Y^{n^2} Z^{n^3} \ldots V^{n^{m-1}} W^{n^m}, \tag{3}$$

les nouvelles variables X, Y, Z, ..., V, W étant liées aux variables $x, y, z, \ldots$ par les formules

$$(4)\qquad \left\{\begin{array}{l} X = xy^2z^3\ldots v^{m-1}w^m,\\ Y = yz^3\ldots v^{\frac{(m-1)(m-2)}{2}}w^{\frac{m(m-1)}{2}},\\ Z = z\ldots v^{\frac{(m-1)(m-2)(m-3)}{2.3}}w^{\frac{m(m-1)(m-2)}{2.3}},\\ \ldots\ldots\ldots\ldots\ldots\ldots\ldots\ldots\ldots,\\ V = vw^m,\\ W = w, \end{array}\right.$$

dans lesquelles les variables $x, y, z, \ldots, v, w$ se trouvent élevées à des puissances dont les exposants se confondent successivement avec les nombres figurés des divers ordres. Cela posé, on conclura des équations (2) et (3) qu'il suffit de remplacer les variables $x, y, z, \ldots, v, w$ par les variables $X, Y, Z, \ldots, V, W$, pour transformer le rapport

$$\frac{u_n}{u_0}$$

en une fonction nouvelle équivalente au rapport

$$\frac{u_{n+1}}{u_1}.$$

Considérons spécialement le cas où la progression géométrique est convergente. Alors, de l'observation que nous venons de faire et des principes établis dans la séance précédente, on déduira immédiatement les deux théorèmes dont je joins ici les énoncés.

Théorème I. — *Supposons que la série, ou plutôt la progression géométrique*

$$(5)\qquad \ldots,\ u_{-3},\ u_{-2},\ u_{-1},\quad u_0,\ u_1,\ u_2,\ u_3,\ \ldots,$$

dont le terme général u_n est déterminé par la formule (1), *reste convergente, tandis qu'on la prolonge indéfiniment dans les deux sens, et soit*

$$(6)\qquad s = f(x, y, z, \ldots, v, w)$$

la somme de cette même progression, en sorte qu'on ait

$$(7)\quad \mathrm{f}(x, y, z, \ldots, v, w) = \ldots u_{-3} + u_{-2} + u_{-1} + u_0 + u_1 + u_2 + u_3 + \ldots.$$

Soient encore $X, Y, Z, \ldots, V, W$ de nouvelles variables liées aux variables $x, y, z, \ldots, v, w$ par les formules (4). La fonction $\mathrm{f}(x, y, z, \ldots, v, w)$ se trouvera reproduite par la substitution des variables nouvelles $X, Y, Z, \ldots, V, W$ aux variables $x, y, z, \ldots, v, w$ et par l'adjonction du facteur

$$\frac{u_1}{u_0} = xyz\ldots vw$$

au résultat de cette substitution, et, par conséquent, la fonction $\mathrm{f}(x, y, z, \ldots, v, w)$ vérifiera l'équation linéaire

$$(8)\qquad \mathrm{f}(x, y, z, \ldots, v, w) = xyz\ldots vw\, \mathrm{f}(X, Y, Z, \ldots, V, W).$$

Théorème II. — *Les mêmes choses étant posées que dans le théorème I, la factorielle* P *déterminée par l'équation*

$$(9)\quad \mathrm{P} = \left(1 + \frac{u_1}{u_0}\right)\left(1 + \frac{u_2}{u_1}\right)\left(1 + \frac{u_3}{u_2}\right)\cdots\left(1 + \frac{u_{-1}}{u_0}\right)\left(1 + \frac{u_{-2}}{u_{-1}}\right)\left(1 + \frac{u_{-3}}{u_{-2}}\right)\cdots$$

sera encore une fonction de $x, y, z, \ldots, v, w$, qui se trouvera reproduite par la substitution des variables $X, Y, Z, \ldots, V, W$ aux variables $x, y, z, \ldots, v, w$ et par l'adjonction du facteur

$$\frac{u_1}{u_0} = xyz\ldots vw$$

au résultat de cette substitution. Donc, si, pour plus de commodité, on désigne par

$$(10)\qquad \mathrm{P} = \mathrm{F}(x, y, z, \ldots, v, w)$$

la valeur de P *que fournit l'équation* (3), *la fonction $\mathrm{F}(x, y, z, \ldots, v, w)$ aura la propriété de vérifier l'équation linéaire*

$$(11)\qquad \mathrm{F}(x, y, z, \ldots, v, w) = xyz\ldots vw\, \mathrm{F}(X, Y, Z, \ldots, V, W).$$

§ IV. — *Nouvelles formules relatives aux progressions géométriques des divers ordres et aux fonctions qui se reproduisent par substitution.*

Aux formules générales établies dans le paragraphe précédent, on peut en joindre quelques autres, qui méritent encore d'être remarquées; celles-ci se déduisent immédiatement de plusieurs nouveaux théorèmes relatifs aux fonctions qui se reproduisent par substitution. Ces nouveaux théorèmes peuvent s'énoncer comme il suit :

Théorème I. — *Concevons que l'indice n représente, au signe près, un nombre entier. Soit, de plus,*

$$u_n$$

une fonction de l'indice n et des variables $x, y, z, \ldots$. Enfin, supposons que les diverses valeurs de u_n, savoir

$$(1)\qquad \ldots,\ u_{-3},\ u_{-2},\ u_{-1},\quad u_0,\ u_1,\ u_2,\ u_3,\ \ldots,$$

forment une série convergente, prolongée indéfiniment dans les deux sens. Si, en substituant aux variables $x, y, z, \ldots$ d'autres variables $X, Y, Z, \ldots$ qui soient des fonctions connues et déterminées des premières, on transforme généralement u_n en u_{n+1}, alors la somme

$$(2)\qquad s = \ldots u_{-2} + u_{-1} + u_0 + u_1 + u_2 + \ldots$$

de la série (1) sera une fonction de $x, y, z, \ldots$ qui se trouvera reproduite par la substitution dont il s'agit.

Démonstration. — En effet, désignons, pour plus de commodité, par $f(x, y, z, \ldots)$ la somme s de la série (1). On aura, non seulement

$$f(x, y, z, \ldots) = \Sigma u_n,$$

la somme qu'indique le signe Σ s'étendant à toutes les valeurs entières positives, nulle et négatives de n, mais encore, en vertu de l'hypothèse admise,

$$f(X, Y, Z, \ldots) = \Sigma u_{n+1};$$

et comme, évidemment, Σu_{n+1} ne diffère pas de Σu_n, on trouvera définitivement

$$f(x, y, z, \ldots) = f(X, Y, Z, \ldots). \tag{3}$$

THÉORÈME II. — *Les mêmes choses étant posées que dans le théorème précédent, la factorielle* P *déterminée par l'équation*

$$P = \ldots(1 + u_{-2})(1 + u_{-1})(1 + u_0)(1 + u_1)(1 + u_2)\ldots \tag{4}$$

sera encore une fonction de $x, y, z, \ldots$ *qui se trouvera reproduite par la substitution des variables* $X, Y, Z, \ldots$ *aux variables* $x, y, z, \ldots$.

Démonstration. — En effet, représentons, pour plus de commodité, par $F(x, y, z, \ldots)$ la factorielle P. L'équation (4) donnera

$$F(x, y, z, \ldots) = \ldots(1 + u_{-2})(1 + u_{-1})(1 + u_0)(1 + u_1)(1 + u_2)\ldots;$$

puis on en conclura, en remplaçant $x, y, z, \ldots$ par $X, Y, Z, \ldots$,

$$F(X, Y, Z, \ldots) = \ldots(1 + u_{-1})(1 + u_0)(1 + u_1)(1 + u_2)(1 + u_3)\ldots,$$

et par suite

$$F(x, y, z, \ldots) = F(X, Y, Z, \ldots). \tag{5}$$

Supposons maintenant que les deux modules de la série (1), prolongée indéfiniment dans les deux sens, soient, l'un inférieur, l'autre supérieur à l'unité, de sorte que, la série (1) étant divergente, les deux séries

$$u_0, \quad u_1, \quad u_2, \quad u_3, \quad \ldots,$$

$$\frac{1}{u_{-1}}, \quad \frac{1}{u_{-2}}, \quad \frac{1}{u_{-3}}, \quad \ldots$$

soient l'une et l'autre convergentes. Alors, à la place du théorème II, on obtiendra évidemment la proposition suivante :

THÉORÈME III. — *Supposons que la série* (1) *qui a pour terme général* u_n, *étant prolongée indéfiniment dans les deux sens, les deux modules de cette série qui correspondent, l'un à des valeurs positives, l'autre à des valeurs négatives de l'indice* n, *soient, le premier inférieur, le second supérieur à l'unité. Si, en substituant aux variables* $x, y, z, \ldots$ *d'autres variables X, Y, Z, ... qui soient des fonctions connues des premières, on transforme généralement* u_n *en* u_{n+1}, *alors la factorielle* P *déterminée par l'équation*

$$(6)\qquad \mathrm{P} = \ldots\left(1+\frac{1}{u_{-2}}\right)\left(1+\frac{1}{u_{-1}}\right)(1+u_0)(1+u_1)(1+u_2)\ldots$$

sera une fonction de x, y, z, ... qui se trouvera reproduite par la substitution des variables X, Y, Z, ... aux variables x, y, z, ... et par l'adjonction du facteur u_0 *au résultat de cette substitution même.*

Démonstration. — En effet, représentons, pour plus de commodité, par $\mathrm{F}(x, y, z, \ldots)$ la factorielle P. L'équation (6) donnera

$$\mathrm{F}(x, y, z, \ldots) = \ldots\left(1+\frac{1}{u_{-2}}\right)\left(1+\frac{1}{u_{-1}}\right)(1+u_0)(1+u_1)(1+u_2)\ldots,$$

puis on en tirera, en remplaçant $x, y, z, \ldots$ par $X, Y, Z, \ldots$,

$$\mathrm{F}(X, Y, Z, \ldots) = \ldots\left(1+\frac{1}{u_{-1}}\right)\left(1+\frac{1}{u_0}\right)(1+u_1)(1+u_2)(1+u_3)\ldots$$

et, par suite,

$$(7)\qquad \mathrm{F}(x, y, z, \ldots) = u_0\,\mathrm{F}(X, Y, Z, \ldots).$$

Considérons maintenant une progression géométrique, et de l'ordre m, dont le terme général u_n, correspondant à l'indice n, soit déterminé par une équation de la forme

$$(8)\qquad u_n = x y^n z^{n^2}\ldots v^{n^{m-1}} w^{n^m}.$$

On tirera de cette équation

$$(9)\qquad u_{n+1} = X Y^n Z^{n^2}\ldots V^{n^{m-1}} W^{n^m},$$

les valeurs des variables

$$X,\quad Y,\quad Z,\quad \ldots,\quad V,\quad W$$

étant liées à celles des variables

$$x,\quad y,\quad z,\quad \ldots,\quad v,\quad w$$

par les formules

$$(10)\quad \begin{cases} X = xyz\ldots vw, \\ Y = xy^2z^3\ldots v^{m-1}w^m, \\ Z = xy^3z^6\ldots v^{\frac{(m-1)(m-2)}{2}} w^{\frac{m(m-1)}{2}}, \\ \ldots\ldots\ldots\ldots\ldots\ldots\ldots\ldots\ldots, \\ V = vw^m, \\ W = w. \end{cases}$$

Cela posé, on déduira évidemment des théorèmes I, II, III les propositions suivantes :

Théorème IV. — *Supposons que la progression géométrique, et de l'ordre m, qui a pour terme général*

$$u_n = xy^n z^{n^2}\ldots v^{n^{m-1}} w^{n^m},$$

reste convergente dans le cas où elle est indéfiniment prolongée dans les deux sens; et soit

$$s = \mathrm{f}(x, y, z, \ldots, v, w)$$

la somme de cette projection géométrique. Alors, en nommant X, Y, Z, ... *des variables nouvelles liées aux variables* x, y, z, ... *par les formules* (10), *on aura*

$$(11)\quad \mathrm{f}(x, y, z, \ldots, v, w) = \mathrm{f}(X, Y, Z, \ldots, V, W).$$

Théorème V. — *Les mêmes choses étant posées que dans le théorème précédent, si l'on représente par*

$$\mathrm{F}(x, y, z, \ldots, v, w)$$

la factorielle

$$\ldots(1 + u_{-2})(1 + u_{-1})(1 + u_0)(1 + u_1)(1 + u_2)\ldots,$$

on aura encore

$$(12)\quad \mathrm{F}(x, y, z, \ldots, v, w) = \mathrm{F}(X, Y, Z, \ldots, V, W).$$

Théorème VI. — *Supposons que la progression géométrique, et de l'ordre m, qui a pour terme général*

$$u_n = xy^n z^{n^2}\ldots v^{n^{m-1}} w^{n^m},$$

étant prolongée indéfiniment dans les deux sens, les deux modules de cette progression qui correspondent, l'un à des valeurs positives, l'autre à des valeurs négatives de n, soient le premier inférieur, le second supérieur à l'unité. Alors, en nommant X, Y, Z, ... des variables nouvelles liées aux variables x, y, z, ... par les formules (10), *et en désignant par* $F(x, y, z, \ldots, v, w)$ *la factorielle*

$$\left(1+\frac{1}{u_{-2}}\right)\left(1+\frac{1}{u_{-1}}\right)(1+u_0)(1+u_1)(1+u_2)\ldots,$$

on trouvera

$$F(x, y, z, \ldots, v, w) = u_0 F(X, Y, Z, \ldots, V, W).$$

Dans le cas particulier où les progressions que l'on considère sont du second ordre, les divers théorèmes que nous venons d'énoncer, joints aux propositions fondamentales du calcul des résidus, fournissent le moyen d'établir un grand nombre de formules dignes de remarque, et relatives aux factorielles réciproques, ou, ce qui revient au même, aux fonctions elliptiques. Si l'on suppose, au contraire, qu'il s'agisse de progressions géométriques d'un ordre supérieur au second, alors, à la place des formules qui se rapportent à la théorie des factorielles réciproques, on obtiendra des formules plus générales que je développerai dans d'autres Mémoires.

273.

Arithmétique. — *Rapport sur un Mémoire de* M. Guy, capitaine d'artillerie et ancien élève de l'École Polytechnique.

C. R., T. XX, p. 67 (13 janvier 1845).

L'Académie nous a chargés, M. Binet et moi, de lui rendre compte d'un Mémoire présenté par M. le capitaine Guy, et relatif à une question d'Arithmétique. Pour faire bien comprendre ce qu'il y a de nouveau dans les résultats obtenus par l'auteur du Mémoire, il nous paraît utile d'entrer ici dans quelques détails.

Les diverses opérations de l'Arithmétique peuvent être appliquées, ou à la détermination exacte, ou seulement à la détermination approximative des quantités inconnues. Ainsi, par exemple, la multiplication et la division arithmétiques peuvent avoir pour objet la recherche des valeurs ou exactes ou approchées du produit ou du rapport de deux nombres donnés en chiffres. Lorsqu'il s'agit de calculer les valeurs exactes, les procédés connus résolvent complètement la question. On a aussi donné les moyens de calculer les valeurs approchées; mais les règles qu'on a énoncées à ce sujet dans les Traités d'Arithmétique étaient demeurées incomplètes, ainsi que nous allons l'expliquer.

Le produit de deux nombres peut être considéré comme formé par l'addition des produits partiels qu'on obtient en multipliant les divers chiffres du multiplicande par les divers chiffres du multiplicateur. D'ailleurs, ces produits partiels sont de divers ordres, suivant qu'ils représentent des unités, des dizaines, des centaines ou des dixièmes, des centièmes, etc., et leur somme totale peut être considérée elle-même comme formée par l'addition de sommes partielles, dont chacune comprendrait tous les produits de même ordre. Cela posé, concevons qu'il s'agisse de calculer seulement une valeur approximative du produit de deux nombres. Il est clair qu'on pourra se contenter de calculer quelques-unes des sommes partielles, en rejetant toutes celles qui se composent de produits dont l'ordre est inférieur à une certaine limite. Or, de cette limite dépend l'erreur commise. Dans la séance du 23 novembre 1840, l'un de nous a indiqué le moyen de mesurer cette erreur, dont la connaissance permet de résoudre le problème qui consiste à calculer le produit de deux nombres avec un degré d'approximation donné.

Lorsque l'on connaît, *a priori*, non plus les deux facteurs, mais l'un d'entre eux et le produit, et qu'il s'agit de calculer l'autre facteur, l'opération à effectuer est une division, le dividende n'étant autre chose que le produit du diviseur par le quotient. D'ailleurs, pour déterminer le quotient à l'aide de la règle généralement connue, on détermine ses divers chiffres par des opérations successives, et l'on retranche du dividende, après chaque opération nouvelle, le produit du chiffre trouvé par le diviseur tout entier ou, ce qui revient au même, la somme partielle des produits des divers ordres qu'on obtiendrait en multipliant le chiffre trouvé par les divers chiffres du diviseur. On obtiendra, non plus la valeur exacte, mais seulement la valeur approchée du quotient cherché, si, dans chaque somme partielle, on néglige tous les produits partiels dont l'ordre est inférieur à une certaine limite, ou bien encore si l'on tient compte uniquement des produits dont l'ordre surpasse une certaine limite et des reports qui proviennent des produits de l'ordre immédiatement inférieur à la limite dont il s'agit. La détermination de l'erreur commise dans le premier cas pourrait se déduire immédiatement de ce qui a été dit, dans la séance du 23 novembre 1840, sur l'erreur qui affecte la valeur approchée d'un produit. Mais cette remarque n'avait point encore été faite; et, quant à l'erreur commise dans le second cas, elle n'avait encore été estimée, du moins à notre connaissance, que d'une manière inexacte. Les auteurs de Traités d'Arithmétique avaient supposé, à tort, que la partie de cette erreur due à chaque soustraction ne surpasse pas une unité de l'ordre auquel on s'arrête. M. le capitaine Guy rectifie cette assertion, et prouve très bien que la limite 1 doit être remplacée par la limite 2. D'ailleurs, l'appréciation de l'erreur qui peut affecter chaque dividende partiel dans la division approximative conduit immédiatement, comme l'auteur du Mémoire l'a remarqué, à la règle que l'on devra suivre si l'on veut obtenir le quotient de deux nombres avec un degré d'approximation déterminé.

Nous ajouterons que, à la limite 2 ci-dessus rappelée, on peut substituer, avec avantage, la limite plus basse 1,8, qui se trouve elle-même indiquée par l'auteur du Mémoire.

En résumé, les Commissaires pensent que l'auteur du Mémoire soumis à leur examen, en rectifiant une erreur qui n'avait point été aperçue, et en traçant avec sagacité la marche que l'on doit suivre, dans la division approximative, pour obtenir le quotient de deux nombres avec un degré d'approximation déterminé, a ainsi apporté un perfectionnement utile à une opération usuelle de l'Arithmétique. Ils proposent, en conséquence, à l'Académie d'accorder son approbation au Mémoire de M. le capitaine Guy.

274.

ANALYSE MATHÉMATIQUE. — *Note sur diverses conséquences du théorème relatif aux valeurs moyennes des fonctions.*

C. R., T. XX, p. 119 (20 janvier 1845).

Considérons d'abord une fonction d'une seule variable x, et supposons que, en attribuant au module de cette variable une valeur déterminée, on prenne successivement pour argument les divers multiples d'un arc représenté par le rapport de la circonférence à un nombre entier n. Aux n valeurs distinctes de la variable x, ainsi obtenues, correspondront n valeurs de la fonction elle-même, et la moyenne arithmétique entre ces dernières convergera, pour des valeurs croissantes de n, vers une limite représentée par une certaine intégrale définie. Cette limite est la *valeur moyenne* de la fonction pour le module donné de la variable x.

Cela posé, le théorème relatif aux valeurs moyennes des fonctions d'une seule variable peut s'énoncer comme il suit :

THÉORÈME I. — *Si une fonction de la variable x reste, avec sa dérivée, fonction continue du module et de l'argument de la variable, pour toute valeur de ce module comprise entre deux limites données, la valeur moyenne de la fonction sera, entre ces limites, indépendante de la valeur r attribuée au module de la variable.*

Il y a plus : en s'appuyant sur la théorie des intégrales singulières, on prouvera aisément qu'on peut étendre le théorème I au cas même où la fonction dérivée devient infinie ou discontinue pour certaines valeurs de la variable et pour des valeurs du module comprises entre les deux limites données. A la vérité, pour l'exactitude de la démonstration, il convient de supposer que le nombre de ces valeurs reste fini. Mais cette dernière condition se trouve généralement remplie; et, d'ailleurs, pour prévenir toute objection, nous supposerons que, dans les théorèmes suivants, il s'agit uniquement de fonctions dont les dérivées ne deviennent pas infinies ou discontinues pour une infinité de valeurs de la variable x.

En ayant égard à la remarque précédente, et observant qu'une fonction continue de la variable x est tout simplement une fonction continue du module et de l'argument de cette variable, on déduira généralement du théorème I la proposition relative au développement des fonctions, suivant les puissances entières des variables, c'est-à-dire un second théorème dont voici l'énoncé :

Théorème II. — *Si une fonction de la variable x reste continue entre certaines limites du module de cette variable, elle sera, entre ces limites, généralement développable en une série convergente ordonnée suivant les puissances entières de x.*

Il importe de rappeler ici que le terme indépendant de la variable x, dans le développement d'une fonction de cette variable, sera, comme je l'ai remarqué dans la séance du 23 juillet 1843, la valeur moyenne de la fonction, correspondante à un module de x pour lequel le développement peut s'effectuer. Pareillement, le coefficient d'une puissance entière, positive ou négative de x, dans le même développement, sera la moyenne du quotient qu'on obtient en divisant la fonction par cette puissance. On peut donc énoncer encore la proposition suivante :

Théorème III. — *Si une fonction de la variable x reste continue entre certaines limites du module de cette variable, elle sera, entre ces limites, généralement développable en une série convergente, dont chaque terme* *sera le produit d'une puissance entière positive, nulle ou négative, de x, par la valeur moyenne du rapport de la fonction à la même puissance, cette valeur moyenne étant calculée pour un module de x compris entre les limites données.*

Il suit du théorème précédent que la valeur générale d'une fonction de x qui demeure continue entre deux limites données du module de la variable x est complètement déterminée quand on connaît la valeur particulière que prend cette même fonction pour une valeur particulière du module de x, l'argument de x restant d'ailleurs arbitraire. Donc, par suite, deux fonctions de x qui resteront continues entre deux limites données du module de x seront constamment égales entre elles si elles deviennent égales pour une valeur particulière de ce module comprise entre les limites dont il s'agit. D'ailleurs, rien n'empêchera de supposer que la seconde des deux fonctions se réduit à zéro. Dans tous les cas, on se trouvera immédiatement conduit, par l'observation qu'on vient de faire, à un nouveau théorème dont voici l'énoncé :

Théorème IV. — *Une équation dont les deux membres sont des fonctions de la variable x, qui restent continues entre deux limites données du module de cette variable, se vérifiera toujours entre ces limites si elle se vérifie pour une seule valeur du module comprise entre les limites dont il s'agit.*

Ce dernier théorème a des rapports intimes avec une proposition de M. Cellerier, rappelée dans la séance du 29 janvier 1844, et relative à une fonction de x qui s'évanouit pour toutes les valeurs réelles de la variable. J'ajouterai que l'auteur m'a dit un jour être parvenu à rendre son théorème plus général en considérant, je crois, le cas où la fonction de x s'évanouit, non pour toutes les valeurs réelles de x, mais seulement pour celles qui ne dépassent pas certaines limites.

Observons maintenant que les divers théorèmes ci-dessus énoncés peuvent être facilement étendus au cas où il s'agit de fonctions de plusieurs variables x, y, z, ... Alors on obtient, par exemple, à la place du théorème IV, la proposition suivante :

Théorème V. — *Une équation dont les deux membres sont des fonctions de x, y, z, ..., qui restent continues entre des limites données des modules de x, y, z, ..., se vérifiera toujours, entre ces limites, si elle se vérifie pour un seul système de valeurs particulières de ces mêmes modules, comprises entre les limites dont il s'agit.*

Observons encore que le second membre de l'équation mentionnée dans le théorème V pourrait être la somme d'une série convergente, et qu'une telle série restera effectivement fonction continue de x, y, z, ... pour tous les modules de x, y, z, ... compris entre certaines limites, si, pour de tels modules, la série, toujours convergente, se compose de termes dont chacun soit représenté par une fonction continue de x, y, z, ...

Analyse.

Soit

$$x = re^{p\sqrt{-1}}$$

une variable imaginaire dont r représente le module et p l'argument. Soit, de plus, $\varpi(x)$ une fonction de cette variable qui reste, avec sa dérivée, *fonction continue* de x, c'est-à-dire fonction continue de r et de p, entre deux limites données du module de r, savoir, depuis $r = r_0$ jusqu'à $r = R$. La fonction $\Pi(r)$ de r, déterminée par l'équation

$$\Pi(r) = \frac{1}{2\pi}\int_{-\pi}^{\pi} \varpi(x)\,dp, \tag{1}$$

sera ce que nous appelons la *valeur moyenne* de la fonction $\varpi(x)$; et cette valeur moyenne restera la même pour toutes les valeurs de r comprises entre les limites r_0, R (*voir* la 9e livraison des *Exercices d'Analyse et de Physique mathématique*) [1]; de sorte que, en suppo-

[1] *Œuvres de Cauchy*, S. II, T. XI.

sant $r_0 < r < R$, on aura

$$\Pi(r_0) = \Pi(r) = \Pi(R). \tag{2}$$

Si, pour abréger, on pose

$$y = r_0 e^{q\sqrt{-1}}, \qquad z = R e^{q\sqrt{-1}},$$

q désignant un nouvel argument que nous substituerons à l'argument p, la formule (1) entraînera les suivantes :

$$\Pi(r_0) = \frac{1}{2\pi}\int_{-\pi}^{\pi} \varpi(y)\, dq,$$

$$\Pi(R) = \frac{1}{2\pi}\int_{-\pi}^{\pi} \varpi(z)\, dq;$$

et, par suite, l'équation

$$\Pi(R) = \Pi(r_0)$$

pourra être présentée sous la forme

$$\frac{1}{2\pi}\int_{-\pi}^{\pi} \varpi(z)\, dq = \frac{1}{2\pi}\int_{-\pi}^{\pi} \varpi(y)\, dq. \tag{3}$$

Concevons maintenant que l'on prenne

$$\varpi(z) = z\,\frac{f(z) - f(x)}{z - x},$$

$f(x)$ désignant une fonction de x qui reste, avec sa dérivée, continue par rapport à x, depuis la limite $r = r_0$ jusqu'à la limite $r = R$. L'équation (3) donnera

$$\frac{1}{2\pi}\int_{-\pi}^{\pi} z\,\frac{f(z) - f(x)}{z - x}\, dq = \frac{1}{2\pi}\int_{-\pi}^{\pi} y\,\frac{f(y) - f(x)}{y - x}\, dq. \tag{4}$$

D'ailleurs le module r de x étant, par hypothèse, supérieur au module r_0 de y, mais inférieur au module R de z, on aura

$$\frac{y}{y - x} = -yx^{-1} - y^2x^{-2} - \ldots, \qquad \frac{z}{z - x} = 1 + z^{-1}x + z^{-2}x^2 + \ldots, \tag{5}$$

et l'on en conclura

$$\frac{1}{2\pi}\int_{-\pi}^{\pi}\frac{y}{y-x}\,dq=0,\qquad \frac{1}{2\pi}\int_{-\pi}^{\pi}\frac{z}{z-x}\,dq=1.$$

Donc l'équation (4) pourra être réduite à

$$(6)\qquad f(x)=\frac{1}{2\pi}\int_{-\pi}^{\pi}\frac{z}{z-x}\,f(z)\,dq-\frac{1}{2\pi}\int_{-\pi}^{\pi}\frac{y}{y-x}\,f(y)\,dq.$$

De cette dernière formule, jointe aux équations (5), on tire immédiatement

$$(7)\qquad f(x)=\ldots A_{-2}x^{-2}+A_{-1}x^{-1}+A_0+A_1x+A_2x^2+\ldots,$$

la valeur de A_n étant déterminée, pour une valeur nulle ou positive de n, par la formule

$$(8)\qquad A_n=\frac{1}{2\pi}\int_{-\pi}^{\pi}z^{-n}\,f(z)\,dq,$$

et, pour une valeur négative de n, par la formule

$$(9)\qquad A_n=\frac{1}{2\pi}\int_{-\pi}^{\pi}y^{-n}\,f(y)\,dq.$$

Mais, si l'on remplace $\varpi(x)$ par $x^n f(x)$ dans l'équation (1), la formule (2) donnera

$$(10)\qquad \frac{1}{2\pi}\int_{-\pi}^{\pi}y^{-n}\,f(y)\,dq=\frac{1}{2\pi}\int_{-\pi}^{\pi}x^{-n}\,f(x)\,dp=\frac{1}{2\pi}\int_{-\pi}^{\pi}z^{-n}\,f(z)\,dq.$$

Donc, aux équations (8) et (9), on pourra substituer la seule formule

$$(11)\qquad A_n=\frac{1}{2\pi}\int_{-\pi}^{\pi}x^{-n}\,f(x)\,dp.$$

Ajoutons : 1° que l'on arriverait directement à cette dernière, en intégrant par rapport à l'argument p, entre les limites $p=-\pi$, $p=\pi$, les deux membres de l'équation (7) multipliés par x^{-n}; 2° que des équations (7) et (11), jointes à la formule (10) ou (2), on peut revenir à l'équation (6).

En vertu de la formule (7), la fonction $f(x)$ qui, par hypothèse, reste, avec sa dérivée, continue par rapport à la variable x, entre deux limites données du module r de cette variable, savoir, depuis la limite $r = r_0$ jusqu'à la limite $r = R$, sera développable, pour toute valeur de r comprise entre ces limites, en une série convergente ordonnée suivant les puissances entières de x. Cette proposition est précisément le théorème général sur la convergence des séries, que j'avais établi pour le cas où les puissances de x comprises dans les divers termes du développement sont toutes positives, et que M. Laurent a étendu au cas où ces puissances sont, les unes positives, les autres négatives.

En vertu de la formule (11), dans laquelle le module r de x devient constant, la valeur de A_n, c'est-à-dire le coefficient de x^n dans le développement de la fonction $f(x)$, n'est autre chose que la valeur moyenne du rapport

$$\frac{f(x)}{x^n},$$

correspondante à une valeur particulière du module r.

Donc, par suite, une fonction $f(x)$ qui reste, avec sa dérivée, fonction continue de la variable x, entre deux limites données r_0, R du module r de cette variable, quel que soit d'ailleurs l'argument p, se trouve complètement déterminée quand on connaît les valeurs particulières qu'elle acquiert pour une valeur particulière du module r comprise entre les limites dont il s'agit. Donc aussi deux fonctions

$$f(x), \quad F(x),$$

dont chacune reste avec sa dérivée fonction continue de la variable x, entre deux limites données du module de cette variable, seront toujours égales, entre ces limites, si elles deviennent égales pour une valeur particulière du module r.

Ajoutons encore que, suivant une remarque déjà faite, la théorie des intégrales définies singulières nous autorise à omettre généralement dans les propositions ci-dessus énoncées les conditions relatives à la dérivée de $f(x)$. On se trouve ainsi conduit aux théorèmes II, III, IV; puis, en étendant ces mêmes théorèmes au cas où l'on considère plusieurs variables, on établit sans difficulté des propositions analogues entre lesquelles on doit distinguer le théorème V.

En terminant cette Note, j'observerai qu'on peut aisément déduire de la formule (8) ou (9) une limite supérieure au module de A_n, c'est-à-dire au module du coefficient de x^n, dans le développement de $f(x)$.

En effet, soient

$$\mathfrak{Y} \quad \text{et} \quad \mathfrak{Z}$$

les plus grands modules que puissent acquérir les fonctions

$$f(y) = f(r_0 e^{q\sqrt{-1}}) \qquad \text{et} \qquad f(z) = f(R e^{q\sqrt{-1}})$$

pour des valeurs réelles de l'angle q. On tirera de la formule (9)

$$\text{mod.} A_n < r_0^{-n} \mathfrak{Y}$$

et de la formule (8)

$$\text{mod.} A_n < R^{-n} \mathfrak{Z}.$$

Cela posé, on conclura évidemment de la formule (7) que *le développement de* $f(x)$ *suivant les puissances entières de* x *se compose de termes dont les modules sont respectivement inférieurs aux modules des termes correspondants du développement de la fonction*

$$(12) \qquad \mathfrak{Z}\frac{R}{R - x} - \mathfrak{Y}\frac{r_0}{r_0 - x},$$

qui se réduit simplement à

$$(13) \qquad \mathfrak{Z}\frac{R}{R - x},$$

dans le cas particulier où l'on suppose $r_0 = 0$.

Si d'ailleurs on nomme $\mathfrak{s}$ le plus grand module que la fonction $f(x)$ puisse acquérir pour un module r de x, renfermé entre les limites r_0, R, on pourra sans inconvénient remplacer, dans l'expression (12), les modules $\mathfrak{r}$ et $\mathfrak{z}$ par le module $\mathfrak{s}$ qui sera supérieur ou au moins égal à chacun des deux autres. Donc *le développement de* f(x) *se composera de termes dont les modules seront inférieurs aux modules des termes correspondants du développement de la fonction*

$$\mathfrak{s}\left(\frac{R}{R-x}-\frac{r_0}{r_0-x}\right)=\mathfrak{s}\frac{(R-r_0)x}{(R-x)(x-r_0)}. \tag{14}$$

Les propositions que nous venons d'énoncer peuvent être étendues avec la plus grande facilité au cas où l'on considère des fonctions de plusieurs variables. Il est d'ailleurs évident qu'elles fournissent le moyen de calculer les limites des erreurs que l'on commet quand on néglige, dans les développements des fonctions en séries ordonnées suivant les puissances entières des variables, les termes dont les exposants surpassent, en valeurs numériques, des nombres entiers donnés.

275.

Analyse mathématique. — *Mémoire sur la convergence de la série partielle qui a pour termes les divers coefficients d'une même puissance d'une seule variable, dans une série multiple.*

C. R., T. XX, p. 126 (20 janvier 1845).

Lorsqu'une fonction de plusieurs variables $x, y, z, \ldots$ est développable en série convergente ordonnée suivant les puissances ascendantes des variables $x, y, z, \ldots$ pour tous les modules de ces variables compris entre certaines limites, les coefficients d'une puissance quelconque de la première variable x, dans le développement ainsi obtenu, forment une nouvelle série qui demeure généralement convergente entre de nouvelles limites des modules des variables restantes $y, z, \ldots$. Ce fait m'a paru d'autant plus digne de l'attention des géomètres, qu'il est possible, comme on le verra dans ce Mémoire, d'établir, pour la détermination des nouvelles limites des modules de y, z, ..., des théorèmes généraux qui permettent de résoudre des questions importantes d'Analyse mathématique. Ainsi, en particulier, ces théorèmes s'appliquent sans difficulté à la recherche des conditions qui doivent être remplies pour que l'on soit assuré de la convergence des séries simples ou doubles comprises dans les nouvelles formules générales que j'ai précédemment données pour le développement des fonctions; et, par conséquent, ils peuvent être très utilement employés dans la partie de l'Astronomie qui a pour objet la détermination des mouvements planétaires.

Analyse.

§ I. — *Considérations générales.*

Soit

$$x = re^{p\sqrt{-1}}$$

une variable imaginaire dont r représente le module et p l'argument. Soit encore

$$F(x)$$

une fonction de cette variable, qui reste continue par rapport à x, du moins tant que le module de x reste compris entre certaines limites. La fonction $F(x)$ sera, sous cette condition, développable en une série convergente ordonnée suivant les puissances entières positives, nulle et négatives de x; et si l'on nomme A_n le coefficient de x^n dans le développement de $F(x)$, on aura

$$A_n = \frac{1}{2\pi}\int_{-\pi}^{\pi} x^{-n}\,F(x)\,dp. \tag{1}$$

Supposons maintenant que la fonction $F(x)$ se décompose en deux facteurs représentés l'un par $\varpi(x)$, l'autre par $f(y, z, \ldots)$, les lettres y, z, ... désignant elles-mêmes des fonctions déterminées de la variable x. L'équation

$$F(x) = \varpi(x)\, f(y, z, \ldots)$$

entraînera la suivante

$$(2) \qquad A_n = \frac{1}{2\pi}\int_{-\pi}^{\pi} x^{-n}\,\varpi(x)\,f(y, z, \ldots)\,dp,$$

et il suffira de développer la fonction

$$f(y, z, \ldots)$$

en une série multiple ordonnée suivant les puissances entières de y, z, ..., pour que la valeur de A_n fournie par l'équation (2) se trouve elle-même développée en une série de termes proportionnels à des intégrales de la forme

$$\frac{1}{2\pi}\int_{-\pi}^{\pi} x^{-n}\,y^m\,z^{m'}\ldots\varpi(x)\,dp.$$

Mais le développement du coefficient A_n ne pourra servir à en déterminer la valeur qu'autant qu'il sera convergent. Cette simple observation doit nous engager à rechercher dans quels cas la série obtenue sera convergente. Or on peut établir à ce sujet quelques théorèmes qui nous seront fort utiles, et que nous allons indiquer.

Supposons d'abord que la fonction $f(y, z, \ldots)$ se réduise à $f(y)$, y étant lui-même fonction de x. Supposons encore que $f(y)$ reste fonction continue de y, pour tout module de y qui ne dépasse pas la limite inférieure y_0 ou la limite supérieure y. Enfin, soit s la plus grande valeur que puisse acquérir le module de $f(y)$, pour un module de y compris entre les limites dont il s'agit. Par des raisonnements semblables à ceux que nous avons employés dans la Note précédente (p. 421, 422), on prouvera que les divers termes du développement de $f(y)$ offrent des modules respectivement inférieurs aux modules des termes correspondants du développement du produit

$$\mathrm{s}\left(\frac{\mathrm{y}}{\mathrm{y}-y} - \frac{\mathrm{y}_0}{\mathrm{y}_0-y}\right).$$

Par suite aussi, les divers termes du développement du coefficient A_n, déterminé par la formule

$$(3)\qquad A_n = \frac{1}{2\pi}\int_{-\pi}^{\pi} x^{-n}\varpi(x)\,f(y)\,dp,$$

offriront des modules inférieurs aux modules des termes correspondants du développement qu'on obtiendra pour l'intégrale

$$(4)\qquad \frac{S}{2\pi}\int_{-\pi}^{\pi} x^{-n}\left(\frac{\mathrm{y}}{\mathrm{y}-y}-\frac{\mathrm{y}_0}{\mathrm{y}_0-y}\right)\varpi(x)\,dp,$$

en développant la fonction sous le signe $\int$ suivant les puissances entières de y. Donc le développement de A_n sera convergent en même temps que la série modulaire correspondante au développement de l'expression (4), ou même de l'intégrale

$$(5)\qquad \frac{1}{2\pi}\int_{-\pi}^{\pi} x^{-n}\left(\frac{\mathrm{y}}{\mathrm{y}-y}-\frac{\mathrm{y}_0}{\mathrm{y}_0-y}\right)\varpi(x)\,dp.$$

On peut donc énoncer la proposition suivante :

Théorème I. — *Soit $x = re^{p\sqrt{-1}}$ une variable imaginaire dont p désigne l'argument. Soit encore $F(x)$ une fonction de x qui se décompose en deux facteurs, représentés l'un par $\varpi(x)$, l'autre par $f(y)$, y étant lui-même fonction de x; et supposons que $f(y)$ reste fonction continue de y pour tout module de y qui ne dépasse pas la limite inférieure y_0 ou la limite supérieure y. Enfin, soit A_n le coefficient de x^n dans le développement de $F(x)$ en série ordonnée suivant les puissances entières de x, de sorte qu'on ait*

$$A_n = \frac{1}{2\pi}\int_{-\pi}^{\pi} x^{-n}\,F(x)\,dp$$

ou, ce qui revient au même,

$$A_n = \frac{1}{2\pi}\int_{-\pi}^{\pi} x^{-n}\varpi(x)\,f(y)\,dp.$$

Il suffira de développer $f(y)$ suivant les puissances entières de y pour que le coefficient A_n se trouve développé en une série de termes proportionnels *à des intégrales de la forme*

$$\frac{1}{2\pi}\int_{-\pi}^{\pi} x^{-n} y^m \varpi(x)\,dp;$$

et, pour que le développement de A_n *ainsi obtenu demeure convergent, il suffira qu'une autre série de termes proportionnels à ces intégrales, savoir, celle qu'on obtiendra en développant l'expression*

$$\frac{1}{2\pi}\int_{-\pi}^{\pi} x^{-n}\left(\frac{\mathrm{y}}{\mathrm{y}-y}-\frac{\mathrm{y}_0}{\mathrm{y}_0-y}\right)\varpi(x)\,dp,$$

demeure elle-même convergente avec la série modulaire correspondante. Si d'ailleurs on nomme $\mathcal{S}$ *le plus grand module que puisse acquérir la fonction* $\mathrm{f}(y)$ *pour un module de* y *renfermé entre les limites* y_0, y, *les divers termes dont se composera le développement de* A_n *offriront des modules inférieurs aux modules des termes correspondants du développement de l'expression*

$$\frac{\mathcal{S}}{2\pi}\int_{-\pi}^{\pi} x^{-n}\left(\frac{\mathrm{y}}{\mathrm{y}-y}-\frac{\mathrm{y}_0}{\mathrm{y}_0-y}\right)\varpi(x)\,dp.$$

On étendra sans peine le théorème que nous venons d'énoncer au cas où le second facteur de $F(x)$ se trouve représenté, non plus par $\mathrm{f}(y)$, mais par $\mathrm{f}(y, z, \ldots)$, les lettres $y, z, \ldots$ désignant diverses fonctions de x. Si l'on considère en particulier le cas où les fonctions y, $z, \ldots$ se réduisent à deux, on obtiendra la proposition suivante :

Théorème II. — *Soit* $x = re^{p\sqrt{-1}}$ *une variable imaginaire dont* p *désigne l'argument. Soit encore* $F(x)$ *une fonction de* x *qui se décompose en deux facteurs, représentés l'un par* $f(x)$, *l'autre par* $\mathrm{f}(y, z)$, y et z *étant eux-mêmes fonctions de* x; *et supposons que* $\mathrm{f}(y, z)$ *reste fonction continue de* y *et de* z *pour tous les modules de* y, z *qui ne dépassent pas les limites inférieures* y_0, z_0 *ou les limites supérieures* y, z. *Enfin, soit* A_n *le coefficient de* x^n *dans le développement de* x *en série ordonnée suivant les puissances entières de* x, *de sorte qu'on ait*

$$A_n = \frac{1}{2\pi}\int_{-\pi}^{\pi} x^{-n} F(x)\,dp$$

ou, ce qui revient au même,

$$\mathrm{A}_n = \frac{1}{2\pi}\int_{-\pi}^{\pi} x^{-n}\,\varpi(x)\,\mathrm{f}(y, z)\,dp.$$

Il suffira de développer $\mathrm{f}(y, z)$ *suivant les puissances entières de* y, z *pour que le coefficient* A_n *se trouve développé en une série de termes proportionnels à des intégrales de la forme*

$$\frac{1}{2\pi}\int_{-\pi}^{\pi} x^{-n} y^m z^{m'}\,\varpi(x)\,dp;$$

et, pour que le développement de A_n *ainsi obtenu demeure convergent, il suffira qu'une autre série de termes proportionnels à ces intégrales, savoir, celle qu'on obtiendra en développant l'expression*

$$(6)\qquad \frac{1}{2\pi}\int_{-\pi}^{\pi} x^{-n}\left(\frac{\mathrm{y}}{\mathrm{y}-y} - \frac{\mathrm{y}_0}{\mathrm{y}_0-y}\right)\left(\frac{\mathrm{z}}{\mathrm{z}-z} - \frac{\mathrm{z}_0}{\mathrm{z}_0-z}\right)\varpi(x)\,dp,$$

demeure elle-même convergente avec la série modulaire correspondante. Si d'ailleurs on nomme S *le plus grand module que puisse acquérir la fonction* $\mathrm{f}(y, z)$ *pour un module de* y *renfermé entre les limites* y_0, y, *et pour un module de* z *renfermé entre les limites* z_0, z, *les divers termes dont se composera le développement de* A_n *offriront des modules inférieurs aux modules des termes correspondants du développement de l'expression*

$$(7)\qquad \frac{\mathrm{S}}{2\pi}\int_{-\pi}^{\pi} x^{-n}\left(\frac{\mathrm{y}}{\mathrm{y}-y} - \frac{\mathrm{y}_0}{\mathrm{y}_0-y}\right)\left(\frac{\mathrm{z}}{\mathrm{z}-z} - \frac{\mathrm{z}_0}{\mathrm{z}_0-z}\right)\varpi(x)\,dp.$$

Si les limites inférieures y_0, z_0, ... peuvent être réduites à zéro, alors la fonction $\mathrm{f}(y, z, \ldots)$, c'est-à-dire la fonction $\mathrm{f}(y)$ ou $\mathrm{f}(y, z)$, ..., étant développée suivant les puissances entières des variables y, z, ..., le développement n'offrira que des puissances nulles ou positives de ces variables. Alors aussi les rapports

$$\frac{\mathrm{y}_0}{\mathrm{y}_0-y},\quad \frac{\mathrm{z}_0}{\mathrm{z}_0-z}$$

s'évanouiront dans les expressions (5) et (6), qui se trouveront réduites aux deux suivantes :

$$(8)\qquad \frac{1}{2\pi}\int_{-\pi}^{\pi} x^{-n}\,\frac{\mathrm{y}}{\mathrm{y}-y}\,\varpi(x)\,dp,$$

$$(9)\qquad \frac{1}{2\pi}\int_{-\pi}^{\pi} x^{-n}\,\frac{\mathrm{y}}{\mathrm{y}-y}\,\frac{\mathrm{z}}{\mathrm{z}-z}\,\varpi(x)\,dp.$$

D'ailleurs, pour obtenir, dans cette hypothèse, les développements de ces expressions en séries de termes proportionnels à des intégrales de la forme

$$\frac{1}{2\pi}\int_{-\pi}^{\pi} x^{-n}\,y^{m}\,z^{m'}\ldots\varpi(x)\,dp,$$

il suffira de poser

$$\mathrm{Y}=\frac{1}{\mathrm{y}},\qquad \mathrm{Z}=\frac{1}{\mathrm{z}},$$

puis de développer les rapports

$$\frac{\mathrm{y}}{\mathrm{y}-y}=\frac{1}{1-\mathrm{Y}y},\qquad \frac{\mathrm{z}}{\mathrm{z}-z}=\frac{1}{1-\mathrm{Z}z}$$

en séries ordonnées suivant les puissances ascendantes des quantités positives Y, Z. Donc les théorèmes I et II entraîneront les propositions suivantes :

Théorème III. — *Soit $x = re^{p\sqrt{-1}}$ une variable imaginaire dont p désigne l'argument. Soit encore $\mathrm{F}(x)$ une fonction de x qui se décompose en deux facteurs, représentés l'un par $\varpi(x)$, l'autre par $\mathrm{f}(y)$, y étant lui-même une fonction de x; et supposons que $\mathrm{f}(y)$ reste fonction continue de y pour tout module de y qui ne surpasse pas une certaine limite y. Enfin, soit A_n le coefficient de x^n dans le développement de $\mathrm{F}(x)$ en série ordonnée suivant les puissances entières de x, et posons $\mathrm{Y}=\frac{1}{\mathrm{y}}$. Au développement de $\mathrm{f}(y)$ en série ordonnée suivant les puissances entières et ascendantes de y correspondra un développement du coefficient A_n, qui sera convergent si la valeur trouvée de Y rend convergente la série modulaire qui corres-*

pond au développement de l'intégrale

$$(10) \qquad \frac{1}{2\pi}\int_{-\pi}^{\pi} \frac{\varpi(x)}{1-\mathrm{Y}y}\,dp$$

suivant les puissances entières et ascendantes de Y.

THÉORÈME IV. — *Soit $x = re^{p\sqrt{-1}}$ une variable imaginaire dont p désigne l'argument. Soit encore $\mathrm{F}(x)$ une fonction de x qui se décompose en deux facteurs, représentés l'un par $\varpi(x)$, l'autre par $\mathrm{f}(y, z)$, y et z étant eux-mêmes fonctions de x, et supposons que $\mathrm{f}(y, z)$ reste fonction continue de y, z pour tous les systèmes de modules de y et z qui ne dépassent pas certaines limites*

$$\mathrm{Y}, \quad \mathrm{Z}.$$

Enfin, soit A_n le coefficient de x^n dans le développement de $\mathrm{F}(x)$ en une série simple ordonnée suivant des puissances entières de x, et posons

$$\mathrm{Y} = \frac{1}{y}, \qquad \mathrm{Z} = \frac{1}{z}.$$

Au développement de $\mathrm{f}(y, z)$ en une série double ordonnée suivant des puissances entières et ascendantes de y et z correspondra un coefficient de A_n qui sera convergent si les valeurs trouvées de Y, Z *rendent convergente la série modulaire qui correspond au développement de l'intégrale*

$$(11) \qquad \frac{1}{2\pi}\int_{-\pi}^{\pi} x^{-n} \frac{\varpi(x)}{(1-\mathrm{Y}y)(1-\mathrm{Z}z)}\,dp$$

suivant les puissances entières et ascendantes de Y *et* Z.

§ II. — *Application des principes établis dans le premier paragraphe.*

Supposons que, en adoptant les notations employées dans le premier paragraphe, on prenne

$$\mathrm{F}(x) = \varpi(x)\,\mathrm{f}(y)$$

et de plus

$$y = 1 - x.$$

Supposons encore que $\varpi(x)$ reste fonction continue de x pour tout module de x qui ne surpasse pas une certaine limite x, et que $f(y)$ reste fonction continue de y pour tout module de y qui ne surpasse pas une certaine limite y. Enfin, nommons A_n le coefficient de x^n dans $F(x)$, n étant un nombre entier quelconque, et faisons, pour abréger,

$$Y = \frac{1}{\text{y}}.$$

L'intégrale (10) du § I deviendra

$$(1) \qquad \frac{1}{2\pi}\int_{-\pi}^{\pi} x^{-n} \frac{\varpi(x)}{1 - Y + xY}\, dp,$$

la valeur de x étant

$$x = \text{x}\, e^{p\sqrt{-1}}.$$

D'ailleurs, il est important d'observer que, si le rapport $\frac{1-Y}{Y}$ est supérieur à la limite x ou, ce qui revient au même, si l'on a

$$Y < \frac{1}{1+\text{x}},$$

la fonction sous le signe $\int$, dans l'intégrale (1), deviendra infinie pour une seule valeur de x correspondante à un module plus petit que x, savoir, pour la valeur $x = 0$. Cela posé, en supposant $Y < \frac{1}{1+\text{x}}$, on aura, d'après les principes du calcul des résidus,

$$(2) \qquad \frac{1}{2\pi}\int_{-\pi}^{\pi} x^{-n} \frac{\varpi(x)}{1 - Y + xY}\, dp = \mathcal{E}\frac{1}{((x^{n+1}))} \frac{\varpi(x)}{1 - Y + xY}$$

ou, ce qui revient au même,

$$(3) \qquad \frac{1}{2\pi}\int_{-\pi}^{\pi} x^{-n} \frac{\varpi(x)}{1 - Y + xY}\, dp = \frac{1}{1.2\ldots n} D_i^n \frac{\varpi(i)}{1 - Y + iY},$$

i désignant une quantité infiniment petite que l'on devra réduire à zéro, après les différentiations effectuées. On trouvera ainsi, pour valeur de l'intégrale (1), une fonction rationnelle de Y qui se présentera sous la forme d'une fraction dont le dénominateur sera

$(1 - Y)^{n+1}$. Donc, si l'on développe cette intégrale en série ordonnée suivant les puissances entières et ascendantes de Y, la série obtenue sera convergente, non seulement quand on aura $Y < \frac{1}{1+X}$, mais encore toutes les fois qu'on aura $Y < 1$. Cette conclusion est d'autant plus remarquable que, dans le cas où l'on suppose Y renfermé entre les limites 1 et $\frac{1}{1+X}$, la somme de la série, sans cesser d'être équivalente au second membre de la formule (3), cesse de représenter la valeur de l'intégrale (1). Alors, en effet, d'après les principes du calcul des résidus, on doit ajouter au second membre de la formule (3) l'expression

$$\mathcal{E} \frac{1}{x^{n+1}} \frac{\varpi(x)}{(1 - Y + xY)} = \frac{Y^n}{(Y-1)^{n+1}} \varpi\left(\frac{Y-1}{Y}\right) \tag{4}$$

Si, pour fixer les idées, on supposait $\varpi(x) = 1$, le second membre de la formule (3) se réduirait à

$$(-1)^n \frac{Y^n}{(1-Y)^{n+1}}; \tag{5}$$

et, en ajoutant à ce second membre l'expression (4), on obtiendrait une somme nulle. C'est ce qu'il était facile de prévoir. Car, X étant le module de x, le rapport

$$\frac{1}{1 - Y + xY}$$

sera développable, ou suivant les puissances positives, ou suivant les puissances négatives de x, selon qu'on aura $Y < \frac{1}{1+X}$ ou $Y > \frac{1}{1+X}$; et, par suite, le coefficient de x^n, dans le développement de ce rapport, sera nul, dans le second cas, pour des valeurs positives de n, tandis que, dans le premier cas, il sera évidemment représenté par l'expression (5).

Concevons maintenant que l'on prenne, non plus

$$y = 1 - x,$$

mais

$$y = \frac{1-x}{x},$$

l'intégrale (10) du § I deviendra

$$(6)\qquad \frac{1}{2\pi}\int_{-\pi}^{\pi} x^{-n+1}\,\frac{\varpi(x)}{(1+Y)x-Y}\,dp,$$

et, si le rapport

$$\frac{Y}{1+Y}$$

est inférieur à la limite x, la valeur de cette même intégrale, représentée par l'expression

$$(7)\qquad \mathcal{E}\,\frac{\varpi(x)}{((x^n[(1+Y)x-Y]))},$$

sera ce que devient la fonction

$$(8)\qquad \frac{\varpi(x)-\varpi(0)-\frac{x}{1}\varpi'(0)-\ldots-\frac{x^{n-1}}{1.2\ldots(n-1)}\varpi^{(n-1)}(0)}{(1+Y)x^n}$$

quand on y pose

$$x=\frac{Y}{1+Y}.$$

Si d'ailleurs on développe cette valeur, non seulement avec la fonction

$$\varpi\left(\frac{Y}{1+Y}\right),$$

suivant les puissances ascendantes du rapport $\frac{Y}{1+Y}$, mais encore, avec ce même rapport, suivant les puissances ascendantes de Y, chacune des séries ainsi obtenues sera évidemment convergente quand Y vérifiera les deux conditions

$$(9)\qquad Y<\frac{x}{1-x},\qquad Y<1.$$

Il importe d'observer que la première des conditions (9) pourra être omise, comme renfermée dans la seconde, si l'on a $x>\frac{1}{2}$, et, à plus forte raison, si l'on a $x=1$.

D'après ce qu'on vient de dire, le théorème III du § I entraînera la proposition suivante :

Théorème I. — *Soit $x = re^{p\sqrt{-1}}$ une variable imaginaire dont la lettre p représente l'argument. Soient, de plus, $\varpi(x)$ une fonction de x qui reste continue pour tout module de x qui ne surpasse pas l'unité, et $\mathrm{f}(y)$ une fonction de y qui demeure continue pour tout module de y qui ne surpasse pas une certaine limite* y. *Enfin, supposons que, y étant fonction de x, et la lettre n désignant un nombre entier quelconque, on représente par A_n le coefficient de x^n dans le développement de la fonction*

$$\mathrm{F}(x) = \varpi(x)\,\mathrm{f}(y),$$

et posons encore

$$\mathrm{Y} = \frac{1}{\mathrm{y}}.$$

Si l'on prend

$$y = 1 - x,$$

ou même

$$y = \frac{1-x}{x},$$

alors, au développement de $\mathrm{f}(y)$ suivant les puissances entières et ascendantes de y correspondra un développement de A_n qui sera convergent avec la série modulaire correspondante si la valeur de Y *vérifie la condition*

$$\mathrm{Y} < 1.$$

Supposons maintenant que l'on ait, non plus

$$\mathrm{F}(x) = \varpi(x)\,\mathrm{f}(y),$$

mais

$$\mathrm{F}(x) = \varpi(x)\,\mathrm{f}(y, z),$$

et prenons

$$y = 1 - x, \qquad z = \frac{1-x}{x}.$$

Supposons encore que, $\varpi(x)$ restant fonction continue de x pour tout module de x qui ne surpasse pas l'unité, $\mathrm{f}(y, z)$ reste fonction continue de y et de z pour tous les modules de y, z qui ne dépassent pas certaines *limites* Y, Z. *L'intégrale* (11) *du* § I *deviendra*

$$(10)\qquad \frac{1}{2\pi}\int_{-\pi}^{\pi} x^{-n}\frac{x}{(1-\mathrm{Y}+x\mathrm{Y})[(1+\mathrm{Z})x-\mathrm{Z}]}\varpi(x)\,dp;$$

on aura d'ailleurs

$$(11)\qquad \frac{x}{(1-\mathrm{Y}+x\mathrm{Y})[(1+\mathrm{Z})x-\mathrm{Z}]}=\frac{1}{1-\mathrm{Y}+\mathrm{Z}}\left[\frac{1-\mathrm{Y}}{1-\mathrm{Y}+x\mathrm{Y}}+\frac{\mathrm{Z}}{(1+\mathrm{Z})x-\mathrm{Z}}\right],$$

et il est clair que, en développant le rapport

$$\frac{1}{1-\mathrm{Y}+\mathrm{Z}}$$

suivant les puissances ascendantes de Y, Z, *on obtiendra une série double qui sera convergente avec la série modulaire correspondante, quand* Y *et* Z *vérifieront la condition*

$$\mathrm{Y}+\mathrm{Z}<1.$$

Cela posé, le théorème précédent, joint à la formule (11) et au théorème IV du § I, entraînera évidemment la proposition suivante :

Théorème II. — *Soit* $x = re^{p\sqrt{-1}}$ *une variable imaginaire dont p represente l'argument. Soient de plus* $\varpi(x)$ *une fonction de* x *qui reste continue pour tout module de* x *qui ne surpasse pas l'unité, et* $\mathrm{f}(y, z)$ *une fonction de* y *qui demeure continue pour tous les modules de* y, z *qui ne surpassent pas certaines limites* y, z. *Enfin, supposons que,* y, z *étant fonctions de* x, *et la lettre n désignant un nombre entier quelconque, on représente par* A_n *le coefficient de* x_n *dans le développement de la fonction*

$$\mathrm{F}(x)=\varpi(x)\,\mathrm{f}(y, z),$$

et posons encore

$$\mathrm{Y}=\frac{1}{\mathrm{y}},\qquad \mathrm{Z}=\frac{1}{\mathrm{z}}.$$

Si l'on prend

$$y=1-x\qquad\text{et}\qquad z=\frac{1-x}{x},$$

alors, au développement de $\mathrm{f}(y, z)$ *suivant les puissances entières et ascendantes de* y, z, *correspondra un développement de* A_n, *qui sera convergent avec la série modulaire correspondante, si les valeurs trouvées de* Y, Z *vérifient la condition*

$$(12) \qquad Y + Z < 1.$$

Si, dans l'énoncé de ce théorème, nous avons omis les deux conditions

$$Y < 1, \qquad Z < 1,$$

qui doivent être remplies en vertu du théorème I, c'est que chacune de ces deux conditions est une suite nécessaire de la seule condition (12).

Dans un prochain article, je montrerai avec quelle facilité les principes ci-dessus établis s'appliquent à la recherche des conditions qui doivent être vérifiées, pour que l'on soit assuré de la convergence des séries comprises dans les nouvelles formules générales auxquelles se rapportent plusieurs de mes précédents Mémoires.

276.

Analyse mathématique. — *Mémoire sur diverses conséquences remarquables des principes établis dans les séances précédentes.*

C. R., T. XX, p. 212 (27 janvier 1845).

§ I. — *Considérations générales.*

Nous sommes parvenu, dans la séance précédente, à un théorème que l'on peut énoncer comme il suit :

Théorème I. — *Soit*

$$x = re^{p\sqrt{-1}}$$

une variable imaginaire dont r désigne le module et p l'argument. Soient, de plus, $\varpi(x)$ une fonction de x qui reste continue pour tout module de x qui ne surpasse pas l'unité, et $f(y, z)$ une fonction de y, z qui reste continue pour tous les modules de y, z qui ne surpassent pas certaines limites y, z. *Enfin, nommons* F(x) *une fonction de* x *déterminée par le système des équations*

$$(1)\qquad F(x) = \varpi(x)\,f(y, z),$$

$$(2)\qquad y = 1 - x, \qquad z = \frac{1-x}{x},$$

et supposons que, la lettre n *désignant un nombre entier quelconque, on représente par* A_n *le coefficient de* x^n *dans le développement de* F(x) *en série ordonnée suivant les puissances entières positives, nulle et négatives de* x. *Au développement de* f(y, z) *suivant les puissances entières et ascendantes de* y, z *correspondra un développement de* A_n *qui sera convergent, avec la série modulaire correspondante, si les valeurs de* y, z *vérifient la formlue*

$$(3)\qquad \frac{1}{\mathrm{y}} + \frac{1}{\mathrm{z}} < 1.$$

La condition que doit remplir la fonction $\varpi(x)$, assujettie à rester continue pour tout module de x qui ne surpasse pas l'unité, pourrait être remplacée dans l'énoncé du théorème I, comme il est aisé de le faire voir, par une autre condition généralement équivalente à la première, savoir, que la fonction $\varpi(x)$ reste développable en série convergente ordonnée suivant les puissances entières et ascendantes de x pour tout module de x qui ne surpasse pas l'unité. Il suit de cette observation que le théorème I continuera de subsister, si l'on suppose, par exemple,

$$\varpi(x) = (1 - x)^s$$

ou

$$\varpi(x) = (1 - x)^{-s},$$

s désignant un nombre inférieur à l'unité.

Observons encore que le coefficient A_n de x^n, dans le développement de F(x), sera déterminé par la formule

$$(4)\qquad A_n = \frac{1}{2\pi}\int_{-\pi}^{\pi} x^{-n}\,F(x)\,dp,$$

dans laquelle on pourra, si l'on veut, réduire à l'unité le module r de la variable x, et poser simplement

$$(5)\qquad x = e^{p\sqrt{-1}}.$$

Ajoutons que, en vertu de l'équation (1), la formule (4) pourra s'écrire comme il suit :

$$(6)\qquad \mathrm{A}_n = \frac{1}{2\pi}\int_{-\pi}^{\pi} \varpi(x)\,\mathrm{f}(y, z)\,dp.$$

Soit maintenant $\mathrm{H}_{m,m'}$ le coefficient du produit

$$y^m z^{m'}$$

dans le développement de la fonction $\mathrm{f}(y, z)$ en série ordonnée suivant les puissances entières et ascendantes des variables y, z. On aura, pour un module de y égal ou inférieur à y, et pour un module de z égal ou inférieur à z,

$$(7)\qquad \mathrm{f}(y, z) = \Sigma \mathrm{H}_{m,m'} y^m z^{m'},$$

la somme qu'indique le signe Σ s'étendant à toutes les valeurs entières nulle ou positives de m et de m'. D'ailleurs, le module de x étant réduit à l'unité dans la formule (5), les valeurs de y, z, tirées des formules (2) et (5), offriront évidemment des modules égaux ou inférieurs au nombre 2. Donc, lorsque les limites y, z surpasseront le nombre 2, on pourra, dans la formule (6), supposer la valeur de $\mathrm{f}(y, z)$ déterminée par l'équation (4). On trouvera ainsi

$$(8)\qquad \mathrm{A}_n = \sum \frac{\mathrm{H}_{m,m'}}{2\pi}\int_{-\pi}^{\pi} x^{-n} y^m z^{m'} \varpi(x)\,dp.$$

D'autre part, en faisant, pour abréger,

$$(9)\qquad \mathrm{k}_n = \frac{1}{2\pi}\int_{-\pi}^{\pi} x^{-n} \varpi(x)\,dp,$$

et en supposant que la lettre caractéristique Δ des différences finies soit relative au nombre entier n, on aura

$$\Delta^m \mathrm{k}_n = \frac{1}{2\pi}\int_{-\pi}^{\pi} x^{-n} z^m \varpi(x)\,dp;$$

par suite, en ayant égard aux formules (2), desquelles on tire

$$y = xz,$$

on trouvera

$$\frac{1}{2\pi}\int_{-\pi}^{\pi} x^{-n}\, y^m\, z^{m'}\, \varpi(x)\, dp = \Delta^{m+m'} \mathrm{k}_{n-m}.$$

Donc l'équation (8) donnera simplement

$$(10) \qquad \mathrm{A}_n = \Sigma \mathrm{H}_{m,m'} \Delta^{m+m'} \mathrm{k}_{n-m}.$$

Concevons à présent que la fonction

$$\mathrm{f}(y, z)$$

renferme, avec les variables y, z, divers paramètres

$$a, \quad b, \quad \ldots, \quad a', \quad b', \quad \ldots,$$

dont

$$\mathrm{A}_n \quad \text{et} \quad \mathrm{H}_{m,m'}$$

restent fonctions continues pour des modules de ces paramètres inférieurs à certaines limites. Si, pour de tels modules, la condition (3) se trouve remplie, alors, non seulement la série qui a pour terme général le produit

$$\mathrm{H}_{m,m'} \Delta^{m+m'} \mathrm{k}_{n-m}$$

sera convergente, en vertu du théorème I, mais, de plus, la somme de cette série, ou le second membre de la formule (10), restera, entre les limites assignées aux modules des paramètres

$$a, \quad b, \quad \ldots, \quad a', \quad b', \quad \ldots,$$

fonction continue de ces paramètres. Donc, en vertu du théorème IV de la page 416, la formule (10) subsistera toujours entre les limites dont il s'agit, si elle subsiste pour un seul système de valeurs attribuées aux modules des paramètres

$$a, \quad b, \quad \ldots, \quad a', \quad b', \quad \ldots,$$

si elle subsiste, par exemple, pour des valeurs nulles de ces mêmes paramètres. D'ailleurs, d'après ce qui a été dit ci-dessus, la formule (10) se vérifiera certainement pour des valeurs nulles de

$$a, \quad b, \quad \ldots, \quad a', \quad b', \quad \ldots,$$

si à ces valeurs nulles correspondent des valeurs de y, z dont chacune surpasse le nombre 2. On pourra donc énoncer la proposition suivante :

Théorème II. — *Soit $\varpi(x)$ une fonction de x qui reste continue par rapport à la variable x pour tout module de x égal ou inférieur à l'unité, ou, ce qui revient généralement au même, une fonction de x qui, pour un tel module, soit toujours développable en série convergente ordonnée suivant les puissances entières de x. Soit de plus $f(y, z)$ une fonction de y, z qui reste continue par rapport à y et z, tant que le module de y ne surpasse pas une certaine limite* y, *ni le module de z une certaine limite* z. *Soit encore $F(x)$ une fonction de x déterminée par le système des équations*

$$F(x) = \varpi(x)\, f(y, z),$$

$$y = 1 - x, \qquad z = \frac{1 - x}{x},$$

et, en nommant n, m, m' trois nombres entiers quelconques, représentons : 1° par A_n le coefficient de x^n dans le développement de $F(x)$; 2° par $H_{m,m'}$ le coefficient du produit $y^m z^{m'}$ dans le développement de $f(y, z)$. Enfin, supposons que la fonction

$$f(y, z)$$

renferme, avec la variable x, divers paramètres

$$a, \quad b, \quad \ldots, \quad a', \quad b', \quad \ldots,$$

et que les coefficients

$$A_n, \quad H_{m,m'}$$

restent fonctions continues des paramètres

$$a, \quad b, \quad \ldots, \quad a', \quad b', \quad \ldots$$

pour des modules de ces paramètres inférieurs à certaines limites. Si, pour de tels modules, on a constamment

$$\frac{1}{y}+\frac{1}{z}<1,$$

et si d'ailleurs y, z *surpassent le nombre* 2 *dans le cas où les valeurs de* $a, b, \ldots, a', b', \ldots$ *s'évanouissent, alors on aura toujours, entre les limites assignées aux modules des paramètres* $a, b, \ldots, a', b', \ldots,$

$$(10) \qquad \mathbf{A}_n = \Sigma \mathbf{H}_{m,m'} \Delta^{m+m'} \mathbf{k}_{n-m},$$

la valeur de $\mathbf{k}_n$ *étant*

$$\mathbf{k}_n = \frac{1}{2\pi}\int_{-\pi}^{\pi} x^{-n}\,\varpi(x)\,dp,$$

et la lettre caractéristique Δ *des différences finies étant relative au nombre entier* n.

Corollaire I. — Si, pour fixer les idées, on suppose

$$\varpi(x) = (1-x)^{-s},$$

s désignant un nombre inférieur à l'unité, alors, en posant, pour abréger,

$$[s]_n = \frac{s(s+1)\ldots(s+n-1)}{1.2\ldots n},$$

on verra la valeur de $\mathbf{k}_n$, ou le coefficient de x^n dans le développement de $\varpi(x)$, se réduire à $[s]_n$. On aura donc

$$(11) \qquad \mathbf{k}_n = [s]_n$$

et, par suite,

$$\Delta^m \mathbf{k}_n = [s-m]_{n+m};$$

puis on en conclura

$$\Delta^{m+m'} \mathbf{k}_{n-m} = [s-m-m']_{n+m'}.$$

Donc alors la formule (10) donnera

$$(12) \qquad \mathbf{A}_n = \Sigma \mathbf{H}_{m,m'}[s-m-m']_{n+m'}.$$

Corollaire II. — Supposons maintenant que, dans la fonction

$$F(x) = \varpi(x)\,f(y, z),$$

on remplace le facteur $f(y, z)$ par un produit de la forme

$$\varphi(x)\,\chi\left(\frac{1}{x}\right).$$

Comme on tirera des équations (2)

$$x = 1 - y, \qquad \frac{1}{x} = 1 + z,$$

on aura identiquement, dans l'hypothèse admise,

$$f(y, z) = \varphi(1-y)\,\chi(1+z). \tag{13}$$

Or, en développant le second membre de la formule (13) suivant les puissances ascendantes des variables y, z, on obtiendra pour terme général du développement une expression de la forme

$$(-1)^m \frac{\varphi^{(m)}(1)}{1.2\ldots m} \frac{\chi^{(m')}(1)}{1.2\ldots m'} y^m z^{m'},$$

chacun des produits

$$1.2.3\ldots m, \quad 1.2.3\ldots m'$$

devant être remplacé par l'unité quand le nombre m ou m' s'évanouit. Donc, dans ce même développement, le coefficient $H_{m,m'}$ du produit $y^m z^{m'}$ sera

$$H_{m,m'} = (-1)^m \frac{\varphi^{(m)}(1)}{1.2\ldots m} \frac{\chi^{(m')}(1)}{1.2\ldots m'}, \tag{14}$$

et la formule (10) donnera

$$A_n = \Sigma(-1)^m \frac{\varphi^{(m)}(1)}{1.2\ldots m} \frac{\chi^{(m')}(1)}{1.2\ldots m'} \Delta^{m+m'} k_{n-m}. \tag{15}$$

Corollaire III. — Si l'on suppose à la fois

$$\varpi(x) = (1-x)^{-s} \quad \text{et} \quad f(y, z) = \varphi(x)\,\chi\left(\frac{1}{x}\right)$$

et, par suite,

$$F(x) = (1-x)^{-s}\,\varphi(x)\,\chi\left(\frac{1}{x}\right), \tag{16}$$

alors, eu égard aux formules (11) et (14), l'équation (10) donnera

$$(17)\qquad A_n = \Sigma(-1)^m \frac{\varphi^{(m)}(1)}{1.2\ldots m}\,\frac{\chi^{(m')}(1)}{1.2\ldots m'}[s-m-m']_{n+m'}.$$

Corollaire IV. — Concevons que, dans la formule (16), on pose

$$(18)\qquad \varphi(x) = (1-ax)^{\mu}\,(1-bx)^{\nu}\ldots\Phi(x)$$

et

$$(19)\qquad \chi(x) = (1-a'x)^{\mu'}(1-b'x)^{\nu'}\ldots X(x),$$

$\mu, \nu, \ldots, \mu', \nu', \ldots$ étant des exposants réels,

$$a,\quad b,\quad \ldots,\quad a',\quad b',\quad \ldots$$

des paramètres réels ou imaginaires dont les modules soient respectivement

$$\mathrm{a},\quad \mathrm{b},\quad \ldots,\quad \mathrm{a}',\quad \mathrm{b}',\quad \ldots$$

et

$$\Phi(x),\quad X(x)$$

deux fonctions de x dont chacune reste continue pour tout module réel et fini de x. Supposons d'ailleurs que, les modules

$$\mathrm{a},\quad \mathrm{b},\quad \ldots,\quad \mathrm{a}',\quad \mathrm{b}',\quad \ldots$$

étant tous inférieurs à l'unité, a désigne le plus grand des modules a, b, ..., et a′ désigne le plus grand des modules a′, b′, ..., en sorte qu'on ait

$$(20)\qquad 1 > \mathrm{a} > \mathrm{b} > \ldots,\qquad 1 > \mathrm{a}' > \mathrm{b}' > \ldots.$$

Tant que les conditions (20) se vérifieront, les expressions

$$(1-ax)^{\mu},\quad (1-bx)^{\nu},\quad \ldots,\quad (1-a'x)^{\mu'},\quad (1-b'x)^{\nu'},\quad \ldots$$

resteront, pour un module de x équivalent à l'unité, fonctions continues des paramètres $a, b, \ldots$, et, par suite, on pourra en dire autant de la valeur de A_n que déterminera le système des formules (4) et (5). D'autre part, en posant

$$x = 1-y,\qquad \frac{1}{x} = 1+z,$$

on tirera des équations (18) et (19)

$$(21)\qquad \varphi(1-y)=(1-a)^{\mu}(1-b)^{\nu}\ldots(1+gy)^{\mu}(1+hy)^{\nu}\ldots\Phi(1-y),$$

$$(22)\qquad \chi(1+z)=(1-a')^{\mu'}(1-b')^{\nu'}\ldots(1-g'z)^{\mu'}(1-h'z)^{\nu'}\ldots X(1+z),$$

les valeurs de $g, h, \ldots, g', h', \ldots$ étant déterminées par les formules

$$(23)\qquad g=\frac{a}{1-a},\qquad h=\frac{b}{1-b},\qquad \ldots,$$

$$(24)\qquad g'=\frac{a'}{1-a'},\qquad h'=\frac{b'}{1-b'},\qquad \ldots.$$

Or, comme, en vertu de ces formules, les modules des coefficients $g, h, \ldots$ seront égaux ou inférieurs au rapport

$$\frac{\mathrm{a}}{1-\mathrm{a}},$$

et les modules des coefficients $g', h', \ldots$, égaux ou inférieurs au rapport

$$\frac{\mathrm{a}'}{1-\mathrm{a}'},$$

les valeurs de

$$\varphi(1-y),\quad \chi(1+z),$$

déterminées par les formules (21), seront certainement, la première, fonction continue de y pour tout module de y inférieur à y, la seconde, fonction continue de z pour tout module de z inférieur à z, si l'on a

$$(25)\qquad \frac{\mathrm{a}}{1-\mathrm{a}}\mathrm{y}<1,\qquad \frac{\mathrm{a}'}{1-\mathrm{a}'}\mathrm{z}<1$$

ou, ce qui revient au même,

$$(26)\qquad \mathrm{y}<\frac{1-\mathrm{a}}{\mathrm{a}},\qquad \mathrm{z}<\frac{1-\mathrm{a}'}{\mathrm{a}'}.$$

Lorsque $a, b, \ldots, a', b', \ldots$ s'évanouissent, on peut en dire autant de a, a'. Donc alors les formules (26) se réduisent aux suivantes

$$\mathrm{y}<\infty,\qquad \mathrm{z}<\infty,$$

qui se vérifient pour des valeurs finies quelconques de y, z. On peut donc alors prendre pour y, z des nombres aussi grands que l'on voudra, par conséquent des nombres supérieurs à 2, et l'équation (10) se trouve certainement vérifiée. Au reste, on pourrait arriver directement aux mêmes conclusions en observant que, dans le cas où les paramètres

$$a,\quad b,\quad \ldots,\quad a',\quad b',\quad \ldots$$

s'évanouissent, les équations (21), (22) donnent simplement

$$\varphi(1-y)=\Phi(1-y),\qquad \chi(1+z)=\mathrm{X}(1+z),$$

en sorte que les deux fonctions

$$\varphi(1-y),\quad \chi(1+z)$$

se réduisent aux deux fonctions

$$\Phi(1-y),\quad \mathrm{X}(1+z),$$

qui, d'après l'hypothèse admise, doivent rester toujours continues pour toutes les valeurs finies des variables y et z.

Lorsque a, b, ..., a', b', ... cesseront de s'évanouir, alors, en vertu du théorème I, la série double qui aura pour terme général le produit

$$(-1)^m \frac{\varphi^{(m)}(1)}{1.2\ldots m}\,\frac{\chi^{(m')}(1)}{1.2\ldots m'}\,[s-m-m']_{n+m'},$$

renfermé sous le signe Σ dans le second membre de l'équation (17), sera une série convergente, tant que l'on aura

$$\frac{1}{\mathrm{y}}+\frac{1}{\mathrm{z}}<1,$$

y et z étant choisis de manière à vérifier les conditions (26), et par conséquent, tant que l'on aura

$$(27)\qquad \frac{\mathrm{a}}{1-\mathrm{a}}+\frac{\mathrm{a}'}{1-\mathrm{a}'}<1.$$

Alors aussi, en vertu du théorème II, la formule (17) subsistera si, la condition (27) étant remplie, les coefficients

$$\mathrm{A}_n,\quad \varphi^{(m)}(1)\quad \text{et}\quad \chi^{(m')}(1)$$

restent, pour les modules attribués aux paramètres

$$a, \quad b, \quad \ldots, \quad a', \quad b', \quad \ldots,$$

fonctions continues de ces paramètres. Or, c'est évidemment ce qui aura lieu en vertu des conditions (20). En effet, les modules des paramètres

$$a, \quad b, \quad \ldots, \quad a', \quad b', \quad \ldots$$

étant supposés tous inférieurs à l'unité, les valeurs de g, h, ..., g', h', ..., fournies par les équations (23), seront évidemment des fonctions continues de ces paramètres, et l'on pourra en dire autant, non seulement des deux produits

$$(1-a)^{\mu}(1-b)^{\nu}\ldots, \quad (1-a')^{\mu'}(1-b')^{\nu'}\ldots$$

qui entreront comme facteurs dans les valeurs des expressions

$$\varphi^{(m)}(1), \quad \chi^{(m')}(1),$$

mais encore de ces valeurs mêmes qui, en vertu des équations (21), (22), seront respectivement égales à ces deux produits multipliés, le premier, par une fonction entière de g, h, ..., le second, par une fonction entière de g', h', ... On pourra donc énoncer la proposition suivante :

Théorème III. — *Soit* F(x) *une fonction de* x *déterminée par une équation de la forme*

$$\mathrm{F}(x) = \frac{\varphi(x)\,\chi\left(\frac{1}{x}\right)}{(1-x)^{s}},$$

s désignant un nombre inférieur à l'unité. Supposons d'ailleurs

$$\varphi(x) = (1-ax)^{\mu}(1-bx)^{\nu}\ldots\Phi(x)$$

et

$$\chi(x) = (1-a'x)^{\mu'}(1-b'x)^{\nu'}\ldots\mathrm{X}(x),$$

μ, ν, ..., μ', ν', ... *étant des exposants réels,* $\Phi(x)$, $\mathrm{X}(x)$ *deux fonctions toujours continues de* x, *et*

$$a, \quad b, \quad \ldots, \quad a', \quad b', \quad \ldots$$

des paramètres dont les modules

$$\mathrm{a},\quad \mathrm{b},\quad \ldots,\quad \mathrm{a}',\quad \mathrm{b}',\quad \ldots$$

soient tous inférieurs à l'unité. Enfin supposons que, n étant un nombre entier quelconque, on désigne par A_n le coefficient de x^n dans le développement de $F(x)$ *en série ordonnée suivant les puissances entières de x. Si, en nommant* a *le plus grand des modules* a, b, ... *et* a′ *le plus grand des modules* a′, b′, ..., *on a*

$$\frac{\mathrm{a}}{1-\mathrm{a}}+\frac{\mathrm{a}'}{1-\mathrm{a}'}<1, \tag{27}$$

alors on aura encore

$$A_n=\Sigma(-1)^m\frac{\varphi^{(m)}(1)}{1.2\ldots m}\frac{\chi^{(m')}(1)}{1.2\ldots m'}[s-m-m']_{n+m'}, \tag{28}$$

la valeur de $[s]_n$ étant déterminée par la formule

$$[s]_n=\frac{s(s+1)\ldots(s+n-1)}{1.2\ldots n}.$$

Ainsi le coefficient A_n se trouvera développé en une série double qui restera convergente, tant que la condition (27) *se trouvera vérifiée.*

Il importe d'observer que les formules établies dans la précédente séance fourniront le moyen de calculer une limite supérieure à l'erreur que l'on commettra si l'on arrête, après un certain nombre de termes, la série dont la somme, en vertu de l'équation (28), représente la valeur de A_n.

Observons encore que l'on tire, de la formule (28),

$$\left\{\begin{aligned} A_n = {} & [s]_n\varphi(1)\chi(1) \\ & +[s-1]_{n+1}\varphi(1)\chi'(1)-[s-1]_n\ \varphi'(1)\chi(1) \\ & +[s-2]_{n+2}\varphi(1)\frac{\chi''(1)}{1.2}-[s-2]_{n+1}\varphi'(1)\chi'(1)+[s-2]_n\frac{\varphi''(1)}{1.2}\chi(1) \\ & +\ldots\ldots\ldots\ldots\ldots\ldots\ldots\ldots\ldots\ldots \end{aligned}\right. \tag{29}$$

Comme on a d'ailleurs généralement

$$[s-m-m']_{n+m'}=\frac{(s-1)(s-2)\ldots(s-m-m')}{(n+1)\ldots(n+m')(s+n-1)\ldots(s+n-m)}[s]_n,$$

l'équation (29) donnera

$$(30) \qquad A_n = (1 + I)[s]_n \varphi(1)\chi(1),$$

la valeur de I étant

$$(31) \quad \left\{ \begin{aligned} I = {} & \frac{s-1}{1}\left[\frac{1}{n+1}\frac{\chi'(1)}{\chi(1)} - \frac{1}{s+n-1}\frac{\varphi'(1)}{\varphi(1)}\right] \\ & + \frac{s-1}{1}\frac{s-2}{2}\left[\frac{1}{(n+1)(n+2)}\frac{\chi''(1)}{\chi(1)} - \frac{2}{(n+1)(s+n-1)}\frac{\varphi'(1)}{\varphi(1)}\frac{\chi'(1)}{\chi(1)} \right. \\ & \qquad\qquad \left. + \frac{1}{(s+n-1)(s+n-2)}\frac{\varphi''(1)}{\varphi(1)}\right] \\ & + \ldots\ldots\ldots \end{aligned} \right.$$

Lorsque le nombre n devient très considérable, la valeur précédente de I devient très petite. Alors aussi, en considérant $\frac{1}{n}$ comme une quantité très petite du premier ordre, et négligeant les quantités du second ordre, on voit la formule (31) se réduire à celle-ci :

$$(32) \qquad I = \frac{s-1}{n+1}\frac{\chi'(1)}{\chi(1)} - \frac{s-1}{s+n-1}\frac{\varphi'(1)}{\varphi(1)}.$$

§ II. — *Application des nouvelles formules à la détermination des mouvements planétaires.*

Soient

$\imath$ la distance mutuelle de deux planètes m, m';
T, T' leurs anomalies moyennes;
ψ, ψ' leurs anomalies excentriques.

Le calcul des inégalités périodiques produites dans le mouvement de la planète m par la planète m', et dans le mouvement de la planète m' par la planète m, exigera le développement du rapport

$$\frac{1}{\imath}$$

en série ordonnée suivant les puissances entières positives, nulle et négatives, des exponentielles trigonométriques

$$e^{T\sqrt{-1}}, \quad e^{T'\sqrt{-1}}.$$

Si l'on nomme, en particulier,

$$A_n \quad \text{et} \quad A_{n,-n'}$$

les coefficients des exponentielles

$$e^{nT\sqrt{-1}} \quad \text{et} \quad e^{(nT-n'T')\sqrt{-1}},$$

dans le développement dont il s'agit, on trouvera

$$(1) \qquad A_n = \frac{1}{2\pi}\int_{-\pi}^{\pi} \frac{1}{z} e^{-nT\sqrt{-1}}\, dT$$

et

$$(2) \qquad A_{n,-n'} = \frac{1}{2\pi}\int_{-\pi}^{\pi} A_n e^{n'T'\sqrt{-1}}\, dT';$$

et, comme on aura, en nommant ε, ε' les excentricités des deux orbites,

$$T = \psi - \varepsilon \sin\psi, \qquad T' = \psi' - \varepsilon' \sin\psi',$$

les formules (1), (2) pourront être réduites aux suivantes :

$$(3) \qquad A_n = \frac{1}{2\pi}\int_{-\pi}^{\pi} \frac{1-\varepsilon\cos\psi}{2} e^{-nT\sqrt{-1}}\, d\psi,$$

$$(4) \qquad A_{n,-n'} = \frac{1}{2\pi}\int_{-\pi}^{\pi} A_n(1-\varepsilon'\cos\psi') e^{n'T'\sqrt{-1}}\, d\psi'.$$

En vertu de la formule (4), $A_{n,-n'}$ sera la *valeur moyenne* de la fonction de ψ' représentée par le produit

$$A_n(1-\varepsilon'\cos\psi') e^{n'T'\sqrt{-1}}.$$

D'ailleurs, on pourra aisément déterminer cette valeur moyenne par la méthode des quadratures, et même, comme nous l'avons remarqué dans un autre Mémoire, la déterminer de manière que l'erreur commise soit inférieure à une limite fixée d'avance, si l'on peut déduire facilement de l'équation (3) la valeur de A_n. Or ce dernier problème est précisément l'un de ceux auxquels s'appliquent avec succès les nouvelles formules, surtout lorsque le nombre n devient très considérable. C'est ce qu'il s'agit maintenant de démontrer.

Si l'on pose

$$x = e^{\psi\sqrt{-1}}, \qquad \frac{n\varepsilon}{2} = \iota,$$

l'équation (3) donnera

$$(5) \qquad A_n = \frac{1}{2\pi}\int_{-\pi}^{\pi} x^{-n}\,\mathcal{F}(x)\,d\psi,$$

la valeur de $\mathcal{F}(x)$ étant

$$(6) \qquad \mathcal{F}(x) = \frac{1-\varepsilon\left(x+\frac{1}{x}\right)}{\iota}\,e^{\iota\left(x-\frac{1}{x}\right)};$$

et, par conséquent, A_n ne sera autre chose que le coefficient de x^n dans le développement de la fonction $\mathcal{F}(x)$ en série ordonnée suivant les puissances entières de x. Il y a plus : si l'on désigne par k une constante réelle ou imaginaire dont le module k soit tel que $\mathcal{F}(z)$ reste fonction continue de z pour un module de z compris entre les limites 1 et $\frac{1}{\mathrm{k}}$, l'équation (5) pourra être remplacée par la suivante

$$(7) \qquad A_n = \frac{k^n}{2\pi}\int_{-\pi}^{\pi} x^{-n}\,\mathcal{F}\left(\frac{x}{k}\right)d\psi,$$

de laquelle il résulte que A_n sera encore le coefficient de x^n dans le développement de la fonction $F(x)$ déterminée par l'équation

$$(8) \qquad F(x) = k^n\,\mathcal{F}\left(\frac{x}{k}\right).$$

Mais, d'autre part, en raisonnant comme je l'ai fait dans la séance du 9 décembre dernier, on prouvera que le rapport $\frac{1}{\iota}$, considéré comme fonction de x, est déterminé par une équation de la forme

$$(9) \quad \frac{1}{\iota} = \frac{\mathfrak{X}}{\left[1-\mathfrak{a}xe^{-\varphi\sqrt{-1}}\right]^{\frac{1}{2}}\left[1-\mathfrak{a}x^{-1}e^{\varphi\sqrt{-1}}\right]^{\frac{1}{2}}\left[1-\mathfrak{b}xe^{\varphi\sqrt{-1}}\right]^{\frac{1}{2}}\left[1-\mathfrak{b}x^{-1}e^{-\varphi\sqrt{-1}}\right]^{\frac{1}{2}}},$$

φ désignant un arc réel, et $\mathfrak{X}$, $\mathfrak{a}$, $\mathfrak{b}$ trois quantités positives dont les deux dernières, inférieures à l'unité, peuvent être censées vérifier la condition

$$(10) \qquad \mathfrak{b} < \mathfrak{a} < 1.$$

Enfin, si l'on fait, pour abréger,

$$\eta = \operatorname{tang}(\tfrac{1}{2} \operatorname{arc} \sin \varepsilon),$$

on trouvera

$$(11) \qquad 1 - \varepsilon\left(x + \frac{1}{x}\right) = \frac{\varepsilon}{2\eta}(1 - \eta x)(1 - \eta x^{-1}).$$

Cela posé, il suffira évidemment de prendre

$$(12) \qquad k = \mathfrak{a} e^{-\varphi\sqrt{-1}}, \qquad \mathrm{H} = \frac{\varepsilon}{2\eta}\mathcal{H}$$

et de plus

$$(13) \quad \begin{cases} \varphi(x) = \left(1 - \dfrac{\mathfrak{b}}{k} x e^{\varphi\sqrt{-1}}\right)^{-\frac{1}{2}} \left(1 - \dfrac{\eta}{k} x\right) e^{\frac{\mathfrak{c}}{k} x}, \\ \chi\left(\dfrac{1}{x}\right) = (1 - \mathfrak{a} k x^{-1} e^{\varphi\sqrt{-1}})^{\frac{1}{2}} (1 - \mathfrak{b} k x^{-1} e^{-\varphi\sqrt{-1}})^{-\frac{1}{2}} (1 - \eta k x^{-1}) e^{-\mathfrak{c} k x^{-1}}, \end{cases}$$

ou, ce qui revient au même,

$$(14) \quad \begin{cases} \varphi(kx) = (1 - \mathfrak{b} x e^{\varphi\sqrt{-1}})^{-\frac{1}{2}} (1 - \eta x) e^{\mathfrak{c} x}, \\ \chi\left(\dfrac{x}{k}\right) = (1 - \mathfrak{a} x e^{\varphi\sqrt{-1}})^{-\frac{1}{2}} (1 - \mathfrak{b} x e^{-\varphi\sqrt{-1}})^{-\frac{1}{2}} (1 - \eta x) e^{-\mathfrak{c} x}, \end{cases}$$

pour réduire la valeur de $\mathrm{F}(x)$, que fournit l'équation (8), à la forme

$$(15) \qquad \mathrm{F}(x) = \mathrm{H}\, k^n (1 - x)^{-\frac{1}{2}} \varphi(x)\, \chi\left(\frac{1}{x}\right).$$

Observons d'ailleurs que, si l'on substitue dans les équations (13) la valeur de k tirée de la première des formules (12), on trouvera

$$(16) \quad \begin{cases} \varphi(x) = \left(1 - \dfrac{\mathfrak{b}}{\mathfrak{a}} x e^{2\varphi\sqrt{-1}}\right)^{-\frac{1}{2}} \left(1 - \dfrac{\eta}{\mathfrak{a}} x e^{\varphi\sqrt{-1}}\right) e^{\frac{\mathfrak{c}}{\mathfrak{a}} x e^{\varphi\sqrt{-1}}}, \\ \chi(x) = (1 - \mathfrak{a}^2 x)^{-\frac{1}{2}} (1 - \mathfrak{a}\mathfrak{b} x e^{-2\varphi\sqrt{-1}})^{-\frac{1}{2}} (- \mathfrak{a}\eta x e^{-\varphi\sqrt{-1}})\, e^{-\mathfrak{a}\mathfrak{b} x e^{-\varphi\sqrt{-1}}}. \end{cases}$$

En comparant la valeur de $F(x)$ fournie par l'équation (15) à celle que déterminait la formule (16) du § I, on reconnaît que, pour obtenir la seconde, il suffit de poser $s=\frac{1}{2}$ dans la première et de la multiplier ensuite par la constante Hk^n. De plus, pour obtenir les formules (16), il suffira évidemment de poser, dans les formules (18) et (19) du § I, d'une part,

$$\mu=\nu\ldots=\mu'=\nu'\ldots=-\tfrac{1}{2},$$

$$a=\frac{\mathfrak{b}}{\mathfrak{a}}e^{2\varphi\sqrt{-1}},\qquad b=0,\qquad \ldots,$$

$$a'=\mathfrak{a}^2,\qquad b'=\mathfrak{a}\mathfrak{b}\,e^{-2\varphi\sqrt{-1}},\qquad \ldots,$$

et, par suite,

$$\text{a}=\frac{\mathfrak{b}}{\mathfrak{a}},\qquad \text{b}=0,\qquad \ldots,$$

$$\text{a}'=\mathfrak{a}^2,\qquad \text{b}'=\mathfrak{a}\mathfrak{b},\qquad \ldots;$$

d'autre part,

$$\Phi(x)=\left(1-\frac{\eta}{\mathfrak{a}}\,x\,e^{\varphi\sqrt{-1}}\right)e^{\frac{\mathfrak{c}}{\mathfrak{a}}x\,e^{\varphi\sqrt{-1}}},$$

$$X(x)=\left(1-\mathfrak{a}\eta\,x\,e^{-\varphi\sqrt{-1}}\right)e^{-\mathfrak{a}\mathfrak{c}x\,e^{-\varphi\sqrt{-1}}}.$$

Donc, lorsqu'on supposera la valeur de $F(x)$ déterminée par l'équation (15), la condition (27) du § I se trouvera remplacée par la suivante

$$(17)\qquad \frac{\mathfrak{a}^2}{1-\mathfrak{a}^2}+\frac{\mathfrak{b}}{\mathfrak{a}-\mathfrak{b}}<1,$$

et la formule (30) du même paragraphe par l'équation

$$(18)\qquad A_n=H\,k^n(1+I)\,[s]_n\,\varphi(1)\,\chi(1),$$

que l'on devra joindre à la formule (31) du § I. Ajoutons que, si le nombre n devient très considérable, I sera une quantité très petite de l'ordre de $\frac{1}{n}$, qui se trouvera déterminée, quand on négligera les quantités du second ordre, par la formule très simple

$$(19)\qquad I=\frac{s-1}{n+1}\,\frac{\chi'(1)}{\chi(1)}-\frac{s-1}{s+n-1}\,\frac{\varphi'(1)}{\varphi(1)}.$$

Donc alors il suffira que la condition (17) se vérifie pour que la valeur de A_n fournie par l'équation (1) se réduise sensiblement à celle que déterminent les équations (18) et (19) jointes aux formules (16).

FIN DU TOME VIII DE LA PREMIÈRE SÉRIE.

TABLE DES MATIÈRES

DU TOME HUITIÈME.

PREMIÈRE SÉRIE.

MÉMOIRES EXTRAITS DES RECUEILS DE L'ACADÉMIE DES SCIENCES DE L'INSTITUT DE FRANCE.

NOTES ET ARTICLES EXTRAITS DES COMPTES RENDUS HEBDOMADAIRES DES SÉANCES DE L'ACADÉMIE DES SCIENCES.

FIN DE LA TABLE DES MATIÈRES DU TOME VIII DE LA PREMIÈRE SÉRIE.

17785 Paris. — Imprimerie Gauthier-Villars et fils, quai des Grands-Augustins, 55.

Printed in the United States
By Bookmasters